# 오만과 편견

# 오만과 편견

초판 1쇄 발행 2018년 10월 10일

**지은이** 제인 오스틴
**옮긴이** 김옥수
**펴낸이** 김소연

**펴낸곳** 비꽃
**등록** 2013년 7월 18일 제2013-000013호
**주소** 서울 강북구 삼양로16길 12-11
**이메일** rain__flower@daum.net **전화** 02)6080-7287 **팩스** 070-4118-7287
**홈페이지** www.rainflower.co.kr

ISBN 979-11-85393-61-2
979-11-85393-19-3 (세트번호)

이 도서의 국립중앙도서관 출판시도서목록(CIP)은 서지정보유통지원시스템 홈페이지(http://seoji.nl.go.kr)와 국가자료공동목록시스템(http://www.nl.go.kr/kolisnet)에서 이용할 수 있습니다.
(CIP제어번호: CIP2018031629)

값 12,000원

제인 오스틴

# 오만과 편견

김옥수 옮김

이 책은 Penguin Books 2003년 판본과 The Project Gutenberg EBook #1342 판본을 참고했다.

# 목 차

# 1권

## 1

돈깨나 있는 남자가 독신이라면 아내가 필요하리라는 건 누구나 안다. 마을 사람 모두 이렇게 생각하니, 이런 남자가 나타난다면 자기네 딸이 차지하길 바라지 않을 수 없었다. 그래서 하루는 베넷 부인이 남편에게 물었다.

"여보, 네더필드 대저택에 마침내 사람이 들어온다는 얘길 들었나요?"

베넷 선생이 못 들었다고 대답하자, 부인이 설명했다.

"그렇게 됐대요. 롱 부인이 조금 전에 와서 몽땅 알려주고 갔답니다."

베넷 선생이 대답을 안 하자, 부인이 조바심내며 소리쳤다.

"그 집에 누가 오는지 궁금하지 않아요?"

"말하고 싶은가 본데, 나는 듣는 것까지 반대하진 않는다오."

이 정도면 충분하다.

"맙소사, 여보, 당신도 알아야 해요. 롱 부인 말이 네더필드에 들어올 사람은 북부 출신 부자 청년이래요. 지난 월요일에 사륜마차[1]를 타고 와서 저택을 둘러보더니, 마음에 쏙 든다며 그 자리에서 계약해, 미카엘 축일 이전에 이사할 예정이라는데, 다음 주말에 하인 몇 명이 먼저 와서 준비한다네요."

"이름이 뭐랍니까?"

"빙리."

"기혼이랍니까, 미혼이랍니까?"

"맙소사! 당연히 미혼이겠지요! 돈 많은 총각, 연 수입이 4~5천 파운드에 달하는. 우리 딸한테 정말 잘 됐어요!"

"왜요? 우리 딸하고 무슨 상관이 있소?"

"친애하는 베넷 선생, 제발 좀 피곤하게 굴지 마세요! 내가 우리 딸 가운데 한 명을 그 남자랑 결혼시킬 생각이라는 건 당신도 잘 알잖아요."

"그 남자가 그걸 노리고 여기로 온답니까?"

"노린다니, 말도 안 돼요! 어떻게 그런 말을! 하지만 우리 딸 가운데 하나랑 사랑에 빠질 가능성이 크니, 여기로 이사하는 즉시 당신이 찾아가 보세요."

"그럴 이유가 뭐겠소. 당신이 데리고 가면 되지. 아니, 당신은 빠지고 딸들만 보내는 게 좋겠구려. 제일 예쁜 당신한테 빙리 선생이 홀딱 빠질 수도 있으니."

"여보, 사탕발림하지 마세요. 예전엔 당연히 예뻤어도 지금은 그런

---

1) a chaise and four: 바퀴가 네 개고 지붕도 있는 마차로, 끄는 말은 두 마리나 네 마리다. 가족용으로 흔히 사용하는데, 3명이 타서 같은 방향을 바라본다. 이런 마차를 타려면 연 수입이 최소 800파운드에서 1,000파운드는 넘어야 한다. 1파운드는 500g이 약간 안 되는 금이다. 이런 마차를 탄다는 건 빙리가 굉장한 부자라는 뜻이다.

척하기 싫어요. 말 만한 딸이 다섯이나 되는 여편네가 미모를 내세울 순 없잖아요."

"하기야 이미 결혼한 여편네가 미모를 내세울 일은 없겠구려."

"어쨌든, 여보, 빙리 선생이 이사하면 당신이 꼭 가서 만나야 해요."

"장담할 순 없겠구려."

"하지만 우리 딸을 생각하세요. 우리 딸한테 정말 좋은 기회라는 것만 생각하세요. 루카스 경과 루카스 귀부인도 단단히 마음먹었다는데, 그 목적이 뭐겠어요? 알다시피 그 사람들은 새로 이사 오는 사람을 일부러 찾아간 적이 거의 없잖아요. 그러니 당신도 꼭 찾아가세요, 당신이 안 가는데 우리만 찾아가는 건 생각도 못 하니까."

"그렇게 생각할 필욘 없어요. 여자들만 찾아간다면 빙리 선생도 좋아할 테니까. 나는 당신 편으로 글 몇 줄 적어 보내, 어느 딸을 고르든 기꺼이 허락하겠다 하고 둘째 딸 엘리자베스를 조금 칭찬하리다."

"제발 그러지 좀 마세요. 엘리자베스는 다른 애보다 나을 게 조금도 없어요. 얼굴은 제인 절반도 못 따라가고, 유머는 리디아 절반도 못 따라가니까요."

"다른 애도 특별히 추천할 구석은 없어요. 멍청하고 무식한 건 다른 집 여자애랑 똑같으니. 그나마 엘리자베스는 언니 동생보다 말귀가 좋은 편이라오."

"여보, 우리 딸을 어떻게 그런 식으로 깎아내리나요? 나를 괴롭히는 게 재밌는 것 같네요. 당신은 내가 신경이 예민한 걸 조금도 존중하지 않아요."

"그렇지 않아요, 여보. 나는 당신 신경이 예민한 걸 지극히 존중한다오. 나한텐 오랜 친구잖소. 당신이 그렇게 말하는 걸 최소한 20년은 귀가 따갑도록 들었으니 말이오."

"아, 당신은 내가 얼마나 고통스러운지 몰라요."

"하지만 나는 당신이 고통을 이겨내고 충분히 오래 살길 바란다오, 연 수입 4,000파운드짜리 청년이 우리 마을에 여럿 나타날 때까지."

"우리한텐 아무런 소용도 없잖아요, 그런 청년 스무 명이 나타난다 해도 당신이 안 찾아간다면."

"걱정하지 마시오, 여보, 스무 명만 된다면 모두 찾아갈 테니까."

베넷 선생은 지성, 날카로운 유머, 내성적인 성격, 변덕스러운 기질이 이상하게 뒤섞여, 23년을 함께 산 부인도 제대로 이해할 수 없었다. 그러나 부인은 사고방식이 단순했다. 이해력은 떨어지고 아는 건 거의 없고 성격은 불안하니, 뭔가 잔뜩 불만스러울 때마다 신경과민 탓으로 돌리고, 세상을 살아가는 목표는 딸 다섯 명을 결혼시키는 것, 낙이라곤 이웃집을 돌아다니며 소문을 퍼트리는 게 전부였다.

## 2

베넷 선생은 빙리를 누구보다 먼저 찾아갔다. 애초에 찾아갈 마음을 품었지만, 그럴 생각이 없다고 말한 것뿐이다. 그래서 그날 초저녁까지 부인은 전혀 몰랐다. 하지만 둘째 딸이 모자를 열심히 손질하는 걸 보고 베넷 선생이 갑자기 말하면서 조금씩 드러났다.

"모자가 빙리 선생 마음에 들면 좋겠구나, 엘리자베스."

그러자 부인이 잔뜩 짜증스러운 어투로 말했다.

"우리는 빙리 선생이 무얼 좋아하는지 알 도리가 없답니다, 만날 일조차 없으니."

엘리자베스가 끼어들었다.

“하지만 엄마, 롱 부인이 무도회에서 우리한테 소개하겠다고 하셨잖아요.”

“롱 부인이 행여나 그러겠다. 자기도 조카딸이 둘이나 있는데. 롱 부인은 이기적이고 거짓말을 잘해. 도무지 믿을 수가 없어.”

“그건 내 생각도 똑같다오. 당신이 그 부인한테 아무런 기대도 안 한다니 다행이구려.”

베넷 선생 말에 베넷 부인은 대답을 안 하려고 작정해, 속만 부글부글 끓이다 딸에게 화풀이했다.

“제발 부탁이니, 기침 좀 하지 말렴, 캐서린! 엄마 신경이 날카로운 건 생각도 안 하는구나. 너 때문에 신경이 갈가리 찢어진다고.”

“신중하게 기침하렴, 캐서린, 때를 잘 맞춰서.”

아버지가 말하자, 캐서린이 투덜댔다.

“재미 삼아 기침하는 게 아니잖아요.”

“다음 무도회는 언제냐, 엘리자베스?”

“보름 뒤요.”

엘리자베스가 대답하자, 엄마가 소리쳤다.

“그것 보라고. 롱 부인은 그 전날에야 돌아오는데, 빙리 선생을 너희한테 무슨 수로 소개하겠니? 자기도 그 사람을 모를 텐데.”

“그렇다면, 여보, 당신이 훨씬 유리하니, 빙리 선생을 당신이 롱 부인한테 소개하면 되겠구려.”

“당치도 않아요, 여보, 나 역시 그 사람을 모른다고요. 사람 속을 박박 긁는 게 그렇게 재밌으세요?”

“당신이 그렇게 용의주도하다니, 정말 대단하구려. 맞아요, 보름이란 기간은 정말 짧아요. 그 정도론 상대를 충분히 알 수 없으니 말이오.

하지만 우리가 나서지 않으면 다른 사람이 나설 거요. 조카딸도 기회를 누려야 하니까 롱 부인이 고마워할 텐데, 당신이 안 하겠다면 내가 나서야겠구려."

모든 딸이 아버지를 물끄러미 쳐다보고, 베넷 부인은 "말도 안 돼, 말도 안 돼!"라는 말만 되풀이하자, 베넷 선생이 물었다.

"그렇게 강력하게 반발하는 의도는 뭔가요? 사람을 만나고 소개하는 형식이 지나치게 엄격한 게 말도 안 된다는 뜻이오? 그렇다면 나는 당신 의견에 동의할 수 없구려. 네 의견은 어떠니, 메리? 너는 젊은 아가씨치고 생각이 깊고, 좋은 책을 많이 읽고, 좋은 글귀도 적어놓잖아."

메리는 뭔가 그럴싸하게 대답하고 싶어도 어떻게 대답해야 좋을지 모르자, 베넷 선생이 다시 말했다.

"메리가 생각하는 동안 우리는 빙리 선생 얘기로 돌아갑시다."

"이제 그 얘긴 지겨워요."

부인이 소리치자, 남편이 말했다.

"그런 말을 들으니 유감이구려. 진작 말하지 그랬소? 오늘 아침에만 알았더라도 빙리 선생을 찾아가진 않았을 테니 말이오. 안타깝지만, 찾아간 건 찾아간 거니, 서로 아는 사이란 걸 이젠 되돌릴 수 없잖소."

베넷 선생이 기대한 대로 집안 여자 모두 깜짝 놀라고 베넷 부인은 특히 놀라지만, 기뻐하는 소동이 한차례 지나자, 베넷 부인이 처음부터 그럴 줄 알았다고 선언했다.

"당신은 참 자상한 면이 있어요, 여보! 결국엔 내 말을 들어줄 줄 알았어요. 당신이 아이들을 얼마나 사랑하는데 그런 기회를 놓치겠어요. 아아, 정말 기뻐요! 하지만 아침에 벌써 다녀오시곤 아무 말씀 없다가 이제 비로소 말하다니, 정말 짓궂네요."

"캐서린, 이제 마음껏 기침하렴."

베넷 선생이 말하면서 밖으로 나갔다. 부인이 수선떠는 모습에 완전히 지친 거다. 하지만 문이 닫힐 때조차 부인은 이렇게 떠들었다.

"얘들아, 너희 아버지는 정말 훌륭하셔! 너희든 나든 너희 아빠 은혜에 어떻게 보답해야 좋을지 모르겠구나. 분명히 말하지만, 우리처럼 나이 먹으면 매일 같이 새로운 사람을 만나는 게 유쾌하진 않단다. 하지만 너희를 위해서라면 엄마 아빠가 뭘 못하겠니! 리디아, 너는 막내지만, 내가 장담하는데, 빙리 선생이 다음 무도회 때 너랑 춤추겠구나."

리디아도 씩씩하게 대답했다.

"야호! 두렵지 않아요. 제일 어리지만, 키는 제일 크니까요."

그러면서 베넷 집안 여자들은 가장이 찾아간 답례로 빙리 선생이 얼마나 빨리 방문할지, 식사 모임엔 언제 초대하는 게 좋을지 등, 이야기꽃을 신나게 피웠다.

## 3

하지만 베넷 부인이 다섯 딸에게 지원받으며 아무리 물어대도, 남편에게서 빙리 선생에 대한 설명을 만족스럽게 끌어낼 순 없었다. 노골적으로 묻기도 하고 교묘하게 추측하거나 애매하게 추측하는 식으로 다양하게 공략해도 베넷 선생은 가볍게 빠져나가니, 결국엔 이웃 사는 루카스 귀부인이 들었다는 정보에 의존할 수밖에 없는데, 내용이 대단히 바람직했다. 루카스 경 마음에 꼭 들었다는 거다. 젊고 잘생기고 다정하며, 무엇보다 대단한 건, 다음 무도회 때 친구를 잔뜩 데려온다는데, 이보다 기쁜 소식이 또 어디에 있겠는가! 춤을 즐기는 건 사랑에 흠뻑 빠져드는 지름길이니, 빙리 선생을 사로잡겠다는 희망에 하나같이 부풀어 오를 수밖에 없었다. 베넷 부인이 남편에게 이렇게 말할 정도였다.

"우리 딸 한 명이 네더필드에 들어가서 행복하게 살고 다른 딸 역시 비슷하게 결혼한다면 더 바랄 게 없겠어요."

며칠 뒤에는 빙리 선생이 인사차 베넷 선생을 답방해, 서재에 십 분 정도 머물렀다. 예쁘다고 소문난 그 집 아가씨들을 보고 싶은 마음이 굴뚝 같으나, 아무도 못 보고 그 아버지만 본 게 전부였다. 하지만 다섯 아가씨는 운이 따랐다. 빙리가 파란 코트[2] 차림으로 까만 말에 올라탄 모습을 2층 창가에서 내려다보았으니 말이다.

그러고 나서 식사 초대장을 곧바로 보내, 베넷 부인은 다양한 요리로 살림 솜씨를 뽐내려 잔뜩 계획하다, 답장을 받고서 모든 걸 미룰 수밖에 없었다. 빙리 선생이 바로 다음 날 런던으로 떠날 계획이라 영광스러운 초대에 응할 수 없다는 거였다. 베넷 부인은 대단히 실망했다. 하트퍼드셔에 오자마자 런던에 갈 일이 무언지 도무지 짐작할 수 없었다. 빙리 선생이 이리저리 떠도는 걸 좋아할 뿐 네더필드에 정착할 생각은 없을지도 모른다는 두려움마저 일었다. 하지만 루카스 귀부인에게서 빙리가 런던에 가는 건 무도회에 친구를 잔뜩 데려오려는 거 같다는 말을 들은 다음에 비로소 두려움을 달랠 수 있었다. 빙리가 숙녀 열두 명과 신사 일곱 명을 무도회로 데려온다는 소문도 곧바로 돌았다. 베넷 집안 여자는 숙녀가 많다는 소리에 실망했으나, 무도회를 하루 앞두고, 런던에서 데려온 숙녀는 열두 명이 아니라 여섯 명에 불과한데, 다섯 명은 친 누이며 한 명은 사촌누이란 말을 듣고서 마음을 놓았다. 그런데 무도회에 들어온 일행은 빙리 자신, 친누이 두 명,

2) 당시에 멋쟁이 신사들이 즐겨 입었다.

매형, 다른 젊은이 한 명으로 다섯에 불과했다.

빙리는 잘생긴 데다 신사다웠다. 표정은 상쾌하고 행동거지는 꾸밈이 없어서 편안했다. 두 누이도 얌전하고 세련된 분위기였다. 매형이라는 허스트 선생은 평범한 신사처럼 보이나, 친구라는 다르시 선생은 날씬하고 훤칠한 키에 잘생긴 얼굴과 품위 있는 태도가 돋보이는 데다 연 소득 1만 파운드라는 소문이 불과 5분 사이에 쫙 퍼지면서 모든 시선을 사로잡았다. 남자들은 다르시 풍채가 정말 훌륭하다 선언하고 여자들은 다르시가 빙리보다 훨씬 잘생겼다고 단언했다. 그래서 온갖 찬사가 몰리다, 무도회 중간 즈음부터 인기가 썰물처럼 빠져나가고 혐오증만 들어찼다. 너무 오만하고 잘난 척하며 모든 점에서 까다롭다는 사실이 드러난 것이다. 더비셔에 커다란 영지가 있다는 사실조차 오만하고 불쾌하게 들릴 뿐, 빙리와 비교할 가치도 없다는 평판만 자자했다.

빙리는 무도회 주요인물을 일일이 찾아다니며 인사한 데다, 쾌활하고 솔직하며, 음악이 나올 때마다 춤추고 무도회가 너무 일찍 끝난다고 아쉬워하더니, 자신이 네더필드에서 무도회를 열겠다는 약속마저 했다. 상냥한 품성이 그 자체로 환하게 빛날 수밖에 없었다. 친구라는 사람하고 하늘과 땅 차이였다! 다르시는 한 번은 빙리 누나하고 또 한 번은 빙리 여동생하고 딱 두 번 춤추었을 뿐, 다른 숙녀를 소개받는 건 모조리 거부한 채 이리저리 어슬렁거리다 자기 일행하고 이야기를 가끔 주고받는 게 전부니, 세상에서 가장 오만하고 불쾌하며 두 번 다시 보고 싶지 않은 인물이라는 점에서 모든 사람 의견이 똑같았다. 하지만 제일 화난 사람은 베넷 부인이었다. 태도가 오만한 것도 마음에 안 들지만, 자기 딸을 무시했다는 사실에 분노마저 치밀었다.

엘리자베스 베넷은 신사가 부족해서 두 번이나 춤을 못 추고 앉아 기다리다,[3] 마침 가까운 곳에서 다르시가 빙리와 대화하는 소리를 우연히 엿들었다. 빙리가 춤추다 말고 친구를 끌어들이려고 잠시 나와서 말한 거다.

"다르시, 이리 와. 자네도 춤추라고. 혼자 멍청하게 서 있는 모습이 보기 안 좋군. 자네는 춤추는 모습이 훨씬 보기 좋아."

"그러고 싶지 않네. 모르는 여자랑 춤추는 걸 내가 얼마나 싫어하는지 자네도 잘 알잖는가. 이런 무도회에서 모르는 여자랑 춤추는 건 정말 섬뜩해. 자네 누이는 둘 다 파트너가 있고, 나는 다른 여자하고 춤추는 게 끔찍하게 싫어."

"제발 부탁이니, 까탈스럽게 굴지 말게! 나는 오늘 밤처럼 사랑스러운 아가씨를 많이 만난 적이 없다네. 자네 눈에도 보기 드물게 예쁜 아가씨가 여럿이잖는가."

"여기에서 예쁜 아가씨는 자네랑 춤추는 아가씨 한 명밖에 없어."

다르시가 말하면서 베넷 집안 큰딸을 쳐다보니, 빙리가 대답했다.

"맞아! 지금까지 만난 어떤 아가씨보다 아름다워! 하지만 바로 자네 뒤에 그 여동생이 있다네. 얼굴이 아름다운 만큼 성격도 상냥할 게 분명해. 내가 파트너한테 소개를 부탁하겠네."

"누굴 말하는 건데?"

다르시가 묻더니, 고개를 돌려서 엘리자베스를 바라보다 눈길이 마주치는 순간 재빨리 시선을 거두며 차갑게 대답했다.

"봐줄 만해도 마음이 끌릴 정도는 아니군. 당장으로선 다른 남자가 외면한 아가씨 마음이나 풀어줄 기분도 아니고. 자네나 파트너한테 돌아가서 예쁜 미소를 마음껏 즐기게나, 나한테 이러는 건 아무런 소용

---

3) 당시에는 파트너 한 명과 춤을 두 곡 추는 게 기본이었다. 춤을 두 번이나 못 추었다는 건 네 곡을 못 추었다는 뜻이다.

이 없으니.”

빙리는 충고대로 하고, 다르시는 다른 곳으로 가고, 엘리자베스는 다르시에게 바람직하지 않은 감정을 품었다. 그러다 친구들에게 엄청 신나게 이야기했다. 발랄하고 장난기 많은 성격이라, 우스꽝스러운 이야기라면 무어든 좋아했기 때문이다.

베넷 집안 여자는 대체로 즐겁게 지냈다. 베넷 부인이 보기에 네더필드 대저택 일행은 큰딸 제인을 좋아했다. 빙리는 춤을 두 번이나 추고, 함께 온 누이도 모두 깍듯했다. 제인 역시 어머니만큼이나 좋아했다. 훨씬 차분한 게 다를 뿐이다. 엘리자베스 역시 큰언니가 좋아하는 걸 느꼈다. 메리는 빙리 여동생에게 근방에서 가장 교양있는 아가씨라고 칭찬을 듣고, 캐서린과 리디아는 파트너가 계속 생기는 행운을 누리니, 이들에게 무도회에서 가장 중요한 건 바로 그거였다. 이윽고 베넷 집안 여자들이 롱번으로 돌아오니, 베넷 선생은 잠자리에 들기 직전이었다. 책만 읽으면 시간 가는 줄 모르지만, 이번만큼은 모두 오랫동안 기대하던 무도회가 어떻게 됐는지 궁금하던 터였다. 베넷 선생이 바란 건 부인이 낯선 젊은이에게 잔뜩 실망하는 건데, 그 입에서 흘러나온 말은 완전히 딴판이었다. 거실로 들어서면서 이렇게 말할 정도였다.

“아! 친애하는 베넷 선생, 정말 멋진 저녁에 완벽한 무도회였어요. 당신도 함께 가면 좋았을 텐데요. 제인이 얼마나 인기였는지 몰라요. 다들 예쁘다고 칭찬한 데다 빙리 선생은 흠뻑 반해서 춤을 두 번이나 추었다고요! 빙리 선생이 제인이랑 두 번이나 춤추었다는 사실을, 춤을 두 번이나 신청한 아가씨는 제인밖에 없다는 사실을 생각해 보세요! 처음에는 루카스 양한테 신청했어요. 둘이 춤추는 모습을 보니 정말 분하더군요! 하지만 빙리 선생은 루카스 양한테 조금도 안 빠져들었어요. 하기야, 그런 애한테 누가 빠져들겠어요! 그러더니 제인이 춤추러 가는 모습에 홀딱 반한 것 같아요. 저 아가씨가 누구냐 묻고 소개받더니, 제인한테 두 번째 춤을 신청한 거예요. 그러더니 킹 양하고 세 번째, 마리아 루카스랑 네 번째, 그런 다음에 제인하고 다시 다섯 번째, 엘리자베스하고 여섯 번째, 그리고 블랑제[4]는……."

베넷 선생이 못 참고 끼어들었다.

"빙리 선생이 나를 조금이라도 불쌍히 여겼다면 춤을 절반도 안 췄을 거요! 제발 부탁이니, 그 사람이 춤춘 얘기는 그만하시오. 아, 첫 곡에서 발목을 삐어야 하는 건데!"

"아, 여보, 정말이지 빙리 선생이 맘에 꼭 들어요. 얼굴이 얼마나 잘생겼는지 몰라요! 누이는 둘 다 매력이 가득한 숙녀고요. 그렇게 우아한 드레스는 생전 처음 봐요. 드레스에 달린 레이스는……."

부인 이야기는 여기에서 또 막혔다. 베넷 선생이 화려한 드레스 얘기를 거부한 거다. 그래서 베넷 부인은 화제를 바꿔야겠다 생각하고 다르시 선생이 소름 끼칠 정도로 무례했다며 잔뜩 혐오하는 어투로 심하게 과장해서 말했다.

"분명한 건 그 사람 눈에 안 들었다 해서 엘리자베스가 아쉬워할 필요는 전혀 없다는 거예요. 누구보다 불쾌하고 역겨워, 기분을 맞춰 줄 가치가 조금도 없는 사람이거든요. 어찌나 오만하고 잘난 척하던지 눈 뜨고 못 볼 지경이었다고요! 제멋에 취해서 이리저리 어슬렁거리는 꼴이란! 같이 춤추고 싶을 만큼 잘난 얼굴도 아닌데! 당신이 잘하는 말투로 그 자리에서 따끔하게 혼내야 했어요. 정말이지 꼴조차 보기 싫었거든요!"

---

4) Boulanger: 프랑스에서 들어온 민속춤으로, 양쪽으로 길게 늘어서서 신나게 춘다. 당시에는 블랑제를 다섯 번째 춤이자 마지막 춤으로 추는 게 일반이었다.

## 4

제인은 빙리를 칭찬하는 걸 조심스러워하다, 엘리자베스와 단둘이 있을 때 꽤 훌륭한 사내라며 호감을 드러냈다.

"빙리 선생은 현명하고 상냥하고 활기찬 사내 모습 그대로야. 그렇게 유쾌한 태도는 본 적이 없어! 교양이 완벽해서 더없이 편안해!"

엘리자베스도 동조했다.

"게다가 잘생기고. 이왕이면 다홍치마잖아. 모든 게 완벽하다고 볼 수 있지."

"그 사람이 춤을 또 신청할 때는 정말 기뻤어. 그런 영광을 기대조차 못 했거든."

"정말? 나는 신청할 줄 알았는데. 바로 그게 언니랑 나랑 다른 거야. 누가 칭찬하면 언니는 깜짝 놀라는데, 나는 아니라는 거. 그 사람이 언니한테 또 신청하는 건 지극히 자연스러운 거 아니야? 무도회에 참석한 어떤 여자보다도 언니가 다섯 배는 예쁘다는 게 한눈에 보이니까. 그 사람이 대단해서 그런 게 아니라고. 물론 상냥한 사람인 건 맞으니, 언니가 좋아하는 걸 허락할게. 언니는 그보다 멍청한 사내도 여러 번 좋아했잖아."

"엘리자베스!"

"아! 언니는 사람을 믿는 경향이 너무 강해. 단점을 안 본다고. 언니 눈엔 온 세상이 착하고 상냥해. 누굴 나쁘게 말한 적이 없어."

"누굴 섣불리 비난하지 않으려고 조심하지만, 그래도 생각은 솔직하게 말한다고."

"그건 나도 알아. 그래서 놀라운 거야. 언니는 분별력이 좋은데도 다른 사람이 멍청하게 굴거나 엉뚱하게 말하는 걸 모른 척하니까! 솔직하게 말하는 건 쉬워. 그런 사람은 어디에나 있으니까. 하지만 겉치레나 속셈 없이 솔직하게 말하는 건, 다른 사람한테서 장점을 보고 칭찬할 뿐 나쁜 말은 조금도 안 하는 건 언니만 할 수 있어. 그러니 언니는 그 사람 누이도 모두 마음에 들 거야, 그치? 내가 보기엔 빙리 선생에 훨씬 못 미치던데."

"당연히 못 미치지, 얼핏 보면. 하지만 대화하다 보면 정말 유쾌해. 여동생은 오빠랑 살면서 집안 살림을 맡을 예정이니, 내가 크게 잘못 본 게 아니라면 우리한테 매혹적인 이웃이 생기는 거야."

엘리자베스는 가만히 들을 뿐 공감하진 않았다. 두 여자가 무도회에서 보인 모습은 그다지 유쾌하지 않았다. 엘리자베스는 언니보다 관찰력이 예리하고 온순한 기질은 적은 데다 누가 관심을 보인다는 사실 때문에 판단력이 흔들리지 않는 편이라, 두 여자에게 호의를 품을 수 없었다. 물론 둘 다 세련된 여성으로, 기분이 좋을 때는 다정하고 마음이 내키면 호의를 보이나, 기본적으로 오만하게 잘난 척하는 분위기였다. 얼굴도 잘생긴 편이고 초기에 세운 런던 기숙학교에서 공부도 하고 이만 파운드에 달하는 재산도 있으나, 신분이 높은 사람과 어울리고 낭비벽은 심하다 보니, 모든 점에서 자신을 대단하게 여기고 다른 사람을 우습게 보는 경향이 강했다. 오라비든 두 누이든 영국 북부 명문가 출신이라는 사실을 사업으로 돈을 번 것보다 중요하게 여기는 경향도 있었다.

빙리는 아버지에게 십만 파운드에 달하는 재산을 상속받았다. 아버지가 영지를 구하려고 돈을 모으다 뜻을 못 이루고 사망한 것이다. 빙리도 똑같은 뜻을 품고 지방을 골고루 돌아다니다, 지금은 좋은 저택과 사냥할 권한까지 확보한 터라, 느긋한 기질을 잘 아는 사람은 빙리가 네더필드에서 여생을 보내고 영지를 구하는 역할은 다음 세대로 넘길 거란 의심마저 했다.

두 누이는 오라비가 영지를 구하길 갈망하지만, 세입자긴 해도 커다란 저택을 구하니, 여동생은 안주인 노릇을 할 마음이 없지 않고, 재산보다 지위를 보고 결혼한 누나는 필요할 때마다 그 집을 자기 집처럼 여길 마음이 없지 않았다. 빙리는 성년이 되고 2년을 넘길 즈음, 네더필드 대저택을 우연히 추천받았다. 그래서 주변을 둘러보고 실내를 30분이나 둘러보다 모든 점에서 마음에 든 건 물론, 건물주가 저택을 극찬하는 말에 만족해, 그 자리에서 계약한 것이다.

빙리와 다르시는 서로 꾸준히 만나긴 해도 성격은 정반대였다. 다르시는 빙리가 편안하고 솔직하고 유연한 성격인 걸 좋아하나, 완전히 다른 자기 성격에 불만을 품거나 고칠 생각은 조금도 없었다. 다르시가 보기에 빙리는 모든 점에서 자신을 믿고 판단력을 높이 샀다. 이해력은 다르시가 앞섰다. 빙리가 모자란단 말이 아니라, 다르시가 그만큼 똑똑하단 뜻이다. 하지만 오만하고 내성적이며 까다로워, 행동거지 하나하나는 교양이 있어도 호감을 얻을 순 없었다. 이런 점에선 빙리가 훨씬 앞섰다. 빙리는 어디서든 호감을 사는데, 다르시는 어디서든 반감을 샀다.

이런 성향은 메리턴 무도회를 평가할 때도 그대로 드러났다. 빙리는 그렇게 명랑한 사람들과 그렇게 예쁜 아가씨들을 평생 처음 만났다, 모든 사람이 다정하고 친절했다, 격식에 얽매이거나 딱딱하지 않아 금방 친해진 느낌으로, 특히 제인 아가씨는 천사보다 예쁜 것 같다고 말했다. 반면에 다르시는 사람들이 세련된 느낌은 하나 없고 예쁜 아가씨도 거의 없어, 누구에게도 관심을 안 보이고, 그들 역시 자신에게 관심이나 호감을 안 보였다, 제인 양이 예쁜 건 인정하지만 웃음이 너무 헤프다고 말할 정도였다.

누나랑 여동생은 다르시 말에 대체로 공감하면서도 제인 양만큼은 훌륭한 모습이 마음에 든다고, 그렇게 사랑스러운 아가씨라면 앞으로 계속 만나도 괜찮겠다고 선언했다. 그래서 제인은 사랑스러운 아가씨가 되고, 빙리는 그 말을 신부로 삼으면 좋겠다는 권유로 받아들였다.

5

롱번에서 가볍게 걸어갈 거리에 베넷 집안이 유난히 가깝게 지내는 가족이 살았다. 루카스 경은 메리턴에서 무역으로 상당한 재산을 모으더니, 시장으로 재직할 때는 국왕에게 청원해서 기사 작위까지 받았다. 이건 정말 대단한 영향을 끼쳤다. 하던 일은 물론 조그만 무역도시에 사는 자체를 경멸하더니, 둘 다 갑자기 포기하고 메리턴에서 2㎞ 떨어진 곳으로 이사해 루카스 저택이라고 이름 붙이곤, 생업이란 굴레를 벗어던진 채 스스로 중요한 인물로 여기는 걸 즐기며 온 세상을 대상으로 예의 바르게 행동하는 일에 몰두했다. 새로운 신분에 기분은 우쭐해도 사람을 깔보기는커녕 모든 사람에게 다정하게 행동하는 식이었다. 천성이 온화하고 다정하고 자상한 데다, 제임스 궁정에서 작위를 받느라 궁정 예법까지 갖춘 결과였다.

루카스 귀부인은 성격이 좋고 친절하지만 똑똑한 편은 아니라서 베넷 부인과 소중한 이웃으로 지낼 수 있었다. 루카스 부부는 자녀가 여럿인데, 큰딸 샬럿은 분별력과 지성을 갖춘 스물일곱 살 아가씨로 엘리자베스와 유난히 가까이 지냈다.

루카스 집안 아가씨들과 베넷 집안 아가씨들이 무도회를 소재로 대화를 즐기는 건 지극히 당연했다. 바로 다음 날, 루카스 아가씨들이 자기네 생각을 말하고 상대 생각을 들으려고 롱번으로 몰려오자, 베넷 부인이 문화인답게 자제하며 말했다.

"너는 시작이 정말 좋았어, 샬럿. 빙리 선생이 너를 제일 먼저 선택했잖아."

"네, 하지만 두 번째 파트너를 더 좋아하는 것 같았어요."

"아! 제인을 말하는가 보구나. 빙리 선생이 두 번이나 춤추었으니 말이야. 내가 보기에도 제인을 유난히 좋아하는 것 같긴 했어…… 아니, 확실히 그랬어…… 비슷한 말을 들었거든…… 확실히 모르겠지만…… 로빈슨 선생한테 어쩌고저쩌고하더라고."

"그 사람이 로빈슨 선생하고 대화하는 걸 제가 엿들은 거요? 제가 아주머니한테 말씀드리지 않았던가요? 로빈슨 선생이 메리턴 무도회는 어떠냐, 예쁜 아가씨는 얼마나 많다고 생각하느냐, 누가 제일 예쁘다고 생각하느냐고 묻자, 그 사람이 마지막 질문에 대뜸 대답하더라고요. '아, 당연히 베넷 집안 큰따님이죠. 거기에 대해선 다른 의견이 있을 수 없어요'라고."

"맙소사! 정말 확실한 대답이군…… 그 말은 마치…… 하지만 별다른 결과 없이 끝날 수도 있어."

"내가 엿들은 건 네가 엿들은 말보다 구체적이야. 다르시 선생 말은 빙리 선생 말만큼 엿들을 가치가 없어, 그치? 불쌍한 엘리자베스! 봐줄 만하다는 말이나 듣다니."

샬럿이 엘리자베스에게 말하자, 베넷 부인이 대뜸 끼어들었다.

"그런 몰상식한 말을 꺼내서 엘리자베스를 화나게 하지 말렴. 그렇게 불쾌한 사람이 좋아한다는 건 너무 끔찍하잖아. 롱 부인이 간밤에 말하길, 그 사람이 바로 옆에 삼십 분이나 앉아있으면서 한마디도 않더란다."

"정말로, 어머니? 잘못 들으신 거 아니에요? 다르시 선생이 롱 부인한테 말하는 걸 제 눈으로 똑똑히 보았거든요."

제인이 말했다.

"아…… 그건 롱 부인이 참다못해 네더필드가 마음에 드느냐고 물어서 대답할 수밖에 없었던 거야. 롱 부인이 물은 걸 그 사람이 불쾌하게 여기는 것 같았다더구나."

베넷 부인이 대답하자, 제인이 다시 말했다.

"빙리 아가씨 말이 그 사람은 친한 사이가 아니면 말이 없다더군요. 하지만 친한 사람한테는 지극히 다정하대요."

"얘야, 나는 조금도 못 믿겠구나. 그렇게 다정한 사람이라면 롱 부인과 대화했어야지. 하지만 이제 대충 알 것 같아. 모든 사람이 그 사람은 오만으로 똘똘 뭉쳤다던데, 롱 부인이 마차가 없어서 삯마차를 타고 무도회에 왔다는 소릴 어찌어찌 들은 게 분명해."

"저는 그 사람이 롱 부인하고 대화하지 않은 건 괜찮다고 생각하지만, 엘리자베스랑 춤추면 정말 좋았을 거예요."

샬럿이 말하자, 베넷 부인이 다시 말했다.

"엘리자베스, 내가 너라면 다음에도 그 사람하고는 춤추지 않겠다."

"어머니는 그 사람과 춤출 일이 당연히 없을 테니까요."

엘리자베스가 말하자, 샬럿이 덧붙였다.

"그 사람이 오만한 건 다른 사람이 오만한 것과 달라요. 이유가 충분하거든요. 얼굴도 잘생기고 가문도 좋고 재산도 많고 모든 게 최고라면 자신을 높이 평가하는 게 지극히 당연하니까요. 굳이 말한다면 그 사람은 오만할 자격이 충분해요."

"맞는 말이야. 나도 그 사람이 오만한 건 가볍게 용서할 수 있어,

자존심만 건들지 않는다면.”

엘리자베스가 동조하자, 메리가 끼어들었다. 사고력이 단단하고 훌륭한 아가씨였다.

“나는 오만한 건 지극히 평범한 단점이라고 생각해. 지금까지 읽은 책에 의하면 오만은 평범한 거야. 인간은 누구나 그럴 수 있는 데다, 진짜든 상상이든, 자신한테 이런저런 장점이 있다고 여기면서 스스로 만족하지 않는 사람이 드물거든. 허영심과 오만은 완전히 달라도 비슷한 측면이 있어. 오만한 사람은 허영심이 있을 수밖에 없거든. 하지만 오만은 자신을 바라보는 시각에 근거하는데, 허영심은 다른 사람이 바라보는 시각에 근거해.”

그러자 누나들을 쫓아온 루카스 도령이 대뜸 끼어들었다.

“내가 다르시 선생 같은 부자라면 아무리 오만해도 괜찮겠어. 사냥개를 잔뜩 키우면서 포도주를 매일 한 병씩 마실 수 있다면.”

“그건 너무 많이 마시는 거야. 내 눈에 띄면 술병을 단번에 빼앗고 말겠어.”

베넷 부인이 말하니, 막내가 그러면 안 된다 항의하고 베넷 부인은 꼭 그렇게 하겠다고 선언해, 논쟁은 자리가 끝날 때까지 이어졌다.

## 6

롱번 여자들은 네더필드를 곧바로 방문하고, 거기에 합당한 방문을 곧바로 받았다. 빙리 자매는 늘 상냥한 제인에게 더욱 커다란 호감을 느껴도 그 어머니를 도저히 견딜 수 없고 여동생들 역시 대화할 가치가 하나같이 없다는 사실을 깨달아, 큰딸 제인과 둘째 딸 엘리자베스에게만 호감을 드러내며 가까이 지내길 바랐다. 제인은 이런 호감을 즐거이 받아들이나, 엘리자베스는 두 사람이 다른 사람을 여전히 깔보고 큰언니도 예외는 아니라는 느낌을 노골적으로 받아서 두 사람을 좋아할 수 없었다. 두 사람이 제인을 좋아하는 건, 실제로, 빙리가 호감을 품어서 그럴 가능성이 컸다.

둘이 만날 때마다 빙리는 제인을 흠모한다는 사실이 확실히 드러나고, 엘리자베스 눈에는 언니 역시 처음 만나는 순간부터 호감을 품은 게 또렷하더니 이제는 지극히 사랑한다는 느낌마저 들었다. 다른 사람은 아무도 몰라서 다행스러울 뿐인데, 언니 제인은 평소에도 감정 표현이 강하며 태도가 늘 차분하고 쾌활한 터라, 오지랖 넓은 사람들이 의심하는 걸 피할 수 있었다. 하루는 이 사실을 모두 털어놓자, 샬럿이 대답했다.

"그런 경우엔 다른 사람 눈을 속이는 게 편하겠지만, 너무 심하게 숨기는 건 불리할 수 있어. 상대한테 사랑하는 감정을 숨기면 상대를 사로잡을 기회를 놓칠 수 있거든. 그러면 세상 모두를 똑같이 숨겼다는 건 아무런 위안이 안 되고. 사랑하는 감정엔 감사하는 마음과 허영심이 끼어들 수밖에 없으니, 그대로 놔두는 건 효과가 없어. 처음엔 자유롭게 시작할 수 있겠지. 호감을 살짝 느끼는 것도 자연스럽고. 하지만 별다른 자극 없이 진정으로 사랑에 빠져드는 사람은 어디에도 없어. 어떤 경우든 여자 측에서 자신이 느끼는 감정 이상을 드러내는 편이 좋아. 빙리 선생이 너희 언니를 좋아하는 건 확실하지만, 그냥 좋아하다 끝날 수도 있거든, 너희 언니가 아무런 표시도 안 하면."

"하지만 언니는 충분히 표시한다고, 성격이 허락하는 선에서. 언니가 좋아하는 걸 내가 알아챌 수 있다면, 그 사람 역시 숙맥이 아니고서야 당연히 알아채겠지."

"그 사람은 너희 언니 성격을 너만큼 모른다는 사실을 명심해, 엘리자베스."

"그래도 여자가 좋아하는 걸 굳이 안 숨긴다면 남자도 당연히 알아채겠지."

"그럴 수도 있겠지, 남자가 여자를 자주 만난다면. 하지만 빙리 선생과 너희 언니는 자주 만나긴 해도 단둘이 보내는 시간은 거의 없어. 늘 많은 사람이랑 섞여서 만나는 터라 단둘이 대화할 기회는 거의 없다고. 너희 언니는 기회가 있을 때마다 빙리 선생한테서 관심을 끌어야 해. 그래서 마음을 확실히 사로잡으면, 그때부터 원하는 만큼 느긋하게 사랑에 빠져들어도 된다고."

"좋은 방법이야, 잘 결혼하는 게 유일한 목적이라면. 내가 돈 많은 남자든 누구든 골라서 결혼하기로 마음먹는다면 당연히 그런 방법을 쓰겠어. 하지만 우리 언니는 달라. 속으로 따진 다음에 움직이는 사람이 아니야. 언니는 자신이 그 사람을 얼마나 좋아하는지는 물론 그게 바람직한지조차 몰라. 그 사람을 만난 게 보름밖에 안 된다고. 메리턴에서 네 번 춤추고, 오전에 그 사람 집에 한 번 찾아가고, 그런 다음에 여럿이 모여서 네 번 식사한 게 전부야. 그 사람 성격을 이해하기엔 절대적으로 부족해."

"네가 생각하기엔 부족하겠지. 너희 언니가 그 사람하고 식사만 했다면 그 사람 식성 말고 무얼 더 알겠니? 하지만 두 사람이 초저녁에 네 번이나 만났다는 걸 명심해. 그건 정말 대단한 거야."

"맞아, 초저녁에 네 번이나 만나서 두 사람 모두 벵퉁보다 코머스[5)]

5) 벵퉁(Vingt-un)과 코머스(Commerce)는 카드놀이로, 전자는 운이 중요하고 후자는 전략이 중요하다.

를 좋아한다는 걸 알았으니까. 하지만 결혼생활에 중요한 성격은 거의 안 드러난 것 같아."

"으음, 나는 너희 언니가 성공하길 진심으로 바라. 너희 언니는 내일 당장 결혼하더라도 상대편 성격을 일 년은 꼬박 연구한 이상으로 행복하게 살 수 있어. 행복한 결혼생활은 순전히 운에 달린 거야. 두 사람이 성격을 잘 안다거나 비슷하다 해서 행복하게 사는 건 절대 아니라고. 성격이란 건 결혼한 다음에도 끊임없이 변하다 서로 짜증만 나게 할 수 있거든. 인생을 함께 보낼 사람이라면 상대편 결점을 최대한 모르는 편이 좋아."

"재미는 있는데, 샬럿, 바람직하진 않아. 그건 너도 잘 알아. 말은 이렇게 해도 너 자신은 절대로 그렇게 행동하지 않을 테니까."

엘리자베스는 빙리가 언니에게 보이는 관심을 살피느라, 빙리 친구가 흥미로운 눈길로 쳐다본다는 사실은 조금도 몰랐다. 다르시는 처음에 엘리자베스가 예쁘다고 생각하지 않았다. 무도회에서 호감 없는 눈길로 쳐다보기도 했다. 하지만 얼굴에 별다른 매력이 없다고 친구에게 분명히 밝히는 순간, 까만 눈동자에 담긴 독특한 지성을 아름답다고 느끼기 시작했다. 그러면서 다른 매력을 연달아 발견했다. 당혹스러울 정도였다. 비판적으로 볼 때 몸매가 완벽한 균형을 이룬 건 아니지만, 전체적으로 보기 좋게 날씬하다고 인정하지 않을 수 없었다. 세련된 상류사회 분위기는 없지만, 동작 하나하나가 편안하고 쾌활해서 시선을 끌었다. 이런 사실을 엘리자베스는 조금도 몰랐다. 엘리자베스에게 다르시는 어디에서도 바람직하게 행동할 수 없는 사내, 자신을 함께 춤출 만큼 아름답다고 생각하지 않는 사내일 뿐이었다.

다르시는 엘리자베스를 더 많이 알고 싶고 함께 대화하는 단계로 나아가고 싶어, 엘리자베스가 다른 사람과 나누는 대화에 귀를 기울였다. 그래서 엘리자베스 역시 이상한 눈으로 쳐다볼 수밖에 없었다. 루카스 저택에 많은 사람이 모여서 파티할 때였다.

"내가 포스터 대령님과 대화할 때 다르시 선생이 열심히 엿듣는 이유는 무얼까?"

엘리자베스가 묻자, 샬럿이 대답했다.

"다르시 선생만 대답할 수 있는 질문이군."

"또 그러면 내가 본다는 사실을 확실히 알려주겠어. 그 사람은 두 눈에 조롱하는 빛이 가득해. 내가 노골적으로 나가지 않으면 나중에 그 사람 앞에서 꼼짝을 못하겠어."

그런 다음에 다르시가 접근하는데 입을 열려는 기색은 조금도 없고, 샬럿은 옆에서 정말 그럴 수 있겠느냐는 식으로 자극해, 엘리자베스는 대뜸 오기가 일어서 다르시를 똑바로 쳐다보며 물었다.

"제가 지금 밝힌 의견이 탁월하다고 생각하지 않으시나요, 다르시 선생님, 포스터 대령님한테 메리턴에서 무도회를 열라고 조른 거요?"

"쾌활한 건 대단하지만, 그런 문제에 대해서 숙녀분은 늘 비슷한 모습을 보이더군요."

"여성에 대한 잣대가 혹독하군요."

엘리자베스가 반박하자, 샬럿이 끼어들었다.

"이제 우리가 엘리자베스한테 조를 차례겠네요. 내가 피아노 뚜껑을 열 테니, 엘리자베스, 그다음은 네가 알아서 해."

"너처럼 이상한 친구도 없어! 아무나 있는 곳에서 연주하고 노래하라는 걸 보면! 내가 음악을 잘한다는 허영심이라도 즐긴다면 너처럼 좋은 친구는 없겠지만, 전혀 그렇지 않으니, 훌륭한 연주를 듣는 게 익숙한 사람이 가득한 곳에서 내가 피아노 앞에 앉는 일은 절대로 없어."

그래도 친구는 줄기차게 요구하고, 엘리자베스는 이렇게 덧붙였다.

"좋아, 그래야 한다면 그래야겠지."

그러더니 다르시를 엄숙하게 바라보며 말했다.

"옛말에 멋진 구절이 하나 있는데, 여기에 계신 분이라면 누구나 아는 속담이지요. '입은 쌀죽을 식힐 때나 벌려라.'[6] 그러니 저는 노래나 부르는데 입을 벌려야 하겠네요."

엘리자베스가 하는 연주와 노래는 상쾌하긴 해도 빼어나진 않았다. 그래서 한두 곡 끝나고 한 곡 더 하라는 소리에 대답도 하기 전에 메리가 재빨리 피아노를 차지했다. 베넷 집안 자매 가운데 유일하게 못생긴 편이라 교양과 음악 실력을 열심히 쌓아, 그걸 뽐낼 기회를 늘 탐냈기 때문이다.

메리는 재능도 없고 감각도 부족한데, 허영심이 발동해서 힘껏 애쓰니 현학적인 분위기에 기교만 가득할 뿐 연주는 엉망일 수밖에 없었다. 엘리자베스는 실력이 부족해도 있는 그대로 편안하게 연주해서 사람들이 즐길 수 있었다. 그런데 메리는 기나긴 독주곡을 끝내곤, 여동생 두 명과 루카스 집안 여자애들 요청으로 스코틀랜드와 아일랜드 가곡을 연주하고 장교 두세 명이 한쪽 구석에서 가만히 춤추는 걸 칭찬으로 여길 뿐이었다.

다르시는 초저녁 시간이 이런 식으로 흘러가는 게 싫어서 입을 꾹 다물고 모든 대화를 거부한 채 잔뜩 경멸하는 표정으로 깊은 생각에 빠져들 때 루카스 경이 불쑥 다가와서 말했다.

"젊은이들이 춤추며 노는 모습이 보기 좋군요, 다르시 선생! 춤만큼 좋은 건 어디에도 없지요. 사교계에서 제일 고상한 놀이니까요."

"그렇습니다, 선생님. 품위가 떨어지는 사교계까지 널리 퍼졌다는

---

6) Keep your breath to cool your porridge. '쓸데없이 참견하지 말라'는 뜻이다.

장점도 있고요. 야만인도 춤추니까요."

루카스 경은 미소만 머금더니, 빙리가 춤 대열에 끼어드는 걸 보고서 덧붙였다.

"선생 친구분은 춤을 재미있게 추는군요. 선생 역시 춤 솜씨가 대단할 게 분명해요, 다르시 선생."

"메리턴에서 제가 춤추는 걸 보셨을 텐데요, 선생님?"

"네, 물론이죠. 덕분에 무척 즐거웠다오. 세인트 제임스 궁정에서 자주 춤추시나요?"

"안 춥니다, 선생님."

"춤추는 건 궁정에 경의를 드러내는 방법이 아닐까요?"

"저로선 피할 수 있다면 어디에도 드러내고 싶지 않은 경의랍니다."

"런던에 저택이 있겠지요?"

다르시 선생이 목례로 대답했다.

"나도 한때는 런던에 정착할 생각을 했다오, 상류사회를 좋아하는 편이라서. 하지만 런던 공기가 부인한테 잘 맞으리란 확신이 안 들었답니다."

루카스 경은 입을 다물고 대답을 기다렸지만, 상대는 뭐라고 대답할 기분이 아니었다. 바로 그때 엘리자베스가 다가와서 루카스 경은 용감하게 행동하고 싶은 충동에 휩싸이며 대뜸 제안했다.

"사랑하는 엘리자베스 양, 춤 한번 추지그래? 다르시 선생, 극히 바람직한 파트너로 젊은 아가씨를 추천하고 싶구려. 거절하면 안 된다오, 바로 앞에 이렇게 대단한 미인이 있는데."

그러더니 엘리자베스 손을 잡아서 건네는 순간, 다르시는 굉장히 놀라긴 해도 그 손을 잡고 싶은 열망이 없는 건 아니나, 엘리자베스는 손을 대뜸 빼더니 지극히 당황한 표정으로 거절했다.

"하지만 저는 춤추고 싶은 마음이 없답니다, 선생님. 파트너를 구걸하려고 이쪽으로 온 건 아니라는 사실을 헤아려주시기 바랍니다."

다르시는 손을 붙잡는 영광을 허락해달라고 예의를 다해서 요청했으나, 소용이 없었다. 엘리자베스는 단호했다. 루카스 경이 아무리 설득해도 흔들리지 않았다.

"자네는 춤추는 실력이 탁월해, 엘리자베스, 나한테서 구경하는 행복을 빼앗는 건 잔인한 거야. 이 신사분은 즐거운 놀이를 싫어하긴 해도 우리한테 30분 정도 내주는 건 거부하지 않으실 거야."

"다르시 선생은 예의가 바르니까요."

엘리자베스가 대답하며 웃었다.

"맞아, 하지만 친애하는 엘리자베스, 파트너가 너무 훌륭해서 다르시 선생도 공손할 수밖에 없는 거야. 이렇게 멋진 파트너를 누가 거부하겠어?"

엘리자베스는 장난스러운 눈빛으로 쳐다보다 돌아섰다. 하지만 다르시는 장난스러운 거절에 상처를 안 받고 극히 만족스러운 느낌으로 엘리자베스를 가만히 떠올리는데, 빙리 여동생이 다가와서 말했다.

"다르시 선생께서 무슨 생각을 하시는지 알 것 같아요."

"그렇진 않을 것 같소만."

"다르시 선생께서는 매번 이런 모임에서 이런 식으로 초저녁을 보내는 게 지겨운 거예요. 저도 선생님이랑 의견이 같아요. 이렇게 짜증스러울 순 없거든요! 재미는 하나도 없이 시끄럽기만 하고, 사람들은 별 볼 일 없는데 하나같이 잘난 척하고! 선생께서 따끔하게 비평하는 말을 듣고 싶을 정도예요!"

"추측이 완벽하게 엇나갔군요. 저로선 이렇게 즐거울 수 없으니까요. 아름다운 여성이 매력적인 눈빛으로 베푸는 기쁨에 대해 곰곰이 생각하는 중이었답니다."

빙리 여동생은 깜짝 놀란 눈으로 상대 얼굴을 쳐다보며 그렇게 생각하는 건 어떤 여성 때문이냐 묻고, 다르시는 용감하게 대답했다.

"엘리자베스 베넷 양입니다."

빙리 여동생이 다시 놀라며 감탄했다.

"엘리자베스 베넷 양이요! 정말 놀랍군요. 그런 마음을 얼마나 오랫동안 품었나요? 언제 축하드리면 되나요?"

"그렇게 물으실 줄 알았습니다. 숙녀분은 상상력이 대단하니까요, 흠모는 사랑으로, 사랑은 결혼으로 순식간에 뛰어넘을 만큼. 그래서 저한테 축하하실 줄 알았습니다."

"맙소사, 선생께서 마음을 정했다면 그 문제는 완벽하게 결정 난 거잖아요. 매혹적인 장모님께서는 툭하면 펨벌리 저택으로 찾아오실 테고요."

이런 식으로 놀리는 말에 다르시는 아무런 표정도 안 드러내니, 빙리 양은 더 놀려도 된다는 신호로 받아들이고 재치를 마음껏 뽐냈다.

## 7

베넷 선생은 매년 이천 파운드가 나오는 농장이 거의 모든 재산으로, 불행하게도 아들이 없으면 먼 친척에게 상속한다는 조건이 붙은 상태였다. 베넷 부인은 여성치고 재산이 상당하나, 남편이 사망한 자리를 채우기엔 턱없이 부족했다. 메리턴에서 변호사로 활동하던 부친이 남긴 4,000파운드가 전부였다.

베넷 부인 여동생은 부친 밑에서 일하다 변호사 사무실을 물려받은 필립스와 결혼하고, 남동생은 사업에 성공해서 런던에 정착했다.

롱번은 메리턴에서 2㎞ 거리에 불과했다. 베넷 집안 아가씨들에겐 일주일에 서너 번 오가며 이모 집도 찾아가고 바로 건너편 옷가게도 들락거리기에 딱 좋은 거리였다. 특히 열심히 오가는 딸은 제일 어린 캐서린과 리디아로, 언니들보다 마음이 공허한 탓에 특별한 일이 없으면 메리턴으로 걸어가서 오전 시간을 즐겁게 보내고 초저녁 이야깃거리를 잔뜩 담아오기 일쑤였다. 시골이라서 특별한 소식은 없지만, 두 딸은 이모에게 새로운 소식을 들으려고 늘 애썼다. 그런데 이번엔 민병대[7] 연대가 들어와서 메리턴에 본부를 설치하고 겨우내 지낼 예정이란 소식을 들으니, 둘 다 더없이 기쁠 수밖에 없었다.

그다음부터는 두 자매가 이모네 집으로 갈 때마다 흥미진진한 소식이 마구 쏟아졌다. 장교 이름과 출신 가문에 대한 정보도 매일 새롭게 들었다. 장교가 묵는 숙소는 금방 드러나고, 결국엔 두 자매도 장교를 직접 만날 수 있었다. 이모부가 장교를 일일이 찾아다니니, 두 자매에겐 예전에 모르던 기쁨의 샘이 열린 셈이었다. 두 자매는 장교 얘기만 끊임없이 늘어놓고, 어머니가 신나게 떠벌리는 빙리 선생의 엄청난 재산보다 초급장교 제복에 눈길이 많이 갔다.

하루는 아침에 두 자매가 신나게 떠들어대는 소리를 가만히 듣다 베넷 선생이 냉정하게 말했다.

"너희가 말하는 소리를 들으니, 온 나라에 가장 멍청한 여자애는 너희 둘인 것 같구나. 가끔 의심이 들었다만, 이제 확신이 드는구나."

캐서린은 당황해서 아무런 대답을 안 해도, 리디아는 아랑곳하지

---

7) 당시 영국은 대혁명에 성공한 프랑스와 전쟁하는 중이라, 민병대가 영국 남부를 돌아다니며 침략에 대비했다. 전국적으로 고정지역에 주둔한 '정규군'과 대비된다.

않고 카터 대위를 자랑하다, 내일 아침 런던에 갈 테니 오늘 꼭 봐야 한다는 말까지 하고, 베넷 부인은 남편을 나무랐다.

"우리 아이한테 멍청하다니, 놀랍네요, 여보. 나는 다른 집 아이를 흉보긴 해도 우리 아이만큼은 절대로 흉보지 않는답니다."

"우리 아이가 멍청하다면, 나는 그 사실을 제대로 알길 바랄 뿐이오."

"그렇겠지요. 하지만 실제로 보면 우리 아이들은 누구보다도 똑똑하답니다."

"우리 생각이 다른 게 그것밖에 없어서 다행이오. 나는 우리 두 사람이 모든 점에서 똑같이 생각하길 바라지만, 넷째와 다섯째가 유난히 멍청하다는 생각만큼은 당신과 완전히 다를 수밖에 없구려."

"여보, 저렇게 어린 딸한테 엄마와 아빠만 한 분별력을 기대하는 건 옳지 않아요. 저 아이들도 우리 나이가 되면 장교를 아무렇지 않게 여길 테니까요. 나도 군복을 보면 마음이 설레던 때가 있었거든요. 사실, 마음속은 지금도 여전하고요. 일 년에 오륙 천 파운드 받는 젊고 잘생긴 대령이 우리 딸한테 청혼한다면 나는 기꺼이 허락할 거예요. 며칠 전에 루카스 저택에서 포스터 대령을 보고 제복이 잘 어울린다고 생각했거든요."

리디아가 대뜸 끼어들었다.

"엄마, 이모 말씀이, 처음에는 포스터 대령이 카터 대위랑 술집에 자주 갔는데 이제는 클라크 도서관[8]에 자주 간대요."

베넷 부인이 대답하려는데 하인이 들어와서 제인에게 편지를 건넸다. 네더필드에서 온 편지로, 하인이 답신을 기다린다고 했다. 베넷 부인은 눈을 반짝이며 좋아하다 딸이 편지를 읽는 동안 커다랗게 물었다.

"제인, 누가 보냈니? 어떤 내용이니? 뭐라고 적혔니? 어서 우리한테

8) 이동식 도서관으로 연회비를 받고 책을 빌려준다.

알려주렴, 제인. 어서, 우리 딸."

"빙리 양이 보낸 거예요."

제인이 대답하더니, 편지 내용을 커다랗게 읽었다.

> 친애하는 친구에게,
>
> 지금 당장 달려와서 함께 식사하는 온정을 안 베푼다면, 우리 자매가 서로를 평생 증오하게 되지나 않을까 두렵답니다. 온종일 여자 둘이 지내느라 툭하면 다투니까요. 편지를 받는 즉시 달려오세요. 오빠와 신사분들은 밖에서 장교들과 식사할 예정이랍니다.
>
> 영원한 친구 캐롤라인 빙리.

"장교들과! 이렇게 중요한 얘길 이모가 왜 안 하셨을까?"

리디아는 감탄하고, 베넷 부인은 한탄했다.

"밖에서 식사하다니, 운이 안 따르는군."

"마차를 써도 될까요?"

제인이 묻자, 베넷 부인이 대답했다.

"아니다, 얘야, 말 타고 가는 게 좋아. 금방이라도 비가 올 것 같은데, 그러면 그 집에서 하룻밤 묵을 수 있잖니."

엘리자베스가 끼어들었다.

"좋은 계획 같아요, 그 집 사람들이 언니한테 집으로 가라고 안 한다면."

"아! 하지만 빙리 선생 사륜마차는 신사분들이 메리턴으로 타고 갈 거고, 그 집 언니 부부는 마차에 맬 말이 없어."

"그래도 마차를 타고 싶어요."

"하지만 얘야, 아버지께서 말을 못 빼내실 거야. 농장에서 써야 하거든. 여보, 그렇지요?"

"농장에서 말을 쓰느라 나도 못 쓸 때가 많구나."

아버지 말에 엘리자베스가 다시 끼어들었다.

"오늘도 농장으로 말을 보내신다면 어머니 소원대로 되겠네요."

엘리자베스는 마침내 아버지에게 말을 농장으로 보내야 한다는 인정을 받아냈다. 따라서 제인은 남은 말을 타고 갈 수밖에 없고, 어머니는 현관까지 배웅하러 나와서 금방이라도 비가 올 것 같은 날씨를 크게 반겼다. 어머니 소망은 곧바로 응답받았다. 제인이 떠나고 얼마 안 돼서 비가 억수로 쏟아진 것이다. 동생들은 큰언니가 비를 맞을까 걱정했지만, 어머니는 마냥 즐거웠다. 비는 저녁 내내 한 번도 안 멈추며 쏟아지니, 제인은 돌아올 수 없을 게 확실했다.

베넷 부인은 비가 내린 게 모두 자기 덕분이라는 듯 "이게 다 내가 멋진 생각을 떠올려서!"라며 툭하면 자랑했다. 하지만 이 계획이 낳은 놀라운 결과는 다음 날 아침에 비로소 들었다. 아침 식사를 끝내기 직전에 네더필드에서 하인이 엘리자베스에게 편지 한 장을 가져온 것이다.

사랑하는 엘리자베스,

아침에 일어나니 몸이 찌뿌둥하구나. 어제 비를 너무 많이 맞아서 그런 것 같아. 두 분께서는 내가 좋아질 때까지 안 돌려보내겠다고 친절하게 말씀하셔. 약제사한테 치료받아야 한다고도 고집부리시고. 그러니 내가 약제사한테 치료받는다는 말을 들어도 놀라지 말렴. 목이 따갑고 머리가 아픈 것 말고는 아무렇지 않으니까.

사랑하는 언니가.

엘리자베스가 편지를 커다랗게 읽자, 베넷 선생이 말했다.

“아아, 여보, 당신 딸이 심한 병에 걸린다면, 그래서 죽는다면, 당신이 시키는 대로 빙리 선생을 쫓아다니다 그랬으니 마음이 편안하겠구려.”

“맙소사! 걔가 죽긴 왜 죽어요. 고까짓 감기 때문에 죽는 사람이 어딨다고. 그 집에서 잘 간호할 테니, 큰딸이 거기에 머무는 건 정말 잘 된 거예요. 마차를 탈 수 있다면 직접 가보고 싶네요.”

엘리자베스는 너무 걱정스러운 나머지 직접 가서 봐야겠다고 마음먹었다. 말 타는 방법은 모르니, 마차를 못 타면 걷는 수밖에 없었다. 그래서 걸어서라도 가겠다고 선언하니, 어머니가 깜짝 놀라서 소리쳤다.

“그런 생각을 하다니, 정말 멍청하구나, 사방이 진흙탕인데! 거기에 도착하면 꼴이 엉망진창일 거야.”

“그래도 언니를 볼 정도는 되겠지요. 제가 바라는 건 그게 전부니까요.”

“나한테 마차를 내놓으라는 뜻으로 하는 말이냐, 엘리자베스?”

아버지가 묻자, 엘리자베스가 대답했다.

“아니에요, 조금도. 저는 걸어가도 괜찮아요. 이유가 충분하면 거리는 아무것도 아니에요. 5㎞에 불과하잖아요. 저녁까진 돌아올게요.”

메리가 끼어들었다.

“마음을 자비롭게 쓰는 건 좋지만, 어떤 충동이든 이성으로 조절하는 게 마땅해. 행동은 필요한 만큼 한다는 게 내 의견이야.”

“우리가 메리턴까지 같이 갈게.”

캐서린과 리디아가 제안하고, 엘리자베스는 기꺼이 받아들여, 세 자매는 함께 길을 나섰다. 도중에 리디아가 말했다.

"우리가 서둘면 카터 대위가 떠나기 전에 만날 수도 있어."

메리턴에서 세 자매는 헤어졌다. 어린 자매 둘은 장교 부인이 묵는 숙소로 방향을 잡고, 엘리자베스는 혼자서 계속 걸어, 밭을 연속으로 건너고 울타리를 넘고 웅덩이를 펄쩍 뛰며 서둘다 보니, 마침내 그 집이 보일 즈음에 발목은 시큰대고 스타킹은 흙투성이고 얼굴은 빨갛게 달아올랐다.

엘리자베스는 조찬실[9]로 안내받으니, 제인만 빼고 다른 사람이 모두 있다가 흙투성이로 나타난 엘리자베스를 보고 하나같이 엄청나게 놀랐다. 이렇게 이른 시각에 그것도 진흙탕이 널린 날씨에 아가씨 혼자 5㎞를 걸어왔다는 사실을 빙리 누나도 여동생도 믿기 힘들고, 엘리자베스는 두 자매가 자신을 경멸한다고 확신했다. 하지만 자매는 정중하게 맞이하고 빙리는 정중한 예의 이상으로 반기며 다정하게 맞이했다. 다르시는 말을 거의 안 하고 빙리 매형은 아무 말도 안 했다. 다르시는 열심히 걸어서 발갛게 달아오른 얼굴이 참 매력적이라는 마음과 이번 일이 과연 여자 혼자 이렇게 먼 길을 올 정도인지 의심스러운 마음으로 나뉘고, 빙리 매형은 아침에 먹을 요리만 생각했다.

언니가 어떤 상태인지 물은 건 대답이 바람직하지 않았다. 제인은 밤새도록 설치다 이제 일어났지만 열이 심해서 밖으로 나올 수 없었다. 엘리자베스는 빙리 여동생이 언니에게 곧장 데려다주는 게 고맙고, 제인은 가족이 찾아오길 갈망했으나 행여나 가족이 불안해하며 걱정할까 두려워서 편지 보내는 걸 꾹 참던 판에, 동생이 들어오는 걸 보고서 너무나 기뻤다. 하지만 길게 대화할 상태는 아니라서 빙리 여동생이 두 사람만 남겨두고 떠날 때 고맙다는 말만 간신히 하고, 엘리자

---

9) breakfast-parlour, 아침 식사도 하고 그림도 그리고 휴식도 취하고 담소도 나누는 등 응접실처럼 사용한다.

베스는 언니 곁을 조용히 지켰다.

아침 식사가 끝나고 빙리 자매가 찾아와서 제인에게 지극한 관심을 보이며 걱정하는 모습에 엘리자베스는 처음으로 호감을 느꼈다. 약제사가 와서 환자를 진찰하더니 예상대로 심한 감기에 걸렸다고, 충분히 쉬면서 회복하도록 모두 도와야 한다고 말하고, 침대에 누워서 편히 쉬라 충고하며 약을 지어주겠다고 약속했다. 제인은 약제사 충고에 즉시 따랐다. 열이 심하게 오르고 머리가 깨지는 것처럼 아팠기 때문이다. 엘리자베스는 한순간도 침실을 안 비우고, 빙리 자매 역시 자주 비우지 않는데, 사실, 신사들이 외출해서 할 일이 특별히 없기도 했다.

시계가 세 시를 치자, 엘리자베스는 이제 가야겠다는 생각에 마지못한 어투로 그렇게 말했다. 빙리 여동생이 마차를 태워주겠다고 제안해서 엘리자베스도 조금만 더 강하게 말하면 받아들이려고 마음먹는데 동생이 떠나는 걸 제인이 아쉬워하는 게 확실히 드러나는 순간, 빙리 여동생은 마차를 태워주겠다는 제안을 네더필드에 묵는 편이 좋겠다는 초대로 바꿀 수밖에 없었다. 엘리자베스는 초대를 고마운 마음으로 받아들이니, 하인이 롱번으로 가서 가족에게 알리고 갈아입을 옷까지 가져왔다.

## 8

5시에 빙리 자매는 옷을 갈아입으러 가고 6시 반에는 정찬[10]에 참석

10) 18세기에는 아침에 일하고 오전 10시에 조찬을 들고 오후 4~5시에 정찬(dinner)을 들었다. 정찬은 정장을 차려입는 게 관례라 미리 옷을 갈아입었다. 18세기 후반부터 식사 시간이 점차 변하고, 빙리 집안은 상류층 전통에 따라 6시 반에 정찬을

하라며 엘리자베스를 불렀다. 정찬 자리에선 여러 사람이 예의 바르게 물어대는데, 빙리가 묻는 말에는 걱정하는 느낌이 진솔하게 묻어나와서 엘리자베스는 기분이 좋아도 언니는 좋아진 게 조금도 없으니 긍정적으로 대답할 수 있는 건 없었다. 빙리 자매는 이 말을 듣고서 정말 슬프다고, 감기가 심하면 얼마나 힘든지 모른다고, 자기네도 아픈 게 제일 싫다고 서너 번이나 되풀이하곤 그 문제를 더는 안 꺼냈다. 언니가 앞에 없다고 그렇게 무관심할 수 있다는 사실에 엘리자베스는 애초에 두 사람을 싫어하던 마음이 되살아났다.

실제로 엘리자베스가 그나마 편안하게 대할 수 있는 인물은 빙리 한 명밖에 없었다. 빙리는 언니를 걱정하는 마음이 또렷하고 세심하게 배려한 덕분에 엘리자베스로선 불청객이라는 느낌을 조금이나마 덜 수 있었다. 하지만 빙리를 제외한 누구도 엘리자베스에게 관심이 없었다. 빙리 여동생은 다르시에게 흠뻑 빠지고 빙리 누나도 마찬가지며, 빙리 매형은 바로 옆에 앉았으나 정말 게으른 사내로, 사는 목적이라곤 먹고 마시고 카드 놀이하는 게 전부라, 라구[11]라는 싸구려 음식을 좋아한다는 대답을 들은 다음부터는 엘리자베스에게 아예 말을 안 했다.

정찬이 끝나자마자 엘리자베스는 언니에게 돌아가고, 빙리 여동생은 엘리자베스가 나가자마자 흉보기 시작했다. 행동거지 하나하나가 무례하고 오만불손한 데다 대화할 줄 모르고 맵시도 없고 예쁘지도 않다는 거였다. 그러자 빙리 누나도 생각이 같다며 덧붙였다.

"한 마디로 저 여자는 내세울 게 하나도 없어, 잘 걷는 것만 빼면.

---

들었다. 조찬과 정찬 사이가 길어지면서 '차가운 음식을 그냥 먹는다'는 의미로 가벼운 식사(점심, luncheon)가 생겨났다. 따라서 엘리자베스는 이른 아침을 먹고서 이때까지 아무것도 안 먹었다는 뜻이 된다.

11) ragout: 고기를 잘게 썰어서 향료와 채소를 듬뿍 넣고 끓인 스튜.

오늘 아침 저 여자 모습을 평생 못 잊을 거야. 야만인 같았다고.”

“맞아요, 언니. 못 본 척하기도 힘들더라고요. 애초에 여기를 찾아온 자체가 황당해요! 진창이 가득한 들판을 바삐 걸어올 이유가 도대체 뭐냐고요, 자기 언니가 감기에 걸려서? 칠칠치 못하게 머리칼은 잔뜩 헝클어뜨린 채!”

“맞아! 속치마도 그래. 너도 보았겠지만, 속치마 15㎝ 높이까지 진흙이 묻은 게 분명해. 그걸 숨기려고 치마를 잔뜩 내렸는데 소용이 없더라고.”

“누나 눈이 정확하겠지만, 나는 그런 걸 하나도 못 봤어. 오늘 아침에 들어올 때 내 눈엔 정말 훌륭하게 보였거든. 진흙투성이 속치마는 하나도 안 보이고.”

빙리가 말하자, 여동생이 다르시에게 물었다.

“선생님은 보셨을 게 분명한데, 선생님이라면 여동생이 그런 꼴로 돌아다니는 걸 보고 싶지 않으시겠죠?”

“당연하죠.”

“오 킬로미터든 육 킬로미터든 칠 킬로미터든 발목까지 진흙탕에 빠뜨리며 걷다니, 그것도 혼자서, 완전히 혼자서! 도대체 무슨 생각으로 그랬을까요? 내가 보기엔 독립심을 흉측하게 자랑하며 잘난 척하려는 것 같아요. 시골 여자는 예의 같은 게 없거든요.”

“언니를 사랑하는 마음이 나는 보기 좋았어.”

빙리는 반박하고, 여동생은 반쯤 속삭이는 어투로 말했다.

“이번 사태가 멋진 눈동자를 흠모하는 마음에 영향을 미칠까 걱정스럽네요, 다르시 선생님.”

“전혀 아닙니다. 열심히 걸어서 눈빛이 반짝거리더군요.”

다르시가 대답하고 침묵이 흐르자, 빙리 누나가 끼어들었다.

"나는 제인 베넷 양한테 관심이 많아. 사랑스러운 아가씨거든. 그래서 잘 결혼하길 진심으로 바라. 하지만 아버지나 어머니가 그렇고 친척도 별 볼 일 없어서 제대로 결혼할 수 있을까 걱정스러워."

"그 집 이모부가 메리턴에서 변호사로 활동한다고 누나가 말한 것 같은데?"

"맞아. 외삼촌도 있는데, 칩사이드[12] 근처에 살아."

"대단해."

여동생이 덧붙이더니 언니와 함께 신나게 웃어대자, 빙리가 반박했다.

"칩사이드에 외삼촌이 잔뜩 산다 해도 두 아가씨 모두 매력이 줄어들 일은 조금도 없어."

"사회적 지위가 상당한 사내와 결혼할 가능성은 크게 줄겠지."

다르시가 대답했다.

빙리는 이 말에 대답을 안 했지만, 두 누이는 전적으로 공감하곤 친애하는 친구의 천박한 친척을 도마에 올려놓고 신나게 웃어댔다.

하지만 다정한 마음을 새롭게 다지더니, 식당을 빠져나와 제인이 있는 방으로 가서 남자들이랑 커피 마실 시간이 될 때까지 곁에 머물렀다. 제인은 좋아질 기미가 여전히 없고, 엘리자베스는 곁을 잠시도 안 비우다, 늦은 저녁에 언니가 곤하게 자는 걸 보고서 마음이 놓여, 내키진 않아도 예의를 다 하려고 아래층으로 내려갔다. 그래서 응접실로 들어서니, 사람들이 카드놀이에 열중하다 함께 치자고 초대했다. 하지만 판돈이 큰 것 같아서 언니가 아픈 걸 핑계로 거절하고 잠시 책이나 읽다 올라가겠다고 말하자, 매형이란 작자가 깜짝 놀란 눈으로

12) Cheapside: 런던 중앙을 동서로 가르는 대로. 주변에 옥스퍼드가 있다. 주택가를 새롭게 형성하면서 중산층이 몰려들었다. Cheap 자체가 싸구려란 뜻으로, 비꼬는 의미가 강하다.

쳐다보며 물었다.

"책 읽는 게 카드놀이보다 좋으세요? 정말 독특하군."

빙리 여동생이 맞장구쳤다.

"엘리자베스 베넷 양은 카드놀이를 경멸해요. 대단한 독서가라서 다른 취미는 없답니다."

"칭찬도 비난도 모두 틀렸군요. 저는 대단한 독서가도 아니고 다른 취미도 많답니다."

엘리자베스가 반박하자, 빙리도 거들었다.

"언니를 간호하시는 것도 진짜 즐거워하는 게 분명하니, 저로선 제인 양이 어서 쾌차하기를 바랄 뿐입니다."

이 말에 엘리자베스는 진심으로 사례한 다음, 책 서너 권이 있는 탁자로 걸어갔다. 그러자 빙리는 다른 책도 가져오겠다고, 서재에 있는 책을 모두 가져오겠다고 즉각 제안하며 말했다.

"서재에 책이 훨씬 많다면 엘리자베스 양한테도 좋고 저도 체면이 서겠지만, 저는 정말 게으른 터라 책이 많지 않은데, 그걸 모두 본 것도 아니랍니다."

엘리자베스는 응접실에 있는 책으로 완벽하게 충분하다 대답하고, 빙리 여동생은 이렇게 말했다.

"우리 아버지께서 물려주신 책이 그렇게 적다는 게 저는 정말 놀라워요. 펨벌리 저택은 서재가 훌륭한데요, 다르시 선생님!"

"그럴 수밖에요, 몇 대에 걸쳐서 모았으니까."

"다르시 선생님도 많이 보탰잖아요, 책을 늘 사셔서."

"지금 같은 시대[13]에 가족 서재를 소홀히 하는 건 이해할 수 없거

13) 인쇄술과 종이기술이 본격적으로 발달해서 책을 제작하는 비용은 크게 내려가고 생산성은 크게 올라갔다.

든요."

"소홀히 하다뇨! 선생님은 고상한 저택을 아름답게 가꿀 수 있다면 무엇 하나 소홀하지 않으실 거예요. 오빠, 나중에 집을 지을 때 펨벌리 저택을 절반이라도 따라가면 좋겠어."

"당연하지."

"그러려면 펨벌리 저택 근처에 땅을 사서 비슷하게 지으라고 조언하고 싶어. 영국 전역에 더비셔만큼 아름다운 지역은 없거든."

"내 말이 그 말이야. 다르시가 펨벌리 저택을 판다면 당장에라도 사겠어."

"지금 나는 현실적인 걸 말하는 거야, 오빠."

"내 말이 그 말이라고, 캐롤라인. 펨벌리 저택을 모방하는 것보단 차라리 돈 주고 사는 게 현실적이라는 거."

엘리자베스는 대화 내용에 관심이 끌려서 책에 집중할 수 없어, 곧바로 접어서 옆에 내려놓고 카드놀이 탁자로 다가가, 빙리 선생과 그 누나 사이에 앉아서 카드놀이를 구경하고, 빙리 여동생은 다시 물었다.

"다르시 아가씨는 지난봄에 만난 이후로 많이 컸지요? 저만큼 키가 클까요?"

"그렇겠지요. 지금도 엘리자베스 베넷 양과 비슷하거나 약간 크니까요."

"다시 만나고픈 마음이 간절하네요! 그렇게 유쾌한 상대는 만난 적이 없거든요. 얼굴도 예쁘고 예의도 바르고! 어린 나이에 그렇게 대단한 교양을 쌓고! 피아노 실력이 참 훌륭하잖아요."

빙리가 끼어들었다.

"젊은 아가씨들이 온갖 고생을 하며 그렇게 열심히 교양을 쌓는다는 게 나로선 정말 놀라워. 모든 아가씨가."

"모든 아가씨라니! 오빠, 무슨 뜻으로 하는 말이야?"

"내 눈에는 누구나 그런 것 같아. 하나같이 그림을 그리고 자수를 놓고 뜨개질을 하잖아.[14] 하나라도 못 하는 아가씨를 본 적이 없어. 젊은 아가씨를 설명할 때면 교양이 대단하다는 말도 항상 나오고."

다르시가 반박했다.

"하나같이 별 볼 일 없는 교양이지. 자수를 놓고 뜨개질하는 것밖에 모르는 여자한테 교양이 대단하다고 말할 순 없어. 하지만 모든 여성이 그렇다는 의견에도 동의할 수 없군. 교양이 정말 탁월한 여성을 대여섯 알거든."

"제 생각도 그래요."

빙리 여동생이 맞장구치고, 엘리자베스는 이렇게 말했다.

"그런 여성은 정말 많은 걸 알아야겠군요."

"네, 정말 많은 걸 알아야 한다고 생각합니다."

다르시 대답에 열렬한 추종자가 다시 끼어들었다.

"맞아요! 일반적인 수준을 월등하게 뛰어넘지 못한 사람한테 교양이 대단하다고 말할 순 없으니까요. 여성이 그런 말을 들으려면 음악과 노래와 그림과 춤과 외국어를 철저하게 익혀야 해요.[15] 걷는 자세와 분위기, 목소리와 어법과 표현력까지 갖춰야 하고요. 그렇지 않으면 칭찬받을 자격이 없어요."

"네, 그런 능력을 모두 갖추어야 해요. 하지만 더 중요한 것도 있죠. 책을 많이 읽어서 영혼을 갈고닦는 거요."

다르시가 덧붙이자, 엘리자베스가 반박했다.

"그런 여성을 대여섯 명밖에 모르신다는 게 더는 놀랍지 않네요.

---

14) 당시에 여성이 쌓는 교양은 주변을 아름답게 꾸미는, 극히 사소한 내용에 한정되었다.

15) 여기에서 토론하는 내용은 당시에 여성이 교육받을 내용과 범위를 보여주는데, 작가는 그 한계를 작품에서 반복해서 지적한다.

그런 여성을 안다는 게 오히려 신기하니까요."

"이런 능력을 모두 갖춘 여성이 과연 있을지 의심하는 건 같은 여성을 과소평가하시는 거 아닌가요?"

"저는 그런 여성을 본 적이 없거든요. 선생께서 말씀하신 능력과 취향과 성실성과 우아함을 모두 갖춘 여성을."

빙리 자매는 엘리자베스가 의심하는 건 부당하다고 소리치더니, 자기네도 그런 여성을 많이 안다며 반박하고, 빙리 매형은 조용히 하라고 요구했다. 사람들이 카드놀이에 집중하지 않아서 짜증이 치민 것이다. 어쨌든 그걸로 대화가 끝나자, 엘리자베스는 조금 뒤에 밖으로 나갔다. 그래서 문이 닫히자, 빙리 여동생이 다시 흉보기 시작했다.

"엘리자베스 베넷은 남성 앞에서 같은 여성을 깎아내리는 방식으로 자신을 끌어올리는 유형이군요. 그래서 많은 남성한테 성공한 모양이에요. 하지만 극히 야비하고 천박한 수법이라는 게 제 의견이랍니다."

다르시는 자신에게 하는 말이라 느끼고 이렇게 대답했다.

"여성이 남성을 사로잡으려고 애쓰는 방법에 하나같이 야비한 측면이 있는 건 확실합니다. 어떤 식으로든 교활한 느낌이 깃들어서 참으로 천박하거든요."[16)]

빙리 여동생은 대답이 만족스럽지 않아서 계속 흉볼 수 없었다.

엘리자베스가 응접실로 돌아왔다. 언니 병세가 심해져서 곁을 떠날 수 없다고 말하는 게 목적이었다. 빙리는 지금 당장 사람을 보내서 약제사를 부르자며 안달하고, 두 자매는 시골 약제사를 불러야 아무런 소용도 없다면서 런던으로 전보 쳐서 제일 훌륭한 의사를 부르라고 제안했다. 이 의견은 엘리자베스가 받아들일 수 없지만, 빙리 제안은 기꺼이 받아들일 수 있어, 언니가 또렷하게 좋아지지 않는다면 내일

16) 엘리자베스가 아니라 빙리 여동생을 비꼬는 말이다.

아침 일찍 사람을 보내서 약제사를 부르기로 했다. 빙리는 걱정스러워서 안절부절못하고, 두 자매도 정말 안타깝다고 말했다. 그래서 저녁 식사를 마친 다음에는 안타까운 마음을 달래려고 이중창으로 노래까지 불렀으나, 빙리는 마음을 조금도 달랠 수 없어, 하녀 우두머리에게 아픈 숙녀분과 동생을 지극정성으로 보살피라고 신신당부했다.

## 9

엘리자베스는 언니가 누운 침실에서 밤을 꼬박 지새우고, 이른 아침에는 빙리 선생이 하녀를 보내서 언니 안부를 묻고 나중에는 두 자매를 시중드는 우아한 아주머니 두 명이 언니 안부를 묻는 말에 다행히도 긍정적으로 대답할 수 있었다. 하지만 편지를 건네서 롱번으로 보내라고 부탁했는데, 상태가 좋아지긴 했지만, 어머니에게 직접 찾아와서 언니를 살펴보고 어떻게 하면 좋을지 판단하라는 내용이었다. 편지는 곧바로 보내고, 반응은 곧바로 나타났다. 베넷 부인이 아침 식사를 마치자마자 넷째와 막내를 데리고 네더필드로 넘어온 것이다.

제인이 정말 심각한 상태라면 베넷 부인도 크게 걱정하겠지만, 병이 대수롭지 않다는 걸 확인하고 안심하더니, 큰딸이 곧바로 회복되지 않으면 좋겠다는 소망까지 품었다. 건강을 회복하면 네더필드에서 나와야 하니 말이다. 그래서 집으로 데려가라는 제인 부탁을 안 듣고, 거의 동시에 도착한 약제사 역시 당장 움직이는 건 바람직하지 않다고 주장했다.

어머니와 세 딸은 제인 곁에 잠시 머물다, 빙리 여동생이 나타나서 초대하는 바람에 조찬실로 함께 들어섰다. 빙리가 네 사람을 맞이해서 제인 양이 예상을 넘어설 정도로 나쁜 상태가 아니길 바란다며 인사하자, 베넷 부인이 대답했다.

"안타깝게도 예상을 넘어섰네요, 빙리 선생. 너무 아파서 데려갈 수 없겠어요. 약제사 선생도 제인을 데려가면 안 된다고 하시고요. 염치는 없지만, 빙리 선생 호의에 조금 더 기대야 하겠어요."

빙리가 소리쳤다.

"데려가다니요! 그건 생각도 하지 마세요. 장담컨대 누이가 제인 양을 절대로 못 데려가게 할 테니까요."

빙리 여동생이 공손하면서도 냉랭하게 말했다.

"제인 양이 머무는 동안 저희가 모든 노력을 다해서 보살필 테니 걱정하지 마세요, 부인."

베넷 부인은 고맙단 말을 마구 쏟아내다 덧붙였다.

"이렇게 좋은 친구분들이 아니었다면 우리 제인이 어떻게 됐을지 모르겠어요. 저 애는 병이 심하고 통증이 엄청나도 참을성이 누구보다 뛰어나답니다. 늘 그랬지요. 성격이 저렇게 사랑스러운 아이는 어디서도 본 적이 없답니다. 그래서 저 아이 동생들한테 너희는 언니에 비하면 아무것도 아니라고 늘 말한답니다. 여기는 실내가 참 예쁘네요, 빙리 선생. 자갈길이 내려다보여서 전망도 좋고. 인근 지역에 여기만 한 저택이 없답니다. 급히 떠날 생각을 안 하시면 좋겠어요, 단기로 임대했더라도."

빙리가 대답했다.

"저는 무어든 급하게 처리하니, 여기를 떠나야겠다고 마음먹으면 5분 안에 떠나고 말 겁니다. 하지만 당장으로선 여기가 매우 마음에 드는군요."

"저도 선생께서 그러시겠다고 생각했어요."

엘리자베스가 말하자, 빙리가 고개를 돌려서 쳐다보며 소리쳤다.

"제 마음을 이해하시는 건가요, 정말?"

"아, 네! 완벽하게 이해합니다."

"칭찬으로 받아들이고 싶지만, 제 마음이 이렇게 가볍게 들통나다니, 깊이가 없다고 생각하실까 두렵군요."

"그냥 그렇게 느낀 거예요. 선생보다 속이 깊고 복잡한 성격이라도 어림잡을 때 큰 차이가 있는 건 아니니까요."

"엘리자베스, 여기가 어딘지 명심해, 집처럼 천방지축으로 날뛰지 말고."

베넷 부인이 소리치는데도 빙리는 계속 말했다.

"엘리자베스 양께서 성격을 연구하신다는 건 미처 몰랐네요. 연구 내용이 흥미진진하겠어요."

"맞아요. 하지만 성격이 복잡할수록 재미있답니다. 최소한 그런 장점은 있지요."

"시골에선 연구대상이 충분하지 않을 때가 많지요. 시골 마을은 행동반경이 좁은 데다 만나는 사람도 적으니까요."

다르시가 끼어들자, 엘리자베스가 반박했다.

"하지만 똑같은 사람도 자주 변하는 터라 새롭게 관찰할 거리는 끝없이 나온답니다."

"내가 분명히 말하는데, 시골도 도시만큼 많은 일이 벌어진답니다."

베넷 부인이 갑자기 소리쳤다. 시골 마을이란 말에 기분이 상한 거다.

모든 사람이 깜짝 놀라고, 다르시는 베넷 부인을 가만히 쳐다보더니 말없이 고개를 돌렸다. 베넷 부인은 다르시를 멋지게 꺾었다는 생각에 의기양양하게 덧붙였다.

"내가 보기엔 런던에 가도 시골보다 대단한 건 없더군요, 상점과 공공장소만 빼면. 살기는 시골이 더 쾌적하니까요, 그렇지 않던가요, 빙리 선생?"

"저는 시골에 있으면 시골을 떠나기 싫으나, 도시에 있을 때도 떠나기 싫은 건 마찬가지랍니다. 각자 장점이 있는 만큼 저는 어디에 있든 똑같이 행복할 수 있답니다."

"아, 그건 빙리 선생 성격이 좋아서 그런 거예요."

베넷 부인이 말하다, 다르시를 쳐다보며 덧붙였다.

"하지만 저 신사분은 시골을 업신여기는 것 같더군요."

이 말에 엘리자베스가 얼굴을 붉히며 재빨리 끼어들었다.

"어머니가 오해하신 거예요. 다르시 선생은 그런 뜻이 아니셨어요. 시골은 도시만큼 다양한 사람을 만날 수 없다는 말씀을 하신 건데, 틀린 말이 아니잖아요."

"얘야, 그런 말을 아무도 안 한 건 맞아. 하지만 우리 마을에서 만나는 사람이 적다고 하셨는데, 이렇게 커다란 마을도 얼마 없다고. 내가 함께 식사하는 가족도 스물넷이나 되잖니."

빙리는 엘리자베스를 걱정하는 마음 하나로 표정을 간신히 다스렸다. 하지만 빙리 여동생은 섬세할 필요가 없으니 의미심장한 미소를 머금으며 다르시를 쳐다보고, 엘리자베스는 화제를 돌릴 요량으로 어머니에게 자신이 없는 사이에 샬럿이 롱번에 다녀갔느냐고 물었다.

"그래, 어제 부친과 함께 다녀갔단다. 루카스 경은 정말 유쾌한 분이에요, 그렇지 않은가요, 빙리 선생? 상류사회의 본보기죠! 예의 바르고 편안하거든요! 어떤 사람이든 항상 말을 건넨답니다. 나는 바로 그게 훌륭한 교양이라고 생각해요. 자신을 대단한 인물로 여기고 입을 꾹 다무는 사람은 뭘 모르는 거랍니다."

"샬럿이 함께 식사했나요?"

"아니다, 집으로 가겠다더구나. 민스파이를 만들어야 했나 봐. 나는, 빙리 선생, 그런 일은 늘 하인한테 시킨답니다. 우리 딸은 완전히 다르게 키웠거든요. 하지만 판단은 각자 몫이고, 루카스 집안 딸들 역시 하나같이 훌륭하답니다. 얼굴이 못 받쳐주는 게 안타까워요! 내가 샬럿을 정말 못생겼다고 생각한다는 말은 아니에요. 우리랑 가깝게 지내거든요."

"제가 보기에도 참 유쾌한 아가씨 같아요."

"맞아요! 하지만 정말 못생겼다는 사실을 알아야 해요. 루카스 귀부인도 툭하면 그렇게 말하면서 제인이 예쁜 걸 부러워하거든요. 딸 자랑할 마음은 없지만, 제인처럼 예쁜 아가씨는 쉽게 볼 수 없답니다. 누구나 그렇게 말하거든요. 어미 눈에만 그렇게 보이는 게 아니에요. 제인이 열다섯 살 때 런던 사는 동생네 집에서 어떤 신사분이 제인한테 흠뻑 빠진 나머지, 올케는 우리가 떠나기 전에 청혼할 게 분명하다고 장담했답니다. 하지만 아니었어요. 제인이 너무 어리다고 생각한 것 같아요. 그러나 시를 몇 편 적어서 보냈는데, 한 편 한 편이 아름다웠답니다."

엘리자베스가 재빨리 끼어들었다.

"그 사람 사랑은 그걸로 끝났지요. 사랑을 그런 식으로 끝내는 사람이 참 많은 것 같아요. 사랑을 끝낼 때 시가 좋다는 사실을 누가 처음 발견했는지 궁금해요!"

"저는 평소에 시를 사랑의 양식이라고 생각했는데요."

다르시가 말하자, 엘리자베스가 대답했다.

"훌륭하고 단단하고 건강한 사랑엔 그렇겠지요. 이미 단단하게 성장한 사랑에는 양식이 아닌 게 없으니까요. 하지만 가벼운 호감 정도에 좋은 시 한 편이 전부라면 깨끗하게 굶어 죽겠지요."

다르시는 미소만 머금었다. 침묵이 깔리자, 엘리자베스는 어머니가 다시 말할까 두려웠다. 실제로 베넷 부인은 말하고 싶은 마음이 가득하나 적당한 말을 떠올릴 수 없었다. 그래서 잠시 침묵하다, 빙리에게 제인을 돌봐주어 고맙다면서 엘리자베스까지 귀찮게 하는 걸 사과했다. 빙리는 진솔하고 예의 바르게 대답하고 여동생에게도 합당한 예의를 요구하니, 여동생은 호감이라곤 하나도 없는 표정으로 답례하고, 베넷 부인은 만족스러운 표정으로 마차를 준비하라고 지시했다. 그와 동시에 어린 두 딸이 앞으로 나섰다. 그 집에 온 다음부터 둘이 끊임없이 속닥거리다, 빙리 선생이 여기에 처음 올 때 네더필드에서 무도회를 열겠다고 한 약속을 지켜야 한다는 결론에 도달한 거다.

막내 리디아는 몸집이 단단하고 발육이 좋은 열다섯 살 소녀로, 얼굴이 곱고 성격이 쾌활해서 베넷 부인이 유별나게 사랑하다 남보다 이른 나이에 사교계로 데려갔다. 리디아는 눈에 띄게 생기발랄하고 천성이 뽐내길 좋아하는 데다, 이모부가 대접하는 자리에서 성격대로 편안하게 행동하다 장교들 관심을 사로잡아 자신감마저 치솟은 상태였다. 그래서 빙리 선생 앞으로 갑자기 나서서 무도회 약속을 꺼내는 건 물론, 약속을 안 지키는 건 세상에서 가장 창피한 거라는 말까지 서슴없이 할 수 있었다. 갑작스러운 공격에 빙리는 베넷 부인 귀에 흡족하게 대답했다.

"약속을 지킬 준비는 완벽하니, 큰언니가 회복하면 네가 무도회 날짜를 정하렴. 큰언니가 아픈 상태로는 춤추고 싶은 마음이 없을 테니."

리디아는 크게 만족하며 대답했다.

"네, 그럴게요! 제인 언니가 다 나을 때까지 기다리는 게 좋겠어요.

그즈음이면 카터 대위님도 메리턴으로 돌아오실 테고요. 선생님이 무도회를 연 다음엔 장교들한테도 무도회를 열라고 조를 거예요. 포스터 대령님한테 무도회를 안 여는 건 정말 창피한 거라고 말하겠어요."

그런 다음 베넷 부인은 두 딸과 떠나고 엘리자베스는 제인에게 곧바로 돌아가서 두 자매와 다르시에게 자기 가족에 대한 험담을 마음껏 늘어놓게 했으나, 다르시는 험담에 끼고 싶은 마음이 조금도 없었다, 빙리 여동생이 '멋진 눈'을 조롱할 때조차.

## 10

이날 하루도 전날과 대체로 비슷하게 흘러갔다. 제인은 느려도 꾸준히 좋아지고, 빙리 자매는 환자 곁에서 오전 시간을 보내고, 엘리자베스는 초저녁에 모두 모인 응접실로 내려갔다. 하지만 카드놀이 탁자는 안 보였다. 다르시는 편지를 쓰고 빙리 여동생은 옆에 앉아서 지켜보다 여동생에게 이런저런 말을 전하라며 몇 번이고 참견했다. 빙리와 매형은 둘이서 하는 카드놀이에 열중하고, 빙리 누나는 곁에서 구경했다.

엘리자베스는 자수를 놓는데, 다르시와 빙리 여동생 사이에서 오가는 말이 너무나 재미있어 조금씩 빠져들었다. 필체든 똑바른 글줄이든 편지 길이든 빙리 여동생은 끊임없이 칭찬하고, 다르시는 완벽한 무관심으로 대응하는 모습에서 엘리자베스가 판단한 각각의 성격이 그대로 드러났다.

"이렇게 기다란 편지를 받고서 여동생이 얼마나 좋아할까요!"

대답이 없다.

"글씨를 정말 빠르게 쓰시네요."

"잘못 보신 겁니다. 느리게 쓰는 편이거든요."

"한 해를 보내다 보면 편지 쓸 일이 정말 많겠어요! 업무 편지까지! 저는 생각만 해도 어지럽네요!"

"빙리 양 말고 저한테만 그런 운명이 떨어져서 다행이군요."

"내가 보고 싶어 하더라고 여동생한테 알려주세요."

"벌써 적었답니다, 빙리 양이 요구해서."

"펜이 마음대로 안 움직이나 봐요. 제가 고쳐드릴게요. 펜을 고치는 실력이 대단하거든요."

"고맙습니다만, 제 펜은 제가 고칩니다."

"글줄을 어쩜 그리도 바르게 쓰세요?"

침묵.

"여동생 하프 실력이 좋아졌다는 소식을 듣고 내가 기뻐하더라고 알려주세요. 아름답고 깜찍한 탁자 도안을 보고 황홀해 하더라는 말이랑 실력이 그랜틀리 양보다 훨씬 뛰어나다고 생각한다는 말도 꼭 전하시고요."

"황홀해 하더라는 말은 다음 편지로 미뤄도 괜찮을까요? 당장은 제대로 표현할 공간이 없으니 말입니다."

"아! 아무래도 괜찮아요. 일월에 만날 테니까요. 여동생한테 편지를 늘 이렇게 매혹적으로 기다랗게 쓰세요, 다르시 선생님?"

"대체로 기다랗게 쓰는 편이지만, 늘 이렇게 매혹적인지는 모르겠군요."

"기다란 편지를 이리도 편하게 쓰시는 분은 항상 매혹적인 편지를 쓴다는 게 제 생각이랍니다."

이 말에 빙리가 소리쳤다.

"그건 다르시를 칭찬하는 말이 아니야, 캐롤라인. 다르시는 편지를 편하게 쓰지 않거든. 기다란 단어를 쓰려고 늘 애쓴다고. 그렇지 않나, 다르시?"

"자네하고는 글 쓰는 스타일이 완전히 다르지."

빙리 여동생이 한탄했다.

"아! 우리 오빠는 글 쓰는 솜씨가 부족해요. 절반은 빼먹어서 얼룩만 가득하답니다."

"나는 생각이 너무 빠르게 흘러가서 제대로 표현할 여유가 없어. 편지를 받는 사람한테 생각을 제대로 전달하기 어려울 때가 많지."

"겸손하신 말씀에 누구도 비난할 수 없겠군요, 빙리 선생님."

엘리자베스가 말하자, 다르시가 반박했다.

"겸손한 척하는 건 사기랍니다. 할 말이 없는 것에 불과하거든요, 은근히 자화자찬하는 것에 불과할 때도 잦고."

"내가 지금 막 보인 겸손은 어느 쪽인가?"

"은근히 자화자찬하는 쪽. 자네는 생각이 빠르고 손이 서툴다는 이유로 글을 못 쓰는 걸 자랑스럽게 여겨. 바람직하진 않을지언정 최소한 재미는 있다고 생각하거든. 무얼 빠르게 하는 능력은 높이 평가하지만, 할 일을 제대로 못 하는 건 신경을 안 쓰는 거야. 오늘 아침에 베넷 부인한테 자신이 여기를 떠나겠다고 마음먹으면 5분 안에 떠날 거라고 한 말 역시 일종의 자화자찬이야. 하지만 해야 할 일을 못 끝내서 자네한테든 다른 사람한테든 아무런 도움이 안 된다면, 급히 서두는 걸 자랑할 게 뭐겠는가?"

빙리가 반박했다.

"맙소사, 너무 심하군, 아침에 멍청하게 말한 걸 저녁에 꺼내는 건. 하지만 명예를 걸고 말하는데, 나는 그때 그게 진심이고 지금 이 순간에도 마찬가지라네. 따라서 최소한, 쓸데없이 서두는 성격을 숙녀분들 앞에서 과시하려는 의도는 아니었다고 생각하네."

"나도 자네가 진심이었다고 생각해. 하지만 그렇게 신속하게 떠나리란 확신은 안 드네. 자네는 다양한 변수에 흔들리는 성향이 강해. 가령, 자네가 말에 올라타는데 친구가 '빙리, 일주일만 더 머물면 좋겠네'라고 말하면, 자네는 그렇게 할 거야. 말 타고 떠나는 대신에. 다시 부탁하면 한 달도 머물겠지."

엘리자베스가 반박했다.

"그 말은 빙리 선생께서 자기 마음대로 안 한다는 사실을 증명할 뿐이에요. 선생께서는 빙리 선생이 하신 이상으로 빙리 선생을 지금 추켜세우신 거라고요."

빙리가 고마워했다.

"친구가 한 말을 제 성격이 좋은 걸 칭찬하는 말로 돌려주셔서 고맙습니다. 하지만 안타깝게도 저 친구는 그럴 의도가 조금도 없었을 겁니다. 저 친구는 그런 상황에서 제가 단호하게 거절하고 그대로 떠나야 한다고 생각하니까요."

"그렇다면 다르시 선생께서는 빙리 선생께서 처음에 의도하신 대로 성급하게 행동해야 한다는 건가요?"

"그건 나도 설명할 수 없으니까 다르시한테 직접 들어봅시다."

"엘리자베스 양께서 제 의견이라며 설명을 바라시는데, 저는 그렇게 말한 적이 없습니다. 하지만 설사 제가 그렇게 말했다 하더라도, 빙리한테 계획을 미루고 더 머물길 바라는 친구는 그러면 좋겠다는 마음을 밝힐 뿐 이유는 조금도 안 밝혔다는 사실을 명심해야 합니다."

"친구가 설득하는 말을 금방 - 편하게 - 받아들이는 것도 선생께는 장점이 아니군요."

"구체적으로 설득하지도 않았는데 받아들이는 건 어느 쪽도 현명하다고 볼 수 없지요."

"다르시 선생께서는 우정과 애정이 미치는 영향을 과소평가하시는 것처럼 보이네요. 부탁한 사람을 생각하는 마음이 있다면 그만큼 쉽게 들어줄 수 있는 거 아닌가요, 이유를 충분히 안 따지고? 선생께서 빙리 선생님을 사례로 든 것만 말하는 게 아니랍니다. 이 사례는 그런 일이 실제로 일어난 다음에 빙리 선생님 행동이 적절했는지 토론해도 충분할 테니까요. 하지만 친구와 친구 사이에서 흔히 일어나듯, 그리 중요하지 않은 결정을 바꾸면 좋겠다고 친구가 부탁하는 말에 다른 친구가 이유를 충분히 안 듣고 순순히 응하는 걸 선생께선 나쁘다고 말씀하실 건가요?"

"이 문제를 계속 토론하기 전에 그 부탁이 얼마나 중요하며 두 사람은 얼마나 가까운지 정확히 규정하는 게 바람직할 것 같습니다."

다르시 말에 빙리가 대뜸 끼어들었다.

"맞아, 구체적인 조건을 모두 들어보자고. 덩치와 키를 비교하는 것도 잊지 말고. 그러면 논쟁에 무게가 상상 이상으로 실린답니다, 엘리자베스 양. 제가 분명히 말하지만, 다르시 키가 저보다 저렇게 안 크다면 지금처럼 존중하지 않을 겁니다. 저는 다르시가 누구보다 무섭거든요, 특정한 경우에, 특정한 공간에서, 저 친구 집에선 더더욱, 저 친구가 할 일이 하나도 없는 일요일 초저녁이면."

다르시는 빙그레 웃지만, 엘리자베스는 다르시가 속으로 불쾌하게 여긴다는 걸 깨닫고 웃음을 억눌렀다. 빙리 여동생은 다르시를 모욕한 것에 화나서 오빠에게 말도 안 되는 소리 그만하라며 나무랐다. 그러자 친구가 말했다.

"자네 의도는 알겠네, 빙리. 자네는 논쟁이 싫어서 빨리 끝내길 바라는 거야."

"그럴 수도 있겠지. 논쟁은 다툼이랑 비슷하거든. 나로선 두 분께서 내가 사라진 다음에 논쟁하면 고마울 것 같아요. 그러면 나에 대해 뭐라고 말하든 괜찮으니."

엘리자베스가 대답했다.

"저는 아무래도 괜찮습니다. 다르시 선생도 편지를 마저 쓰시는 편이 좋겠네요."

다르시는 제안을 받아들이고 편지를 마저 쓰는 일에 열중했다. 그래서 다 쓰곤 빙리 여동생과 엘리자베스에게 음악을 들려달라고 부탁했다. 빙리 여동생은 피아노 앞으로 재빨리 가더니 엘리자베스에게 먼저 치라고 정중하게 권하다, 상대가 완강하면서도 정중하게 거절하자, 자리에 앉았다.

빙리 누나는 여동생과 노래하고, 그 사이에 엘리자베스는 피아노에 놓인 악보를 들추는데, 다르시가 바라보는 걸 모를 수 없었다. 그렇게 대단한 사내가 자신을 흠모할 순 없으나 자신이 싫어서 쳐다보는 것 같지도 않아, 정말 이상했다. 엘리자베스는 다르시 가치관에 따르면 그 자리에 있는 누구보다 틀린 게 많고 괘씸해서 자신을 계속 쳐다본다고 추측할 수밖에 없었다. 그래도 씁쓸하지 않았다. 어차피 호감이 안 가는 사람이라 인정받고 싶은 생각도 없었다.

빙리 여동생은 이탈리아 가곡을 여러 곡 연주하더니 활기찬 스코틀랜드 춤곡으로 넘어가고, 곧이어 다르시가 다가와서 엘리자베스에게 물었다.

"릴 춤을 출 기회를 붙잡고 싶은 느낌이 안 드시나요, 엘리자베스 양?"

엘리자베스는 빙그레 웃을 뿐 대답을 안 하고, 다르시는 깜짝 놀라 다 다시 똑같이 묻자, 엘리자베스가 대답했다.

"아! 처음에도 들었지만 뭐라고 대답할지 마음을 정하지 못했답니다. 선생은 제가 '그렇다'고 대답하길, 그래서 제 취향을 마음껏 비웃을 기회를 잡길 바라실 게 분명하거든요. 하지만 저는 함정을 피하고 음모를 무너뜨리는 걸 좋아한답니다. 그렇다면 저로선 릴 춤을 추고픈 마음이 조금도 없다는 대답으로 마음을 정할 수밖에 없겠군요. 그러니 마음껏 비웃어 보시지요."

"그럴 마음은 조금도 없습니다."

엘리자베스는 예상과 달리 상대가 화내지 않고 의연한 모습에 깜짝 놀랐다. 하지만 엘리자베스 언행에는 사랑스러운 모습과 장난기가 뒤섞인 터라 누구든 화내기 어렵고, 다르시는 어떤 여인에게도 그렇게 홀딱 빠진 적이 없었다. 가문이 많이 떨어진다는 사실만 아니라면 당장에라도 함정에 빠져들 것 같은 느낌이었다.

빙리 여동생은 대뜸 눈치채고 의심했다. 질투심이 치솟았다. 엘리자베스를 쫓아내고픈 열망에 들떠서 다정한 친구 제인이 한시바삐 회복하길 바라는 마음마저 강하게 일어났다. 다르시가 불청객을 싫어하게 하려고 두 사람이 결혼이라도 할 것 같다는, 행복한 결혼생활에는 필요한 게 많다는 말까지 했다. 다음 날 단둘이서 숲길을 산책할 때였다.

"바람직한 결혼식을 올린다면 장모님한테 입을 꼭 다무는 게 좋다는 힌트를 몇 차례 드리는 게 좋겠어요. 그래서 성공하면 어린 처제 두 명이 장교들만 쫓아다니는 버릇을 확실히 고쳐주세요. 그리고, 미묘한 문제를 말해도 괜찮을지 모르겠는데, 건방지고 무례한 안주인 성격을 조금은 억눌러야 할 거예요."

"제가 결혼해서 행복하게 사는데 필요한 말씀을 더 하실 건 없습니까?"

"아, 있어요! 펨벌리 저택 화랑에 필립스 이모랑 이모부 초상화를 거세요, 판사로 근무하신 증조부 초상화 바로 옆에. 두 분은 계통이 달라도 같은 법조계니까요. 엘리자베스 양 초상화는 그리지 마시고요. 그렇게 아름다운 눈을 어떤 화가가 그릴 수 있겠어요?"

"그 눈빛을 담아내는 건 당연히 어렵겠지만, 그 색깔과 모양은, 놀라울 정도로 섬세한 속눈썹도, 충분히 그릴 겁니다."

그 순간에 빙리 누나와 산책하는 엘리자베스랑 마주치자, 빙리 여동생은 행여나 들린 건 아닌지 크게 당황하며 말했다.

"두 분이 산책할 줄 몰랐네요."

"나간다는 말도 없이 빠져나가다니, 두 사람 다 나빠."

빙리 누나가 대답하더니, 하나 남은 다르시 팔에 재빨리 팔짱 껴, 엘리자베스 혼자서 걷게 했다. 오솔길은 셋이서 간신히 걸을 넓이였다. 다르시는 정말 무례하다 느끼고 대뜸 말했다.

"셋이서 걷기엔 길이 비좁군요. 큰길로 가는 게 좋겠습니다."

하지만 엘리자베스는 함께 산책하고픈 마음이 없는 터라 환하게 웃으며 대답했다.

"아니에요, 아니에요. 가시던 길로 가세요. 세 분이 보기 좋거든요. 정말 잘 어울려요. 한 명이 더 끼면 멋진 그림이 망가지겠어요. 안녕히 가세요."

그러더니 흥겹게 달려가, 이제 하루 이틀이면 집으로 돌아가겠다는 생각에 들떠서 혼자 하는 산책을 마음껏 즐겼다. 언니는 기력을 많이 회복해, 초저녁엔 응접실에서 두어 시간 보낼 예정이었다.

## 11

정찬을 마치고 여자들이 물러날 때, 엘리자베스는 언니에게 뛰어가서 감기가 안 도지도록 몸을 충분히 감싼 다음, 언니와 함께 응접실로 내려오니, 다정한 두 친구는 무척 좋아하며 맞이했다. 남자가 없는 자리에서 두 자매가 그렇게 유쾌한 모습을 엘리자베스는 한 번도 본 적이 없을 정도였다. 두 자매는 말솜씨가 대단했다. 파티에서 생긴 일을 정확히 묘사하고 재미있는 일화를 늘어놓으며 둘이서 아는 사람을 마음껏 비웃었다.

하지만 남자들이 들어서자 제인은 우선순위에서 밀렸다. 빙리 여동생이 그 즉시 다르시를 쳐다보다 충분히 들어오기도 전에 말을 걸었다. 다르시는 제인에게 정중하게 축하하며 인사하고, 빙리 매형 역시 가볍게 묵례하며 "정말 기쁘다"고 말했지만, 정말 따듯하게 맞이하며 인사한 건 빙리였다.

빙리는 더없이 기쁜 표정으로 관심을 기울였다. 처음 삼십 분 동안 응접실이 안 춥도록 벽난로 불길을 활활 지피더니, 제인을 출입구에서 제일 멀리 떨어진 벽난로 구석에 앉혔다. 그리곤 옆에 앉아서 단둘이 대화를 즐겼다. 엘리자베스는 벽난로 맞은편 구석에 앉아서 그 모습을 흐뭇한 눈으로 지켜보며 자수를 놓았다.

다과가 끝나자 빙리 매형은 처제에게 카드놀이를 하자고 은근히 떠보았으나 소용이 없었다. 빙리 여동생은 다르시가 카드놀이를 안 하리라고 이미 파악한 상태라서 형부가 노골적으로 요청해도 거절할 수밖에 없었다. 빙리 여동생은 카드 놀이할 사람은 없다고 장담하고, 잇단 침묵은 모든 사람이 동조하는 것 같았다. 그러니 매형에게 남은 건 소파에 기다랗게 누워서 잠자는 것밖에 없었다. 다르시는 책을 집어

들고 빙리 여동생도 똑같이 했다. 빙리 누나는 팔찌와 반지를 만지작대면서 놀다가 남동생이 제인과 나누는 대화에 가끔 끼어들었다.

빙리 여동생은 똑같이 책을 읽으면서 다르시가 읽는 책에 관심을 잔뜩 기울였다. 그래서 끊임없이 질문하며 다르시 책을 쳐다보았다. 하지만 대화를 끌어낼 순 없었다. 다르시가 물은 것만 대답하고 책을 다시 읽기 때문이다. 결국, 빙리 여동생은 다르시가 읽는 책 후속편이라는 이유 하나로 골라잡은 책에 빠져들려 애쓰다 완전히 포기하곤 늘어지게 하품하며 말했다.

"초저녁을 이런 식으로 보내니 정말 상쾌하네요! 책을 읽는 것보다 즐거운 건 없는 것 같아요! 다른 것엔 금방 질리니까요! 나중에 집이 생기면 서재를 훌륭하게 가꿔야겠어요."

아무도 대답하지 않자 빙리 여동생은 다시 하품하더니, 책을 옆으로 밀고 뭔가 재미있는 걸 찾으려고 실내를 쭉 둘러보았다. 그러다 오빠가 제인에게 무도회 얘기하는 걸 듣고서 재빨리 바라보며 말했다.

"그런데 오빠, 무도회 여는 걸 진지하게 생각하는 거야? 결정하기 전에 여기에 있는 사람들하고 상의하는 게 좋지 않겠어? 내가 잘못 본 게 아니라면, 무도회를 형벌로 여기는 사람도 있으니까."

오빠가 대답했다.

"다르시를 말하는 거라면, 무도회를 시작하기 전에 자기 방으로 갈 수 있잖아. 어쨌든 무도회는 결정했어. 니콜라스가 하얀 수프[17]를 충분히 만드는 즉시 초대장을 돌릴 거니까."

여동생이 다시 말했다.

"그렇다면 다른 방식으로 무도회를 진행하는 게 좋겠어. 뻔하게 진

17) white soup; 육수에 달걀노른자, 아몬드 가루, 크림을 섞어, 무도회 때 달콤한 포도주와 물을 넣어서 따듯하게 먹으며 기운을 돋운다.

행하면 따분하잖아. 춤 대신 대화를 많이 하는 식이면 훨씬 이성적일 것 같아."

"훨씬 이성적이기야 하겠지만, 캐롤라인, 그건 무도회가 아니야."

여동생은 대답하지 않더니, 곧장 일어나서 실내를 거닐었다. 몸매가 우아하고 걷는 자태가 좋았다. 하지만 다르시는 눈길조차 안 주고 책만 열심히 읽었다. 빙리 여동생은 마음이 절박해, 한 번 더 시도하자 마음먹고 엘리자베스를 쳐다보며 말했다.

"엘리자베스 베넷 양, 괜찮다면 저랑 실내를 한 바퀴 돌아요. 한 자세로 오랫동안 앉다가 이렇게 걸으면 기분이 상쾌하답니다."

엘리자베스는 깜짝 놀랐지만 곧바로 받아들이니, 빙리 여동생은 정중하게 제안한 진짜 목적을 단번에 이루었다. 다르시가 쳐다보다 자신도 모르게 책을 덮은 것이다. 정중하게 제안한 의도가 다르시도 엘리자베스만큼이나 궁금했던 거다. 하지만 함께 걷자는 제안은 거절하더니, 두 사람이 실내를 걷는 동기는 두 개 같은데, 자신이 끼면 방해만 될 거라고 말했다.

"저 말이 도대체 무슨 뜻일까요? 무슨 뜻인지 궁금하네요."

빙리 여동생이 말하더니, 그 뜻을 알겠느냐고 묻자, 엘리자베스가 대답했다.

"모르겠지만, 우리한테 가혹한 뜻인 건 분명한 만큼, 저분을 실망케 하는 제일 확실한 방법은 아예 안 묻는 거예요."

하지만 빙리 여동생은 다르시를 어떤 식으로도 실망케 할 수 없으니, 두 가지 동기가 뭐냐고 물어야 했다.

다르시는 빙리 여동생이 기회를 주는 즉시 대답했다.

"기꺼이 설명하겠습니다. 두 분이 거니는 이유는 은밀히 나눌 얘기가 있거나, 걸을 때 자태가 가장 예쁘다는 사실을 알기 때문입니다.

첫 번째라면 저는 방해만 될 뿐이고, 두 번째라면 제가 불 옆에 앉는 편이 감상하는데 훨씬 좋겠지요."

빙리 여동생이 감탄했다.

"아! 맙소사! 저렇게 지독한 말은 처음 들어요. 저렇게 말한 사람을 어떻게 벌줘야 할까요?"

엘리자베스가 대답했다.

"마음만 먹는다면 어렵지 않겠지요. 서로 벌주며 괴롭히면 되니까요. 저분을 놀리고 비웃는 거요. 두 분이 친하시니, 그 방법은 빙리 양이 잘 아시겠네요."

"저는 하나도 몰라요. 친하긴 해도 그것까지 알 정도는 아니거든요. 하지만 차분한 행동과 훌륭한 정신을 놀리다니요! 안 돼요, 안 돼요. 저분은 끄떡도 안 할 거예요. 아무런 명분 없이 비웃다간 우리가 당해요. 다르시 선생님만 흐뭇하시고요."

엘리자베스가 깜짝 놀랐다.

"다르시 선생은 웃음거리가 될 수 없다니! 대단한 장점이지만, 그런 사람이 흔치 않기를 바랍니다. 그런 사람을 많이 알면 제가 커다란 손해니까요. 저는 웃는 걸 좋아하거든요."

다르시가 끼어들었다.

"빙리 양께서 저를 과대평가하셨습니다. 아무리 똑똑하고 훌륭한 사람이라도, 아니 아무리 똑똑하고 훌륭한 행동이라도, 웃는 걸 제일 중요하게 여기는 사람한테는 웃음거리가 될 수 있으니까요."

엘리자베스가 대답했다.

"맞아요, 그런 사람은 있지만, 저는 그런 사람이 안 되길 바랍니다. 똑똑하고 훌륭한 행동을 비웃고픈 마음은 조금도 없으니까요. 어리석고 엉뚱한 것, 변덕과 모순은 관심이 끌려서 마음이 내킬 때마다 실컷 웃어도요. 하지만 선생은 이런 단점이 없는 게 분명해요."

"그런 단점이 없는 사람은 없습니다. 단지 저는 강인한 정신에 자주 나타나는 단점을 드러내서 놀림감이 안 되려고 애쓸 뿐입니다."

"허영과 오만 같은 단점이요."

"네, 허영은 단점이 확실하지요. 하지만 오만은, 정신이 강인하다면, 제대로 억누를 수 있겠지요."

엘리자베스가 고개를 돌려서 웃음을 가리니, 빙리 여동생이 물었다.

"다르시 선생님에 관한 판단을 끝냈나 본데, 결과는 어떤가요?"

"다르시 선생은 단점이 없다고 완벽하게 확신합니다. 본인도 거리낌 없이 인정하시고요."

다르시가 반박했다.

"아닙니다. 저는 그렇게 말한 적이 없습니다. 저는 단점이 많지만, 이성적인 영역이 아니길 바랄 뿐입니다. 저는 성격이 나쁩니다. 고집이 세서 다른 사람을 불편하게 할 때가 많아요. 다른 사람이 어리석거나 사악한 건 물론, 저를 공격한 것 역시 쉽게 못 잊습니다. 저는 주변에서 아무리 애써도 감정적으로 별다른 영향을 안 받습니다. 화를 잘 낸다고 할 수도 있고요. 마음이 한 번 떠나면 영원히 안 돌아옵니다."

엘리자베스가 한탄했다.

"그건 단점이 맞네요! 돌이킬 수 없을 정도로 화내는 건 성격에 그늘이 낀 거예요. 하지만 단점을 잘 고르셨네요. 저는 그걸 비웃을 수 없으니까요. 이제 선생님은 안심하셔도 됩니다."

"어떤 성격이든 넘지 못할 단점과 타고난 결점이 있는데, 그것만큼은 아무리 훌륭한 교육으로도 극복할 수 없다고 생각합니다."

"그런데 선생님 결점은 모든 사람을 미워하는 거네요."

다르시가 빙그레 웃으며 대답했다.

"그리고 엘리자베스 양 결점은 다른 사람 결점을 마음대로 제시하는 거고요."

빙리 여동생은 자신이 끼어들 여지가 없는 대화에 지쳐서 갑자기 커다랗게 제안했다.

"이제 음악이나 감상해요. 언니, 매부를 깨워도 괜찮지?"

언니는 조금도 반대하지 않고, 피아노 뚜껑이 열리니, 다르시는 잠시 생각하다 대화가 끊긴 걸 다행으로 여겼다. 엘리자베스에게 관심이 너무 쏠린다는 위기감을 느낀 것이다.

## 12

엘리자베스는 언니와 약속한 대로 다음 날 아침에 어머니에게 편지를 보내, 자신들이 집으로 돌아갈 예정이니 그날 안에 아무 때나 마차를 보내라고 요청했다. 하지만 베넷 부인은 두 딸이 다음 화요일까지 네더필드에 머물러서 제인이 일주일을 꼬박 채워야 한다고 계산한 터라 편지 내용이 달갑지 않았다. 그래서 보낸 답신 역시 달가운 내용일 수 없고, 엘리자베스에겐 특히 더하니, 집으로 돌아가고픈 마음이 굴뚝 같았기 때문이다. 베넷 부인은 추신으로, 화요일 전에는 마차를 쓸 수 없으니까 빙리 선생과 두 자매가 더 머물라고 권하면 못 이기는 척 받아들이라고 덧붙였다. 하지만 엘리자베스는 더 안 머물기로 단단히 마음먹은 상태였다. 사람들이 더 머물라고 할 것 같지도 않았다. 정반대로 쓸데없이 오래 머문다고 생각하지나 않을까 두려워, 언니에게 빙리 선생 마차를 당장 빌리라 주장해, 마침내 자매는 원래 계획한 대로 네더필드를 떠나겠다고 아침에 말하고 마차를 부탁하기로 했다.

뜻을 전하자 여기저기에서 다양하게 우려하더니, 제인이 하루만 더 머물며 기운을 차리면 좋겠다는 말까지 나와, 떠나는 걸 내일로 미뤘다. 그런 다음에 비로소 빙리 여동생은 하루 더 머물라고 제안한 걸 후회했다. 자매 한 명을 질투하고 증오하는 마음이 다른 한 명을 좋아하는 마음보다 강했던 거다.

집주인은 이 말을 듣고 두 사람이 이렇게 일찍 떠나야 하느냐며 진심으로 슬퍼하더니, 그건 제인에게 이롭지 않다고, 아직 충분히 회복하지 않았다고 설득하려 애썼다. 하지만 제인은 옳다고 생각하는 부분에서 물러서는 법이 없었다.

다르시는 이 말을 듣고 좋아했다. 엘리자베스가 네더필드에 너무 오래 있었다. 그 모습은 다르시가 감당을 못할 정도로 매혹적이고, 빙리 여동생은 너무 무례한 데다 자신에게 여느 때보다 심하게 달라붙었다. 이제부터라도 좋아하는 징후를 보이지 말아야 한다고, 함께 지내는 걸 자신이 좋아한다는 희망을 조금도 불어넣으면 안 된다고, 행여나 그런 희망을 품었더라도 마지막 날에 자신이 하는 행동에 따라 부추길 수도 망가뜨릴 수도 있다고 단단히 마음먹었다. 그래서 토요일 내내 엘리자베스에게 열 마디 이상을 안 하고, 한번은 단둘이 삼십 분이나 있었는데도 눈길조차 안 주고 책만 열심히 들여다보았다.

일요일에는 아침 미사를 드리고, 거의 모든 사람이 반기는 작별시간이 찾아왔다. 빙리 여동생은 제인에 대한 애정은 물론 엘리자베스에 대한 예의까지 빠르게 회복해, 헤어질 때는 전자에게 롱번이나 네더필드 어디서든 만나면 기쁘겠다며 다정하게 껴안더니, 후자와 악수까지 하고, 엘리자베스는 상쾌한 마음으로 모든 사람과 헤어졌다.

하지만 두 자매는 어머니에게 그렇게 따듯한 환영을 못 받았다.

베넷 부인은 두 사람이 온 걸 이해할 수 없다고, 마차까지 빌린 건 잘못한 거라고, 제인이 다시 감기에 걸릴 게 분명하다고 나무랐다. 하지만 아버지는 별다른 말이 없긴 해도 두 딸이 온 걸 다행스럽게 여겼다. 집안에서 두 딸이 차지하는 비중을 깨달은 거다. 초저녁에 모두 모여서 대화해도 제인과 엘리자베스가 없으니 활력도 없고 의미도 없었다.

메리는 평소처럼 피아노 화음을 연구하거나 인간 본성 탐구에 빠져들어, 도덕적으로 케케묵은 문제를 새로운 관점에서 설파하는 내용에 열중하며 좋은 글귀를 찾아냈다. 넷째 캐서린과 막내 리디아는 색다른 정보에 열중했다. 지난 수요일 이후로 민병대 연대에서 사건도 많고 소문도 많은 데다, 장교 여러 명이 이모부와 늦도록 식사하고, 사병 한 명은 징계받고, 포스터 대령은 어린 여자랑 결혼할 것 같았다.

## 13

다음 날 아침에 가족이 모여 식사하는 자리에서 베넷 선생이 말했다.

"여보, 오늘은 정찬을 특별히 준비하면 좋겠소, 우리 집에 손님이 올 것 같으니까."

"누가 오는데요, 여보? 특별히 올만 한 사람이 없는데, 샬럿이라면 모를까. 하지만 샬럿한테는 우리 정찬 정도면 훌륭해요. 자기네 집에선 그렇게 못 먹거든요."

"내가 말한 사람은 신사분이오, 낯선 사람."

베넷 부인이 눈빛을 번뜩였다.

"신사분인데 낯선 사람이라니! 그렇다면 빙리 선생이겠군요! 왜 한 마디도 안 했니, 제인? 수줍어서 그랬구나! 아아, 빙리 선생이 온다면 정말 좋지요. 하지만, 맙소사! 어쩌면 좋담! 오늘은 생선을 구할 수 없어요. 얘야, 리디아, 종을 울려. 하녀한테 당장 말해야겠다."

"빙리 선생이 아니오. 지금까지 한 번도 못 본 사람이오."

이 말에 모두 놀라고, 베넷 선생은 부인과 다섯 딸이 한꺼번에 물어대는 게 기분 좋았다. 그래서 가족이 궁금해하는 걸 느긋하게 즐기다 설명했다.

"한 달 전에 편지 한 통을 받아, 보름 전에 답장했소. 미묘한 문제라서 고민할 필요가 있었소. 콜린스라고 하는 먼 친척이 보낸 편지요, 내가 죽으면 남은 가족을 이 집에서 아무 때나 내보낼 수 있는 사람."

부인이 분노했다.

"아! 여보, 그 말만 들으면 부아가 치밀어요. 얄미운 사내 얘기는 하지 마세요. 당신 땅을 당신 자식한테 물려줄 수 없다는 건 정말 견딜 수 없어요. 분명히 말하는데, 내가 당신이라면 그 문제를 오래전에 어떻게든 풀었을 거예요."

제인과 엘리자베스는 어머니에게 '한정 상속'[18]에 대해 설명하려고 했다. 전에도 여러 번 애썼지만 그건 베넷 부인이 이해할 수 없는 영역이라, 부동산을 다섯 딸에게서 빼앗아 아무 상관도 없는 사내에게 주어야 한다는 사실에 악담을 계속 퍼붓자, 베넷 선생이 말했다.

"이건 정말 사악한 제도가 분명하며, 콜린스 선생이 롱번을 상속받는 죄악은 그 무엇으로도 씻어낼 수 없소. 하지만 편지 내용을 듣는다면, 콜린스 선생이 말한 방식에 마음은 약간 풀릴 거요."

18) 당시 영국에는 장남에게 재산을 모두 상속해서 세력을 지키는 전통이 강했다. 그래서 아들이 없으면 그 재산을 친척 사내에게 모두 물려주는 전통으로 나아갔는데, 이게 바로 '한정 상속'이었다.

"아니에요, 절대로 안 풀려요. 당신한테 편지를 보낸 자체가 뻔뻔해요, 위선이 철철 넘친다고요. 나는 그런 사람이 싫어요. 당신이랑 계속 안 싸우겠다는 이유가 뭐랍니까, 자기 아버지는 그랬는데?"

"그러지 마시오, 그 사람은 아버지가 그런 걸 아들로서 미안하게 여기는 것 같으니. 들어보면 알 거요."

켄트 주 웨스트햄 근처, 헌스퍼드

10월 15일

친애하는 선생님께,

돌아가신 아버님과 선생님 사이에 불화가 있다는 사실이 늘 안타까웠는데, 아버님을 잃는 불행을 겪은 이후로 불화를 풀고픈 마음이 많았으나, 아버님께서 늘 불편하게 여기신 분과 좋은 관계를 맺는 건 행여나 아버님 뜻을 어기는 게 아닐까 염려스러운 마음에 오랫동안 망설였습니다.

"여기부터 잘 들으시오, 부인."

하지만 이제 마음을 정했습니다. 지난 부활절 때 사제직을 서품받고, 다행히도 루이스 드 버그 나리 미망인이신 캐서린 드 버그 대부인께서 후견을 자처하시며 자비로운 은혜를 베푸시어, 저는 그분 영지에서 소중한 사제관을 부여받는 영광을 누려, 그곳에서 대부인을 기쁘게 섬기며 영국 성공회에서 정한 의식과 예식을 수행하는 데 온 마음을 다할 것이기 때문입니다. 게다가 성직자로서 영향을 미치는 모든 가정에 평화로운 축복을 내릴 의무가 있다고 여기는 터라, 이번에 극히 바람직한 제안을 할 생각이니, 제가 롱번을 상속받을 신분이란 걸 선생님께서 눈감아주시는 친절을 베푸시어, 제가 제안하는 올리브 가지를 거절하지 않으시길 바랍니다. 저는 선생님께서 사랑하시는 따님들께 본의 아니게 손해를 끼칠 처지라는 게 안타까운바, 이에 충분히 사과드림과 동시에 가장 바람직한 수정안을 제시할 준비가 되었다고 장담합니다. 하지만 나중에 자세히 말씀드리기로 하고, 제가 선생님 댁에 찾아뵙는 걸 반대하지 않으신다면, 11월 18일 월요일 4시에 선생님과 가족분에게 대접받는 영광을 누리고, 돌아오는 토요일까지 폐를 끼치겠습니다. 저는 그렇게 자리를 비워도 전혀 불편하지 않으니, 캐서린 대부인께서 제가 일요일에 자리를 가끔 비우는 걸 조금도 반대하지 않으시고 다른 성직자를 구해서 주일 임무를 맡기시기 때문입니다. 선생님 부인과 따님들에게 존경과 찬사를 바치며 글을 마칩니다.

선생님께서 행복하시길 바라는 친척,

윌리엄 콜린스.

베넷 선생이 편지를 접으며 말했다.

"그래서 평화의 사도가 네 시에 방문할 예정이오. 젊은이가 양심도 있고 예의도 바른 것 같으니, 서로 알고 지내는 게 좋겠소. 그 사람이 우리 집에 또 오는 걸 허락할 정도로 캐서린 드 버그 대부인께서 자비로우시다면 말이오."

"우리 딸들한테 그렇게 말하는 걸 보면 사리는 아는 모양이에요. 바람직한 수정안을 제시한다면 나도 반대하지 않겠어요."

제인도 끼어들었다.

"우리한테 바람직한 수정안을 어떻게 제시한다는 건지 모르겠지만, 마음만큼은 훌륭한 것 같네요."

엘리자베스는 그 사람이 캐서린 대부인을 지극히 존경한다는 사실과 교구민이 요청할 때마다 세례와 혼례와 장례 미사를 하겠다는 의지에 제일 많이 놀라면서 말했다.

"특이한 사람이 분명해요. 제대로 파악할 순 없지만, 뭔가 잘난 척하는 기색이 있어요. 그런데 상속받게 된 걸 사과한다는 건 무슨 뜻이죠? 상속받는 건 자신도 어쩔 수 없다는 뜻 아닌가요? 과연 이런 사람이 사리를 안다고 말할 수 있을까요, 아버지?"

"얘야, 나는 생각이 다르구나. 네 말과 완전히 다를 것 같은 예감이 들어. 노예근성과 잘난 척하는 모습이 편지 내용에 뒤섞였으니, 조짐이 좋아. 얼른 만나고 싶구나."

메리도 끼어들었다.

"작문이란 관점에서 편지에 특별한 결함은 없는 것 같아요. 올리브 가지라는 표현이 새로운 건 아니지만, 그런대로 어울려요."

캐서린과 리디아는 편지 내용에도 그걸 쓴 사람에도 관심이 없었다. 먼 친척이라는 사내가 새빨간 군복 차림으로 오진 않을 텐데, 지난 몇 주 동안 겪은 바에 따르면 의상 색깔이 다른 사내는 아무리 만나도 재미가 없었다. 하지만 그들 어머니는 편지 내용을 듣고서 나쁜 감정이 많이 풀려, 손님 맞을 준비에 차분하게 들어가서 남편과 딸을 모두 깜짝 놀라게 했다.

콜린스는 제시간에 정확히 나타나고 온 가족은 정중하게 맞이했다. 베넷 선생은 말을 거의 안 했지만, 여자들은 대화할 마음이 충분하고 콜린스는 입을 다물 사람이 아니니 애초에 대화를 부추길 필요조차 없었다. 키가 크고 표정이 묵직한 25세 젊은이였다. 분위기는 진지하고 엄숙하며, 언행은 형식에 충실했다. 그래서 자리에 앉자마자 따님들이 훌륭하다며 베넷 부인을 칭찬하고, 모두 아름답다고 들었는데 실제로 보니 더 예쁘다고 말하더니, 부인께서 적당한 시기에 좋은 혼처를 찾아 한 명씩 결혼시킬 걸 의심치 않는다고 덧붙였다. 이런 칭찬에 모든 사람이 만족한 건 아니지만, 베넷 부인은 칭찬이라면 무조건 좋아하는 성격답게 반응이 빨랐다.

“친절하시네요. 정말 그럴 수 있길 온 마음 다해서 바란답니다. 그러지 않으면 저 아이들 모두 가난하게 살아야 하니까요. 세상일이 묘하게 꼬여서요.”

“롱번 상속 문제를 암시하시는 것 같군요.”

“아! 네, 맞아요, 콜린스 선생. 우리 딸들한테 너무 가혹하다는 건 선생도 인정하실 거예요. 선생이 잘못해서 그렇다는 뜻은 아니랍니다. 운수소관이란 걸 잘 알거든요. 상속에 조건이 붙으면 유산이 어디로 갈지 아무도 모르니까요.”

“아름다운 사촌들한테 굉장히 힘든 일이란 건 저도 잘 아는 터라 할 말이 정말 많지만, 부인, 지금 저는 너무 서둘지 않으려고 애쓴답니다. 확실히 말씀드릴 수 있는 건 제가 젊은 숙녀분들한테 바람직한 제안을 하려고 왔다는 사실입니다. 당장으로선 더 말하지 않겠지만, 우리 모두 친분을 충분히 쌓으면…….”

바로 그때 정찬을 알리는 소리가 일어나서 말을 끊고, 딸들은 서로를 쳐다보며 빙그레 웃었다. 콜린스가 칭찬한 대상은 딸이 전부는 아니었다. 복도와 식당과 거기에 딸린 가구 전체를 자세히 살피며 칭찬하는데, 미래의 재산을 바라보는 눈빛 같다는 느낌이 억울하지 않다면, 베넷 부인 역시 매번 감동할 터였다. 콜린스는 정찬도 높이 칭찬하더니, 이렇게 훌륭한 요리를 어떤 아름다운 사촌이 준비했느냐 묻고, 그와 동시에 제동이 걸렸다. 베넷 부인이 아직은 좋은 요리사를 쓸 정도는 된다고, 어떤 딸도 주방에서 일하지 않는다고 퉁명스럽게 대답한 것이다. 콜린스는 기분 나쁘게 한 것에 용서를 빌고, 베넷 부인은 누그러진 어투로 기분 나쁜 건 아니라고 대답했지만, 콜린스는 15분이나 사과했다.

## 14

식사하는 동안 베넷 선생은 말이 별로 없더니, 하인이 모두 물러난 다음에 비로소 손님과 대화할 시간이 되었다는 생각에, 좋은 후견인을 만나서 정말 다행이다, 캐서린 대부인께서 피후견인의 소망에 관심을 기울이고 편히 지내도록 배려하시니 정말 훌륭한 분인 것 같다는 식으로 상대가 좋아할 주제를 꺼냈다. 선택은 탁월했다. 콜린스는 대부인을 칭찬하느라 열을 올렸다. 더없이 엄숙하게 더없이 근엄한 표정까지 떠올리며 열심히 칭찬했다. 그렇게 고귀한 분이 그렇게 행동하시는 건, 대부인 같은 분이 그렇게 상냥하고 정중하게 대하시는 건 자신도 처음 본다. 자신은 감히 대부인 앞에서 설교하는 영광을 누렸는데, 대부인은 두 번 다 우아한 표정으로 좋아하셨다. 자신을 로징스 대저택 정찬 모임에 두 번이나 초대하시고, 바로 지난 토요일엔 사람을 보내서 쿼드릴 카드놀이[19]를 하며 초저녁을 함께 보낼 상대로 초대하셨다. 캐서린 대부인을 오만하다고 생각하는 사람이 많은데, 자신 앞에서는 늘 상냥한 모습만 보이신다. 자신에게 말할 때도 상류층 신사분을 대할 때와 똑같으며, 자신이 인근 사교계에 들락거리는 것도 친척을 방문하느라 교구를 한두 주일 비우는 것도 전혀 반대하지 않으신다. 대부인은 자신에게 최대한 빨리 결혼하라는, 하지만 상대를 신중하게 선택해야 한다는 조언까지 할 정도로 겸손하시며, 한번은 누추한 사제관까지

19) quadrille: 네 명이 하는 카드놀이.

직접 찾아오시어, 자신이 곳곳을 수선한 걸 보고 완벽하게 좋아하시더니, 이 층 옷장에 선반을 대면 좋겠다는 제안까지 하셨다.

베넷 부인이 맞장구쳤다.

"정말 훌륭하신 분이네요. 성품도 아주 상냥하실 게 분명해요. 지체 높으신 마님들 모두 그분처럼 행동하시지 않는 게 안타까워요. 대부인께선 근처에 사시나요, 선생?"

"누추한 사제관에 딸린 정원에서 길만 건너면 대부인께서 사시는 로징스 대저택이랍니다."

"그분이 미망인이라고 하셨죠, 선생? 가족은 없나요?"

"따님이 한 분 계십니다. 로징스 영지를 방대한 규모 그대로 상속받으실 분이죠."

베넷 부인이 고개를 절레절레 흔들며 한탄했다.

"아! 그렇다면 그분은 다른 수많은 여성과 달리 사정이 좋으시겠네요. 어떤 아가씬가요? 잘생기셨나요?"

"젊은 아가씨께선 정말 매혹적으로 생기셨답니다. 캐서린 대부인께선 진정한 아름다움이란 관점에서 아무리 잘생긴 여자도 못 따라올 만큼 훌륭하다고, 고귀한 혈통을 이어받았기 때문이라고 말씀하신답니다. 하지만 안타깝게도 체력이 약해서 많은 분야에 충분한 교양을 못 쌓는다고, 그것만 아니라면 엄청난 교양을 쌓았을 거라고, 그 집에 함께 살면서 드 버그 아가씨한테 공부를 가르치는 숙녀분이 저한테 알려주셨답니다. 그래도 드 버그 아가씨께선 누구보다 상냥하시어, 조그만 사륜마차에 조랑말을 매고서 누추한 거처로 저를 툭하면 찾아오시는 친절까지 베푸신답니다."

"드 버그 아가씨께선 궁정에 출입하시나요? 궁정 출입 귀족 여성 명단에서 본 기억이 없거든요."

"안타깝게도 건강이 안 좋아서 런던에 가실 수 없답니다. 제가 캐서린 대부인께 말씀드린 것처럼 대영제국 궁정으로선 가장 화려한 보석을 잃은 셈이지요. 대부인께서도 제 말을 흡족하게 받아들이시는 것 같았습니다. 여러분도 충분히 아시겠지만, 저는 기회가 있을 때마다 귀부인께서 좋아하실 만한 내용을 세심하게 칭찬하길 좋아한답니다. 매력이 가득한 따님 역시 대부인으로 살아갈 운명을 타고났으나, 아무리 높은 지위도 따님을 빛내기보단 따님 때문에 빛날 거라고 여러 차례 말씀드려서 캐서린 대부인을 즐겁게 한답니다. 이런 말을 대부인께서 즐거워하시니, 저로서는 여기에 더욱 세심한 관심을 기울일 의무가 있다고 할 수 있겠지요."

베넷 선생이 공감했다.

"판단이 정확하신 만큼 섬세하게 칭찬하는 능력을 지녀서 다행입니다. 상대를 칭찬하는 말은 즉각 떠오르는지 아니면 미리 궁리하는지 물어도 괜찮겠소?"

"대체로 즉각 떠오르지만, 가끔은 상황에 맞춰서 우아하게 칭찬할 내용을 미리 준비하는데, 이럴 때는 미리 준비한 느낌을 안 주려고 조심한답니다."

베넷 선생은 궁금증을 충분히 풀었다. 콜린스는 자신이 바라던 만큼 어리석으니, 상대가 하는 말을 열심히 들으면서 단호하고 느긋한 표정을 유지하다, 엘리자베스를 가끔 쳐다보며 기쁜 마음을 나누었다.

다과 시간이 될 즈음엔 모든 내용을 충분히 파악해, 베넷 선생은 손님을 응접실로 다시 기쁘게 안내하고, 다과를 마친 다음엔 숙녀분들 앞에서 책을 커다랗게 읽어달라고 부탁했다. 콜린스는 기쁘게 승낙하고 책을 한 권 꺼내다, (대여점에서 빌린 게 확실한) 책을 보고 깜짝 놀라더니, 자신은 소설책을 절대로 안 읽는다고 주장하며 사과했다.

그런 손님을 캐서린은 물끄러미 쳐다보고 리디아는 탄성을 내뱉었다. 그래도 콜린스는 다른 책을 여러 권 꺼내서 살피다 결국엔 포다이스 설교집[20]을 펼치는 순간, 리디아는 입을 쩍 벌리더니, 상대가 단조롭고 엄숙한 어투로 세 쪽을 읽을 즈음에 불쑥 말했다.

"이모부가 리처드를 쫓아내면 포스터 대령님이 채용하리란 거 아세요, 엄마? 이모가 토요일에 저한테 말씀하셨어요. 내일 메리턴으로 걸어가서 어떻게 됐는지 알아보고, 데니가 런던에서 돌아왔는지 물어볼 생각이에요."

두 언니는 리디아에게 조용히 하라며 나무랐지만, 콜린스는 이미 마음이 상해서 책을 옆으로 밀어놓으며 말했다.

"어린 아가씨들이 진지하고 바람직한 내용에 흥미를 못 느끼는 모습을 저는 자주 본답니다. 솔직히 고백하자면 그럴 때마다 깜짝깜짝 놀라지요. 좋은 가르침보다 중요한 건 어디에도 없으니까요. 하지만 어린 사촌을 더는 괴롭히지 않겠습니다."

그러더니 베넷 선생을 바라보며 단둘이 주사위 놀이를 하는 게 어떻겠냐고 제안했다. 베넷 선생은 도전을 받아들이곤, 여자애들을 자기네끼리 놀도록 한 건 정말 잘한 거라고 추켜세웠다. 베넷 부인은 리디아가 방해한 걸 여러 딸과 함께 정중하게 사과하곤, 책을 다시 읽어준다면 그런 일이 두 번 다시 없도록 하겠다고 약속했다. 하지만 콜린스는 어린 사촌에게 나쁜 감정은 조금도 없다고, 그 행동을 모욕으로 받아들이지 않는다고 안심시킨 다음, 베넷 선생과 다른 탁자로 옮겨서 주사위 놀이를 준비했다.

---

20) 포다이스가 쓴 '젊은 여성을 위한 설교집'으로, 소설은 외설이 많아서 젊은 여성을 타락시킨다고 주장했다.

## 15

콜린스는 사리를 모르는 사람으로, 타고난 결함을 대학 교육이나 사회활동으로도 고칠 수 없었다. 무식하고 잔인한 아버지 밑에서 어린 시절을 보내다 대학이라는 곳에 들어갔으나, 유익한 인간관계를 못 맺고[21] 꼭 필요한 조건만 간신히 채워서 졸업했다. 아버지에게 복종하며 어린 시절을 보내느라 늘 비굴하게 행동하는 습관이 생긴 데다, 교양은 떨어지고 세상 경험도 부족한 상태에서 젊은 나이에 갑자기 성공했다는 자부심과 허영심이 가득했다. 헌스퍼드 사제관이 비는 순간에 캐서린 대부인에게 추천받는 행운을 누려, 후견인이 고귀한 대부인 신분임을 존경하고 숭배하는 데다 성직자라는 권위, 중요한 인물이라는 자부심, 주임사제로 누리는 권리까지 뒤섞여, 오만하면서도 비굴하고 교만하면서도 겸손한 인물이 나타난 것이다.

좋은 집과 충분한 수입을 확보하니, 이제 결혼해야겠다는 마음이 생겨서 아내감을 찾아볼 요량으로 롱번 가족과 화해하기로 다짐도 했다. 딸부잣집 딸이 소문대로 하나같이 잘생기고 상냥하다면 그 가운데서 하나를 고를 생각이었다. 바로 이게 그 집 가장의 부동산을 상속받는 데 대한 수정안, 혹은 보상안으로, 콜린스가 볼 때 정말 적절하고 바람직하며 지극히 관대하고 이타적인, 탁월한 계획이 아닐 수 없었다.

이런 계획은 그 딸을 모두 보고서 조금도 흔들리지 않았다. 아름다운 큰딸을 목표로 정하고, 나이 순서에 따르는 게 합당하다는 원칙마저 세우니, 첫날 초저녁만 해도 콜린스가 선택한 아내감은 제인이었다. 하지만 다음 날 아침에 뒤바뀌고 말았다. 아침 식사 전에 베넷 부인과

21) 사제 서품을 받으려면 옥스퍼드나 케임브리지에서 학위를 따야 하는데 젊은 학생은 유익한 인간관계를 맺는 기회로 대학을 활용하기 일쑤나, 가난한 학생은 학비와 기숙사비 때문에 입학이나 졸업 자체가 쉽지 않았다.

단둘이 십오 분 동안 대화해, 사제관으로 시작해서 그 안주인을 롱번에서 구하면 좋겠다는 희망으로 자연스럽게 나아가니, 베넷 부인이 친절하게 웃고 다정하게 격려하는 가운데 콜린스가 마음먹은 제인은 안 된다며 "다른 딸은 딱히 뭐라고 말할 수 없다. 정확히 모르겠다. 아직은 마음에 둔 사람이 없는 것 같다. 하지만 큰딸에 대해선 알려주어야 하겠다. 큰딸은 곧 약혼할 가능성이 크다는 사실을 알릴 의무가 나한테 있는 것 같다"고 미리 귀띔한 것이다.

콜린스는 제인에서 엘리자베스로 바꾸면 그만이니, 실제로 베넷 부인이 불길을 뒤척이는 사이에 곧바로 정리할 수 있었다. 엘리자베스는 나이와 미모가 제인 다음이니, 지극히 자연스러운 결과였다.

베넷 부인은 콜린스가 암시한 내용을 듣고, 두 딸을 금방 결혼시키겠다고 확신했다. 하루 전만 해도 떠올리는 자체로 짜증스럽던 사내가 은총으로 돌변한 것이다.

리디아가 메리턴까지 걸어가겠다고 한 말은 누구도 잊지 않아서 메리를 제외한 자매 모두 함께 가기로 하고, 콜린스도 베넷 선생 부탁으로 동참하기로 했다. 베넷 선생으로선 콜린스를 내보내고 서재에 혼자 있고 싶은 마음만 간절했다. 아침 식사를 마치고 서재까지 쫓아와서 커다란 이절판 책[22]을 읽는 척하면서 실제로는 헌스퍼드에 있는 사제관과 정원을 끊임없이 자랑하며 떠들어대니, 정말 짜증스러울 수밖에 없었다. 베넷 선생에게 서재는 평화와 여유를 즐기는 공간이었다. 엘리자베스에게 말한 것처럼, 자기 잘난 맛에 사는 멍청이를 다른 방에선 충분히 접대할지언정, 서재에서 그럴 마음은 조금도 없었다. 그래서 딸들과 산책하라고 정중하게 권하고, 사실 콜린스로서도 책보다 걷는 게 훨씬 좋은 터라 커다란 책을 덮고서 기꺼이 밖으로 나갔다.

---

22) folio: 이절판 종이에 인쇄한 책. 종이가 커서 값이 많이 나갔다.

콜린스는 아무것도 아닌 걸 자랑하고 사촌 네 명은 정중하게 듣다 보니, 메리턴이 순식간에 나타났다. 그와 동시에 어린 자매 두 명은 콜린스에게 모든 관심을 끊은 채 장교를 찾으려고 도로를 열심히 살피니, 그 관심을 되돌릴 수 있는 건 상점 진열장에서 자태를 뽐내는 보닛 모자와 새로 나온 옥양목[23]이 전부였다.

하지만 네 딸 모두 예전에 못 본 젊은 사내에게 관심이 쏠렸다. 사내는 정말 대단한 신사 같은 모습으로 도로 건너편에서 다른 장교와 나란히 걸었다. 장교는 리디아가 런던에서 언제 돌아오는지 물으러 가던 바로 그 '데니'고, 그는 신사와 함께 지나가며 묵례했다. 낯선 사내가 풍기는 분위기에 모든 자매가 놀라, 과연 어떤 사람일까 궁금했다. 캐서린과 리디아는 그 정체를 가능한 선에서 알아봐야겠다 마음먹고 앞장서, 맞은편 상점에서 뭐라도 살 것처럼 길을 건너다 인도로 막 올라서는 순간, 때마침 돌아서는 두 신사와 마주치는 행운을 누렸다. 데니는 곧바로 인사하고 허락을 구하더니, 친구 위컴을 소개했다. 하루 전에 자신과 함께 런던에서 왔으며, 민병대 연대에 장교로 근무하는 행운을 누리게 되었다는 것이다. 이건 운명이 아닐 수 없었다. 젊은 사내가 군복만 입는다면 완벽한 매력을 뽐낼 게 분명했다. 겉모습이 정말 대단했다. 잘생긴 얼굴, 빼어난 몸매, 경쾌한 말솜씨 등 나무랄 데가 없었다. 소개가 끝나자마자 대화에 기꺼이 동참하는데, 예법이 완벽하고 겸손해, 길가에 서서 모두 흥겹게 대화하는데, 말발굽 소리가 관심을 끌더니, 다르시와 빙리가 달려오는 게 보였다. 두 사람은 모인 사람들 사이에서 자매를 발견하고 곧바로 다가와서 평소처럼 정중하게 인사했다. 빙리가 주로 말하고 제인이 주요 대상이었다. 병세가 어떤지 궁금해서 롱번

23) muslin: 옥양목 혹은 모슬린. 당시에 크게 유행한 천으로 영국이 통치하는 인도에서 생산했다. 순면을 섬세하게 짜서 질감과 모양이 다양하고 세탁이 쉽다.

으로 가는 중이라는 말에는 다르시도 묵례로 인정하더니, 엘리자베스에게 시선을 안 맞추려 애쓰다 낯선 사내에게 시선이 꽂히고, 엘리자베스는 두 사람 모두 시선을 마주치는 순간에 깜짝 놀라는 표정을 우연히 목격했다. 둘 다 얼굴색이 변했다, 한 명은 하얗게, 한 명은 빨갛게. 잠시 뒤에 위컴은 모자에 손대며 인사하고 다르시도 똑같이 했다. 도대체 왜 저러는 걸까? 짐작조차 할 수 없었다. 하지만 알고 싶은 마음이 이는 걸 막을 순 없었다.

하지만 빙리는 그런 모습을 조금도 못 알아챈 듯, 잠시 뒤에 작별하고 친구와 함께 말을 몰며 떠났다.

데니와 위컴은 젊은 아가씨들과 필립스 선생네 자택 입구까지 걸어가더니, 리디아가 안으로 들어가자 강권하고, 이모 역시 거실 유리창을 활짝 열고 어서 들어오라고 소리치는데도, 고개 숙여서 인사하고 떠났다.

이모는 조카딸을 언제나 반겼다. 최근에 집을 비운 큰 조카딸 두 명을 특히 반기곤 집으로 갑자기 돌아와서 놀랐다며, 자기네 마차를 안 빌려서 하나도 몰랐는데, 거리에서 약제사 사환을 우연히 만나 제인이 떠나서 네더필드로 약을 더는 안 보낸다는 말을 들었다더니, 제인이 소개한 콜린스에게 모든 관심을 쏟았다. 그래서 더없이 정중하게 맞이하자, 콜린스는 그보다 더 정중하게 대답하며, 미리 말도 없이 불쑥 찾아온 걸 사과했다. 하지만 젊은 숙녀분들과 아는 사이라서 찾아뵙는 영광을 물리칠 수 없었다고 덧붙였다. 이모는 교양이 대단하다고 감탄하면서도, 낯선 사내에 관한 관심을 곧바로 끝내고 또 다른 낯선 사내에 관한 관심과 감탄으로 넘어갔다. 하지만 이모가 대답할 수 있는 건 데니가 런던에서 데려왔다는 사실과 민병대 연대에서 중위로 임관될 예정이라는 사실 등, 조카딸도 이미 아는 내용밖에 없었다. 사실,

이모는 한 시간 전부터 낯선 사내가 거리에서 오가는 모습을 지켜보던 참이고, 캐서린과 리디아는 행여나 위컴이 다시 나타난다면 대뜸 다가가서 독차지하려고 마음먹었지만, 창문 밖을 오가는 사람은 불행하게도 다른 장교 몇 명밖에 없으니, 낯선 사내에 비하면 하나같이 "멍청하고 짜증 나는 인물"이었다. 이모는 그 장교 가운데 일부를 이모부가 다음 날에 정찬을 들자고 초대했는데, 조카들이 초저녁에 오겠다면 남편에게 위컴을 찾아서 함께 초대토록 하겠다고 약속했다. 당연히 모두 그러겠다 맹세하고, 이모는 복권 뽑기 카드놀이를 신나고 재밌고 시끌벅적하게 하다 따듯한 음식으로 저녁을 들 거라고 설명했다. 그래서 신나는 놀이를 잔뜩 기대하며 양쪽 모두 기분 좋게 헤어졌다. 콜린스는 응접실을 나가면서 또다시 사과해, 조금도 그럴 필요 없다는 대답을 정중하게 들었다.

엘리자베스는 집으로 걸어가면서 제인에게 두 신사 사이에 오간 표정을 설명했다. 제인은 평소 같으면 옳지 않게 보여도 양쪽 모두든 한쪽이든 변호하겠지만, 이번에는 동생과 마찬가지로 도대체 무슨 영문인지 이해할 수 없었다.

콜린스는 집에 돌아오는 즉시 이모님이 정말 예의 바르고 정중하다며 칭찬을 잔뜩 늘어놓아 베넷 부인을 기쁘게 했다. 자신은 캐서린 대부인과 그 따님 말고 그렇게 우아한 여인을 본 적이 없다. 그분은 자신을 극도로 정중하게 맞이한 건 물론, 다음 날 초저녁 초대까지 확실하게 했다, 일면식도 없는데 말이다. 물론 이 집 가족과 관계가 있어서 그런 거겠지만, 아무리 그렇다 해도 자신은 지금까지 살아오는 동안 이렇게 커다란 호의를 겪은 적이 없다.

# 16

베넷 부부는 젊은 사람들이 이모와 약속한 걸 조금도 반대하지 않고, 콜린스가 이 집에 머무는 동안 단 하루라도 초저녁에 나가는 걸 주저하는 모습엔 즉각 반대해, 콜린스는 적당한 시간에 다섯 사촌과 함께 가족 마차를 타고 메리턴으로 갔다. 응접실로 들어서는 순간에는 위컴이 이모부 초대를 받아들여 집으로 올 거란 소식을 듣고서 다섯 사촌 모두 기뻐했다.

콜린스는 모두 자리 잡고 앉은 다음에 주변을 느긋하게 둘러보며 칭찬했다. 응접실 규모와 가구가 놀랍다고, 로징스 대저택 여름용 조그만 조찬실에 들어선 느낌마저 든다고 선언했다. 이렇게 비교하는 말에 이모는 별다른 느낌을 못 받았으나, 로징스가 어떤 곳이고 그 주인은 어떤 사람인지 듣고, 대부인은 응접실이 여러 곳인데 굴뚝 하나에 800파운드나 들였다는 말까지 들은 다음에 비로소 얼마나 커다란 칭찬인지 깨달았다. 가정부 방과 비교한다 해도 화나지 않을 것 같았다.

콜린스는 남자 손님들이 들어오길 기다리며 캐서린 대부인과 대저택이 얼마나 대단한지 설명하고 가끔 누추한 거처도 언급해서 자신이 멋있게 고친다고 자랑하다 이모가 열심히 듣는다는 사실을 발견했다. 실제로, 이모는 그 말을 들으면서 콜린스가 정말 중요한 인물이란 인상을 받고, 동네 사람에게 최대한 빨리 떠벌려야겠다고 마음먹었다. 하지만 베넷 집안 다섯 딸은 사촌 말에 관심이 하나도 안 가, 피아노라도 있으면 좋겠다고 생각하며 벽난로 선반에 올린 도자기 모조품만 무심한 눈으로 쳐다보노라니, 기다리는 시간이 정말 긴 것 같았다. 하지만 그 시간도 마침내 지나고 남자들이 등장하니, 위컴이 들어올 때 엘리자베스는 처음 본 인상도 나중에 떠올린 인상도 틀린 게 전혀 없다고 느꼈다. 연대 소속 장교는 하나같이 믿음직하고 신사다우며, 그중에서도 가장 훌륭한 장교들이 여기에 참석했는데, 풍채며 인물이며 분위기며 걸음걸이까지 위컴이 압도하는 모습은, 이모부가 널찍한 얼굴과 통통한 몸으로 포도주 냄새를 풍기며 뒤따라 들어오는 모습을 장교 한 명 한 명이 압도하는 것과 비슷했다.

위컴은 거의 모든 여성이 쳐다보는 행운을 누리고, 엘리자베스는 위컴이 바로 옆에 앉는 행운을 누렸다. 위컴은 곧바로 상쾌하게 말해, 날씨가 궂다는 내용에 불과한데도, 엘리자베스는 아무리 평범하고 지루하고 케케묵은 내용이라도 말하는 상대에 따라 흥미진진하게 변할 수 있다는 사실을 뼈저리게 느꼈다.

위컴과 장교 등 탁월한 경쟁자가 가득해서 콜린스는 하찮은 존재로 가라앉고 젊은 숙녀들에겐 특히 더하지만, 이모는 여전히 열심히 듣다 커피와 머핀이 떨어질 때마다 보충해주었다. 그러다 카드놀이 탁자를 곳곳에 준비하자, 콜린스는 휘스트 카드놀이 탁자에 앉는 식으로 이모에게 보답하며 말했다.

"이 게임을 모르지만 기꺼이 배워볼 생각인데, 인생이라는 게……."

하지만 이모에겐 같은 탁자에 앉는 게 고맙긴 해도 그 이유까지 들을 시간은 없었다.

위컴은 휘스트에 안 끼고 복권 뽑기 카드놀이 탁자로 가서 기쁜 마음으로 권유를 받아들여 엘리자베스와 리디아 사이에 앉았다. 처음에는 리디아가 위컴을 독차지할 위험이 컸다. 리디아는 말이 정말 많기 때문이다. 하지만 복권 뽑기 카드놀이 역시 극단적으로 좋아하는 터라 게임에 금방 빠져들어, 열심히 내기 걸고 상을 달라며 소리치느라 누구에게도 관심을 기울일 수 없었다. 그래서 위컴은 게임을 즐기면서도 엘리자베스에게 말할 여유를 되찾고, 엘리자베스는 열심히 들었지만,

정말 듣고 싶은 내용은, 다르시와 어떤 관계인지는, 물을 수 없었다. 아니, 다르시라는 이름조차 꺼낼 수 없었다. 하지만 궁금증은 갑자기 풀렸다. 위컴이 먼저 이야기를 꺼낸 것이다. 처음에는 네더필드가 메리턴에서 얼마나 머냐고 묻더니, 대답을 들은 다음엔 주저하는 표정으로 다르시가 그 집에 얼마나 묵었느냐고 물은 것이다.

"한 달 정도."

엘리자베스는 이렇게 대답하곤 이야기를 이어가려고 덧붙였다.

"더비셔에 재산이 엄청나다고 들었습니다."

"맞아요, 영지가 대단하지요. 일 년에 만 파운드는 나오니까요. 그 사실을 저보다 확실하게 아는 사람은 어디에도 없답니다. 어릴 적부터 그 집과 특별한 관계를 맺었으니까요."

엘리자베스는 깜짝 놀란 표정이 저절로 떠올랐다.

"놀라시는 것도 당연합니다, 엘리자베스 양. 어제 만날 때 양쪽 표정이 차갑게 얼어붙은 걸 보셨을 테니까요. 다르시 선생을 잘 아시나요?"

엘리자베스는 다정하게 대답했다.

"더 알고 싶은 마음이 없을 정도로요. 그 사람과 한집에서 나흘을 보냈는데, 불쾌한 사람 같더군요."

"저는 그 사람이 유쾌한지 아닌지 말할 자격이 없답니다. 너무 오랫동안 너무 가까이 지내서 제대로 판단할 수 없거든요. 편견이 없을 수 없어서요. 하지만 엘리자베스 양 의견은 참 놀라운데, 다른 곳에선 그렇게 강하게 표현하지 않겠지요. 이모 댁이라서 그렇게 표현하신 것 같아요."

"분명히 말씀드리는데, 어떤 집에 가더라도 저는 똑같이 말할 거예요, 네더필드만 아니라면. 다르시 선생을 좋아하는 분은 하트퍼드셔 어디에도 없답니다. 너무 오만해서 모두 싫어하거든요. 그 사람을 좋게 말하는 사람은 근처에 한 명도 없을 거예요."

엘리자베스가 말하자, 위컴이 가만히 생각하다 대답했다.

"다르시 선생이든 누구든 실제 이상으로 혹평받을 때는 가끔 있지만, 다르시 선생은 그런 평을 자주 듣는 편이 아니랍니다. 세상 사람은 엄청난 재산과 지위에 눈이 멀거나 고귀하고 당당한 자세에 겁먹어, 다르시 선생이 보여주려는 모습만 보거든요."

"제가 살짝 겪은 바에 따르면 성격이 정말 까다롭더군요."

엘리자베스 말에 위컴은 고개만 절레절레 흔들다 말했다.

"그 사람이 이 지역에 얼마나 머물지 궁금하네요."

"잘 모르겠지만, 네더필드에 묵을 때 그 사람이 떠난다는 말은 못 들었어요. 그 사람이 같은 지역에 머문다는 이유로 연대에서 근무하려는 당신 계획이 영향을 안 받으면 좋겠어요."

"그럼요, 당연하죠! 여기에서 쫓겨날 사람은 제가 아니에요. 나를 보기 싫다면 그 사람이 떠나야죠. 우리는 좋은 사이가 아니라서 그 사람을 만나는 게 늘 고통스럽지만, 그 사람을 피하기는커녕 제가 그 사람 때문에 얼마나 억울하게 고생하는지 온 세상에 알려야 마땅하거든요. 그 사람 선친께서는, 엘리자베스 아가씨, 정말 훌륭한 분으로 저를 많이 도와주시어, 다르시를 보면 정겨운 추억이 수없이 떠올라서 마음이 아프답니다. 하지만 다르시는 저한테 괘씸한 짓을 했어요. 다른 건 모두 용서해도, 선친 유언을 어기고 그 추억을 훼손한 건 절대로 용서할 수 없답니다."

엘리자베스는 관심이 솟구쳐서 열심히 들었지만, 워낙 미묘한 주제라 깊이 캐물을 순 없고, 위컴은 메리턴이란 마을과 사교계 등 일반적인 화제로 돌아가서 지금까지 본 게 모두 마음에 든다는 표정으로 얘기하는데, 사교계를 말할 때는 유난히 다정하면서도 당당하게 덧붙였다.

“제가 민병대 연대에 들어온 제일 커다란 이유는 메리턴에 좋은 사교 모임이 자주 열릴 것 같아섭니다. 저는 이 연대가 바람직하고 훌륭한 부대라는 건 익히 알았으나, 친구 데니가 현재 메리턴에 주둔하는데, 마을 사람 모두 장교한테 관심이 많고 다정하다며 유혹했답니다. 저는 사교계가 필요하거든요. 좌절을 많이 겪어서 제 영혼이 고독을 못 견디니까요. 그래서 직업과 사교계가 필요하답니다. 군인 생활은 의도하지 않았지만, 상황이 이렇게 몰리네요. 사실 저는 교회에서 일해야 마땅합니다. 성직자 교육을 받으며 성장했으니, 지금쯤 가장 소중한 직업에 종사했을 겁니다, 조금 전에 말한 신사만 아니었다면.”

“맙소사!”

“네, 선친께서는 저한테 제일 좋은 성직자 자리를 유언으로 남기셨습니다. 저한테 대부셨으며 분에 넘치는 관심을 기울이셨으니까요. 그분이 베푸신 은혜는 아무리 말해도 모자랍니다. 늘 많은 걸 베푸시려 애쓰시고, 저는 그분 뜻에 따르려고 애썼답니다. 하지만 성직자 자리가 비는 순간, 다른 사람한테 넘어가고 말았지요.”

“맙소사! 어떻게 그럴 수 있지요? 선친 유언을 어떻게 무시할 수 있지요? 법으로 고소하지 그러셨어요!”

“비공식으로 유언하신 터라 법으로는 아무런 희망도 없답니다. 명예를 아는 사람이라면 그분이 바라신 걸 의심할 수 없겠지만, 다르시는 의심하는 쪽을 선택했습니다. 조건부 권고 사항으로 판단하더니, 제가 무절제하고 무분별하다는 말도 안 되는 이유를 들면서 권리를 잃었다고 주장한 겁니다. 확실한 건, 성직자 자리는 이 년 전에 비고 나는 그 자리에 앉을 나이인데도 다른 사람한테 넘겼다는 사실, 마찬가지로 확실한 건, 저는 그 자리를 빼앗길 만한 짓을 전혀 안 했다는 사실입니다. 저는 성격이 온화하며 거리낌이 없으니, 제 의견을 다르시한테 너무 자유롭게 털어놓은 건 있겠지요. 그보다 나쁜 건 하나도 안 떠오르니까요. 문제는 우리는 성격이 너무 다르다는 것, 그래서 다르시가 저를 싫어한다는 겁니다."

"소름 끼쳐요! 그런 사람은 공개적으로 망신당해야 해요."

"언젠가 그렇게 되겠지요. 하지만 저는 못합니다. 다르시 부친을 못 잊는 한, 그 잘못을 따지거나 폭로할 순 없으니까요."

엘리자베스는 그 마음이 존경스럽고 그렇게 말하는 모습도 멋있게 보였다. 그래서 잠시 침묵하다 말했다.

"하지만 이유가 무얼까요? 그 사람이 왜 그렇게 잔인하게 행동했을까요?"

"제가 철저하고 완벽하게 싫은 거겠지요, 질투심이라고 볼 수밖에 없을 정도로. 고인께서 저를 그렇게 좋아하시지 않았다면 그 아들도 저를 그렇게 싫어하지 않았겠지요. 하지만 고인께서는 아주 어릴 적부터 저를 좋아하셨답니다, 아들이 초조하게 여길 정도로. 아들한테는 우리가 경쟁한다는 걸, 선친께서 저를 더 좋아한다는 걸 받아들일 여유가 없었던 겁니다."

"저는 다르시 선생이 마음에 안 들지만, 그 정도로 나쁜 사람인 줄은 몰랐어요. 다르시 선생이 그렇게 나쁜 사람이라고 생각하진 않았어요. 대체로 주변을 깔보는 경향은 있지만, 그리도 사악하고 그리도 부당하고 그리도 몰인정하게 복수할 사람인 줄은 몰랐어요."

엘리자베스가 말하더니, 잠시 생각하다 덧붙였다.

"하루는 네더필드에서 자신은 한 번 화나면 돌이킬 수 없다면서 절대로 용서하지 않는 기질을 자랑한 게 기억나네요. 성격이 끔찍한 게 분명해요."

"그 부분은 제가 뭐라고 할 수 없겠군요. 그 사람에 관한 한 저는 공정할 수 없으니까요."

엘리자베스는 다시 깊이 생각하다 한탄했다.

"선친께서 제일 좋아하시며 가까이 지내던 대자를 그런 식으로 대하다니!"

'당신처럼 성격도 얼굴만큼이나 사랑스러울 수밖에 없는 사내를'이란 말까지 덧붙이고 싶었지만, "당신 말대로라면, 어린 시절부터 둘도 없이 가까이 지낼 수밖에 없는 친구를!"이라고 덧붙이는 거로 만족했다.

"우리는 같은 교회, 같은 장원에서 태어나, 한집에 살면서 어린 시절을 함께 보내고, 함께 놀고, 함께 성장했지요. 제 부친께선 아가씨 이모부 필립스 선생과 똑같은 직업에 종사하며 크게 성공하셨지만, 고인이 되신 다르시 선생님을 위해 모든 걸 포기하고 펨벌리 저택에 속한 재산을 관리하며 모든 시간을 보내셨습니다. 다르시 선생님께서 너무 좋으신 나머지, 누구보다 믿음직한 친구로 여기시며 속마음을 털어놓을 정도였지요. 다르시 선생님께서는 저희 부친이 철저하게 감독하는 모습에 크게 감동하시어, 부친이 돌아가시기 직전에는 저를 당신께서 책임지겠다고 맹세하셨답니다. 부친께 고마운 마음을 전하고 동시에 저에 대한 애정을 증명하려고 그러신 것 같아요."

"정말 이상해요! 말도 안 돼요! 그렇게 자존심 강한 사람이 당신한테 그런 짓을 저질렀다는 게! 다른 건 몰라도, 자존심이 강한 사람이라면 그렇게 나쁜 짓만큼은 절대로 하지 말아야 하잖아요. 그건 정말 나쁜 짓이라고요."

"그 사람은 어떤 행동이든 하나같이 자존심이랑 연결된다는 게 놀라워요. 그 사람한테 자존심만큼 중요한 건 없거든요. 착한 일을 한다면 그것 역시 자존심 때문이니까요. 하지만 우리 인간은 누구도 일관성이 없으니, 저를 대하는 행동은 자존심보다 충동이 강하게 작용한 거지요."

"그렇게 역겨운 자존심도 착한 일로 나아갈 때가 있나요?"

"네. 관대한 마음으로 돈을 넉넉하게 주고, 손님을 환대하고, 소작인을 돕고, 빈민을 구제할 때가 있지요. 아버지에 대한 자부심, 가문에 대한 자부심이 있으니까요. 아버지를 지극히 자랑스럽게 여기거든요. 가문에 불명예를 안 끼치고, 평판과 지위를 안 떨어뜨리고, 펨벌리 저택의 영향력을 안 잃는 게 무엇보다 강력한 동기겠지만요. 오빠라는 자부심과 애정도 강해서 여동생을 지극히 다정하고 세심하게 돌보니, 사람들이 훌륭한 오빠라며 칭찬도 자주 한답니다."

"여동생은 어떤 사람인가요?"

위컴이 고개를 절레절레 젓다가 대답했다.

"사랑스러운 아가씨라고 말할 수 있으면 좋겠네요. 다르시 가문을 나쁘게 말하기 싫으니까요. 하지만 여동생도 자기 오빠랑 성격이 똑같답니다. 더없이 오만하지요. 어릴 적에는 사랑스럽고 쾌활해서 저를 끝없이 좋아했답니다. 저 역시 수많은 시간을 함께 놀아주었고요. 하지만 이제 저는 그 여동생을 완전히 잊었답니다. 얼굴은 잘생기고 나이는 열다섯인가 열여섯이며 교양은 탁월하겠지요. 선친께서 돌아가신 다음부터 런던에 정착해, 어떤 부인이 함께 살면서 교육을 감독하니까요."

엘리자베스는 입도 여러 번 다물고 화제를 돌리려고도 여러 번 애썼으나, 결국엔 처음으로 돌아와서 이렇게 말할 수밖에 없었다.

"그 사람이 빙리 선생과 가깝다는 게 놀라워요! 빙리 선생은 성격도 좋고 상냥하신데, 어떻게 그런 사람과 친구로 지낼까요? 두 사람이 서로한테 어떻게 맞을까요? 빙리 선생을 아세요?"

"모릅니다."

"다정하시고 상냥하시고 매혹적인 분이랍니다. 그분은 다르시 선생의 본모습을 모르는 모양이에요."

"그럴 수도 있겠지요. 하지만 다르시는 마음이 내키는 자리에선 유쾌하게 행동할 수 있답니다. 능력이 다양하거든요. 자신한테 바람직하다고 생각하면 새로운 인간으로 변신하는 거예요. 자신과 신분이 똑같은 사람만 가득한 곳에선 그렇지 못한 사람들 사이에서 보인 모습과 완전히 다른 인간으로 변하는 거예요. 오만한 태도는 그대로라도, 부자하고 있을 때는 마음이 관대하고 정의롭고 진지하고 합리적이며 명예로운 데다 상냥한 모습조차 나타나는 거예요, 재산과 지위가 있는 사람한테 대단한 아량까지 베풀면서."

이 말을 할 즈음에 휘스트 카드놀이가 끝나고 사람들이 모여들어, 콜린스가 엘리자베스와 필립스 이모 사이에 자리 잡았다. 이모는 돈을 많이 땄느냐고 의례적으로 묻고, 콜린스는 그렇지 않다, 매번 잃었다더니, 이모가 안 됐다고 위로하자, 그 정도는 아무것도 아니다, 자신은 돈을 사소하게 여기니 마음 쓰지 말라고 더없이 진지하고 엄숙하게 선언하며 덧붙였다.

"어차피 카드놀이 탁자에 앉으면 돈을 잃을 걸 각오해야 한다는 사실은 저도 잘 아는 데다, 다행히도 오 실링[24]에 연연할 처지는 아니랍니다. 이렇게 말할 수 없는 사람이 많겠지만, 저는 캐서린 대부인 덕분에 사소한 돈 문제로 걱정할 필요가 없답니다."

위컴이 관심을 보이며 살피더니, 저 친척이란 사람은 캐서린 대부인과 얼마나 가까운 사이냐고 나지막이 묻고, 엘리자베스는 이렇게 대답

24) shilling, 영국 은화 단위. 1실링은 1파운드의 20분의 1이다.

했다.

"캐서린 대부인이 최근에 성직자 자리를 주었답니다. 저 사람을 대부인이 어떻게 알았는지 모르지만, 오래 안 사이는 아닌 것 같아요."

"캐서린 대부인은 다르시 앤 귀부인과 자매 사이며, 따라서 다르시한테 이모라는 건 물론 아시겠지요?"

"아니요, 몰랐습니다. 캐서린 대부인 친척을 하나도 모르거든요. 그런 대부인이 있다는 사실 자체를 어제 처음 들었으니까요."

"그분 따님이 엄청난 재산을 물려받아, 사촌 다르시와 결혼해서 양쪽 재산을 하나로 뭉칠 게 확실합니다."

이 말을 듣고서 엘리자베스는 빙그레 웃었다. 빙리 여동생이 헛물켠다는 생각이 들었다. 아무리 많은 관심을 기울여도 모두 헛될 수밖에, 다르시 여동생에게 아무리 애정을 쏟고 다르시에게 아무리 칭찬을 늘어놓아도 모두 헛되고 무익할 수밖에 없다, 다르시에게 결혼을 약속한 정혼자가 있다면. 그러다 물었다.

"콜린스는 캐서린 대부인과 그 따님을 높이 평가하지만, 대부인한테 도움을 받는 현실 때문에 판단을 제대로 못 할 수도 있겠다는 생각이, 대부인이 후견인이긴 해도 실제로는 교만하고 독선적인 여성일 수도 있겠다는 생각이 드네요."

"두 가지 다 엄청나지요. 오랫동안 못 봤지만, 그분을 좋아한 적이 한 번도 없다는 사실과 독선적이고 거만하다는 사실은 또렷하게 기억합니다. 그분은 놀라울 정도로 지혜롭고 현명하다는 평판이 있지만, 제가 보기에 그런 평판 가운데 일부는 엄청난 재산과 지위, 일부는 권위적인 태도, 나머지는 조카에 대한 자부심 때문인 것 같습니다. 다르시는 자신과 연결된 사람이라면 누구나 지성이 최고여야 한다고 생각하거든요."

엘리자베스는 정말 합리적인 설명이라 여기고, 두 사람은 만족스러운 대화를 계속하는데, 만찬 준비를 마쳤다는 말에 카드놀이가 끝나고, 위컴은 모든 여성이 공유했다. 필립스 부인의 만찬 석상이 너무 시끄러워서 대화 자체를 할 수 없지만, 위컴은 예의가 유난히 돋보이는 자세로 모든 사람에게 호감을 샀다. 무슨 말을 하든 멋들어지고, 어떤 행동을 하든 우아했다. 엘리자베스는 집으로 돌아갈 때 위컴 생각만 머리에 가득했다. 집으로 가는 내내 위컴 말고는, 위컴이 한 말 말고는 무엇도 생각할 수 없었다. 하지만 집으로 가는 동안 그 이름을 입에 담을 기회는 없었다. 리디아든 콜린스든 잠시도 입을 안 다물었다. 리디아는 복권 뽑기 카드놀이를 화제로 삼아, 자신이 어떻게 잃고 어떻게 땄는지 끊임없이 떠벌리고, 콜린스는 필립스 이모 부부가 얼마나 예의 바른지 설명하고, 휘스트 게임에서 잃은 돈은 조금도 신경 쓰지 않는다 주장하고, 만찬 음식 하나하나를 칭찬하고, 자신 때문에 사촌들이 마차에 앉을 자리가 좁겠다고 끊임없이 걱정하느라, 롱번 저택에 도착한 다음에도 계속 말할 정도였다.

## 17

엘리자베스는 위컴에게 들은 얘기를 다음 날 제인에게 알렸다. 제인은 깜짝 놀란 표정으로 걱정스레 듣는데, 다르시에겐 빙리가 존경할 가치가 없다는 사실을 어떻게 받아들여야 좋을지 모르면서도, 위컴처럼 다정한 사내가 거짓말한다고 의심할 성격 역시 아니었다. 하지만 위컴이 부당하게 대접받을 가능성 하나만 해도 다정한 마음이 아픈 터라, 제인이 할 수 있는 거라곤 양쪽 모두 좋게 생각하는 것, 따로 설명할 수 없는 문제를 사고나 실수 탓으로 돌리는 것밖에 없었다. 그래서 말했다.

"두 사람은 우리가 알 수 없는 무엇 때문에 이런저런 식으로 오해한 게 분명해. 다른 사람이 이해관계에 얽혀서 두 사람을 이간질했을지도 모르고. 두 사람 사이에 불화가 생긴 원인이나 상황 자체에 빠져들어 어느 한쪽을 비난하는 건 옳지 않아."

"그래, 맞아. 그렇다면 이제, 언니, 이해관계에 얽힌 사람들은 어떻게 변명할 거야? 그 사람들도 명예를 세워줘야지, 그렇지 않으면 우리로선 어느 한쪽을 나쁘게 생각할 수밖에 없으니까."

"마음껏 비웃어. 그런다고 내 생각이 달라지진 않으니까. 사랑하는 동생 엘리자베스, 선친께서 제일 좋아하던 사람을 그런 식으로 처리한 건 다르시 선생한테 커다란 불명예란 관점에서 생각해. 선친께서 자리를 약속한 사람인데, 그럴 순 없거든. 인정이 조금이나마 있고 인격이 조금이나마 있는 사람이라면 그렇게 할 순 없어. 가까이 지내는 친구분들이 다르시 선생한테 모두 속아 넘어갈 수도 없고. 그렇지 않니? 그래, 절대 그럴 순 없어!"

"나는 빙리 선생이 속아 넘어갔다는 가정이 훨씬 그럴싸해, 위컴이 간밤에 꾸며서 말했다는 것보단. 이름도 구체적이고 내용도 구체적이야. 모든 게 자연스러워. 못 믿겠다면 다르시한테 물어봐. 위컴 표정엔 진정성이 있었다고."

"정말 어렵구나. 정말 힘들어. 어떻게 생각해야 좋을지 모르겠어."

"미안하지만 어떻게 생각해야 좋을지는 확실해."

하지만 제인에게 분명한 건 딱 하나, 빙리가 속았다면 나중에 소문이 널리 퍼지는 순간에 빙리까지 소용돌이에 휘말릴 가능성이 크다는 우려였다.

두 자매는 잡목숲에서 대화하다, 이야기 한쪽 주인공이 왔다는 통보를 받았다. 빙리가 오랫동안 기대를 모으던 무도회를 돌아오는 화요일로 정하고 초대장을 직접 건네려고 두 자매와 함께 찾아온 것이다. 빙리 자매는 소중한 친구를 만나서 너무 기뻐, 정말 오랜만이라면서 그동안 어떻게 지냈느냐고 묻고 또 물었다. 하지만 다른 가족에겐 별다른 관심을 안 기울였다. 베넷 부인을 최대한 피하고, 엘리자베스에겐 조금만 말하고, 다른 가족에겐 아무 말도 안 했다. 그러다 순식간에 떠났다. 빙리조차 놀랄 정도로 두 자매 모두 의자에서 벌떡 일어나더니, 베넷 부인이 정중하게 떠벌리는 말을 피하려는 듯 황급히 서두른 것이다.

베넷 집안 여자들은 네더필드 무도회에 대한 기대치가 하나같이 높았다. 베넷 부인은 큰딸에게 경의를 표하는 차원에서 무도회가 열리는 거로 단정한 데다, 초대장을 의례적으로 보내는 대신 빙리가 직접 찾아왔다는 점이 특히 마음에 들었다. 제인은 두 친구를 만나고 그 오라비에게 관심을 받으며 행복하게 보내는 초저녁을 머리에 떠올리고, 엘리자베스는 위컴과 춤추면서 다르시 표정과 언행을 보고 모든 걸 확인하면 재미있겠다고 생각했다. 하지만 캐서린과 리디아가 기대하는 즐거움은 한 가지 사건이나 한 인물에 국한하지 않았다. 이들 역시 엘리자베스와 마찬가지로 위컴과 초저녁 절반을 춤추려고 마음먹었지만, 만족스러운 파트너는 위컴 말고도 많았다. 어쨌든 무도회는 무도회 아닌가! 심지어 메리도 무도회가 싫지 않다면서 가족에게 말할 정도였다.

"그래도 오전 시간은 혼자 보내니까 괜찮아. 초저녁 모임에 이따금 나가는 건 희생이 아니야. 사교계는 누구도 피할 수 없어. 고백하건대, 나는 여흥과 오락을 가끔 즐기는 건 누구한테든 바람직하다고 생각해."

엘리자베스는 무도회에 대한 기대감이 치솟은 나머지, 콜린스에게 불필요하게 말을 걸 성격이 아닌데도, 빙리 초대를 받아들일 생각이냐, 성직자로서 초저녁에 사람들과 어울리며 여흥을 즐겨도 괜찮다고 생각하느냐고 묻지 않을 수 없었다. 그래서 조금도 거리끼지 않는다는 사실에, 춤추는 것 때문에 대주교나 캐서린 대부인에게 야단맞는 걸 조금도 걱정하지 않는다는 사실에 깜짝 놀랐다.

"확실한 건, 저는 인격이 훌륭한 젊은이가 훌륭한 사람들한테 열어주는 무도회는 나쁜 분위기가 있을 수 없다고 생각하며, 따라서 저 자신이 직접 춤추는 것 역시 조금도 반대하지 않으니, 무도회에서 아름다운 사촌들 손을 모두 잡아보는 영광을 기대할 뿐입니다. 이번 기회를 빌려서, 엘리자베스 양, 처음 두 곡은 저와 춤추길 부탁하노니, 그대와 제일 먼저 춤추는 걸 제인 사촌도 그럴만한 사정이 있다고, 자신을 모욕하려는 게 아니라고 충분히 이해할 겁니다."

엘리자베스는 완전히 뒤통수 맞은 느낌이었다. 첫 춤은 위컴과 추려고 잔뜩 벼르던 참인데, 그걸 포기하고 콜린스랑 춰야 한다니! 생기발랄한 행동이 이렇게 끔찍한 결과로 이어진 건 처음이었다. 하지만 다른 방법이 없었다. 위컴과 자신의 행복을 조금 미루고 콜린스 제안을 최대한 우아하게 받아들여야 했다. 그 제안엔 다른 뭔가도 있다는 생각이 들어서 상대가 당당하게 행동하는 모습이 한층 더 부담스러웠다. 헌스퍼드 사제관 안주인으로, 로징스에서 쿼드릴 카드놀이 할 때 훨씬 바람직한 손님이 없으면 빈자리를 채울 사람으로 자매들 사이에서 하필이면 자신을 선택했다는 생각이 처음 떠오른 거다. 상대가 자신에게 특별히 친절하게 행동하고 재치있고 쾌활하다며 툭하면 칭찬하던 걸 떠올리니, 이 생각은 순식간에 확신으로 돌변했다. 자신의 매력이 이런 결과를 낳았다는 사실에 기쁘기는커녕 충격만 가득한데, 얼마 뒤에 어머니는 두 사람이 결혼하면 좋겠다는 말까지 했다. 하지만 엘리자베스는 그 말에 대답하면 말다툼만 일어날 걸 잘 알기에 못 들은 척하기로 마음먹었다. 콜린스가 청혼하지 않을 수도 있으니, 일이 생기기 전에 미리 다툴 필요는 없었다.

네더필드 무도회를 준비하며 수다 떨 일이 없다면 제일 어린 자매 두 명은 이 시기를 정말 비참하게 보낼 수밖에 없었다. 초대받은 날 다음부터 무도회가 열리는 날까지 비가 끊임없이 내려서 메리턴까지 한 번도 걸어갈 수 없었기 때문이다. 이모도 못 만나고 장교들도 못 보고 아무런 소식을 못 듣는 건 물론, 네더필드에 신고 갈 장미 신발마저 사람을 보내서 가져와야 했다. 엘리자베스마저 날씨 때문에 위컴을 만날 수 없다는 사실에 인내심이 바닥날 지경이었다. 캐서린과 리디아가 금요일과 토요일과 일요일과 월요일을 견딘 건 오로지 화요일 무도회 덕분이었다.

## 18

엘리자베스는 네더필드 응접실에 들어서는 즉시 빨간 장교 복장 사이를 열심히 둘러보며 찾다가 실패할 때까지, 위컴이 참석한다는 걸 의심한 적은 한 번도 없었다. 당연히 만날 거라고 확신한 터라, 위컴이 말한 너무나 놀라운 내용 때문에 못 올 수 있다는 사실을 가볍게 넘긴 것이다. 평소보다 신경 써서 차려입고 초저녁 시간을 함께 보내면서 그 마음을 확실히 사로잡으리라 단단히 다짐한 상태였다. 하지만 빙리와 그 자매가 장교들을 초대할 때 다르시를 고려해서 일부러 뺐을 거란 의심이 곧바로 일어났다. 정말 그런 건 아닐지라도, 위컴이 안 온다는 사실은 그 친구 데니 말로 확실하게 드러났다. 열심히 다가간 리디아에게 위컴이 하루 전에 업무를 보러 런던으로 갔다가 아직 안 돌아왔다면서 의미심장하게 웃으며 덧붙인 것이다.

"지금 이 순간에 업무 때문에 멀리 떠나진 않겠지요, 여기에 있는 신사 한 분을 피하고 싶은 마음이 없다면."

리디아는 아니어도 엘리자베스는 뒷말을 확실히 듣는 순간, 처음에 추측한 건 틀릴지언정 위컴이 안 온 이유는 분명하단 확신이 들어, 다르시가 불쾌하다 못해 실망감까지 치솟으니, 잠시 뒤에 다르시가 다가와서 정중하게 인사하는 말에 예의 바르게 응대할 수 없었다. 꾹 참고 인내하며 다르시와 대화하는 건 위컴을 배신하는 것과 마찬가지였다. 그래서 다르시와 어떤 대화도 안 하겠다고 다짐하며 언짢은 표정으로 시선을 피하는데, 이런 기분은 빙리랑 대화할 때조차 완벽하게 극복할 수 없어, 아무것도 모르고서 다르시를 칭찬하는 말에 발끈하기도 했다.

하지만 엘리자베스는 계속 언짢아할 성격이 아니니, 잔뜩 기대하던 마음은 산산이 부서졌지만, 이런 마음에 오랫동안 집착하지 않고 일주일 만에 만난 샬럿 루카스에게 슬픈 마음을 털어놓다, 정말 이상한 사촌으로 화제를 곧장 돌려서 관심을 끌어모을 수 있었다. 하지만 처음 두 곡은 짜증이 절로 치밀었다. 너무 창피했다. 콜린스는 엄숙한데 서툴고, 조심하기보단 사과하는데 몰두하고, 툭하면 엉뚱하게 움직이면서도 그런 사실 자체를 몰라, 불쾌한 파트너와 두 곡이나 추는 동안 창피하고 비참한 느낌만 가득했다. 상대에게서 벗어나는 순간에 환희가 몰려들 정도였다.

다음엔 어느 장교와 춤추며 위컴 이야기를 꺼내서 누구나 좋아한다는 말을 듣고 기운을 회복했다. 그 춤도 끝나자, 샬럿 루카스에게 돌아가서 대화하는데, 다르시가 갑자기 다가와서 춤출 기회를 요청해, 엘리자베스는 깜짝 놀란 나머지 뭐라고 대답해야 좋을지 모르다 요청을 받아들이고 말았다. 다르시는 그 즉시 다른 곳으로 걸어가고, 엘리자베스는 정신이 나갔다며 자책하고, 샬럿은 열심히 달래며 말했다.

"알고 보면 좋은 사람일 수도 있잖아."

"말도 안 돼! 그보다 더한 불행은 없다고! 싫어하겠다고 마음먹은 사내가 알고 보니 좋은 사람이라는 건! 나한테 그렇게 나쁜 일이 일어날 순 없어."

하지만 춤곡은 다시 흘러나오고 다르시는 춤추러 다가오니, 샬럿은 멍청하게 굴지 말라고, 위컴을 생각하는 마음 때문에 영향력이 열 배는 커다란 사람에게 불쾌하게 행동하지 말라고 경고하듯 속삭일 수밖에 없었다. 엘리자베스는 아무런 대답도 안 하고 춤 대열에 들어가서 자리 잡다, 다르시 맞은편에 서는 자체로 위신이 올라간다는 사실에 놀라는데, 다른 사람 얼굴에도 자신만큼이나 놀란 표정이 가득했다. 두 사람 모두 한마디도 않고 가만히 있다 보니, 엘리자베스는 춤 두 곡이 끝날 때까지 아무도 입을 안 열겠다는 생각이 떠올라, 처음에는 절대로 입을 안 열겠다고 마음먹었지만, 상대에게 말할 수밖에 없게 하는 게 훨씬 커다란 형벌이겠다는 생각을 떠올리고, 춤에 대해서 가볍게 말했다. 다르시는 그 말에 대답하고 다시 침묵했다. 그래서 엘리자베스도 잠시 침묵하다 다시 말했다.

"이제 선생께서 말씀하실 차례입니다. 제가 춤에 대해 말했으니, 선생께선 실내 규모나 커플 숫자 등 무슨 말이든 해야 합니다."

다르시가 웃더니, 무슨 말이든 시키는 대로 하겠다고 대답했다.

"좋아요. 당장은 그 대답으로 충분해요. 규모가 커다란 무도회보다는 이렇게 아담한 무도회가 좋다고 제가 말할 수도 있겠지만, 당장은 둘 다 침묵하는 게 좋겠어요."

"당신은 춤추는 동안 규칙을 정하고 말하나요?"

"가끔. 누구든 조금은 말해야 하니까요. 삼십 분 동안 서로 한마디도 안 하면 정말 이상하게 보일 테니까 어떤 식이든 대화 방식을 정해서 말하는 고통을 최소한으로 줄이는 게 합당하겠지요."

"그건 당신 마음에 근거해서 말하는 건가요, 제 마음을 존중해서 말하는 건가요?"

이 말에 엘리자베스는 지혜롭게 대답했다.

"둘 다요. 우리는 성격이 비슷하단 생각을 늘 했거든요. 둘 다 사교성이 떨어지고 입이 무거워서 이 방 전체가 감탄할 말이나 대대손손 들려줄 명언이 아닌 한 말을 안 하려고 하니까요."

"당신은 그런 성격과 비슷한 점이 조금도 없다고 저는 확신합니다. 저 자신은 그런 성격과 얼마나 비슷한지 모르겠으나, 당신은 제가 딱 그런 성격이라고 확신하는 것 같군요."

"저는 제 성격도 확신할 수 없답니다."

다르시는 대답을 안 하고, 두 사람은 다시 침묵하다 춤 대열 끝으로 내려간 다음에 비로소 다르시가 자매와 함께 메리턴까지 걸어갈 때가 많으냐고 물었다. 엘리자베스는 그렇다 대답하고, 유혹을 못 이긴 채 덧붙였다.

"며칠 전에 메리턴에서 만날 때는 낯선 인물과 인사하는 중이었답니다."

효과는 곧바로 나타났다. 얼굴 전면에 오만한 기색이 번지는데 말은 한마디도 안 해서 엘리자베스는 마음이 약한 걸 자책할 뿐 더 말할 수 없었다. 그러자 다르시가 말하는데, 잔뜩 긴장한 어투였다.

"위컴은 친구를 사귀는 능력이 탁월하지요. 우정을 지키는 능력까지 탁월한지는 모르겠지만."

그러자 엘리자베스가 강한 어조로 대답했다.

"불행하게도 그 사람이 선생님 우정은 잃었으니, 평생을 고통스럽게 살아야겠지요."

다르시는 아무런 대답도 없이 화제를 바꾸고 싶은 표정만 떠올렸다. 바로 그 순간, 루카스 경이 두 사람 옆에서 춤 대열을 지나 건너편으로 가려다 다르시를 알아보고 극히 정중하게 묵례하더니 두 사람 모두 춤 솜씨가 좋다고 칭찬하며 말했다.

"보기 좋습니다, 선생. 이렇게 탁월한 춤 솜씨는 흔히 볼 수 없지요. 선생은 초일류 상류층에 속한 게 분명합니다. 하지만 굳이 말한다면, 파트너 역시 아름다워서 선생한테 조금도 안 뒤지니, 이렇게 기쁜 일이 자주 있으면 좋겠습니다. (제인과 빙리를 힐끗 쳐다보며) 엘리자베스 양한테 바람직한 일이 있을 때는 더더욱. 그런 일이 있으면 많은 사람이 축하할 테니까요! 선생께 부탁하겠습니다. 하지만 제가 너무 방해하는군요, 선생. 아름다운 숙녀분과 황홀하게 대화하는 걸 방해한다고 나무라겠어요. 젊은 숙녀분도 저를 나무라는 눈빛이고요."

다르시는 뒷부분을 제대로 들을 수 없었다. 루카스 경이 너무나 충격적인 내용을 암시하는 바람에 빙리와 제인이 춤추는 광경을 심각한 표정으로 바라보았기 때문이다. 하지만 곧바로 정신 차리고 파트너를 바라보며 말했다.

"루카스 경이 끼어드는 바람에 우리가 얘기하던 게 무언지 잊었소."

"아무 얘기도 안 했어요. 서로 아무 말도 안 하는 걸 보고서 루카스 경이 일부러 끼어든 것 같아요. 두세 가지 화제를 꺼내다 실패해서 이제 무슨 이야기를 나눠야 좋을지 모르겠네요."

"책 얘기는 어떻소?"

다르시가 말하며 빙그레 웃었다.

"책 얘기…… 맙소사! 우리는 똑같은 책을 읽은 적도 똑같은 걸 느낀 적도 없을 게 분명해요."

"그렇게 생각하신다니 안타깝습니다. 하지만 실제로 그렇다면 최소한 화제가 떨어질 염려는 없겠네요. 서로 다른 의견을 비교할 수 있으니까요."

"아니에요. 무도회에서 책 얘기를 할 순 없어요. 머릿속에 다른 게 가득해서요."

"이런 상황에서 당신은 늘 '현재'에 집중하는군요, 그죠?"

다르시가 의심스러운 표정으로 묻자, 엘리자베스는 자신이 무슨 말을 하는 줄도 모르고 "네, 늘" 하고 대답했다. 다른 생각에 골똘했기 때문인데, 그 생각은 갑작스러운 말로 곧바로 드러났다.

"예전에 선생께서 용서하지 않는다고, 한 번 화나면 억누를 수 없다고 말한 기억이 나네요, 다르시 선생. 그렇다면 애초에 화가 안 나도록 무척 조심하겠군요."

"그렇습니다."

다르시가 대답하는데 목소리가 단호했다.

"편견에 휘둘린 사례는 없었나요?"

"그러길 바랍니다."

"의견을 절대로 안 바꾸는 사람한텐 애초에 정확하게 판단하는 게 무엇보다 중요하지요."

"어떤 의미로 하는 말인지 물어도 괜찮을까요?"

다르시가 묻는 말에 엘리자베스는 진지한 모습을 떨쳐내려 애쓰며 대답했다.

“선생 성격을 파악하려고요. 제대로 이해하고 싶거든요.”

“그래서 성공하셨나요?”

엘리자베스는 고개를 절레절레 저었다.

“조금도 못 했어요. 선생 평가가 극과 극이라서 혼란스러워요.”

다르시가 근엄하게 대답했다.

“제 평가가 크게 다르리라는 건 저도 쉽게 짐작할 수 있습니다. 하지만 지금 당장으로선 그만 판단하길 바랍니다. 두 사람 모두한테 안 좋을 것 같아서 우려스럽군요.”

“하지만 지금 성격을 파악하지 않으면 기회가 없겠지요.”

“그렇다면 방해하지 않을 테니 편하신 대로 하십시오.”

다르시는 차갑게 대답하고, 엘리자베스는 더 말하지 않아, 두 사람은 다음 춤곡까지 추고서 말없이 갈라섰다. 양쪽 모두 불만스러워도 형태는 완전히 달랐다. 다르시는 엘리자베스에 관한 한 모든 걸 참아내겠다는 마음을 가슴에 강력하게 품은 터라 금방 용서하고, 모든 분노를 다른 사람에게 돌렸으니 말이다.

두 사람이 갈라서고 얼마 안 돼서 빙리 여동생이 다가와 경멸하는 표정으로 정중하게 말했다.

“엘리자베스 양, 위컴을 많이 좋아한다는 얘기가 들리더군요! 당신 언니가 나한테 위컴 얘기를 꺼내서 수없이 물었답니다. 그런데 그 사람은 당신한테 이런저런 말을 하면서도 자기 아버지가 위컴 노인으로, 고인이신 다르시 선생님 밑에서 집사로 활동했다는 사실까지 말하는 건 까마득하게 잊은 것 같더군요. 제가 친구로서 충고하는데, 그 사람 주장을 무조건 믿으면 안 된답니다. 다르시 선생이 그 사람한테 몹쓸 짓을 했다는 건 완벽한 거짓말이니까요. 오히려 그 사람이 다르시 선생한테 몹쓸 짓을 했으니까요, 다르시 선생이 온갖 정성을 다하는데도. 구체적으로는 모르지만, 다르시 선생은 잘못이 조금도 없다는 건, 위컴이란 이름을 듣는 것조차 힘들어한다는 건, 우리 오빠는 장교들을 초청하면서 그 사람도 초청할 수밖에 없었으나, 그 사람 스스로 피한 걸 다행스럽게 여긴다는 건 저도 잘 안답니다. 그 사람이 이 지역으로 온 건 정말 뻔뻔한 짓이에요. 사람이 어떻게 그럴 수 있는지 모르겠어요. 당신이 많이 좋아하는 사람한테 그런 문제가 있어서 안타깝지만, 사실 그 혈통을 고려한다면 그 이상을 기대하긴 어렵겠죠."

엘리자베스가 발끈하며 말했다.

"당신 말대로라면 그 사람 문제는 바로 혈통이로군요. 당신이 제일 크게 비난한 건 다르시 선생님네 집사 아들이라는 거니까요. 분명히 말하지만, 그 사실은 그 사람이 저한테 직접 밝혔답니다."

빙리 여동생은 차갑게 웃는 얼굴로 돌아서며 대답했다.

"미안하군요. 괜히 끼어들었네요. 악의는 없었답니다."

엘리자베스는 혼자 중얼댔다.

"무례한 여자 같으니! 하찮은 비난에 흔들릴 거로 여겼다면 크게 착각한 거야. 그걸로 알 수 있는 건 당신은 고집스러울 정도로 무식하고 다르시는 사악하다는 게 전부니까."

그러더니 똑같은 문제를 빙리에게 물어보았다는 언니를 찾아갔다. 제인은 더없이 행복하고 만족스러운 표정에 다정하게 웃는 얼굴로 초저녁 내내 기쁨이 가득한 마음을 그대로 드러내며 동생을 맞이했다. 엘리자베스는 그 느낌을 곧바로 읽고, 언니가 누구보다 행복하길 바라는 마음으로 위컴을 염려하는 마음과 그 적에 대한 분노는 스르륵 가라앉았다. 그래서 언니만큼이나 환하게 웃으며 말했다.

"위컴에 관해서 언니가 무슨 얘길 들었는지 알고 싶어. 하지만 너무 흥겨운 시간을 보내느라 다른 사람까지 생각할 여유는 없었다 해도 기꺼이 용서하겠어."

"아니야, 나는 그 사람을 안 잊었어. 하지만 네가 좋아할 만한 얘긴 없어. 빙리 선생은 다르시 선생 과거사를 모두 아는 게 아니고, 다르시 선생이 그렇게 화낸 상황에 대해선 하나도 몰라. 하지만 다르시 선생은 훌륭하고 정직하고 명예로운 인물이니, 위컴이 기대에 못 미치게 행동한 게 분명하다고 확신해. 이렇게 말해서 미안한데, 빙리 선생과 빙리 양 말을 들으면 위컴은 점잖은 사람이 아닌 것 같아. 안타깝게도 성격이 너무 경솔해서 다르시 선생 눈 밖에 난 모양이야."

"빙리 선생이 위컴을 직접 안대?"

"아니. 며칠 전에 메리턴에서 처음 봤대."

"그렇다면 그 말은 다르시 선생한테 들은 거군. 다행이야. 성직자 자리에 대해선 뭐래?"

"다르시 선생한테 몇 차례 듣긴 했는데 당시 상황이 정확하게 기억나진 않지만, 그 자리엔 조건이 딸렸던 것 같대."

엘리자베스가 다정하게 말했다.

"나는 빙리 선생이 거짓말한다고 생각하진 않지만, 그 말만큼은 못 믿는 걸 용서해. 빙리 선생이 친구를 변호하는 건 좋아. 하지만 그 사건을 구성하는 조각 몇 개를 정확히 모르는 데다 나머지도 다르시 선생한테 들은 게 전부인 만큼 나로선 두 사람에 대한 생각을 아직은 바꿀 수 없어."

엘리자베스는 훨씬 즐거운 이야기로 화제를 돌리고, 여기에 대해선 서로 아무런 차이도 있을 수 없으니, 제인은 빙리가 보이는 관심에 소박한 희망을 품고 엘리자베스는 열심히 듣다가 언니에게 자신감을 불어넣으려고 애썼다. 그러다 빙리가 옆으로 다가오자, 엘리자베스는 그곳에서 물러나 샬럿을 찾아가서 즐거운 얘기를 나누다 파트너가 어땠냐는 질문에 제대로 대답하기도 전에 콜린스가 다가와서 이제 막 대단히 중요한 사실을 발견하는 행운을 누렸다며 잔뜩 흥분한 어투로 말했다.

"후견인과 가까운 친척이 여기에 있다는 사실을 우연히 발견했답니다. 그 신사분이 이 집 주인 아가씨께 캐서린 대부인과 그 따님에 대해서 말하는 걸 우연히 엿들은 거예요. 이런 일이 있다니 정말 놀라워요! 이런 자리에서 캐서린 대부인 조카를 만나리라 누가 기대했겠습니까! 지금이라도 깨닫고 경의를 표할 기회가 생겨서 다행이니, 이제 비로소 인사드리러 가도 너무 늦었다고 나무라진 않으시리라 믿습니다. 두 분이 친척이란 사실을 까마득히 몰랐다고 사과하면 되겠지요."

"다르시 선생을 직접 찾아가서 인사하려는 거군요!"

"그렇습니다. 일찍 인사드리지 못한 걸 사과할 생각입니다. 그분은 캐서린 대부인 조카분이 분명하니, 대부인께서 일주일 전까지 편히 지내셨다는 안부 정도는 제가 충분히 알려드릴 수 있답니다."

엘리자베스는 절대 그러지 말라고 설득하면서 다르시 선생은 특별한 소개 없이 직접 찾아와서 말하는 걸 이모님에게 경의를 표한다기보단 건방지고 무례하다고 여길 게 분명하다고, 일부러 찾아가서 경의를 표할 필요는 조금도 없다고, 그럴 필요가 있더라도 신분이 높은 다르시 선생이 먼저 아는 척하는 게 옳다고 주장했다. 콜린스는 가만히 듣는 동안 본능에 따라야 한다는 식으로 마음을 다지다, 엘리자베스가 말을 끝내자, 이렇게 대답했다.

"친애하는 엘리자베스 양, 저는 엘리자베스 양이 아는 범주에선 극히 탁월한 판단력을 발휘한다고 생각하지만, 평신도끼리 만나는 형식과 성직자가 만나는 형식은 크게 다르다는 사실을 언급할 수밖에 없는 걸 양해하세요. 굳이 말하자면, 성직자란 자리는 권위란 관점에서 볼 때 왕국에서 제일 높은 자리와 동등하다고 저는 생각합니다. 훨씬 겸손하게 행동하는 건 당연히 중요하겠지만요. 따라서 엘리자베스 양은 이 문제에 대해서 제가 양심의 명령에 따르도록, 제가 의무를 다하도록 양해하셔야 합니다. 다른 문제라면 엘리자베스 양이 하신 충고를 지침으로 삼겠지만, 지금은 그럴 수 없는 걸 용서하세요. 이런 상황에선 제가 지금까지 받은 교육과 열심히 공부한 내용으로 볼 때, 당신처럼 젊은 숙녀분보다는 옳고 그른 걸 제대로 판단할 수 있으니까요."

그리곤 나지막하게 묵례하고 떠나서 다르시를 공격하니, 엘리자베스가 열심히 지켜보는 가운데, 다르시는 상대가 갑자기 다가오는 모습에 깜짝 놀란 게 분명했다. 그런데도 사촌은 허리를 엄숙하게 숙여서 인사하며 말문을 여는데, 엘리자베스로선 한 마디도 알아들을 수 없어도 한 마디 한 마디가 모두 들리는 것 같고, 사촌 입술이 "사과드린다", "헌스퍼드", "캐서린 대부인"을 말하는 모양도 보이는 것 같았다. 엘리자베스는 사촌이 그런 사내에게 그리도 비굴하게 행동하는 모습이 너무나 보기 싫었다. 다르시는 어이없다는 표정으로 쳐다보더니, 마침내 콜린스가 말할 기회를 주자, 차가운 어투로 정중하게 대답했다. 하지만 콜린스는 아랑곳하지 않고 다시 장광설을 늘어놓으니, 다르시는 경멸스럽다는 표정이 마냥 늘어나다 상대가 말을 마치는 순간에 살짝 묵례하며 다른 곳으로 벗어나고, 콜린스는 엘리자베스에게 돌아와서 말했다.

"이만하면 훌륭하게 대접받았다고 볼 수 있습니다. 다르시 선생께선 제가 인사드린 걸 꽤 기뻐하신 것 같았습니다. 극히 예의 바르게 대답하시고, 캐서린 대부인께서 사람 보는 눈이 훌륭하시니 무가치한 사람한테 호의를 베풀진 않을 거라시며 저한테 경의를 표하셨습니다. 참 사려 깊은 말씀이 아닐 수 없습니다. 전체적으로 볼 때, 저는 저분을 만난 게 정말 즐겁습니다."

엘리자베스는 궁금한 사항이 사라지자, 언니가 빙리와 어울리는 모습에 거의 모든 관심을 기울이며 지켜보는 동안 행복한 상상이 꼬리를 물고 일어나서 언니만큼이나 즐거웠다. 언니가 진정으로 사랑하는 사람과 결혼하고 이 집에 들어와서 온갖 행복을 누리는 광경조차 머리에 떠올랐다. 그렇게만 된다면 자신은 빙리 자매를 좋아하려는 노력조차 할 수 있을 것 같았다. 어머니도 머릿속 생각이 비슷하게 기우는 게 또렷해, 엘리자베스는 행여나 근처에 가서 장광설을 듣는 일이 없도록 하려고 단단히 마음먹었다. 그래서 만찬 식탁에 앉을 때는 어머니랑 한 사람을 사이에 두고 앉은 걸 커다란 불행으로 여기고, 바로 그 사람에게 (루카스 귀부인에게) 어머니가 제인이 빙리랑 결혼할 것 같다는 말을 거리낌 없이 늘어놓고 또 늘어놓을 때는 짜증만 치밀었다. 베넷 부인은 두 사람이 결혼하면 좋은 장점을 지칠 줄 모르고 늘어놓았다. 빙리는 매력적인 젊은이로 돈이 많으며, 5㎞밖에 안 되는 거리에 산다는 게 무엇보다 커다란 장점이라고, 다행히도 두 자매가 제인을 좋아하니, 두 사람이 결합하길 자신만큼이나 바랄 게 분명하다고 주장했다. 게다가 제인이 훌륭한 사람과 결혼하면 동생들 앞에 돈 많은 젊은이가 쭉 늘어서는 장점도 있고, 마지막으로 자신이 살아생전에 결혼 못 시킨 동생이 있다면 언니한테 맡길 수 있으니, 이제 자신은 사람들하고 억지로 어울릴 필요가 없어서 정말 다행이라고 했다. 이걸 다행이라고 말하는 건 이런 상황에서 일종의 예의긴 해도, 사실 평생에 걸쳐서 밖으로 나도는 걸 베넷 부인만큼 좋아한 사람도 없었다. 베넷 부인은 루카스 귀부인에게도 똑같은 행운이 깃들길 바란다며 말을 마쳤지만, 속으로 그럴 기회는 절대로 없을 거라고 여기며 의기양양했다.

엘리자베스는 다르시가 맞은편에 앉아서 모든 내용을 듣는다는 사실이 너무나 고통스러워, 어머니가 급하게 내뱉는 말을 차분하게 하거나 조그맣게 속삭이게 하려고 애썼으나 소용이 없었다. 어머니는 오히려 말도 안 되는 소리 그만하라며 야단칠 뿐이었다.

"다르시 선생이 뭐길래 나한테 조심하라는 거니? 그 사람이 듣기 싫은 말을 하면 안 될 정도로 우리가 예의 차릴 이유가 뭐냐고?"

"제발, 엄마, 목소리 좀 낮춰요. 다르시 선생을 모욕해서 어머니한테 뭐가 이롭겠어요? 이러면 그 사람 친구한테 호감만 잃을 텐데요!"

하지만 엘리자베스가 한 말은 무엇 하나 영향을 미칠 수 없었다. 어머니는 자기 생각을 그대로 커다랗게 뱉어내고, 엘리자베스는 속이 타고 창피해서 얼굴을 붉히고 또 붉힐 뿐이었다. 그래서 툭하면 다르시 안색을 살필 수밖에 없는데, 그럴 때마다 걱정하던 게 현실로 나타나는 느낌만 들었다. 다르시가 늘 쳐다보는 건 아니지만, 어떤 식으로든 관심을 기울이는 게 분명한 데다, 잔뜩 화나고 경멸하는 표정이 얼굴에 어리다 차분하면서도 엄숙한 표정으로 변했기 때문이다.

하지만 마침내 베넷 부인은 더 할 말이 없고, 루카스 귀부인은 들을 가치라곤 하나도 없는 장광설에 하품만 늘어지게 하다, 차갑게 식힌 햄과 닭고기를 이제 비로소 편히 먹을 수 있었다. 엘리자베스도 기운이 살아났지만, 평화는 오래가지 않았다. 만찬이 끝나면서 노래나 듣자는 말이 나오는 순간, 누가 부탁도 안 했는데, 당혹스럽게도 메리가 노래하려고 준비했기 때문이다. 엘리자베스는 의미심장한 표정과 말 없는 간청으로 동생을 막으려 애썼지만, 소용이 없었다. 메리는 조금도 이해하려 들지 않았다. 실력을 과시할 기회가 모처럼 찾아왔으니, 노래를 기쁘게 시작할 뿐이었다. 엘리자베스가 크나큰 고통에 시달리며 줄곧 바라보는 가운데, 동생이 몇 절을 연속으로 부르다 끝내도 환호성은 없었다. 하지만 동생은 식탁에서 고맙다고 말하는 소리를 노래를 더 하라는 암시로 받아들이고 잠시 호흡을 가다듬더니, 다른 노래를 시작했다. 메리는 사람들 앞에서 노래할 정도로 실력이 좋은 게 아니었다. 목소리는 가냘프고 노래는 흔들렸다. 엘리자베스는 정말 고통스러웠다. 그래서 언니 제인에게 고개를 돌려서 어떻게 견디는지 살피니, 빙리와 편한 표정으로 대화할 뿐이었다. 이번에는 빙리 자매를 쳐다보니, 서로 조롱하는 표정을 주고받다 다르시까지 쳐다보는데, 다르시는 여전히 속을 모를 정도로 엄숙한 표정이었다. 그래서 아버지를 쳐다보고 메리가 계속 노래하는 걸 막아달라고 간청했다. 아버지는 그 표정을 알아채고 메리가 두 번째 노래를 끝내는 순간, 커다랗게 말했다.

"얘야, 그 정도면 잘한 거야. 네 덕분에 우리 모두 충분히 즐겼어. 이제 다른 아가씨한테도 노래할 기회를 주자꾸나."

메리는 못 들은 척하면서도 살짝 당황하고, 엘리자베스는 메리도 안타깝고 아버지가 한 말도 안타깝지만, 자신이 조바심내면 문제만 커질까 두려웠다. 다른 사람이 노래에 도전하는 게 다행스러울 뿐인데, 이번에는 콜린스가 커다랗게 말했다.

"제가 노래를 잘하는 행운을 타고났다면 한 곡 멋지게 불러대는 기쁨을 만끽했을 겁니다. 음악은 순수한 오락으로 성직자란 위치에 완벽하게 맞아떨어진다고 생각하기 때문입니다. 하지만 음악에 너무 많은 시간을 쏟는 걸 당연하게 여긴다는 뜻은 절대 아닙니다. 다른 일도 많으니까요. 교회를 맡으면 할 일이 정말 많답니다. 무엇보다 먼저, 성직자한테 이롭고 후견인한테도 실례가 안 되도록 십일조 계약[25]을 맺어야 합니다. 강론 내용도 직접 써야 합니다. 남은 시간은

25) 교회 관할 구역 내 경작지 수입 10분의 1을 성직자가 받는 계약이다. 계약 내용이

교회 일을 하기에 빠듯한데, 자신이 사는 곳을 관리하고 개선하는 작업 역시 편히 지내는 데 꼭 필요합니다. 모든 사람한테, 인사권을 가진 분한테 특히, 관심을 기울이고 좋은 관계를 유지하는 것도 저는 중요함이 작지 않다고 생각합니다. 성직자한테 아주 중요한 의무니까요. 또 중요하다고 생각하는 건 귀하신 가문과 관계가 있는 분한테 경의를 표하는 일입니다."

여기에서 다르시에게 묵례하며 장광설을 끝내는데, 목소리가 너무 커서 그곳 사람 절반에게 들릴 정도였다. 그래서 많은 사람이 물끄러미 쳐다보고 많은 사람이 빙그레 웃었다. 하지만 베넷 선생보다 즐거운 표정은 어디에도 없고, 그 부인은 사려 깊은 말이라며 콜린스를 칭찬하더니, 루카스 귀부인에게 똑똑하고 훌륭한 젊은이라고 커다랗게 속삭였다.

엘리자베스가 볼 때는 모든 가족이 초저녁 내내 돌아가면서 집안을 망신시키자고 결의했다고 해도 각자 맡은 역할에 이렇게 멋지게 성공할 순 없을 것 같았다. 빙리와 언니에게 그나마 다행인 건, 일부 추태를 빙리가 못 봤으며 설사 보았다 해도 거기에 신경 쓸 여유가 없었다는 사실이다. 하지만 빙리 자매와 다르시에게는 가족을 비웃을 기회가 충분했다는 사실이 정말 끔찍했다. 신사 한 명이 말없이 경멸하는 눈빛과 숙녀 두 명이 무례하게 웃는 것 가운데 어느 쪽이 더 견딜 수 없는지조차 판단할 수 없을 정도였다.

남은 시간 역시 엘리자베스는 재미가 없었다. 콜린스가 옆에서 졸졸 쫓아다니며 춤추자고 괴롭혀, 엘리자베스가 자신과 또 춤추게 할 순 없어도 다른 사람과 춤추는 건 막을 수 있었다. 다른 사람하고 춤추라 간청하고 젊은 숙녀를 소개하겠다고 제안해도 소용이 없었다. 콜린스

---

복잡해서 분쟁이 많았다.

는 춤추는 자체에 관심이 없다고, 무엇보다 중요한 건 엘리자베스에게 세심하게 배려해서 호감을 사는 거라고, 그렇게 하려면 초저녁 내내 바싹 달라붙어야 한다고 주장할 뿐이었다. 아무리 반박해도 소용이 없었다. 그나마 샬럿이 자주 다가와서 콜린스를 친절하게 상대하는 게 다행스러울 뿐이었다.

그래도 다르시가 관심을 계속 보이는 불쾌감에선 벗어날 수 있었다. 특별한 일 없이 근처에 서성이기 일쑤지만, 가까이 다가와서 말 거는 사태는 없었다. 엘리자베스는 자신이 위컴 얘기를 꺼내 마음이 불안해서 그런다고 추측하며 마음껏 즐겼다.

롱번 가족은 제일 늦게 떠났다. 베넷 부인이 계략을 쓴 결과, 다른 사람이 모두 떠나고도 십오 분이나 마차를 기다려야 했는데, 빙리 가족 일부가 어서 떠나길 간절하게 바라는 마음을 확인하기엔 충분한 시간이었다. 빙리 자매는 피곤하다며 투덜댈 때 말고는 입을 거의 안 여는 걸 보면 손님을 어서 보내고 안으로 들어가서 편히 쉬고 싶은 게 분명했다. 그래서 베넷 부인이 말을 걸어도 반응은 시큰둥해서 전체 분위기가 가라앉았다. 콜린스가 무도회는 정말 우아하고 손님을 맞는 자세는 친절하고 정중했다며 빙리와 두 자매를 칭찬하는 장광설을 늘어놓아도 분위기는 안 풀렸다. 다르시는 아무 말도 안 했다. 베넷 선생도 침묵하며 주변 상황을 즐겼다. 빙리와 제인은 약간 떨어진 거리에서 단둘이 대화를 즐겼다. 엘리자베스도 빙리 자매와 마찬가지로 줄곧 침묵했다. 심지어 리디아조차 극단적으로 피곤한 나머지 "맙소사, 정말 지쳤어!"라고 한탄하며 커다랗게 하품할 뿐이었다.

마침내 떠나려고 일어날 때, 베넷 부인은 잔뜩 예의 차리며 롱번에서 가족 전부를 보면 좋겠다고 말하더니, 특별히 빙리에게 공식적으로 초대하지 않아도 아무 때나 찾아와서 함께 만찬을 들면 정말 기쁘겠다고 말했다. 빙리는 한껏 기뻐하며 고마워하더니, 런던에 짧은 일정으로 다녀올 예정이라, 돌아오는 즉시 최대한 빨리 찾아뵙겠다고 약속했다.

베넷 부인은 완벽하게 만족한 나머지, 지참금과 마차와 결혼식 예복을 준비하는 데 꼭 필요한 시간을 고려해도 앞으로 서너 달이면 큰딸이 네더필드로 들어가겠다고 확신하며 즐거운 마음으로 떠났다. 제인만큼은 아닐지언정 다른 딸 역시 콜린스와 결혼할 게 확실해서 마냥 기뻤다. 엘리자베스는 베넷 부인이 다섯 딸 가운데 애정을 제일 조금 느끼는 자식이라, 그 정도면 인물도 결혼도 훌륭하지만, 빙리와 네더필드에 비할 순 없었다.

## 19

다음 날엔 롱번에 새로운 상황이 일어났다. 콜린스가 정식으로 청혼한 것이다. 토요일까지 돌아가야 하는 터라 시간을 낭비할 순 없다고 판단할 뿐, 상대가 거절하리란 생각은 마지막 순간까지 조금도 못한 채 질서정연하게 처리하기로 마음먹고, 일반 규칙에 철저하게 따랐다. 아침 식사 직후에 베넷 부인이 엘리자베스와 동생 한 명과 있는 걸 보고 이렇게 말한 것이다.

"제가 오늘 아침에 아름다운 따님 엘리자베스 양한테 사적으로 말씀드리는 영광을 누리려는데, 부인께 허락을 청해도 괜찮을지요?"

엘리자베스는 깜짝 놀라며 얼굴을 붉히느라 미처 뭐라고 말하기도 전에 베넷 부인이 즉각 대답했다.

"맙소사! 그럼요, 당연하죠. 엘리자베스도 좋아할 거예요. 반대할 이유가 없으니까요. 이리 오렴, 캐서린, 위층으로 올라가자."

그러더니 바느질감을 들고 서둘러 나갈 때 엘리자베스가 사정했다.

"어머니, 가지 마세요. 제발 가지 마세요. 콜린스 선생님도 이해하실 거예요. 아무도 들으면 안 되는 말을 저한테 할 게 뭐가 있겠어요! 차라리 저도 그냥 나가겠어요."

"맙소사, 맙소사, 말도 안 돼, 엘리자베스. 너는 그대로 있어."

그러더니 엘리자베스가 당혹스럽고 난처한 표정으로 진짜 도망치려는 걸 보고서 강하게 덧붙였다.

"엘리자베스, 남아서 콜린스 선생이 하는 말을 듣도록."

엘리자베스는 명령을 거부할 수 없어서 잠시 생각하다, 최대한 신속하고 조용히 해결하는 게 바람직할 것 같아, 고통스러우면서도 웃기는 감정이 마냥 일어나는 걸 숨기려 애쓰며 자리에 다시 앉았다. 베넷 부인과 캐서린은 밖으로 나가고, 두 사람이 사라지자마자 콜린스는 입을 열었다.

"친애하는 엘리자베스 양, 수줍어하는 모습이 매력을 깎아내리기는 커녕 오히려 돋보이게 하는군요. 이렇게 망설이는 모습이 없었다면 제 눈에 이렇게 사랑스럽게 보이지 않을 겁니다. 하지만 존경하는 모친께서 허락하셨으니, 제가 한 말씀 드리겠습니다. 당장은 섬세하게 모른 척해도, 사촌은 내가 무슨 말을 하려는지 잘 아실 겁니다. 그걸 모르기엔 제가 관심을 너무 오랫동안 보였으니까요. 저는 이 집에 들어오는 순간부터 당신을 인생의 반려자로 선택했습니다. 하지만 이 문제에 대해서 제가 사랑의 소용돌이에 빠져들기 전에, 결혼하려는 이유는 물론, 아내를 고를 생각으로 하트퍼드셔까지 온 이유를 설명하는 게 좋을 것 같습니다, 모두 사실이니까요."

콜린스가 사랑의 소용돌이에 엄숙한 자세로 빠져든다고 생각하니 엘리자베스는 금방이라도 웃음이 터져 나올 것 같아서 아무 말도 못 하고, 콜린스는 대답을 기다리며 침묵하다 이어 말했다.

"제가 결혼하려는 이유는 첫째, (저처럼) 환경이 안락한 성직자는 신자한테 결혼생활의 모범을 보이는 게 마땅하고, 둘째, 결혼하면 그만큼 더 행복할 거라 확신하고, 셋째, 제일 앞에서 꼽아야 마땅한데, 후견인이라고 부르는 영광을 베푸신 고상한 귀부인께서 특별히 조언하고 추천하셨기 때문입니다. 그분께서는 (제가 묻지도 않았는데!) 두 번이나 그렇게 말씀하시는 겸손을 드러내셨습니다. 제가 헌스퍼드를 떠나기 전 토요일 밤에 쿼드릴 카드놀이를 할 때 젠킨슨 부인이 아가씨 발판을 편하게 고쳐주는데, 대부인께서 '콜린스, 결혼하게. 자네 같은 성직자는 결혼해야 해. 적당한 여자를 골라. 나를 위해선 점잖은 여자를 고르고 자네를 위해선 활달하고 솜씨 좋은 여자를 골라. 고귀하게 자라지 않아서 조그만 수입으로 알뜰하게 살아갈 여자. 이게 내가 하는 조언이야. 이런 여자를 최대한 빨리 찾아서 헌스퍼드로 데려오게. 그러면 직접 만나보겠네'라고 말씀하셨답니다. 여기에서 하나 짚고 넘어갈 건, 예쁜 사촌, 캐서린 대부인께서 베푸실 관심과 친절 역시 제가 제공할 이점 가운데 하나란 사실입니다. 대부인께선 제가 설명할 수 없을 정도로 품위가 대단하시며 사촌은 재치가 뛰어나고 활달하니, 대부인께서 정말 좋아하실 겁니다, 고귀한 지위에 필연적인 존경심을 보이며 침묵하는 습관만 들인다면. 지금까지 말한 게 제가 결혼하려는 이유입니다. 이제 우리 마을에도 사랑스러운 아가씨가 많은데 제가 굳이 롱번까지 와서 찾는 이유를 말씀드려야겠군요. 구체적으로 볼 때, 존경하는 부친께서 돌아가시면 (물론 앞으로 오랫동안 사시겠지만) 이곳을 제가 모두 물려받으니, 그분 따님 가운데서 아내를 골라 따님들이 입을 손실을 최소한으로 줄이지 않으면, 불행한 사태가 일어날 때 (방금 말씀드렸듯이 이런 일은 앞으로 오랫동안 없겠지만) 제 마음이 너무 불편할 것이기 때문입니다. 바로 이게 제 동기니, 저는 이것 때문에 예쁜 사촌께서 저를 존경하는 마음이 줄어들진 않을 거라고 자부합니다. 그러니 이제 남은 건 제 가슴에 뜨겁게 타오르는 열정을 강력한 언어로 드러내는 것밖에 없겠군요. 지참금 같은 건 저는 완벽하게 무관심하니 사촌 부친께 조금도 요구하지 않을 텐데, 그건 수용할 수 없다는 사실을 잘 알며, 사촌이 받을 유산이라곤 이자 4퍼센트짜리 천 파운드가 전부로, 그나마 모친이 돌아가셔야 받을 수 있다는 사실 역시 잘 알기 때문입니다. 따라서 저는 그 부분만큼은 한결같이 침묵할 테니, 사촌은 우리가 결혼한 다음에도 제가 그것 때문에 비열하게 나무라는 말이 제 입술에서 절대로 안 나올 거라고 확신해도 괜찮습니다."

엘리자베스는 이제 그 말을 막을 수밖에 없어, 커다랗게 말했다.

"너무 성급하시군요, 콜린스 선생. 저는 아무 대답도 안 드렸다는 사실을 잊어버리셨어요. 시간을 더 낭비하지 않도록 당장 말씀드릴게요. 저를 좋게 봐주셔서 고맙습니다. 선생께 청혼받는 게 커다란 영광이란 걸 잘 알지만, 저로선 거절할 수밖에 없습니다."

콜린스가 손을 정중하게 흔들며 대답했다.

"젊은 숙녀분은 남자가 청혼하면 속으론 좋아하면서도 처음에는 거절하는 게 관례라는 건, 두세 차례 거절하기도 한다는 건 저도 들어서 잘 압니다. 따라서 저는 지금 들은 말에 실망하지 않고, 결국엔 사촌을 결혼이란 신성한 제단으로 인도하길 바랄 뿐입니다."

"분명히 말씀드리지만, 콜린스 선생, 제가 분명히 대답했는데도 그렇게 말씀하시니 정말 당혹스럽군요. 저는 행복이 깨질 걸 각오하고 청혼을 두세 번 거절할 정도로 대담한 여인이 (그런 여인이 실제로 있는지 모르겠지만) 아니랍니다. 제가 거절한 건 완벽한 진심입니다. 선생은 저를 행복하게 할 수 없고, 저는 선생을 절대로 행복하게 할 수 없는 여성입니다. 그렇습니다, 선생이 자랑하시는 캐서린 대부인께서도 저를 만나는 순간, 모든 점에서 신붓감으로 안 어울린다고 여기실 게 분명합니다."

콜린스가 강한 어투로 반박했다.

"캐서린 대부인께서 그렇게 여기실 거라고 확신하는데, 저는 대부인께서 사촌을 싫어할 이유를 상상할 수 없습니다. 제가 다음에 대부인을 뵙는 영광을 누릴 때 사촌은 겸손하고 알뜰하며 사랑스러운 특징이 많은 사람이라고 칭찬할 테니, 그런 걱정은 마세요."

"정말이지, 콜린스 선생, 칭찬하실 필요 없습니다. 저는 제가 알아서 할 테니 대신 판단하지 마시고, 제가 하는 말에 관심 좀 기울여주세요. 저는 선생께서 행복하고 윤택하게 사시길 바라니, 저로선 청혼을 거절하는 게 선생께서 그렇게 사시도록 돕는 길이라는 걸 잘 압니다. 선생은 저한테 청혼하셔서 우리 가족에 관한 미묘한 감정을 모두 충족하셨으니, 때가 되면 롱번을 그냥 가지세요, 아무런 자책도 마시고. 따라서 이 문제는 여기에서 끝난 거로 간주하겠습니다."

엘리자베스가 이렇게 말하며 일어나서 밖으로 나가려 하자, 콜린스가 말했다.

"다음에 이 문제를 얘기할 때는 지금보다 바람직한 대답을 들으면 좋겠습니다. 하지만 사촌이 지금 정말 잔인했다고 비난하는 건 절대로 아닙니다. 남자가 처음 청혼하면 여성은 거절하는 게 관습처럼 되었다는 현실을 잘 알며, 지금 그렇게 대답하는 자체로 여성 특유의 섬세한 모습이 드러나서 제 마음을 한껏 들뜨게 하기 때문입니다."

엘리자베스는 잔뜩 흥분한 어투로 대답했다.

"콜린스 선생, 사람을 정말 당혹스럽게 만드시는군요. 지금까지 한 말에 오히려 마음이 들뜬다면, 제가 도대체 어떻게 거절해야 진심으로 받아들이실지 모르겠군요."

"친애하는 사촌, 저는 사촌이 청혼을 관례에 따라서 거절하는 거라고 자신합니다. 제가 그렇게 믿는 이유를 간략하게 말하겠습니다. 저는 제가 청혼한 게 사촌이 받아들일 가치가 없다고, 또한 제가 제공할 생활환경 역시 바람직한 상황과 거리가 멀다고 생각하지 않습니다. 제가 살아갈 조건, 캐서린 대부인과 맺은 관계, 사촌네 가족과 맺은 관계 등 모든 게 저한테 유리합니다. 게다가 사촌은 매력이 다양하긴 해도 나중에 다른 곳에서 청혼한다고 확신할 순 없다는 사실을 심각하게 고려해야 합니다. 사촌은 불행하게도 상속받을 재산이 너무 적어, 바람직하고 사랑스러운 매력까지 줄어들 가능성이 큽니다. 따라서 저는 사촌이 저를 거절하는 건 진심이라고 결론 내릴 수 없으며, 우아한 여성이 흔히 그렇듯, 상대를 불안하게 해서 사랑하는 마음을 키우려는 의도라고 여길 수밖에 없습니다."

"분명히 말씀드리지만, 선생, 저는 존경스러운 분을 우아하게 괴롭히는 여자가 절대로 아닙니다. 그보다는 제가 하는 말을 그대로 믿어주길 바라는 사람입니다. 선생에게 영광스럽게 청혼받은 건 거듭 감사드리지만, 그 청혼을 받아들일 가능성은 조금도 없습니다. 제 마음이 모든 점에서 거부합니다. 어떻게 해야 이보다 또렷하게 말할 수 있을까요? 저를 속이나 태우는 우아한 여성이 아니라 합리적인 인간으로, 마음속에 담긴 걸 그대로 말하는 인간으로 받아들이시길 바랍니다."

콜린스가 당당한 분위기를 어설프게 떠올리며 감탄했다.

"정말이지 매력이 한결같군요! 훌륭하신 부모님께서 권위를 적절하게 발휘하신다면 사촌도 청혼을 받아들일 수밖에 없다고 저는 확신합니다.”

마음대로 판단하며 고집부리는 모습에 엘리자베스는 아무런 대답도 할 수 없어, 입을 꾹 다문 채 밖으로 나왔다. 자신이 거절해도 사랑을 키우려는 거라고 줄기차게 주장한다면, 아버지에게 호소하는 방법밖에 없었다. 아버지가 단호하게 거절하는 것까지 여성이 우아하게 교태부리며 싫은 척하는 거라고 주장할 순 없을 터였다.

20

콜린스는 성공적으로 청혼한 걸 혼자 오랫동안 만끽할 수 없었다. 베넷 부인이 대화가 끝나기만 기다리며 문가에 서성이다 엘리자베스가 문을 열고 자신을 지나서 계단으로 바삐 오르는 걸 보자마자 조찬실로 들어가서 자신과 콜린스가 이제 훨씬 가까운 관계가 된 걸 다정하게 축하했기 때문이다. 콜린스는 그 말을 듣고서 부인 못지않게 기뻐하는 어투로 대답하더니, 둘이 대화한 내용을 구체적으로 전달하며, 사촌이 줄기차게 거절한 건 성격이 정말 섬세하고 수줍어서 그런 것이니, 자신은 지극히 만족한다고 덧붙였다.

하지만 베넷 부인은 깜짝 놀랐다. 딸이 더 많이 사랑받으려고 거절했다면 자신도 당연히 만족하고 기쁘겠지만, 진짜 그런 것 같진 않다고 말할 수밖에 없었다. 그리고 덧붙였다.

“하지만 콜린스 선생, 내가 엘리자베스한테 정신을 차리게 하겠어요. 내가 직접 말하겠어요. 엘리자베스는 고집불통에다 멍청해서 자신한테 이로운 게 뭔지를 모른답니다.”

"말씀 도중에 죄송하지만, 부인, 정말로 고집불통에 멍청하다면, 저는 이만한 지위에 올라서 결혼으로 행복을 찾으려는 건데, 과연 사촌이 아내 역할에 맞을지 걱정스럽군요. 따라서 청혼을 줄기차게 거절한다면, 굳이 강요하지 않으시는 게 바람직할 것 같습니다. 성격에 결함이 있다면 제가 행복하게 사는데 별다른 도움이 안 될 수도 있으니까요."

베넷 부인이 깜짝 놀라며 변명했다.

"선생, 오해에요. 엘리자베스는 이런 문제만 고집불통이랍니다. 이것만 아니라면 성격이 누구보다 좋아요. 내가 남편을 당장 찾아가서 확실하게 해결하겠어요."

베넷 부인은 상대가 대답할 틈도 없이 남편에게 곧장 달려가 서재로 들어서며 소리쳤다.

"아, 여보! 당신 도움이 필요해요. 우리한테 큰 문제가 생겼어요. 지금 당장 엘리자베스를 불러서 콜린스 선생이랑 결혼하라고 하세요. 엘리자베스가 콜린스 선생이랑 결혼하지 않겠다는데, 당신이 서둘지 않으면 콜린스 선생이 마음을 바꿔서 결혼을 안 할 거예요."

베넷 선생은 부인이 들어올 때 책에서 눈을 떼고 상대가 하는 말에 조금도 흔들리지 않은 채 차분하고 무관심한 시선으로 쳐다보다 부인이 말을 마치는 순간에 말했다.

"도대체 뭐라는지 모르겠구려. 지금 무슨 말을 한 거요?"

"콜린스 선생이랑 엘리자베스요. 엘리자베스는 콜린스 선생이랑 결혼하지 않겠다 하고, 콜린스 선생은 엘리자베스랑 결혼하지 않을 수도 있다고 한다고요."

"그렇다면 내가 어떻게 하겠소? 다 끝난 것 같은데."

"엘리자베스한테 직접 말하세요. 콜린스 선생이랑 결혼하라고 강하게 밀어붙이세요."

"그럼 엘리자베스를 부르시오. 내 의견을 말하리다."

베넷 부인은 종을 울려서 엘리자베스를 서재로 데려오라 지시하고, 그래서 엘리자베스가 나타나자, 베넷 선생이 소리쳤다.

"얘야, 어서 오렴. 중요한 일 때문에 불렀단다. 콜린스 선생이 청혼했다던데, 사실이냐?"

엘리자베스가 그렇다고 대답하자, 베넷 선생이 다시 물었다.

"잘됐구나. 거절했니?"

"네, 아버지."

"잘했구나. 이제 요점으로 들어가자꾸나. 네 어머니는 네가 청혼을 받아들여야 한다고 고집하셔. 내 말이 맞소, 베넷 부인?"

"네, 안 그러면 저 애를 두 번 다시 안 보겠어요."

"힘든 선택을 해야겠구나, 엘리자베스. 이날부터 너는 엄마 아빠 가운데 한쪽이랑 연을 끊어야 하니 말이다. 너희 어머니는 네가 콜린스랑 결혼하면 두 번 다시 안 보겠다 하시고, 결혼하면 내가 두 번 다시 안 볼 테니 말이다."

엘리자베스는 그렇게 시작한 사태가 이렇게 끝나는 걸 보고 절로 웃음이 나왔지만, 베넷 부인은 남편이 자기편을 들 거라 확신한 터라 굉장히 실망스러웠다.

"그렇게 말하다니, 도대체 무슨 뜻인가요, 베넷 선생? 결혼하라고 말하기로 약속하셨잖아요."

"여보, 조그만 부탁 두 가지만 하겠소. 첫째는 현 상황에 대해 나 스스로 자유롭게 판단할 권리를 달라는 것이고, 둘째는 서재를 혼자 최대한 빨리 사용하면 기쁘겠다는 것이오."

하지만 베넷 부인은 남편에게 실망하고도 포기하지 않았다. 엘리자베스를 달래고 협박하는 식으로 밀어붙이고 또 밀어붙였다. 제인에게 도움을 받으려고도 애썼다. 하지만 제인은 최대한 부드러운 자세로 끼어들길 피하고, 엘리자베스는 때로는 정말 진지하게 때로는 장난기 가득한 어투로 베넷 부인 공격에 대응했다. 자세는 이리저리 변해도 단호한 마음만큼은 전혀 흔들리지 않았다.

그러는 동안 콜린스는 자신이 겪은 과정을 혼자서 곰곰이 되씹는데, 자신을 너무 높이 평가한 터라 사촌이 거절한 이유를 도무지 이해할 수 없었다. 그래서 자존심은 상했으나 다른 고통은 없었다. 사촌을 좋아한다는 건 완벽한 착각에 불과했다. 베넷 부인이 딸에게 고집불통에 어리석다고 비난한 말이 맞는 것 같아, 안타까운 느낌조차 없었다.

가족 전체가 이렇게 혼란스러울 때, 샬럿 루카스가 같이 시간을 보내려고 찾아오자, 리디아가 현관문까지 달려가서 커다랗게 속삭였다.

"언니가 와서 다행이에요. 재미난 일이 일어났거든요! 오늘 아침에 무슨 일이 있었는지 아세요? 콜린스 선생이 청혼하고, 엘리자베스 언니가 거절했어요."

샬럿이 뭐라고 말하기도 전에 캐서린이 다가와서 똑같이 말하더니, 조찬실에 들어서자마자 베넷 부인이 혼자 있다 똑같이 말하며 샬럿에게 동정을 구하고, 가족 뜻에 따르도록 친구를 잘 설득하라고 간청하며 우울한 어투로 덧붙였다.

"제발 부탁이야, 친애하는 샬럿. 아무도 내 편을 안 들고, 아무도 내 말을 안 따라. 완전히 찬밥이야. 신경이 날카로운 걸 아무도 불쌍히 여기지 않아."

샬럿이 대답하려 할 때 제인과 엘리자베스가 들어오자, 베넷 부인이 다시 말했다.

"아, 저기 오는구나. 무심한 표정을 보렴, 우리가 머나먼 지방에 떨어져서 자기 혼자 뭐든지 결정해도 된다는 것처럼. 하지만 분명히 말하는데, 엘리자베스, 청혼이 들어올 때마다 이런 식으로 거절하다간 남편을 절대로 구할 수 없단다. 그러다 너희 아버지가 돌아가시면 누가 너를 먹여 살릴지 모르겠구나. 나는 너를 먹여 살릴 수 없어. 미리 경고하는 거야. 오늘부터 너는 나랑 완전히 끝났어. 아까 서재에서 말한 것처럼, 이제 너랑 두 번 다시 말하지 않아. 빈말이 아닌 걸 너도 곧 알게 될 거다. 불효막심한 자식하고는 말하고 싶지 않아. 이제 누구하고도 말하고 싶지 않아. 나처럼 신경 불안에 시달리는 사람은 말하는 걸 좋아하지 않아. 내가 얼마나 고통스러운지 아무도 몰라! 늘 마찬가지야. 투덜대지 않으면 아무도 알아주지 않아."

이 집 딸 모두 행여나 반박하거나 달래려 들다간 문제만 커진다는 사실을 아는 터라 조용히 듣기만 하니, 베넷 부인은 아무런 방해도 안 받고 계속 떠들다, 평소보다 당당한 분위기로 들어서는 콜린스를 보고 딸들에게 말했다.

"이제 너희 모두 입 다물고 가만히 있도록. 콜린스 선생하고 할 이야기가 있으니까."

엘리자베스는 밖으로 조용히 나가고 제인과 캐서린도 뒤를 따르지만, 리디아는 그대로 남아서 무슨 말을 하는지 듣기로 마음먹고, 샬럿은 처음에 콜린스가 가족 모두 잘 지냈느냐고 인사하는 말에 대답하려 남다가 호기심이 살짝 일어, 창가로 걸어가서 안 듣는 척하며 귀를 쫑긋 세웠다.

"아! 콜린스 선생!"

베넷 부인이 우울한 목소리로 말문을 열자, 콜린스가 막았다.

"친애하는 베넷 부인, 이 문제는 앞으로 더 말하지 맙시다."

그러더니 불쾌감이 묻어나오는 목소리로 계속 말했다.

"저는 부인 따님이 보이신 행동에 조금도 화나지 않았습니다. 결과가 나쁠 수밖에 없다면 체념하는 것도 방법이고, 저처럼 일찍 출세하는 행운을 누린 젊은이라면 더더욱 그렇기에, 저는 깨끗이 단념했습니다. 예쁜 사촌이 청혼을 받아들인다 해서 과연 제가 더 행복할까 하는 의문이 적지 않게 작용한 것 같습니다. 좋은 일에 거절당해서 마음에 품은 가치가 줄어들 때 단념하는 게 가장 완벽하다는 사실을 여러 번 겪었으니까요. 그러니 저로선 부인과 베넷 선생님께 저를 위해 부모로서 권위를 발휘하시길 부탁하지 않고 부인 따님에게 바람직한 청혼을 거두는 게 부인 가족께 불경스럽게 보이지 않기를 바랄 뿐입니다. 제가 부인 말씀 대신 부인 따님 입에서 나온 말을 진지하게 받아들이는 게 못마땅하실 수도 있습니다. 하지만 우리는 누구나 실수합니다. 저는 처음부터 모든 문제를 바람직하게 해결하고 싶었습니다. 사랑스러운 아내를 구해서 부인 가족을 돕는 게 목적이었으나, 제 행동에 문제가 있다면, 이 자리에서 용서를 빌겠습니다."

## 21

콜린스가 청혼한 걸 둘러싼 토론도 거의 끝나니, 엘리자베스로서는 불편한 감정이 뒤따를 수밖에 없고 어머니가 가끔 뱉어내는 가시 돋친 말에 시달려야 했다. 콜린스는 당혹감이나 낙담 대신 엘리자베스를 피하는 식으로, 그리고 분노어린 침묵과 무뚝뚝한 태도로 감정을 드러냈다. 엘리자베스에게 거의 말하지 않고, 콜린스 특유의 성실한 관심은 남은 하루 동안 샬럿으로 옮겨가, 콜린스가 하는 말을 샬럿이 예의 바르게 들어주는 게 베넷 가족으로선 정말 다행이고 엘리자베스는 특히 더 그랬다.

다음 날 아침에도 베넷 부인은 건강과 기분이 좋아지지 않고, 콜린스 역시 자존심이 상한 상태였다. 엘리자베스는 콜린스가 잔뜩 화난 김에 어서 떠나길 바랐으나, 콜린스는 애초 계획을 바꿀 것 같지 않았다. 처음부터 토요일에 돌아간다 했고, 그래서 토요일까지 머물 게 분명했다.

아침 식사를 마치고 베넷 집안 딸들은 위컴이 돌아왔는지 알아보고 네더필드 무도회에 참석하지 않아서 안타까웠다고 말하려고 메리턴으로 걸어갔다. 위컴은 마을 어귀에서 만나, 이모 댁까지 함께 걸어간 다음에 비로소 정말 안타깝기도 하고 화도 난다 말하고 다른 사람들 역시 아쉬웠다는 식으로 말했다. 하지만 엘리자베스에게 무도회에 안 간 건 스스로 결정한 거라고 자발적으로 알리며 말했다.

"시간이 다가올수록 다르시를 안 만나는 편이 좋다는 사실을, 한 공간에서 파티하며 그렇게 많은 시간을 보내는 건 제가 결코 견딜 수 없다는 사실을, 그러면 저보다 다른 사람이 더 불편할 거란 사실을 깨달았습니다."

엘리자베스는 잘했다는 식으로 칭찬하고, 두 사람은 충분히 토론하고 서로 예의 바르게 칭찬하는 여유마저 즐겼다. 위컴이 다른 장교 한 명과 롱번까지 바래다주며 함께 걷는 동안 주로 엘리자베스에게 관심을 기울인 것이다. 위컴이 바래다주는 데는 두 가지 장점이 있었다. 엘리자베스에게 배려한다는 느낌을 주고, 이번 기회에 엘리자베스 아버지와 어머니에게 자연스럽게 인사할 수 있다는 거였다.

그런데 집에 도착하자마자 편지 한 장이 제인에게 날아왔다. 네더필드에서 온 편지였다. 우아하고 귀여운 고급 고온 압축지 한 장이 봉투에서 나오는데, 여성이 필기체로 아름답게 흘려 쓴 글씨로 가득했다.

엘리자베스는 그걸 읽는 언니 얼굴이 변하고 일부 구절을 읽을 때는 깊은 생각에 잠기는 모습마저 보았다. 하지만 바로 정신을 차리더니, 편지를 옆으로 치우고 일반적인 대화에 평소처럼 명랑하게 끼려고 애썼으나, 편지 내용이 걱정스러워서 위컴에게 관심조차 제대로 못 기울이는 것 같았다. 그러다 위컴이 동료와 떠나자마자 따라오라는 눈빛을 보내, 위층으로 쫓아갔다. 자기네 방으로 들어서자, 언니가 편지를 꺼내며 말했다.

"빙리 양이 보낸 거야. 정말 놀라운 소식이 담겼어. 그곳 사람들이 지금 네더필드를 떠나서 런던으로 가는 중인데, 돌아올 생각이 없대. 읽어줄 테니 직접 들어봐."

그러더니 첫 문장을 커다랗게 읽는데, 오라비를 쫓아서 런던으로 곧장 가기로 마음먹었으며, 그로스베너 거리에 있는 형부네 집에서 저녁 식사를 들 예정이라고 밝힌 다음, 이렇게 말했다.

> 하트퍼드셔를 떠나서 아쉽다고 말하진 않겠습니다, 누구보다 소중한 친구랑 헤어지는 것 말고는. 하지만 미래에 다시 만나서 예전처럼 즐겁게 대화하기를, 그러기 전까진 편지를 주고받아 속마음을 털어놓으며 이별하는 고통을 줄이기를 희망합니다. 그런 점에서 저는 제인 양을 믿습니다.

잔뜩 과장한 표현을 엘리자베스는 경멸하는 표정으로 들었다. 두 자매가 갑작스레 떠난 건 놀랍지만, 안타까운 마음은 없었다. 두 자매가 네더필드를 떠난다 해서 빙리가 못 오는 것도 아니니, 엘리자베스는 빙리랑 즐겁게 지내다 보면 두 자매를 못 봐서 아쉬운 마음은 금방 사라질 거라며 언니를 달랬다. 그리고 잠시 침묵하다 덧붙였다.

“두 자매가 떠나기 전에 못 봤다는 게 안타까워. 하지만 빙리 양이 말한 미래의 행복은 당사자가 예상한 이상으로 일찍 올 수도, 친구로서 나누던 우정은 올케와 시누이가 나누는 애정으로 새롭게 변신할 수도 있지 않을까? 빙리 선생을 자매가 런던에 붙잡아둘 순 없으니까.”

“빙리 양은 이번 겨울에 하트퍼드셔로 아무도 안 올 거라고 단정해. 읽을 테니 들어봐.”

> 오빠는 어제 떠나며 런던에서 사나흘이면 볼일이 끝난다고 예상했지만, 우리는 그럴 수 없다고 확신하는 데다 어차피 런던에 간다면 급히 돌아올 이유도 없다고 생각해, 오빠를 좇아가기로, 그래서 오빠 혼자 불편한 호텔에서 쓸쓸한 시간을 보내지 않게 하자고 작정했습니다. 저희가 아는 친지 역시 겨울을 나려고 이미 런던에 많이 입성했습니다.[26) ] 누구보다 소중한 친구 제인 양도 그렇게 하겠다는 말을 저는 듣고 싶지만, 기대할 순 없겠지요. 이번 크리스마스는, 누구나 그렇듯, 하트퍼드셔에서 즐겁고 흥미롭게 지내길, 구혼자가 수없이 나타나서 우리 세 사람과 헤어진 슬픔을 달래주길 진심으로 바랍니다.

“이걸 보면 빙리 선생이 이번 겨울에 안 올 게 분명해.”

제인이 덧붙이자, 엘리자베스가 대답했다.

“그건 빙리 선생이 돌아오는 걸 여동생이 막겠다는 주장일 뿐이야.”

“왜 그렇게 생각하니? 이건 선생 자신이 결정한 게 분명해. 빙리 선생은 누구한테 휘둘리는 사람이 아니라고. 너는 잘 몰라. 내 마음이 특히 아픈 부분을 읽어줄게. 너한테는 무엇 하나 안 감추겠어.”

---

26) 당시 상류층은 겨울을 런던에서 보내는 유행이 있었다.

오빠는 다르시 선생 여동생을 만날 생각에 잔뜩 들떴는데, 사실대로 고백하자면 우리 역시 마찬가지랍니다. 저는 조지아나 다르시 양처럼 아름답고 우아하고 교양이 탁월한 여성은 어디에도 없다고 생각하며, 언니와 저는 다르시 양을 누구보다 사랑하니, 앞으로 친자매 같은 사이가 되길 감히 희망하기 때문입니다. 제가 이런 마음을 제인 양에게 말한 적이 있는지 모르겠지만, 속마음을 털어놓지 않고서 떠날 순 없으니, 터무니없는 생각으로 여기지 않으시길 바랍니다. 오빠도 다르시 양을 흠모하는 데다, 이제 친밀한 환경에서 만날 기회가 많고, 다르시 양네 가족 모두 우리 가족만큼이나 두 사람이 맺어지길 바라며, 오빠는 마음만 먹으면 어떤 여자라도 사로잡을 수 있다는 건 여동생 특유의 착각이 아니라고 생각합니다. 이렇게 모든 환경이 결합을 바라고 그걸 막는 건 하나도 없는 상황에서 수많은 사람에게 행복을 선사할 사건이 일어나기만 기대한다면 제가 틀린 걸까요, 친애하는 제인 양?

제인이 읽는 걸 멈추고 물었다.

"이 내용을 어떻게 생각하니, 친애하는 엘리자베스? 확실하지 않니? 빙리 양은 내가 자기 올케가 되는 걸 기대하지도 않고 바라지도 않는다는 게, 자기 오빠는 무관심하다고 확신한다는 게, 행여나 내가 빙리 선생한테 관심이 있다면 (친절하게도!) 미리 조심하도록 주의 주려는 의도가 또렷하게 드러나지 않니? 이 내용을 다른 식으로 해석할 수 있을까?"

"당연하지. 내 생각은 완전히 다르니까. 들어볼래?"

"그래, 기꺼이."

"몇 마디로 정리할 수 있어. 빙리 양은 자기 오빠가 언니를 사랑한다는 걸 알면서도 오빠가 다르시 양이랑 결혼하길 바라는 거야. 그래서 오빠를 런던에 붙잡아두려고 쫓아가는 거고 언니한테 자기 오빠는 관심이 없다고 믿게 하려는 거야."

제인이 머리를 절레절레 흔들었다.

"정말이야, 언니, 내 말을 믿어야 해. 둘이 함께 있는 모습을 본 사람이라면 빙리 선생이 사랑한다는 사실을 누구도 의심할 수 없어. 내가 보기에 그건 빙리 양도 마찬가지야. 성격이 만만한 사람도 아니고. 빙리 양은 다르시 선생이 절반만 사랑해도 결혼식 예복을 주문할 사람이라고. 내가 볼 때 상황은 이래. 우리는 다르시 가문처럼 부자도 아니고 귀족도 아니며, 빙리 양은 다르시 선생을 잡을 마음으로 다르시 양한테 접근하는 거야, 두 집안이 한 번 결혼하면 또 결혼하는 건 그만큼 쉬우니까. 똑똑해, 성공할 가능성이 커, 캐서린 대부인 따님만 없다면. 하지만 친애하는 언니, 빙리 양이 자기 오빠가 다르시 양을 흠모한다고 주장한다는 이유로, 빙리 선생이 지난 화요일에 헤어질 때 언니를 매력적으로 생각했으며 지금도 마찬가지란 사실을, 빙리 양은 자기 오빠한테 언니가 아니라 다르시 양을 사랑하는 거라고 믿게 할 수 없다는 사실을 조금도 의심하면 안 돼."

"나도 빙리 양을 너처럼 생각했다면 설명을 듣고서 마음을 놓겠어. 하지만 근거가 틀린 걸 나는 알아. 빙리 양은 사악한 의도로 누굴 속일 사람이 아니야. 나로선 빙리 양이 착각했기만 바랄 뿐이야."

"그래, 맞아. 그런 식으로 생각하는 것도 좋아, 내 설명에 동조할 수 없다면. 그래, 빙리 양이 착각한 거라고 믿어. 빙리 양에 대한 의무는 이걸로 다했으니까 앞으로 안달하지 말고."

"하지만 엘리자베스, 최선을 가정하더라도, 그 누이와 친구들이 다른 사람과 결혼하길 바라는 남자하고 과연 행복할 수 있을까?"

"그건 언니 스스로 판단해. 곰곰이 생각했는데 두 자매 뜻에 안 따른 고통이 그 사람 부인으로 지내는 행복보다 크다고 느낀다면 그 남자를 안 만나는 게 좋을 테니."

엘리자베스가 말하자, 제인이 희미하게 웃으며 반박했다.

"어떻게 그렇게 말할 수 있니? 두 자매가 반대하면 당연히 슬프겠지만, 그래도 나는 주저하지 않아."

"나도 언니가 그러겠다고 생각했어. 그렇다면 언니 상황은 나쁘지 않아."

"하지만 그 사람이 이번 겨울에 안 온다면 내가 선택한 건 아무런 의미도 없을 수 있어. 육 개월이면 수천 가지 일이 일어날 수 있으니까!"

빙리가 돌아오지 않을 수 있다는 걱정을 엘리자베스는 심하게 비웃었다. 엘리자베스가 볼 때, 그건 빙리 여동생이 개인적으로 바라는 소망에 불과하며, 그런 소망을 노골적으로 드러내든 교묘하게 드러내든, 누구에게도 의존하지 않는 독립심 강한 젊은 사내에게 영향을 미칠 순 없었다.

엘리자베스는 이런 생각을 최대한 강력하게 표명해서 바람직한 효과를 끌어내는 기쁨을 만끽했다. 어차피 제인은 쉽게 좌절하는 성격이 아니니, 빙리가 네더필드로 돌아와서 간절한 기도에 응답할 거라는 희망을 점차 강하게 품지만, 자신 없는 사랑이 희망을 가끔 압도하기도 했다.

두 사람은 어머니가 안 놀라도록 자세한 내용을 빼고 빙리 가족이 모두 떠난 사실만 전달했지만, 어머니는 부분적인 사실조차 엄청나게 걱정한 나머지, 서로 깊이 사귀기도 전에 빙리 자매가 모두 떠난 걸 극도로 불행하게 여기며 엉엉 울어댔다. 하지만 충분히 울어댄 다음에는 빙리 선생이 금방 돌아와 롱번에서 만찬을 들 거라며 스스로 위로하더니, 가벼운 만찬에 초대했지만, 정식 요리 코스를 두 개는 확실하게 준비하겠다고 선언해서 모든 걸 편안하게 정리했다.

## 22

베넷 집안은 루카스 집안과 만찬을 들고 샬럿은 콜린스가 하는 말을 열심히 듣는 친절을 다시 베풀었다. 엘리자베스가 기회를 엿보다 고맙다면서 이렇게 말할 정도였다.

"덕분에 콜린스가 좋아해. 정말이지 너무 고마워서 뭐라고 말해야 좋을지 모르겠어."

샬럿은 자신이 도울 수 있어서 다행이라고, 시간을 낭비한 것도 아닌데 대가는 정말 크다고 대답했다. 정말 고마운 말이지만, 샬럿이 친절하게 행동하는 이유는 엘리자베스가 도저히 상상할 수 없는 종류였다. 샬럿은 콜린스가 자신에게 관심을 기울여서 엘리자베스에게 두 번 다시 청혼하지 않도록 하는 게 목적이었다. 이게 샬럿이 마음에 품은 거고, 겉보기엔 순조롭게 진행되는 것 같았다. 밤에 헤어질 때, 콜린스가 하트퍼드셔를 이렇게 일찍 떠나지만 않는다면 분명히 성공했으리란 느낌마저 들었다. 하지만 이건 불같이 거침없는 콜린스 성격을 샬럿이 제대로 모른 거였다. 다음 날 아침에 감탄스러울 정도로 살그머니 롱번을 빠져나와, 루카스 저택으로 대뜸 달려가서 샬럿 발앞에 무릎을 꿇었기 때문이다. 콜린스는 사촌들에게 안 들키려고 애썼다. 자신이 빠져나가는 걸 본다면 마음속 계획을 사촌들이 알아챌 게 분명한데, 완전히 성공하지 않는 한 자신이 청혼했다는 사실을 알리고 싶지 않았다. 샬럿이 상당히 고무적인 모습을 보여주긴 했지만, 수요일 모험에 실패한 이후로 자신감이 많이 떨어진 탓이다. 하지만 콜린스를 기다린 건 정말 기분 좋은 반응이었다. 샬럿은 콜린스가 걸어오는 걸 이 층 창문에서 보고 밖으로 나가, 길에서 우연히 만난 것처럼 했다. 하지만 엄청난 사랑과 우아한 고백이 자신을 맞이하리란 예상은 전혀 못 했다.

콜린스가 늘어놓는 장광설이 허용하는 선에서 순식간에 모든 게 결정 나자, 두 사람 모두 만족스러웠다. 그래서 두 사람은 집으로 함께 들어가고, 콜린스는 자신을 세상에서 가장 행복한 남자로 만들 날을 정하라고 샬럿에게 진심으로 간청했다. 청혼을 단숨에 받아들일 순 없으나, 샬럿은 상대가 갈망하는 행복을 가지고 장난칠 마음이 없었다. 콜린스가 청혼하는 방식은 너무나 멍청한 나머지, 어떤 여성이든 그 순간을 오랫동안 이어갈 만큼 황홀한 매력을 느낄 수 없으나, 샬럿은 함께 살고 싶다는 마음 하나로 소박하고 순수하게 받아들이니, 결혼을 얼마나 빨리하든 문제 될 건 없었다.

루카스 경과 루카스 귀부인은 결혼을 허락하라는 요청을 느닷없이 받고도 조금도 주저하지 않고 기꺼이 허락했다. 콜린스는 경제 능력으로 볼 때 훌륭한 신랑감이라, 딸은 받을 유산이 거의 없는데도 부자로 살아갈 가능성이 컸다. 루카스 귀부인은 베넷 선생이 앞으로 얼마나 살지 곧바로 따져보는데, 이 문제에 커다란 관심이 꽂힌 건 처음이고, 루카스 경은 콜린스가 롱번을 상속받으면 자신과 부인이 궁정에 들어가서 알현해야 한다고 단호하게 주장했다. 한 마디로, 모든 가족이 크게 기뻐했다. 여동생들은 이번 일로 사교계에 나가는 날이 한두 해 당겨지길 기대하고, 남동생들은 큰누나가 노처녀로 죽을지 모른다는 걱정을 덜어냈다. 샬럿 자신은 비교적 차분했다. 목적을 달성한 데다 곰곰이 생각할 시간도 충분했다. 그래서 내린 결론은 대체로 만족스러웠다. 콜린스는 똑똑하지도 않고 재미도 없으며, 함께 지내면 지루하고 자신을 사랑한다는 주장 역시 착각이 분명하다. 그렇다 해서 남편이 될 수 없는 건 아니었다. 샬럿에게 남자도 결혼생활도 대단한 의미는 아니나, 결혼은 늘 목적 자체였다. 결혼은 좋은 교육을 받았으나 물려받을 유산은 없는 여성이 살아갈 유일한 수단이며, 행복할 가능성은 애매할지언정 부족한 것 없이 살아갈 제일 좋은 수단이었다. 그 수단을 손에 넣은 셈이니, 스물일곱이란 나이에 잘생긴 적은 한 번도 없는 여성으로선 정말 대단한 행운이 아닐 수 없었다. 유일한 걱정이라면 엘리자베스가 깜짝 놀랄 거란 사실인데, 샬럿에게 엘리자베스는 누구보다 소중한 친구였기 때문이다. 엘리자베스는 깜짝 놀라다 못해 자신을 나무랄 가능성이 크고, 비록 샬럿은 결심이 흔들리진 않을지언정 그런 말에 상처를 입을 수밖에 없을 터였다. 그렇다 해도 자신이 직접 말해야 한다고 마음먹고, 콜린스에게 롱번으로 돌아가서 만찬을 들 때 이번 일을 조금도 흘리지 말라고 당부했다. 콜린스는 당연히 비밀을 지키겠다고 진지하게 약속했지만, 쉬운 일은 아니었다. 롱번으로 돌아가는 즉시 자리를 오랫동안 비운 이유를 궁금하게 여기며 여기저기에서 물어대니, 그걸 피하려면 상당한 재치가 필요한 데다, 청혼에 성공한 사실을 알리고 싶어 좀이 쑤신 터라 엄청난 자제력도 필요했기 때문이다.

콜린스는 내일 아침 이른 시각에 먼 길을 떠날 예정이라 여자들이 잠자리에 들기 직전에 미리 작별하는 의식을 치르다, 베넷 부인이 시간 나는 대로 아무 때나 롱번에 다시 찾아오면 좋겠다고 더없이 다정하고 예의 바르게 하는 말에 감지덕지하며 대답했다.

"친애하는 부인, 그렇게 말씀하셔서 고맙습니다. 그런 초대를 잔뜩 기대했으니 말입니다. 고마우신 초대에 최대한 빨리 응할 테니, 마음놓으십시오."

모든 사람이 깜짝 놀랐다. 특히 베넷 선생은 빨리 돌아오길 바라는 마음이 조금도 없어서 대뜸 충고했다.

"하지만 캐서린 대부인이 반대하지 않겠소? 후견인 뜻을 거스르느니 차라리 친척을 외면하는 게 바람직하다오."

"친애하는 선생님, 우호적인 경고에 감사드립니다. 저는 대부인이 허락하시지 않으면 한 발자국도 안 움직이니, 걱정하지 마십시오."

"정말 조심하는 게 좋소. 대부인을 불쾌하게 하는 건 정말 어리석은 짓이니, 행여나 여기에 다시 오는 일로 그렇게 될 것 같다면, 내가 보기엔 그럴 가능성이 정말 큰데, 집에 조용히 머무른다 해도 우리는 조금도 서운하게 여기지 않을 것이오."

"친애하는 선생님, 너무나 따듯한 관심에 진심으로 감사드립니다. 제 말을 믿으십시오, 저는 도착하는 즉시 하트퍼드셔에 머무는 동안 선생님께서 베푸신 은혜에 일일이 감사드리는 편지를 보낼 겁니다. 아름다운 사촌들에겐, 내가 이렇게 말할 정도로 오래 떠나는 건 아니지만, 모두 건강하고 행복하게 지내길 바라는 실례를 저지르겠습니다, 엘리자베스 사촌도 포함해서요."

그런 다음에 여자들은 적절한 예의를 갖추며 한 명씩 물러가는데, 콜린스가 금방 돌아온다고 생각하니 하나같이 놀랄 수밖에 없었다. 베넷 부인은 그 말을 콜린스가 더 어린 딸 가운데 한 명에게 청혼할 거라는 식으로, 메리라면 콜린스를 충분히 받아들일 거라는 식으로 받아들였다. 실제로 메리는 다른 자매보다 콜린스를 훨씬 높이 평가했다. 사고방식이 정말 견실하다며 툭하면 놀란 데다, 자신만큼 똑똑한 건 아니라도 책 읽는 습관을 들이고 자신을 모델로 삼아 능력을 끌어올리다 보면 바람직한 동반자가 될 수 있다고 생각했다. 하지만 다음 날 아침에 희망은 모두 사라지고 말았다. 샬럿이 아침 식사 직후에 찾아와서 엘리자베스에게 하루 전에 있었던 일을 털어놓은 것이다.

엘리자베스는 지난 이삼일 사이에 콜린스가 친구를 좋아하는 것 같다는 생각을 안 한 건 아니지만, 샬럿이 받아들일 가능성은 조금도 없다고 여긴 터라, 그 말을 듣는 순간에 너무 놀란 나머지 처음에는 예의조차 잊고 화들짝 놀랐다.

"콜린스하고 약혼! 친애하는 샬럿…… 말도 안 돼!"

샬럿은 소식을 전할 때만 해도 표정이 차분했으나, 너무나 노골적인 반응에 순간적으로 흔들렸다. 하지만 충분히 예상한 터라 평상심을 되찾고 차분하게 대답했다.

"친애하는 엘리자베스, 왜 그렇게 놀라니? 네가 청혼을 거절해서 콜린스 선생을 좋게 생각하는 여자는 나올 수 없다고 생각한 거니?"

하지만 엘리자베스는 정신을 차리고 엄청나게 노력해서 나름대로 차분한 자세를 되찾고는 두 사람이 결혼하게 돼서 기쁘다고, 앞으로 행복하게 살기를 진심으로 바란다고 간신히 말하니, 샬럿이 대답했다.

"나도 네가 어떤 기분인지 알아. 깜짝 놀랐겠지. 정말 놀랐을 거야. 콜린스 선생이 너한테 청혼한 게 불과 며칠 전이니까. 하지만 네가 시간을 두고 찬찬히 생각해서 내가 내린 결정에 만족하면 좋겠어. 나는 너처럼 로맨틱한 성격이 아니야. 그런 적은 한 번도 없어. 나한테 필요한 건 편안한 가정인데, 콜린스 선생은 성격과 인맥과 생활환경을 고려할 때, 나 역시 다른 모든 사람이 결혼할 때만큼은 행복을 기대할 수 있다고 확신해."

"당연히 그렇겠지."

엘리자베스는 가만히 대답했다. 그리곤 잠시 어색하게 침묵하다, 가족이 있는 곳으로 함께 돌아갔다. 샬럿은 금방 떠나고, 엘리자베스는 자신이 들은 말을 곰곰이 생각했다. 오랜 시간이 지난 다음에 비로소 조금도 안 어울리는 결합을 받아들일 수 있었다. 콜린스가 사흘 사이에 두 여자에게 청혼한 것도 이상하지만, 드디어 그 짝을 찾았다는 사실은 더욱더 이상했다. 샬럿은 결혼생활을 생각하는 마음이 자신과 다르다는 걸 항상 느꼈지만, 세속적인 장점을 취하려고 바람직한 모든 감정을 실제로 포기하진 않을 거라고 여겼다. 샬럿이 콜린스 부인이 된다는 건 견딜 수 없는 굴욕이었다! 친구가 자존심을 버리고 수치스러운 길을 선택한 것도 고통스럽지만, 친구가 스스로 선택한 운명이 그렇게 행복한 길은 아니란 확신이 드는 게 엘리자베스는 더더욱 고통스러웠다.

## 23

엘리자베스가 어머니와 자매들 사이에 앉아서 자신이 들은 내용을 곰곰이 생각하고 자신에게 그걸 알릴 권리가 있는지 고민하는데, 루카스 경이 딸에게 부탁받고 약혼한 사실을 알리러 찾아왔다. 그래서 베넷 가족을 다양하게 찬양하고 두 집안이 맺은 인연을 자축한 다음에 사실을 밝히자, 듣는 사람 모두 놀라다 못해 도저히 못 미더우니, 베넷 부인은 예의보다 인내심을 발휘하며 완전히 잘못 아신 거라 반박하고, 리디아는 예의도 없고 주의력도 없는 아이답게 떠들어댔다.

"맙소사! 루카스 경, 어떻게 그렇게 말씀하실 수 있나요? 콜린스가 엘리자베스 언니랑 결혼하길 바란다는 거 모르세요?"

궁정에 출입한 사람답게 공손하지 않았다면 루카스 경은 이 말을 듣고 잔뜩 화날 수밖에 없겠지만, 훌륭한 교양으로 모두 이겨냈다. 그리고 자기 말이 사실이란 주장을 안 굽히면서도 사람들이 무례하게 하는 말을 모두 정중하게 들었다.

엘리자베스는 이렇게 불쾌한 상황에서 루카스 경을 구할 의무가 있다고 느끼고 앞으로 나서서 그 말은 사실이라고, 샬럿이 직접 말했다고 설명했다. 그리고 루카스 경에게 진심으로 축하드린다고 말하는 식으로 어머니와 자매들이 항의하는 소리를 모두 가로막으려 애쓰자, 제인도 곧바로 축하하며, 콜린스 경은 인격이 훌륭하시고 헌스퍼드는 런던과 적당한 거리니, 이번 결혼으로 모두 행복할 게 분명하다는 식으로 말했다.

베넷 부인은 너무 놀라서 별다른 말을 못 했지만, 루카스 경이 떠나자마자 마음속에 가득한 감정을 급하게 뱉어냈다. 무엇보다 우선, 그 일은 하나도 믿을 수 없다. 둘째, 콜린스가 속아 넘어간 게 분명하다. 셋째, 두 사람은 절대로 행복할 수 없다. 넷째, 그 결혼은 깨질 수밖에 없다였다. 그러면서 간단명료한 결론 두 개를 도출했다. 이렇게 끔찍한 사태가 일어난 원인은 바로 엘리자베스며, 모든 사람이 자신에게 하나같이 야만인처럼 몹쓸 짓을 한다는 거였다. 그리곤 남은 하루 내내 두 가지 결론을 생각하며 보냈다. 그 무엇도 위로할 수 없고 그 무엇으로도 달랠 수 없었다. 그날 하루로 분노가 사그라지지도 않았다. 엘리자베스를 볼 때마다 나무라지 않는 데는 일주일이 걸리고 루카스 경이나 루카스 귀부인 앞에서 무례하게 말하지 않는 데는 한 달이 걸리고 샬럿을 용서하는 데는 몇 달이 걸렸다.

베넷 선생은 이번 일을 훨씬 차분하게 바라보며, 샬럿 루카스는 그래도 분별력이 있는 줄 알았는데 자기 아내처럼 멍청하고 자기 딸보다는 어리석다는 사실이 정말 재미있다고, 이렇게 흥미진진한 상황은 처음 겪는다고 선언했다.

제인은 두 사람이 맺어진다는 얘기에 약간 놀랐다고 고백하면서도, 놀란 마음보다는 두 사람이 행복하길 진정으로 바라는 마음을 더 많이 표현했다. 엘리자베스로서는 두 사람이 행복할 가능성은 없다는 말조차 못 할 정도였다. 캐서린과 리디아는 샬럿을 조금도 부러워하지 않았다. 콜린스는 성직자로서 메리턴에 소문을 퍼트릴 대상에 불과했다.

루카스 귀부인은 딸이 좋은 사람과 결혼하게 돼서 다행이라며 베넷 부인에게 한 방 먹이는 통쾌감을 만끽했다. 평소보다 롱번을 자주 찾아와서 정말 행복하다며 자랑하고, 베넷 부인은 행복한 느낌이 단번에 도망갈 정도로 찌무룩한 표정과 고약한 말로 대응했다.

엘리자베스와 샬럿은 서로 이 문제를 얘기하지 않으려고 애썼다. 엘리자베스는 예전처럼 샬럿과 속마음을 주고받을 순 없다고 느꼈다. 샬럿에게 실망한 만큼 언니 제인을 존경하는 마음은 늘어났다. 언니는 정말 산뜻하고 세심하단 견해가 절대로 안 흔들릴 것 같았다. 하지만 빙리가 떠나고 일주일이 넘도록 돌아온다는 소식은 없어, 엘리자베스는 제인 언니의 행복한 미래가 그만큼 더 걱정스러웠다.

제인은 빙리 양 편지에 곧장 답장하고, 다시 답장이 오기를 하루하루 손꼽아 기다렸다. 콜린스가 약속한 감사 편지는 화요일에 아버지 앞으로 왔는데, 그 집에서 열두 달은 보냈다고 느낄 정도로 감사한 마음을 엄숙하게 기록했다. 글머리를 기다랗게 열거하고 황홀한 표현을 수없이 사용하며 사랑스러운 이웃 샬럿과 사랑을 주고받는 즐거움을 알리더니, 베넷 가족이 자신을 롱번으로 다시 초대한 걸 기꺼이 받아들인 이유는 오로지 샬럿을 만나는 즐거움을 누리기 위해서니, 2주 지난 월요일에 찾아뵙길 간절히 바란다면서 덧붙이는데, 캐서린 대부인께서 이번 결혼을 기꺼이 허락하시고 최대한 이른 시일에 식을 올리길 바라시니, 사랑스러운 샬럿 역시 자신을 세상에서 가장 행복한 남자로 만드는 날을 일찍 잡는데 조금도 망설이지 않을 거로 믿는다고 적었다.

콜린스가 하트퍼드셔에 다시 오는 게 베넷 부인은 조금도 반갑지 않았다. 아니, 남편만큼이나 불만스러운 느낌이 또렷했다. 콜린스가 루카스 저택이 아니라 롱번으로 온다는 사실이 이상한 건 물론, 더없이 불편하고 귀찮았다. 건강이 안 좋은 상태에서 손님이 찾아오는 게 귀찮은 데다, 다른 여자를 사랑하는 모습은 꼴조차 보기 싫었다. 그래서 혼자 툭하면 투덜대는데, 이보다 고통스러운 건 빙리가 안 돌아온다는 사실 하나밖에 없었다.

이 문제를 생각하면 제인도 엘리자베스도 마음이 편치 않았다. 하루하루는 끊임없이 흐르는데 빙리는 소식이 없고, 메리턴에는 빙리가 겨우내 네더필드로 안 온다는 소문까지 나도니, 베넷 부인은 이런 소문을 들을 때마다 심하게 화내며 말도 안 되는 거짓말이라고 반박했다.

심지어 엘리자베스조차 빙리가 무관심한 건 아닐지언정 두 누이에게 붙잡혀서 꼼짝도 못 할 수 있겠다는 걱정이 들었다. 인정하고 싶지 않지만, 언니의 행복이 깨질 수도 있겠다는, 빙리가 언니를 사랑하는 마음을 못 믿겠다는 생각이 툭하면 떠오르는 걸 억누를 수 없었다. 무정한 두 누이와 강력한 친구가 힘을 합치고 다르시 여동생이 유혹하고 런던 생활은 너무나 재미있다면, 빙리가 언니를 사랑하는 마음도 어쩔 수 없는 게 아닐까 걱정스러웠다.

이렇게 애매한 상황에서 초조하게 걱정하는 마음은 제인이 엘리자베스보다 심할 수밖에 없으나, 제인은 그런 마음을 숨기려 애쓰고, 엘리자베스든 제인이든 빙리 문제를 절대로 꺼내지 않았다. 하지만 조심성이라곤 없는 베넷 부인이 툭하면 빙리 얘기를 꺼내서 도대체 무엇 때문에 안 오냐며 안달하는 거로 모자라, 제인에게 당장 돌아오지 않으면 자신을 농락한 거로 여기겠다고 주장하도록 요구하니, 제인으로선 그럴 때마다 온화한 성격을 잔뜩 끌어올리는 방식으로 평상심을 지키려고 애써야 했다.

콜린스는 2주가 지난 월요일에 정확히 돌아왔지만, 롱번 가족은 처음만큼 정중하게 맞이하지 않았다. 그래도 콜린스는 마냥 행복할 뿐, 조금도 신경을 안 썼다. 사랑을 쌓느라 바빠, 다행스럽게도 베넷 가족은 콜린스를 따로 상대할 필요조차 없었다. 하루하루를 루카스 저택에서 보내다, 베넷 가족이 잠자리에 들기 직전에 돌아와서 너무 늦어 미안하다고 사과하는 게 전부였다.

베넷 부인은 정말 비참했다. 결혼 얘기가 나올 때마다 불행한 느낌이 고통스럽게 몰려드는데, 어딜 가든 그 얘기를 안 하는 곳이 없었다. 샬럿은 보기만 해도 얄미웠다. 자신을 몰아내고 롱번을 차지한다는 생각이 떠올라, 샬럿을 볼 때마다 질시하고 혐오하는 눈빛이 안 떠오를 수 없었다. 샬럿이 찾아올 때마다 롱번을 소유할 시간만 손꼽아 기다리는 것 같고, 콜린스에게 나지막이 말할 때마다 롱번을 얘기한다는, 베넷 선생이 죽자마자 자신과 딸을 모두 쫓아낼 방법을 얘기한다는 느낌이 들었다. 그래서 남편에게 씁쓸하게 털어놓으며 투덜댔다.

"정말이지, 여보, 샬럿 루카스가 이 집을 차지한다고, 내가 밀려나서 샬럿이 안주인 자리를 차지하는 꼴을 지켜보아야 한다고 생각하면 견딜 수 없어요."

"여보, 나쁜 쪽으로 생각하지 마세요. 바람직한 쪽으로 생각합시다. 내가 당신보다 오래 살 수도 있잖소."

이 말은 별다른 위로가 될 수 없으니, 베넷 부인은 아무런 대답도 안 하고 하던 말을 이어나갔다.

"그 사람들이 우리 부동산을 갖는다고 생각하면 정말 못 견디겠어요. 한정 상속만 아니라면 신경도 안 쓰겠어요."

"무얼 신경도 안 쓴다는 거요?"

"그 무엇도 신경을 안 쓰겠어요."

"그렇다면 말도 안 되는 상태를 피할 수 있어서 다행이구려."

"나는 한정 상속에 관한 한 다행스러운 게 조금도 없어요, 베넷 선생. 친딸한테서 부동산을 빼앗는 조건이 붙은 걸 조금도 이해할 수 없다고요. 하필이면 콜린스한테 넘겨줘야 하는 이유가 뭐냐고요! 하필이면 콜린스 같은 사람한테요!"

"그건 당신이 알아보도록 하시구려."

베넷 선생이 대답했다.

1권 끝

# 2권

## 24

빙리 여동생이 편지를 보내서 모든 의문점을 잠재웠다. 자기네 모두 런던에서 겨울을 보낸다는 내용으로 첫 문장을 시작하더니, 오빠가 하트퍼드셔 친구 여러분에게 인사도 제대로 못 하고 떠나온 걸 아쉬워 한다는 말로 마무리했다.

희망은 사라졌다, 완전히 사라졌다. 제인은 나머지 내용까지 읽었으나, 사랑한다는 표현을 빼면, 위안거리로 삼을 내용은 조금도 없었다. 다르시 여동생을 칭찬하는 내용이 대부분이었다. 빙리 여동생은 다르시 여동생이 지닌 매력을 다양하게 설명하며, 서로 가깝게 지낸다는 걸 기뻐하며 자랑하고, 자신이 앞 편지에서 드러낸 소망을 이룰 것 같다고 과감하게 예언했다. 오빠가 다르시네 런던 저택에서 지내는 걸 즐거운 어투로 기록하더니, 그 집에서 새로 들일 가구를 황홀한 어투로 언급했다.

제인은 편지 내용을 곧바로 알리고, 엘리자베스는 분노를 삭이며 들었다. 언니를 걱정하는 마음과 그 사람들 모두에 분노하는 마음이 가슴속에 가득 들어찼다. 빙리가 다르시 아가씨를 무척 좋아한다는 여동생 주장은 조금도 안 믿었다. 빙리가 제인을 정말로 좋아한다는 걸 예전엔 살짝 의심할지언정 지금은 조금도 의심하지 않고 빙리를 좋게 생각하는 마음도 늘 강하게 일어나는 터라, 엘리자베스는 빙리가 더없이 느긋하고 우유부단한 성격 탓에 옆에서 계략을 꾸미는 대로 말려들어 스스로 행복한 미래를 내팽개치고 꼭두각시처럼 놀아나는 모습이 너무나 화나고 경멸스러웠다. 빙리가 자기 행복만 내팽개친다면 아무래도 상관도 없겠지만, 문제는 언니 역시 행복할 수 없다는 사실이고, 이건 빙리 자신도 잘 알 게 분명했다. 한 마디로 이건 아무리 오래 생각해도 소용없는 문제였다. 하지만 다른 생각을 할 수도 없었다. 빙리의 사랑이 정말로 시든 것이냐 주변의 간섭에 억눌린 것이냐, 언니가 사모하는 마음을 충분히 아느냐 모르느냐, 어느 쪽이냐에 따라 빙리를 판단하는 내용은 다를 수밖에 없지만, 언니 상황은 똑같으니, 엘리자베스가 걱정하는 것 역시 똑같았다.

제인은 하루 이틀이 지나도록 마음속 생각을 엘리자베스에게 털어놓을 용기가 안 났으나, 베넷 부인이 네더필드와 그 주인에게 평소보다 오랫동안 분통을 터트리다 떠나자, 결국엔 이렇게 말했다.

"아, 어머니는 마음 좀 다스리셔야 해! 그 사람 이야기를 하실 때마다 내가 얼마나 커다란 고통에 시달리는지 어머니는 몰라. 하지만 푸념하지 않겠어. 이건 오래가지 않으니, 결국엔 그분을 잊고 우리 모두 예전처럼 지낼 수 있을 거야."

엘리자베스는 더없이 걱정스러운 표정으로 쳐다볼 뿐 아무 말도 안 하자, 제인이 얼굴을 살짝 붉히며 목소리를 높였다.

"내 말을 안 믿는구나, 그럴 이유가 없는데. 그 사람은 누구보다 다정한 사내로 내 기억 속에 남겠지만, 그게 전부야. 이제 기대할 것도 없고 두려울 것도 없으며, 그 사람을 나무랄 것도 없어. 다행히 이제 고통스럽지도 않아. 시간이 조금만 지나면 더욱 좋아질 게 분명해."

그러더니 훨씬 강한 어조로 덧붙였다.

"아니, 이제 마음은 편안해, 내가 착각했으니, 나 혼자 아프면 된다는 사실이."

엘리자베스가 한탄했다.

"언니! 언니는 너무 착해. 욕심도 없고 다정한 모습이 정말 천사 같아서 뭐라고 말해야 좋을지 모르겠어. 지금까지 내가 언니를 몰라서 제대로 존경하지 않았다는 느낌마저 들어."

제인은 너무 좋게 말하지 말라고, 그렇게 말하는 건 동생이 그만큼 다정하단 증거일 뿐이라고 대답하자, 엘리자베스가 다시 말했다.

"아니야, 그렇지 않아. 언니는 세상 모든 사람을 좋게 보려고 애써서 내가 누굴 나쁘게 말하면 상처받아. 나는 언니를 완벽한 인물로 여기고 싶은데, 언니는 그것도 싫어해. 내가 너무 심하게 빠져들어, 모든 사람을 선량하게 바라보는 언니의 특권까지 침범하지나 않을까 걱정하지 마. 그럴 필요는 없어. 내가 정말로 사랑하는 사람은 얼마 없고, 내가 좋게 생각하는 사람은 더 적으니까. 나는 겪으면 겪을수록 세상을 불만스럽게 여기는 사람이야. 인간은 모순된 존재라서 겉으로는 장점으로 보이더라도 실제로는 그렇지 않다는 믿음을 매일 확인해. 최근에 그런 사례를 두 번이나 겪었는데, 하나는 말하지 않을 거고, 또 하나는 샬럿이 그런 남자랑 결혼한다는 거야. 도무지 말도 안 돼! 어느 관점에서 보더라도 말이 안 돼!"

"사랑하는 엘리자베스, 그런 감정에 흔들리지 마. 너만 힘들어. 사람마다 성격이나 환경이 다르다는 사실을 생각해. 콜린스는 사회적 지위가 있고 샬럿은 성격이 차분하고 신중하단 사실을 생각해. 샬럿은 식구가 많아서 물려받을 유산이 적다는 사실을 생각할 때 이번 결혼은 정말 잘하는 거야. 그렇다면 샬럿이 콜린스를 사랑하고 존경한다고 믿는 게 모두한테 좋아."

"언니 말대로 생각하려고 애쓰겠지만, 내가 그렇게 믿는다 해서 특별히 좋아질 사람은 언니 말고 없어. 샬럿이 콜린스를 정말로 사랑한다면, 나로선 사리를 분별할 능력이 하나도 없다고 여길 수밖에 없으니까. 친애하는 언니, 콜린스는 변덕이 심하고, 잘난 척하는 걸 좋아하고, 속이 좁고, 어리석은 사내야. 그건 언니도 나만큼이나 잘 알아. 제대로 판단할 줄 아는 여자라면 콜린스랑 결혼할 수 없다는 사실 역시 나만큼이나 잘 알고. 그러니 변호하려고 애쓰지 마, 아무리 샬럿 루카스라 해도. 한 사람 때문에 고결한 원칙에 담긴 의미를 바꾸려고, 이기적인 건 신중한 거고 위험을 모르는 건 행복한 거라고 언니 자신이나 나를 설득하려고 애쓰지 마."

"너는 콜린스와 샬럿한테 너무 심하게 말하는 것 같아. 두 사람이 행복하게 사는 걸 보고 생각을 바꿀 수 있으면 좋겠어. 하지만 이 문제는 그만하고 다른 걸 얘기하자. 다른 암시도 했잖아, 사례가 두 개라고. 내가 제대로 이해했다면, 친애하는 엘리자베스, 그 사람이 문제라는 주장으로, 그 사람한테 실망했다는 말로 나를 아프게 하지 않으면 좋겠어. 우리를 일부러 아프게 하려는 사람은 어디에도 없어. 활기찬 젊은이가 모든 걸 늘 세심하게 배려하길 바랄 수도 없고. 우리를 속인 건 우리 마음에 깃든 허영심일 수도 있어. 여성은 누가 칭찬하면 실제 이상으로 착각하곤 하거든."

"남성은 그런 분위기를 조장하고."

"일부러 그런다면 옳지 않겠지만, 나는 일부러 그러는 사람이 세상에 많다고 생각하지 않아."

"나도 빙리가 일부러 그랬다고 생각하진 않지만, 나쁜 마음을 품거나 상처를 주려는 생각은 아니더라도, 실수할 수도 있고 상처 입을 수도 있어. 생각이 없거나 상대편 마음을 안 살피거나 결단력이 없어서."

"아까 말한 두 사례 가운데 하나를 말하는 거니?"

"그래, 두 번째. 계속 말하면 언니가 존경하는 사람을 내가 바라보는 시각까지 나와서 불편할 수 있으니, 듣고 싶지 않으면 지금 말해."

"그렇다면 너는 두 자매가 오라비한테 영향을 미친다고 고집하는 거니?"

"그래, 그 사람 친구랑."

"내 생각은 달라. 두 자매가 오라비한테 영향을 미칠 이유가 뭐겠니? 두 자매는 오라비가 행복하길 바랄 뿐이야. 오라비가 나를 좋아한다면, 그 마음을 다른 여자가 차지할 순 없다고."

"언니는 첫 번째 전제부터 틀렸어. 두 자매는 오라비한테 행복 말고도 바라는 게 많을 수 있어. 오라비가 재산을 늘리고 신분을 끌어올리길 바랄 수도 있고, 엄청난 배경과 돈과 자부심을 모두 지닌 여자와 결혼하길 바랄 수도 있어."

"두 자매가 오라비한테 다르시 여동생을 선택하길 바란다는 건 의심할 여지가 없지만, 네가 생각하는 이상으로 바람직한 마음 때문일 수도 있어. 두 자매는 나보다 다르시 여동생을 훨씬 오래 알았으니, 사랑하는 마음도 훨씬 크겠지. 하지만 두 자매가 무얼 바라든, 오라비가 바라는 걸 반대할 가능성은 없어. 오라비한테 그럴 자매가 도대체 어디에 있겠니, 반대할 이유가 뚜렷하지 않은 한? 오라비가 나한테 관심이 있다면 두 자매는 우리를 떨어뜨리려 하지 않았을 거야. 오라비가 나한테 마음이 있다면 두 자매가 그런다 해서 성공할 수도 없고. 너는 그런 마음이 있다고 가정하기 때문에 다른 모든 사람이 부자연스럽고 나쁘게 행동한다 여기고, 나를 그만큼 더 불행하게 하는 거야. 그런 생각으로 나를 슬프게 하지 마. 나는 실수한 게 부끄럽지 않아…… 최소한 못 견디도록 버겁진 않아. 오라비와 두 자매를 나쁘게 여기는 감정을 품는 것보단 편해. 그러니 내가 좋은 쪽으로, 충분히 이해하는 쪽으로 받아들이도록 도와주렴."

엘리자베스는 간절한 소망을 외면할 수 없어, 그 시간 이후로 빙리라는 이름을 입에 거의 안 담았다.

하지만 베넷 부인은 빙리가 안 돌아오는 게 이상하다며 계속 투덜댈 뿐, 엘리자베스가 확실하게 설명하지 않고 넘어가는 날이 없는데도 제대로 이해하려 들질 않았다. 빙리는 언니에게 잠시 평범한 관심을 보인 정도에 불과하며, 따라서 멀리 떠나는 순간에 관심이 사라진 거라는 식으로, 엘리자베스 자신이 안 믿는 이야기까지 하다 보면, 베넷 부인은 순간 그렇겠다 싶다가도, 다음 날에 똑같은 이야기를 그대로 꺼냈다. 그러다 보니 베넷 부인으로선 빙리가 여름엔 다시 내려올 거라 기대하며 마음을 달랠 수밖에 없었다.

베넷 선생은 이 문제를 완전히 다르게 바라보았다. 하루는 이렇게 말한 것이다.

"내가 보기에, 엘리자베스, 너희 언니는 연애가 깨진 것 같아. 잘됐어. 여자한테 결혼하는 다음으로 좋은 건 이따금 연애하다 깨지는 거거든. 그러다 보면 생각이 깊어지고 다른 여자와 다른 특징도 생기는 법이란다. 너는 언제 연애하니? 언니한테 많이 뒤지진 말아라. 이제 네 차례야. 메리턴에는 근방 처녀를 모두 울리고도 남을 장교가 넘쳐흐르잖니. 위컴이랑 연애하렴. 쾌활한 청년이니까 너를 확실하게 차버릴 거야."

"고맙지만, 아버지, 저는 그렇게 쾌활한 청년이 아니어도 좋아요. 누구나 언니처럼 행운이 따르길 기대할 순 없잖아요."

"그 말은 맞지만, 어떤 사내랑 연애하든 너한테는 그걸 최대한 활용할 자애로운 어머니가 계시니, 그나마 마음이 놓이는구나."

위컴은 최근에 롱번 가족에게 두 차례나 깃든 우울한 분위기를 몰아내는 데 크게 이바지했다. 자주 만나다 보니, 롱번 가족은 위컴에게서 일반적인 장점 말고도 새로운 장점을 다양하게 확인할 수 있었다. 엘리자베스가 예전에 들은 이야기도, 위컴이 다르시에게 당했다고 주장한 이야기도 퍼져나가 사방에서 입방아에 오르고, 사람들은 그 문제를 자세히 알기 전부터 다르시를 싫어했다는 사실을 하나같이 자랑했다.

그 일에 다른 사정이, 하트퍼드셔 사교계에서 모르는 사정이 있을 수 있다고 가정한 사람은 제인 한 명밖에 없었다. 제인은 누구에게나 공평하고 온화한 성격답게 늘 여유롭게 생각하라며, 오해일 가능성을 말했다. 하지만 다른 사람은 하나같이 다르시를 나쁜 인간이라며 비난했다.

## 25

콜린스는 사랑을 고백하고 행복한 결혼생활을 계획하며 일주일을 보내다, 사랑스러운 샬럿 곁을 토요일에 떠났다. 하지만 헤어지는 고통은 신부를 맞을 준비로 달래니, 콜린스로서는 하트퍼드셔로 금방 돌아와 자신을 세상에서 가장 행복한 사내로 만들 날짜를 결정할 거라고 기대할 이유가 충분했기 때문이다. 그래서 롱번 친척과 예전처럼 정중하게 작별하며 아름다운 사촌들에게 건강과 행복을 다시 빌어주고, 베넷 선생에게 감사 편지를 보내겠다고 다시 약속했다.

월요일에 베넷 부인은 런던에 사는 동생 부부가 찾아오는 기쁨을 누렸다. 매년 그런 것처럼 롱번에서 크리스마스를 보내러 온 것이다. 외삼촌은 사리분별이 또렷하고 신사처럼 점잖은 사내로 성격도 교육 수준도 누나보다 월등했다. 장사하며 사느라 근처에 창고를 여럿 소유한 사내가 그렇게 교양이 탁월하며 상냥하단 사실은 네더필드 빙리 자매가 직접 본다 해도 못 믿을 것 같았다. 외숙모는 베넷 부인과 필립스 부인보다 몇 살 아래로 사랑스럽고 지적이며 우아한 여성이라서 롱번 조카들이 굉장히 좋아했다. 제일 큰 조카 두 명이 특히 좋아하고 외숙모도 마찬가지라, 두 조카는 툭하면 런던에 가서 외숙모 집에 머물기도 했다.

외숙모가 와서 제일 먼저 한 일은 선물을 나눠주고 최신 유행을 알려주는 거였다. 그런 다음엔 수동적인 역할로 들어섰다. 듣는 차례가 온 것이다. 베넷 부인은 올케에게 하소연하거나 한탄할 말이 많으니, 지난번에 올케랑 헤어진 이후로 사람들이 하나같이 자신을 학대하고, 두 딸은 결혼할 뻔하다 깨지고 말았다면서 덧붙였다.

"하지만 나는 제인을 나무라지 않아. 그럴 수만 있다면 빙리를 꼭 잡았을 테니까. 하지만 엘리자베스는! 아, 올케! 엘리자베스가 고집만 안 부렸다면 지금쯤 콜린스 부인이 되었을 걸 생각하니 못 견디게 힘들어. 바로 이 방에서 청혼하고 거절했거든. 그래서 루카스 귀부인이 나보다 먼저 딸을 결혼시킬 테고, 나중엔 롱번까지 넘겨주어야 해. 루카스 집안은 정말 교활해, 올케. 뭐라도 생기는 일이라면 물불을 안 가리거든. 이렇게 말해서 그 사람들한테 미안하지만, 사실인 걸

어떡해. 가족이란 작자들은 하나같이 내 말을 안 듣고 이웃이란 작자들은 하나같이 자기네밖에 모르니, 나로선 신경이 예민하고 몸이 상할 수밖에. 이럴 때 자네가 찾아와서 정말 다행이야. 아까 자네한테 소매를 길게 하는 유행을 들어서 기뻤거든."

외숙모는 제인이랑 엘리자베스랑 편지를 주고받으며 소식을 대부분 들은 터라 시누이에게 가볍게 대답한 다음, 조카딸들을 불쌍히 여기며 화제를 돌렸다. 그런 다음에 엘리자베스와 단둘이 있을 때 그 문제를 다시 꺼냈다.

"제인한테 좋은 혼사였을 것 같아. 그냥 깨져서 안타까워. 하지만 그런 일은 숱하게 일어나! 너희가 말한 빙리 같은 젊은이는 아름다운 처녀와 몇 주 가볍게 사랑하다 우연한 사건으로 헤어지면 가볍게 잊으니, 이렇게 바람직하지 않은 사례가 정말 많거든."

"마음을 달래기에 좋은 말씀이지만, 우리 사례엔 적용이 안 될 것 같아요. 우연한 사건 때문이 아니거든요. 재산이 있고 독립적으로 사고하는 젊은이한테 불과 며칠 전까지 열렬히 사랑하던 여성을 더는 생각하지 않도록 주변에서 억지로 끼어들어 설득하는 사례는 흔치 않으니까요."

"하지만 '열렬히 사랑한다'는 표현이 너무 흔한 데다 너무 모호하고 너무 애매해서 나는 그게 어떤 건지 잘 모르겠어. 정말 그렇게 뜨겁게 사랑한 사례도 많지만, 삼십 분밖에 안 만난 사람들이 그런 표현을 사용하는 사례도 많거든. 그렇다면 빙리는 얼마나 격렬하게 사랑한 거지?"

"그리도 확실하게 좋아한 사례는 처음 봤어요. 다른 사람한테 관심을 안 보이고 오로지 언니한테 빠져들었으니까요. 만나는 횟수를 거듭할수록 그 모습은 훨씬 또렷하고 확실하게 나타나고요. 네더필드에서 무도회를 열 때는 춤추자는 요청을 다른 누구에게도 안 해서 아가씨 두세 명이 모욕감을 느껴, 내가 그 사실을 알리는데도 들은 척조차 안 했으니까요. 이보다 확실한 증거가 있을까요? 일반적인 예의조차 잊는 게 사랑의 본질 아닌가요?"

"그렇군! 그 사람이 열렬히 사랑했어. 불쌍한 제인! 마음이 아파, 제인은 그런 걸 금방 잊는 성격이 아니라서. 차라리 너한테 그런 일이 일어났다면 훨씬 좋았겠어, 엘리자베스. 너는 곧바로 털어버릴 것 같거든. 우리 부부랑 런던으로 가자고 제안하면 제인이 받아들일까? 분위기를 바꾸는 게 좋을 수 있어. 집을 잠시 떠나는 자체로 바람직할 수도 있고."

엘리자베스는 외숙모 제안이 마음에 들어, 언니를 충분히 설득할 것 같고, 외숙모는 이렇게 덧붙였다.

"이번 제안을 고려할 때 그 젊은이 때문에 영향을 안 받으면 좋겠어. 같은 런던이라도 우리는 완전히 다른 구역에 살고 만나는 사람도 완전히 다른 데다 너도 잘 알다시피, 우리는 외출을 거의 안 하니까 두 사람이 만날 일은 없거든, 그 사람이 일부러 찾아오지 않는 한."

"그럴 가능성은 없어요. 친구 집에 묵였는데, 친구란 작자는 빙리 선생이 언니를 만나려고 그런 구역에 발을 내딛는 자체를 완벽하게 차단할 테니까요! 친애하는 외숙모는 어떻게 생각하세요? 다르시 선생도 그레이스처치 거리란 지역이 있다는 말은 들었겠지만, 그런 곳에 발을 내디디면 한 달을 목욕해도 더러운 걸 씻어낼 수 없다고 생각할 거예요. 빙리 선생은 그 사람 없이는 꿈쩍을 안 할 거고요."

"그렇다면 더 잘됐네. 나는 두 사람이 안 만나길 바라거든. 하지만 제인이 그 여동생과 편지를 주고받지 않을까? 그래서 여동생이 찾아오지 않을까?"

"그 여자는 완전히 모른 척할 거예요."

엘리자베스는 이 말을 할 때도, 빙리가 언니를 만나러 오지 못할 거라는 흥미로운 이야기를 할 때도 확신이 가득했지만, 다시 생각하니 완전히 불가능한 건 아니라는 불안감이 떠올랐다. 빙리가 예전 감정을 되살려, 언니를 사랑하는 마음 하나로 주변에서 막는 걸 효과적으로 물리칠 수도 있을 것 같았다.

제인은 외숙모 초대를 기쁘게 받아들였다. 빙리 집안사람들이 안 떠오른 건 아니지만, 빙리 여동생이 오빠랑 한집에 지내는 게 아니라면 오전 시간에 가끔 만나도 빙리랑 마주칠 위험은 없을 것 같았다.

외삼촌 부부는 롱번에서 일주일 머무는 동안 이모 부부와 루카스 가족과 장교들을 만나느라 단 하루도 약속 없이 보낸 날이 없었다. 베넷 부인은 동생 부부를 대접하는데 조금도 소홀하지 않아, 가족 만찬으로 하루를 끝낸 적 역시 한 번도 없었다. 집으로 사람들을 초대할 때면 장교들이 늘 함께하고 거기에는 위컴도 당연히 끼니, 그럴 때마다 엘리자베스는 다정하게 대화하고 외숙모는 의심스러운 눈빛으로 두 사람을 살폈다. 외숙모가 보기에 두 사람은 진지하게 사랑하는 건 아닐지언정 서로에게 호감을 품은 건 확실한 게 마음에 살짝 걸려, 하트퍼드셔를 떠나기 전에 엘리자베스하고 이 문제를 진지하게 검토해야겠다고, 그런 사랑을 키우는 건 정말 무모한 짓이란 사실을 알려야겠다고 다짐했다.

위컴에겐 일반적인 능력 말고도 외숙모를 특별히 기쁘게 할 무기가 있었다. 외숙모는 십여 년 전 처녀적에 위컴이 살던 더비셔 인근에서 오랫동안 살았다. 그래서 두 사람은 함께 아는 사람이 많아, 위컴은 다르시 선친이 사망한 이후로 그곳에 간 적이 거의 없지만, 여러 사람에 관해 외숙모가 모르는 소식을 알려줄 순 있었다.

외숙모는 펨벌리 저택도 구경하고 사망한 다르시 선생이 훌륭한 분이라는 사실도 아니, 두 사람 입에서 나오는 얘기는 그칠 줄 몰랐다. 외숙모는 자신이 기억하는 펨벌리 저택을 위컴이 상세히 설명하는 모습과 비교하고 옛 주인 성품이 정말 훌륭했다며 칭찬하다 보니, 외숙모 자신도 위컴도 더없이 즐거울 수밖에 없었다. 현 주인 다르시가 위컴을 박대한 이야기를 들을 때는 다르시 어릴 적 평판에 그런 측면이 있는지 떠올리려 애쓰다, 결국에는 오만하고 심술궂은 아이란 말을 들은 기억이 떠오른다는 확신마저 들었다.

## 26

외숙모는 엘리자베스와 단둘이 말할 기회가 생기자, 정확하고 다정하게 경고하며 자기 생각을 솔직하게 말하더니, 이렇게 이어나갔다.

"엘리자베스, 너는 사리를 분별할 줄 아니까 누가 경고한다는 이유 하나로 사랑에 빠져들진 않겠지. 그러니까 나도 겁내지 않고 솔직하게 말할게. 나는 네가 조심하면 좋겠어. 재산이 없는 사내를 사랑하는 건 정말 무모한 짓이야. 위컴이 나쁘다는 말은 아니야. 꽤 흥미로운 젊은이거든. 위컴이 약속받은 재산을 받았다면 나도 굳이 반대하지 않겠어. 하지만 현실은 그게 아닌 만큼 쓸데없는 환상에 빠져들지 말아야 해. 너는 분별력이 있으니, 우리 모두 네가 분별력을 충분히 발휘하길 기대할게. 내가 보기에 너희 아버지도 네가 결단력이 있는 데다 올바로 행동할 거라 믿는 것 같아. 그런 아버지가 실망하시는 일은 없도록 하렴."

"사랑하는 외숙모, 정말 심각한 말씀이로군요."

"그래, 너도 나처럼 심각하면 좋겠어."

"으음, 그렇다면, 걱정하실 필요 없어요. 제가 알아서 할 테니까요, 저 자신한테도 위컴한테도. 그 사람은 저를 사랑하지 않을 거예요, 제가 피하면."

"엘리자베스, 심각하게 말하지 않는구나."

"죄송해요, 다시 말씀드릴게요. 지금은 위컴을 사랑하지 않아요. 정말이에요. 하지만 그 사람은 제가 만난 어떤 사람도 비교할 수 없을 정도로 상냥하니, 행여나 그 사람이 저를 진정으로 사랑하게 된다면, 저로선 그런 일이 없는 게 훨씬 바람직하겠지요. 너무 무모하거든요. 아! 꼴도 보기 싫은 다르시! 아버지가 저를 좋게 생각하신다는 건 대단한 영광이니, 그런 영광을 잃으면 정말 슬플 거예요. 하지만 아버지는 위컴을 좋아해요. 한 마디로, 사랑하는 외숙모, 저를 걱정하는 분들이 저 때문에 슬퍼하는 일은 없어야겠지요. 그러나 젊은 사람들이 가진 게 없어도 망설이지 않고 사랑에 빠져드는 사례가 매일 같이 일어난다면, 제가 마음이 끌리는 상황에서 다른 사람보다 지혜롭게 행동한다는 건 어떻게 장담하며, 그걸 억누르는 지혜는 또 어떻게 자신하겠어요? 따라서 제가 약속드릴 수 있는 건 서둘지 않겠다는 것 하나밖에 없네요. 그러니, 저는 그 사람이 저를 가장 소중하게 여긴다고 함부로 믿지 않겠어요. 그 사람과 함께 있을 때 그런 마음이 들길 바라지도 않겠어요. 한 마디로, 저 나름대로 최선을 다하겠습니다."

"그 사람이 이렇게 자주 찾아오지 않도록 하는 것도 좋은 방법 같아. 최소한 너희 어머니가 그 사람을 초대할 마음을 안 떠올리도록 해야 해."

외숙모가 말하자, 엘리자베스가 겸연쩍은 미소를 머금으면서 대답했다.

“제가 며칠 전에 그런 것처럼요. 맞아요, 제가 안 그러도록 자제해야겠어요. 하지만 그 사람이 늘 이렇게 자주 오는 건 아니에요. 요번 주에 자주 초대한 건 외숙모 때문이었어요. 우리 어머니는 친척이 찾아오면 말 상대를 끊임없이 붙여줘야 한다고 생각하신다는 걸 외숙모도 아시잖아요. 하지만 명예를 걸고 말씀드리는데, 앞으로 충분히 생각해서 가장 지혜롭게 행동하도록 애쓸 테니까 외숙모도 이 정도로 만족하시면 좋겠어요.”

외숙모는 알겠다 대답하고 엘리자베스는 다정한 조언에 감사한다 말하고 두 사람은 헤어지니, 어려운 문제를 꺼내서 상대를 조금도 자극하지 않고 충고한 좋은 사례였다.

콜린스는 외삼촌 부부와 제인이 런던으로 떠나고 얼마 안 돼서 하트퍼드셔로 돌아왔지만, 루카스 저택에 묵는 터라 베넷 부인이 크게 불편한 건 없었다. 결혼할 날짜는 성큼성큼 다가오고, 베넷 부인도 결국엔 어쩔 수 없다고 생각해서 완벽하게 체념하니, 심술궂은 어투로 “두 사람이 행복하길 바란다”는 말까지 되풀이할 정도였다. 목요일이 결혼식 날로 잡히더니, 수요일엔 샬럿이 작별인사하러 왔다가 떠나려고 일어서자, 엘리자베스는 무례하게 행동하다 마지못한 어투로 행운을 빌어준 게 창피도 하고 친구를 진심으로 사랑하는 마음도 있어, 함께 일어나서 방을 나와 계단을 나란히 내려갈 때 샬럿이 말했다.

“자주 편지할 거라고 믿을게, 엘리자베스.”

“당연하지.”

“부탁이 하나 더 있는데, 우리가 사는 곳으로 놀러 오지 않을래?”

“하트퍼드셔에서 자주 만나면 좋겠어.”

“하지만 나는 켄트 주를 오랫동안 못 떠날 것 같아. 그러니 헌스퍼드로 놀러 오겠다고 약속해 줘.”

엘리자베스는 그곳까지 찾아가는 게 썩 내키진 않아도 거절할 순 없고, 샬럿은 이렇게 덧붙였다.

“아버지하고 마리아가 삼월에 놀러 오니까 너도 함께 오면 좋을 것 같아. 정말이지, 엘리자베스, 네가 오면 우리 식구 못지않게 반가울 거야.”

결혼식을 올리고, 신부와 신랑은 교회 입구에서 켄트로 곧장 출발하고, 사람들은 평소처럼 결혼식을 둘러싸고 할 말도 들을 말도 많았다. 엘리자베스는 친구 편지를 곧바로 받으나, 정기적으로 편지를 주고받더라도, 예전처럼 속마음을 편하게 털어놓을 순 없었다. 편지를 쓸 때마다 은밀한 얘기를 편하게 하는 건 다 끝났다는 느낌이 들어, 답장을 게을리하지 않겠다고 마음은 단단히 먹긴 해도, 이건 현재 때문이 아니라 과거 때문이었다. 그래도 샬럿이 처음에 보낸 편지들엔 관심이 쏠렸다. 신혼집은 어떻고 캐서린 대부인은 어떤지, 결혼한 걸 얼마나 행복하게 여기는지 궁금했다. 하지만 편지를 다 읽으면 엘리자베스는 자신이 예상한 내용만 샬럿이 말한다는 느낌을 받았다. 모든 게 즐겁고 편안할 뿐, 적절치 않은 내용은 조금도 안 담았다. 신혼집, 가구, 마을, 도로 등 모든 게 마음에 들고, 캐서린 대부인은 더없이 다정하고 자상했다. 헌스퍼드와 로징스는 콜린스가 말한 내용과 판박이 같아, 조금 부드러운 게 다를 뿐이니, 엘리자베스로서는 직접 가서 그렇지 않은 모습도 살펴야겠다고 다짐할 수밖에 없었다.

제인은 런던에 무사히 도착했다는 글을 이미 몇 줄 보내, 엘리자베스는 언니가 다음에 보낼 편지에는 빙리 집안사람 이야기도 있길 기대했다. 그래서 두 번째 편지를 애타게 기다렸으나, 보답은 보잘것없었다. 런던에 도착하고 일주일이 지나도록 빙리 여동생을 만나는 건 둘째

치고 소식조차 못 들으니, 롱번에서 보낸 마지막 편지가 중간에 사라진 게 분명하다며 덧붙였다.

'외숙모께서 내일 그쪽 구역으로 가실 예정이니, 이번 기회에 나도 그로스브너 거리를 찾아가야겠어.'

그리곤 빙리 여동생을 찾아가서 만난 다음에 다시 썼다.

빙리 양이 활달한 기색은 아닌데, 어쨌든 나를 보고 기뻐하더니, 런던에 오는 걸 자신에게 안 알렸다며 나무랐어. 마지막 편지를 못 받았다는 생각이 맞은 거야. 나는 당연히 빙리 선생 소식을 물었어. 빙리 선생은 잘 지내지만, 다르시 선생이랑 꼭 붙어 다녀서 자신도 잘 못 만난대. 만찬에 다르시 양이 참석할 예정이란 얘기도 들었어. 나도 한번 만나면 좋겠다고 생각했는데 오래 머물 순 없었어. 빙리 자매가 밖으로 나가야 했거든. 자매가 나를 곧 찾아올 게 분명해.

엘리자베스는 편지를 읽으면서 고개를 절레절레 저었다. 모든 상황을 볼 때, 대단한 우연이 아니고선 언니가 런던에 있다는 사실을 빙리가 알아챌 가능성은 조금도 없다는 확신만 들었다.

4주는 그렇게 흐르고 제인은 빙리를 한 번도 못 봤다. 제인은 아쉽지 않다고 여기려 애썼다. 빙리 여동생이 방해한다는 사실은 이제 확실하게 드러났다. 집에서 오전 내내 기다리다 초저녁이면 새로운 핑계를 찾으며 보름이란 나날을 보낸 다음에 비로소 기다리던 손님이 나타났지만, 머문 시간은 턱없이 짧고 태도는 완전히 변한 걸 보고 제인도 더는 자신을 속일 수 없었다. 동생에게 보낸 편지에 그 심정이 그대로 담겼다.

빙리 양이 나를 좋아하는 척하면서 완전히 속였다고 고백하더라도 더없이 사랑스러운 엘리자베스는 굳이 나를 깔보면서 자신이 제대로 보았다며 의기양양하지 않을 거야. 사랑하는 동생, 이번 사례는 네가 옳다는 걸 확인했어. 하지만 빙리 양이 보인 행동을 고려할 때 내가 믿은 것 역시 네가 의심한 만큼이나 자연스럽다고 주장해도 나를 고집불통으로 여기진 마. 빙리 양이 애초에 나랑 가까워지려고 애쓴 이유를 이제 조금도 이해할 수 없지만, 똑같은 상황이 벌어진다면 나는 또 속을 게 분명해. 빙리 양은 어제까지 답방하지 않고 편지 한 장 소식 한 줄 없더니, 마침내 오늘 찾아왔는데, 기쁜 기색이 조금도 아니었어. 벌써 찾아오지 않은 걸 형식적으로 사과하곤, 나를 다시 만나고 싶다는 말은 한마디도 안 한 데다, 모든 점에서 완전히 다른 사람으로 변한 나머지, 나는 빙리 양이 떠나자마자 더는 교제하지 않겠다고 완벽하게 다짐했어. 불쌍하긴 해도, 나는 빙리 양에게 모든 책임을 물을 수밖에 없어. 나를 그런 식으로 대한 건 정말 잘못한 거야. 가까이 지내려고 다가온 건 늘 그쪽이라고 나는 확실하게 말할 수 있어. 하지만 정말 불쌍해, 자신이 나쁘게 행동했다는 건 본인도 느낄 테니. 그래도 오빠를 걱정하는 마음으로 그런 거겠지. 이제 내 생각을 설명할 필요는 없겠어. 우리는 빙리 선생을 걱정할 필요가 조금도 없다는 걸 잘 알지만, 빙리 양이 그래야 한다고 느꼈다면, 나에게 그런 이유를 쉽게 이해할 수 있어. 오빠가 소중하면 오빠를 걱정하는 것 역시 자연스럽고 사랑스러운 거니까. 하지만 이제 오빠 때문에 걱정할 필요는 조금도 없어, 빙리 선생이 나에게 관심이 있다면 벌써 오래전에 만났을 테니까. 빙리 양이 한 말로 추론할 때, 빙리 선생은 내가 런던에 있다는 걸 알아. 하지만 말하는 어투로 볼 때 빙리 선생이 다르시 양을 정말 좋아한다고 억지로 믿고 싶은 것 같아. 나는 그걸 이해할 수 없어. 가혹하게 말해도 괜찮다면, 행동 하나하나에서 이중성이 묻어나온다고 말하고픈 유혹까지 느낄 정도야. 하지만 나는 고통스러운 생각을 모두 접고 오로지 행복한 기분이 드는 것만 생각하도록 애쓰겠어. 네가 언니를 사랑하는 마음, 외삼촌과 외숙모가 베푸는 친절 같은 거. 답장을 얼른 받고 싶어. 빙리 양은 오빠가 네더필드로 안 갈 거라고, 저택을 내놓을 거라고 말했지만, 확신하는 기색은 아니야. 이제 그 얘긴 더 안 하는 게 좋겠어. 헌스퍼드에서 신혼부부가 잘산다니까 다행이야. 루카스 경과 마리아와 함께 그 집으로 놀러 가렴. 그러면 너도 기분이 좋아질 거야.

언니 제인.

엘리자베스는 편지 내용이 고통스럽지만, 적어도 언니가 빙리 여동생에게 속는 일은 없겠다고 생각하며 활력을 되찾았다. 그 오빠에 대한 기대도 완벽하게 접었다. 빙리가 다시 관심을 가지길 바랄 필요도 없었다. 어느 관점에서 봐도 인격이 부족하니, 거기에 대한 벌로, 그래서 언니에게 바람직하도록, 다르시 여동생과 빨리 결혼하길 바랄 뿐이었다. 위컴 설명이 맞는다면, 다르시 여동생과 결혼하는 순간에 빙리는 자신이 내찬 복을 엄청나게 후회할 게 분명했다.

이즈음에 외숙모는 편지를 보내서 위컴에 관한 약속을 상기시키며 잘 지키는지 묻고, 엘리자베스는 자신에게 실망스러울지언정 외숙모는 만족할 내용으로 답장을 보냈다. 위컴은 좋아하는 마음이 가라앉고 관심이 끝난 게 확실하다, 지금은 다른 여자를 숭배한다. 그 모습을 충분히 지켜보았지만, 이제는 아무런 고통 없이 바라보고 글로 담을 수도 있다. 마음이 살짝 흔들렸으나, 자신 역시 재산이 많았다면 위컴이 다른 여자에게 눈을 돌리지 않았을 거란 믿음으로 허영심을 충족한다. 위컴이 홀딱 빠져든 여성은 갑자기 받은 만 파운드 유산이 유일한 매력이다. 하지만 자신은 이번 사례를 샬럿 사례처럼 날카롭게 바라보지도, 위컴을 돈만 좇는다며 나무라지도 않았다. 정반대로, 그보다 자연스러울 순 없다고, 자신을 포기하느라 약간은 갈등했을지언정, 두 사람 모두에게 가장 지혜롭고 바람직한 결과로 받아들이고 위컴이 행복하길 진심으로 빌겠다.

엘리자베스는 외숙모에게 이렇게 알리고 나서 덧붙였다.

사랑하는 외숙모, 저는 위컴을 깊이 사랑하지 않은 게 분명해요. 순수하고 가슴 벅찬 열정을 정말로 겪었다면, 지금 이 순간에는 그 사람 이름만 들어도 증오하며 나쁜 일만 가득하길 바랄 테니까요. 하지만 지금도 그 사람에 대한 감정이 좋은 건 물론, 그 여자에 대한 감정도 나쁘지 않아요. 저는 그 여자를 싫어하지 않고, 나쁜 여자라고 생각하고픈 마음도 없어요. 사랑했다면 이럴 순 없잖아요. 미리 조심한 덕분에 효과를 보았어요. 행여나 제가 그 사람을 미친 듯이 사랑했더라면 주변에서 흥미진진하게 지켜보았겠지만, 그렇게 중요한 인물이 안 되었다고 해서 아쉬운 건 없어요. 중요한 인물이 되려면 그만큼 많은 대가를 치러야 하니까요. 그 사람이 변절한 걸 캐서린과 리디아가 저보다 힘들어해요. 아직 어려서 세상을 모르니, 잘생긴 사내도 못생긴 사내와 마찬가지로 먹고살 게 있어야 하는 현실을 못 받아들여요.

## 27

롱번 가족은 이보다 커다란 사건이 없어서 너무나 따분한 나머지,

때로는 흙탕길을 헤치고 때로는 추위를 뚫으며 메리턴까지 걸어 다니는 가운데, 1월과 2월이 지났다. 3월에는 엘리자베스가 헌스퍼드로 갈 예정이었다. 엘리자베스는 거기에 가는 걸 처음에는 대단하게 생각하지 않았으나, 샬럿이 잔뜩 기대한다는 사실을 깨달은 다음부터는 꼭 가야 한다는 마음으로 즐겁게 여기는 법을 조금씩 배워나갔다. 오랫동안 못 본 샬럿을 다시 만나고 싶은 갈망은 늘리고 콜린스를 싫어하는 마음은 줄였다. 계획 자체가 고상하며, 독특한 어머니에다 말조차 안 통하는 동생들과 지내는 게 문제가 없을 수 없으니, 변화를 살짝 주는 자체도 바람직했다. 게다가 언니를 잠시 만날 수 있을 것 같으니, 한마디로, 예정날짜가 다가올수록 행여나 미뤄지지 않을까 노심초사할 정도였다. 하지만 모든 건 부드럽게 나아가고, 마침내 샬럿이 애초에 계획한 대로 출발했다. 루카스 경과 둘째 딸과 함께 길을 나선 것이다. 도중에 런던에서 하룻밤 보내는 일정까지 추가하니, 계획이 이보다 완벽할 수 없었다.

유일한 걱정은 아버지를 두고 떠난다는 사실이었다. 아버지는 엘리자베스가 그리울 게 분명했다. 작별할 때는 딸이 떠나는 걸 조금도 좋아하지 않다가 편지하라고, 그러면 당신도 답장하겠다고 다짐할 정도였다.

위컴하고 작별할 때는 완벽하게 다정했다. 위컴 측이 훨씬 다정했다. 지금 당장은 다른 여자를 사귄다 해도 누구보다 먼저 관심을 보인 사람도, 누구보다 먼저 얘기를 들어주고 안타까워한 사람도, 누구보다 먼저 긍정적으로 바라본 사람도 엘리자베스라는 사실을 잊을 순 없어, 작별을 고하면서 모든 게 즐겁기를 바라고, 캐서린 대부인이 어떤 사람인지 상기시키고, 대부인과 그 주변 사람을 보는 시각이 자신과 같을 수밖에 없다고 말하는데, 걱정스러우면서도 흥미로운 표정이 가득한 걸 보면 엘리자베스는 위컴이 여전히 깊은 관심을 보이는 것 같다고 느끼다, 헤어질 때는 상대가 기혼이든 미혼이든 자신에게 늘 기분 좋고 즐거운 사람으로 남으리란 확신마저 들었다.

다음 날 함께 여행할 두 사람은 위컴을 나쁜 사람으로 여기게 할 성격이 아니었다. 루카스 경과 둘째 딸 마리아는 성격이 좋으나 머리가 텅 비어서 들을만한 이야기를 조금도 못하니, 그 입에서 나오는 소리는 마차 바퀴가 덜거덕대는 소리랑 다를 게 없었다. 엘리자베스는 엉뚱한 이야기를 좋아하지만, 루카스 경을 너무 오래 알았다. 궁정 출입과 기사 작위 수여식은 새로울 게 없고, 예의 바른 자세는 이야기만큼이나 지루했다.

거리가 사십 킬로미터에 불과한 데다 아침 일찍 출발한 덕에 정오경에 그레이스처치 거리로 들어섰다. 마차가 외삼촌네 현관 앞으로 다가갈 때 제인은 응접실 창가에서 지켜보다 복도까지 나와서 일행을 맞이했다. 엘리자베스는 언니 얼굴을 자세히 살펴서 예전처럼 건강하고 아름답다는 사실을 확인하고 마음을 놓았다. 계단에는 꼬맹이들이 쭉 늘어섰는데, 사촌 언니를 마중하고 싶은 마음이 굴뚝 같아 응접실에서 못 기다리고 뛰쳐나왔으나, 열두 달이나 못 봐서 수줍은 터라 계단 밑으로 내려오진 못했다. 모든 게 즐겁고 다정했다. 낮에는 우르르 몰려다니며 물건을 사고 초저녁엔 극장에서 연극을 구경하며 즐겁게 보냈다.

연극을 구경할 때는 일부러 외숙모 옆자리에 앉았다. 첫 번째 관심사는 언니로, 이것저것 자세히 물어, 언니가 활기를 찾으려고 애쓰긴 하는데 가끔 우울한 분위기가 감돈다는 대답을 들으니 놀랍기보다 슬펐다. 하지만 그런 분위기가 오래가지 않을 것 같다는 느낌도 들었다. 외숙모는 빙리 여동생이 찾아온 당시를 자세히 알려주고 나중에 제인과 단둘이 여러 차례 대화한 내용을 설명하더니, 제인이 그 여자와 교제할 마음을 완전히 포기한 게 분명하다는 말도 했다.

그러더니 위컴이 다른 여자에게 갔다며 엘리자베스를 놀리다, 정말 잘 견딘다고 칭찬하며 덧붙였다.

"그런데 친애하는 엘리자베스, 그 여자는 어떤 사람이야? 위컴이 돈을 밝히는 것 같아서 안타까워."

"아니, 친애하는 외숙모, 결혼을 놓고 볼 때 돈을 밝히는 것과 무모한 건 차이가 뭔가요? 신중한 건 어디가 끝이고 탐욕스러운 건 어디부터 시작인가요? 지난 크리스마스 때 외숙모는 제가 그 사람이랑 결혼할까 걱정하시며 무모한 행동이라시더니, 지금은 만 파운드를 보고서 여자를 사귄다는 이유로 그 사람한테 돈을 밝힌다고 말씀하시는군요."

"그 여자가 어떤 사람인지 얘기하면 내가 정확히 알 것 같아."

"그 여자는 좋은 사람이 분명해요. 딱히 흠잡을 게 없어요."

"하지만 위컴은 할아버지가 사망하면서 유산을 남기기 전까지 그 여자한테 관심이 없었어."

"맞아요, 그럴 이유가 뭐겠어요? 저한테 돈이 없어서 저를 사랑할 수 없다면, 저처럼 가난한 데다 관심조차 없는 여자를 위컴이 사랑할 이유가 뭐겠어요?"

"하지만 유산이 생기자마자 그 여자한테 관심을 보이는 건 정말 야비한 것 같아."

"가난한 남자는 부유한 남자처럼 우아하게 행동할 여유가 없어요. 그 여자가 거부하지 않는데, 우리가 왜 문제 삼죠?"

"그 여자가 거부하지 않는다고 위컴이 정당한 건 아니야. 그건 그 여자한테 판단력이나 통찰력 같은 게 부족하다는 증거일 뿐이야."

"맙소사, 편하신 대로 생각하세요. 위컴은 돈만 밝히고, 여자는 멍청하고.”

“아니야, 엘리자베스, 나도 그렇게 생각하고 싶지 않아. 더비셔에 오랫동안 산 젊은이를 나쁘게 생각하는 건 정말 안타깝거든.”

“아! 그게 전부라면 저는 더비셔에 사는 젊은 사내 모두를 나쁘게 생각하고, 하트퍼드셔에서 위컴과 가까이 지내는 친구들도 별다를 게 없다고 생각하겠어요. 그 사람들 모두 역겨우니까요. 맙소사! 내일 가는 곳에는 바람직한 측면이라곤 하나도 없는 데다 예의도 판단력도 부족한 사내가 있어요. 우리가 아는 사내는 하나같이 멍청하다고요.”

“진정하렴, 엘리자베스. 내 말에 실망했구나.”

연극이 끝나서 극장을 나올 때는 여름에 외삼촌 부부와 함께 여행하자고 갑자기 초대받는 영광을 누렸다.

“얼마나 멀리 떠날지 결정한 건 아니지만, 레이크 지방[27]으로 갈 것 같아.”

외숙모가 덧붙이는데, 엘리자베스로서는 어떤 계획도 그보다 황홀할 수 없어, 대뜸 고맙다며 초대를 받아들이더니, 황홀경에 빠져들며 소리쳤다.

“아, 친애하고 친애하는 외숙모, 정말 기뻐요! 행복해요! 외숙모 덕분에 활력과 생기가 돌아요. 우울하고 언짢은 느낌하고는 안녕이에요. 바위와 산에 비하면 젊은 사내는 아무것도 아니에요. 아! 여행을 떠나면 참 황홀할 거예요! 그러다 돌아오면, 다른 여행객과 달리 우리는 모든 장면과 풍경을 하나하나 정확히 기억할 거예요. 우리가 어디를 다녀오고 무얼 보았는지 생생하게 기억할 거예요. 호수와 산과 강이 우리 머릿속에서 뒤섞이지 않을 테니, 구체적인 풍경을 묘사할 때면 서로 다른 풍경을 떠올리며 다투지 않을 거예요. 연발하는 감탄사도

27) 호수가 많아서 유명한 관광지로 영국 북서부에 있다.

다른 여행객보다 훨씬 멋들어질 거예요."

## 28

다음 날 나선 여행길은 모든 게 새롭고 흥미로웠다. 언니가 건강한 모습을 보고서 모든 걱정을 털어낸 데다 북서부 지역을 여행한다는 상상만 해도 즐거우니만큼 무얼 봐도 기쁘고 기분이 좋았다.

큰길을 벗어나서 헌스퍼드에 가는 길로 접어드니, 모든 눈이 사제관을 찾고, 모서리를 돌 때마다 사제관이 나타나길 기대했다. 로징스 대저택 울타리는 한쪽에서 경계를 이루어, 엘리자베스는 그곳에 사는 사람들 이야기를 떠올리며 방긋 웃었다.

마침내 사제관이 어렴풋이 보였다. 길가로 비스듬히 내려온 정원, 한가운데 자리한 주택, 녹색 울타리와 월계수 산울타리 등, 모든 풍경이 다 왔다는 걸 알려주었다. 콜린스와 샬럿은 현관으로 나오고, 마차는 짧은 자갈길을 지나 주택으로 들어가는 조그만 현관 앞에 멈추니, 모든 사람이 고개를 끄덕이며 웃었다. 일행은 마차에서 내리고 서로를 바라보며 기뻐했다. 콜린스 부인은 누구보다 반갑게 친구를 맞고, 엘리자베스는 너무나 따듯하게 반기는 친구를 보고서 함께 온 게 더더욱 만족스러웠다. 콜린스는 결혼한 다음에도 변한 게 없었다. 형식적인 예의에 빠져드는 모습도 예전 그대로라, 엘리자베스를 대문 앞에 몇 분이나 세워놓은 채 가족 안부를 일일이 묻고 그 대답을 들으며 만족스러워했다. 그런 다음엔 콜린스가 깨끗한 입구를 가리키며 자랑한 것만 빼면 모두 지체하지 않고 집 안으로 들어갔다. 거실에 들어서자마자, 콜린스는 거처가 누추하다고 잔뜩 과장해서 말하며 일행을 두 번째로 환영하더니, 부인이 간단한 먹거리를 권할 때마다 똑같이 권했다.

엘리자베스는 콜린스가 기고만장할 걸 미리 대비했는데도 바람직한 실내 배치와 전망과 가구를 자랑하면서 자신에게 특히 강하게 말할 땐 청혼을 거절해서 얼마나 대단한 걸 잃었는지 확실히 알리려는 것 같다고 느꼈다. 실제로 모든 게 깔끔하고 안락하지만, 엘리자베스는 한숨을 내쉬며 후회해서 콜린스를 만족스럽게 하기보단 친구를 바라보며 이런 사람과 사는 걸 좋아할 수 있다는 사실에 놀랄 뿐이었다. 콜린스는 부인이 창피하게 여길 말을 툭하면 뱉어내고, 그럴 때마다 엘리자베스는 자기도 모르게 샬럿을 쳐다보았다. 샬럿은 얼굴을 한두 차례 살짝 붉히긴 해도 대체로 슬기롭게 안 듣는 편을 선택했다. 충분히 오랫동안 앉아, 식기 찬장에서 벽난로 울타리까지 실내에 있는 가구를 하나씩 칭찬하고 여행 중에 일어난 일은 물론 런던에서 있었던 일까지 모두 털어놓자, 콜린스는 정원을 산책하자고 제안했다.

정원은 꽤 널찍한 데다 배치를 잘했는데, 콜린스는 자신이 직접 가꾼다고, 정원을 가꾸는 일은 자신이 즐기는 고상한 취미 가운데 하나라 자랑하고, 엘리자베스는 샬럿이 아무렇지 않은 표정으로 건강에 좋아서 남편에게 시간이 날 때마다 정원을 가꾸도록 격려한다고 말하는 모습에 감탄했다. 콜린스가 산책로와 교차로를 샅샅이 안내하는 모습은 칭찬을 듣고 싶은 게 분명한데도 다른 사람이 칭찬할 여유조차 안 주며 모든 풍경을 자세히 보여주나, 미적 가치는 뒷전이었다. 콜린스에게 중요한 건 이쪽저쪽에 밭이 몇 개고 정원 끝까지 나무가 몇 그루나 되느냐였다. 하지만 정원 전체에, 지역 전체에, 영국 전체에, 사제관 정면에서 경계선처럼 늘어선 나무 사이로 보이는 로징스 저택처럼 아름다운 곳은 있을 수 없었다. 현대식으로 지어, 언덕에 우뚝

올라선 건물이 황홀하게 보였다.

정원을 구경하다, 콜린스는 목초지 두 곳까지 돌아보자고 했으나, 여성들은 서리가 하얗게 내린 땅을 걸을만한 신발이 아닌 터라 돌아가고 루카스 경만 따라가, 샬럿은 친구와 여동생을 데리고 집으로 가는데, 남편 없이 혼자서 안내할 기회가 생긴 걸 더없이 좋아하는 것 같았다. 건물은 조그맣긴 해도 튼튼하고 편안했다. 물건마다 적재적소에 배치해서 깔끔하고 조화로운 걸 보면 샬럿이 솜씨를 발휘한 게 분명했다. 콜린스를 잊는다면 분위기가 정말 편안해, 샬럿은 그걸 즐기는 느낌이 또렷한 걸 보면, 엘리자베스는 샬럿이 콜린스란 존재를 잊을 기회를 자주 만들겠다는 생각이 절로 들었다.

엘리자베스는 캐서린 대부인이 로징스에 있다는 말을 이미 들었는데, 만찬 자리에서 콜린스가 다시 언급했다.

"그래요, 엘리자베스 양, 돌아오는 일요일에 교회에서 캐서린 대부인을 뵙는 영광을 누리면, 말할 필요도 없겠지만, 정말 즐거울 거예요. 상냥하고 겸손하신 분이니, 미사가 끝나면 사촌도 대부인께서 상당한 관심을 보이시는 영광을 누리겠지요. 여기에 머무는 동안 무슨 일이 있을 때마다 그분께서 사촌과 우리 마리아 처제를 초대 명단에 넣는 영광을 베푸실 거라고 나는 조금도 망설이지 않고 단언할 수 있어요. 그분이 샬럿을 대하는 모습은 정말 매혹적이랍니다. 우리는 로징스에서 매주 두 번씩 만찬을 드는데, 걸어서 집으로 돌아온 적은 한 번도 없답니다. 대부인께서 마차를 준비하도록 명령하시거든요. 아니, 여럿 가운데 한 대라고 말해야겠군요, 마차가 여러 대니."

샬럿도 옆에서 거들었다.

"캐서린 대부인께선 사려가 깊고 존경스러운 분으로, 우리를 살갑게 보살피셔."

"맞아요, 여보, 나도 똑같이 말하려고 했어요. 그분은 아무리 존경해도 부족한 분이랍니다."

나머지 시간은 하트퍼드셔 소식을 중심으로 대화하며 편지로 알린 이야길 되풀이하는 식으로 보내고, 만찬을 끝내고 침실에 혼자 있을 때 엘리자베스는 곰곰이 생각한 결과, 샬럿이 충분히 만족스럽게 산다는 사실을, 남편을 차분하게 견디면서 좋은 쪽으로 인도한다는 사실을, 모든 게 바람직하다는 사실을 인정하지 않을 수 없었다. 자신이 머무는 동안 콜린스는 조용한 분위기에도 목소리를 키우고, 성가실 정도로 잘난 척하고, 로징스와 교제한다며 야단법석 떨겠다는 생각도 들었다. 활발한 상상력으로 순식간에 모든 걸 파악한 것이다.

다음 날 정오경에 엘리자베스가 산책하러 나가려고 침실에서 준비할 때 갑자기 아래층이 시끌벅적한 게 집 안 전체가 혼란에 빠진 것 같아서 잠시 귀를 기울이니, 누군가 급하게 뛰어서 계단을 올라오는 소리가 들리다, 엘리자베스를 커다랗게 부르는 소리가 일어났다. 문을 열어 층계참으로 나가자, 마리아가 잔뜩 흥분한 채 숨을 헐떡이며 소리쳤다.

"아, 친애하는 엘리자베스 언니! 어서 식당으로 내려와. 대단한 광경이 벌어졌으니까! 그게 뭔지 말하지 않을 테니, 서둘러서 지금 당장 내려와."

마리아는 더 말하지 않고, 엘리자베스는 이리저리 물어도 소용이 없어서 식당으로 급히 달려가 무슨 일 때문에 호들갑인지 확인하려고 창문을 내다보니, 정원 대문 앞에 나지막한 무개 사륜마차가 있고 거기에 여성 두 명이 있었다.

"저게 전부야? 돼지 떼가 정원으로 몰려오기라도 한 줄 알았는데, 캐서린 대부인과 그 딸이 전부잖아."

엘리자베스가 나무라자, 마리아는 엉뚱한 말에 깜짝 놀라며 대답했다.

"어이쿠, 엘리자베스 언니! 캐서린 대부인이 아니야. 늙은 여인은 그 집에 사는 젠킨슨 부인이고, 또 한 명은 드 버그 아가씨야. 저 모습을 봐. 드 버그 아가씨가 정말 작아. 몸집이 저렇게 깡마르고 조그만 줄 누가 알았어?"

"바람이 센데 샬럿을 바깥에 세워두다니, 정말 무례하군. 안으로 들어오면 될 텐데."

"샬럿 언니 말이 그런 일은 절대로 없대. 드 버그 아가씨가 안으로 들어오는 건 엄청난 은총을 베푸는 거래."

엘리자베스는 다른 생각을 문뜩 떠올리며 중얼거렸다.

"겉모습이 마음에 들어. 병약하고 까탈스러운 표정이야. 그래, 저 정도면 그 사람한테 딱 어울리겠어. 그 사람한테 딱 맞는 부인이 되겠어."

콜린스와 샬럿은 대문 앞에 서서 두 여인과 대화하고, 루카스 경은 엘리자베스 눈에 정말 신기하게도 현관 입구에 버티고 서서 눈앞에 펼쳐진 엄청난 장면을 진지하게 바라보다, 드 버그 아가씨가 쳐다볼 때마다 허리를 숙이며 인사했다.

마침내 더는 말할 게 없자, 두 여인은 떠나고 다른 두 명은 안으로 들어왔다. 콜린스는 엘리자베스와 마리아를 보자마자 운이 좋다며 축하하고, 샬럿은 로징스에서 다음 날 만찬에 일행을 초대했다고 알려주었다.

## 29

이번 초대에 콜린스는 그보다 더 의기양양할 수 없었다. 그렇지 않아도 후견인이 대단한 사람인 걸 드러내고 자신과 부인에게 예의 차리는 모습을 보여주어 손님을 깜짝 놀라게 하고 싶은 마음이 굴뚝 같던 참에 기회가 이렇게 빨리 찾아오다니, 이거야말로 캐서린 대부인은 아무리 숭배해도 모자랄 정도로 겸손하다는 증거가 아닐 수 없었다.

"솔직히 고백해서, 대부인이 일요일 정도에 로징스에서 다과를 들며 초저녁 시간을 보내자고 초대했다면 나 역시 놀라지 않았을 겁니다. 대부인이 상냥하단 사실을 잘 아는 나로선 그 정도는 예상할 수 있으니까요. 하지만 이렇게 지대한 관심을 보이시리라고 누가 예상이나 하겠습니까? 손님이 찾아오자마자 만찬을 열어서 우리를 (그것도 손님까지 모두) 초대하리라고 누가 상상이나 하겠습니까!"

콜린스가 말하자, 루카스 경이 대답했다.

"나는 귀족 신분으로 생활하면서 진짜 고귀한 귀족이 어떻다는 걸 잘 아는 터라, 이런 일이 조금도 놀랍지 않네. 궁정에서는 이렇게 훌륭한 교양을 드러내는 사례가 드물지 않거든."

그날과 다음 날 오전 내내 로징스를 방문하는 이야기 말고 다른 말은 거의 안 나왔다. 콜린스는 그곳에 가서 눈앞에 펼쳐진 놀라운 광경에 완전히 압도당하지 않도록, 실내는 얼마나 웅장하고 하인은 얼마나 많고 만찬은 얼마나 훌륭한지 등을 일행에게 세심하게 알려주었다. 그리고 여자들이 몸단장하려고 각자 방으로 갈 때는 엘리자베스에게 특별히 말했다.

"친애하는 사촌, 복장 때문에 불안할 것 없어요. 캐서린 대부인께서는 우리한테 당신과 따님처럼 우아하게 갖춰 입도록 요구하지 않는답니다. 있는 옷 가운데 제일 좋은 옷을 걸치라고 조언하고 싶어요. 이보다 중요한 일은 없으니까요. 그러나 캐서린 대부인께서는 옷차림이 소박하다는 이유로 사람을 깔보지 않으신답니다. 신분이 또렷하게 드러나는 걸 좋아하시거든요."

각자 방에서 옷을 입을 때는 방문마다 두세 번씩 다가가서 서둘라고, 캐서린 대부인께선 만찬 시간에 기다리는 걸 제일 싫어하신다고 소리쳤다. 대부인은 물론 생활 방식 전반을 너무 대단하게 묘사한 덕분에 사교 모임에 참석한 경험이 없는 마리아가 잔뜩 겁나서 로징스로 들어가는 자체를 걱정하는 모습은 루카스 경이 세인트 제임스 궁정에 들어갈 때 잔뜩 걱정하던 모습을 떠올렸다.

날씨가 좋아서 대저택 정원을 약 일 킬로미터 가로지르며 상쾌하게 걸었다. 곳곳이 아름답고 전망도 좋아, 엘리자베스는 기분이 정말 상쾌하나, 콜린스가 기대한 만큼 황홀경에 빠져들 순 없고, 건물 정면에 창문이 엄청나게 많다는 사실에도 돌아가신 루이스 드 버그 나리께서 엄청난 비용을 들이며 창문마다 유리를 끼웠다는 설명에도 살짝 놀라는 정도였다.

입구로 나아가는 계단을 오를 때 마리아는 두려움이 끊임없이 늘고 루카스 경조차 완벽하게 차분한 표정이 아니었다. 하지만 엘리자베스는 용기가 꺾이는 느낌이 하나도 없었다. 캐서린 대부인을 평가할 때 탁월한 능력과 놀라운 미덕을 칭찬하는 소리는 들은 적이 없고, 돈과 지위가 엄청난 정도라면 조금도 떠는 기색 없이 똑바로 바라볼 수 있을 것 같았다.

콜린스가 너무 좋아 어쩔 줄 모르는 태도로 건물 비율이 완벽하고 마감 장식이 훌륭하다고 설명하는 가운데, 하인들이 현관 입구에서 기다리다 대기실을 지나 캐서린 대부인과 따님과 젠킨슨 부인이 의자에 앉아서 기다리는 방으로 안내했다. 대부인은 의자에서 일어나는 엄청난 겸손을 발휘하며 일행을 맞이하고, 콜린스 부인은 남편과 사전에 합의한 대로 손님들 소개하는 역할을 맡아서 적절하게 수행할 뿐, 콜린스와 달리 사과하는 말과 감사하는 말은 조금도 안 했다.

루카스 경은 세인트 제임스 궁정에 출입한 경험이 있는데도 웅장한 분위기에 완전히 압도당한 나머지, 간신히 용기 내서 허리를 나지막이 숙이며 인사할 뿐 한마디도 못 한 채 의자에 앉고, 딸은 넋이 나갈 정도로 겁에 질려 눈길을 어디로 둬야 할지 모른 채 의자 모서리에 간신히 걸터앉았다. 엘리자베스는 조금도 압도당하지 않고 의자에 앉아, 앞에 앉은 세 여인을 차분하게 살폈다. 캐서린 대부인은 키가 크고 몸집도 커다란 여인으로 이목구비가 또렷한 게 예전에는 잘생겼다는 말을 들었을 것 같았다. 전체적인 분위기는 친절하지도, 손님들에게 열등한 지위를 잊게 할 정도로 예의 바르지도 않았다. 입을 꾹 다물어서 무거운 분위기를 만들진 않지만, 무슨 말이든 권위적으로 뱉어내고 거만한 느낌도 잔뜩 묻어나와, 엘리자베스는 위컴이 곧바로 떠올랐다. 그날 하루 내내 관찰한 바에 의하면 캐서린 대부인은 위컴이 묘사한 말과 다를 게 하나도 없었다.

엘리자베스는 대부인을 살펴서 생김새와 행동거지가 다르시와 닮은 점이 많다는 사실을 깨닫고 나서 딸에게 시선을 돌려, 몸집은 마르고 키는 작다는 사실에 마리아만큼이나 놀랐다. 생김새든 몸집이든 모녀 사이에 비슷한 점이 하나도 없었다. 얼굴은 창백해서 병약하게 보이고, 생김새가 안 예쁜 건 아니지만 눈에 띄지도 않았다. 젠킨슨 부인에게 나지막한 목소리로 말하는 걸 빼면 말도 거의 안 하고, 겉모습에 별다른 특징이 없는 젠킨슨 부인은 드 버그 양이 말하는 소리에 집중하다 방열 장비를 적당한 방향으로 옮겨서 불빛과 열기가 드 버그 양 눈으로 안 가게 했다.

사람들은 잠시 그렇게 앉았다가 경치를 감상하러 창가로 가서, 콜린스는 아름다운 곳을 일일이 가리키며 설명하고, 캐서린 대부인은 여름에 경치가 정말 볼만하다고 친절하게 알려주었다.

만찬은 대단했다. 하인 한 명 한 명도 접시 한 장 한 장도 콜린스가 자랑한 그대로며, 콜린스는 사전에 예측한 대로 대부인 요청으로 맞은편 끝 주빈 자리에 앉으니, 세상을 사는 게 이보다 훌륭할 순 없다는 표정이었다. 그래서 열심히 칼질하고 맛있게 먹으며 찬양하니, 음식이 나올 때마다 콜린스는 찬미하고 나름대로 평상심을 되찾은 루카스 경은 사위가 무슨 말을 하든 그대로 따라 해, 엘리자베스로서는 캐서린 대부인이 그런 꼴불견을 참는다는 게 신기할 정도였다. 하지만 캐서린 대부인은 두 사람이 지나치게 찬양하는 걸 오히려 좋아하는 듯 우아하게 웃는데, 식탁에 나온 요리를 처음 본다는 사실이 드러날 때는 특히 더했다. 대화는 거의 없었다. 엘리자베스는 누가 말문을 열면 기꺼이 대화하려고 마음먹었지만, 양옆에 샬럿과 드 버그 양이 앉아, 전자는 캐서린 대부인이 하는 말을 듣는 데 집중하고 후자는 식사하는 내내 한마디도 안 했다. 젠킨슨 부인이 맡은 역할은 드 버그 양이 거의 안 먹는 모습을 살피다 이런저런 요리를 권하고, 너무 안 먹는다며 걱정하는 거였다. 마리아는 말하는 자체가 불가능하고 두 신사는 열심히 먹고 열심히 감탄하는 게 전부였다.

여자들은 응접실로 돌아온 다음에 캐서린 대부인이 하는 말을 듣는 게 전부로, 커피가 나올 때까지 끊임없이 말하는데, 어떤 주제든 의견이 단호한 걸 보면 다른 의견을 듣고 토론하는 데 익숙하지 않은 것 같았다. 대부인은 샬럿이 하는 집안일에 스스럼없이 세세하게 간섭하며 해결 방법을 일일이 제시하고, 샬럿처럼 단출한 가족이 살아갈 방법을 상세히 말하고, 젖소와 닭을 제대로 키우는 방법마저 알려주니, 엘리자베스는 대부인이 다른 사람에게 지시할 수만 있다면 세상 어떤 일에든 관심을 기울이겠다고 생각했다. 대부인은 샬럿에게 설교하는 중간중간에 마리아와 엘리자베스에게 이것저것 묻는데, 가족 관계를 조금도 모르는 후자에게 특히 더하다, 점잖고 예쁜 아가씨라고 샬럿에게 말했다. 그러더니 기회가 날 때마다 자매는 몇이고 누가 언니고 동생인지, 결혼을 앞둔 자매가 있는지, 모두 잘생겼는지, 교육은 어디에서 받았는지, 아버지는 어떤 마차를 쓰는지, 어머니는 어떤 가문 출신인지 물었다. 엘리자베스는 하나같이 무례한 질문이라고 느끼면서도 일일이 침착하게 대답하자, 캐서린 대부인이 말했다.

"자네 부친이 부동산을 콜린스한테 상속해야 한다고 들었네."

그리고 샬럿을 쳐다보며 계속 말했다.

"자네를 위해선 잘된 일이지만, 나는 여성한테 부동산을 상속할 수 없는 건 문제가 있다고 생각해. 드 버그 공작 가문에선 그럴 필요가 없다고 생각했지. 자네도 연주하고 노래하나, 엘리자베스 양?"

"조금요."

"아! 한번 들어야겠군. 우리 피아노는 명품이야, 어떤 피아노보다 훌륭한……. 나중에 연주해 보도록. 자네 자매들도 연주하고 노래하나?"

"한 명이 합니다."

"모두 안 배우는 이유가 뭐지? 여자는 모두 배워야 해. 웹 가문 자매는 모두 연주해, 아버지가 자네 부친보다 수입이 적어도. 그림은 그리나?"

"아니요, 못 그립니다."

"뭐라고, 자매 모두?"

"네."

"이상한 일이야. 기회가 없었나 보군. 자네 모친이 여름마다 런던으로 데려가서 선생을 붙여줘야 하는데."

"저희 어머니는 반대하지 않으시겠지만, 아버지께서 런던을 싫어하십니다."

"가정교사는 이제 자네들을 돌보지 않나?"

"저희는 가정교사를 둔 적이 한 번도 없습니다."

"한 번도! 어떻게 그럴 수 있지? 딸을 다섯이나 기르는 집에 가정교사가 없다니! 생전 처음 듣는군. 자네 모친이 자네들을 가르치느라 꼼짝을 못하셨겠어."

엘리자베스는 그런 적 역시 없다고 대답하는데, 절로 떠오르는 미소를 참을 수 없었다.

"그렇다면 자네들을 누가 가르쳤지? 누가 보살피고? 가정교사가 없으면 교육을 못 받잖아."

"다른 집안 아가씨에 비하면 그럴 수도 있겠네요. 하지만 진짜 공부하길 바라는 사람은 가정교사가 없어도 충분합니다. 저희는 책 읽는 걸 좋아하는 터라 궁금한 내용이 있으면 서로 물어보고 설명한답니다. 게으름을 피우는 동생 두 명은 당연히 그럴 수 없겠지만요."

"그래, 맞아. 하지만 바로 그걸 가정교사가 막아주니, 내가 너희 어머니를 알았더라면 가정교사를 고용하라고 강력하게 권고했을 거야. 나는 규칙적으로 꾸준히 공부하는 게 무엇보다 중요한데 가정교사가 없으면 그럴 수 없다고 늘 주장하거든. 그래서 얼마나 많은 가족이 가정교사를 들였는지 몰라. 나는 젊은 사람에게 자리 찾아주는 걸 좋아하거든. 젠킨슨 부인 조카딸 네 명도 내 덕에 꽤 좋은 자리를 꿰찼어. 얼마 전에도 좋은 젊은이가 있다는 소식을 우연히 듣고 추천하니까 그 집에서 아주 좋아하더군. 콜린스 부인, 매트캐프 귀부인이 고맙다면서 어제 찾아온 걸 내가 말했던가? 포프 양이 보물이라는 거야. '캐서린 대부인, 저희한테 보물을 선물하셨어요'라면서. 사교계에 나간 동생도 있나, 엘리자베스 양?"

"네, 부인, 모두 나갔습니다."

"모두! 맙소사, 다섯 명이 한꺼번에? 정말 이상해! 자네가 둘째잖아. 언니가 결혼을 안 했는데 동생이 사교계에 나가다니! 동생은 모두 어리겠지?"

"네, 막내는 열여섯 살이 안 됐습니다. 그러니 사교계에 나가기엔 어릴 수도 있습니다. 하지만 부인, 언니가 결혼을 못 했거나 결혼 생각 자체가 없다는 이유로 동생이 사교계에서 즐겁게 지낼 수 없다면 너무 가혹한 처사라고 생각합니다. 막내한테도 맏언니 못지않게 젊음을 즐길 권리가 있으니까요. 게다가 그런 이유로 사교계에 나가는 걸 막는다면 자매가 서로 사랑하는 마음을 키울 순 없을 것 같습니다."

"맙소사! 젊은 사람이 의견을 똑 부러지게 말하는군. 나이가 도대체 몇 살이지?"

대부인이 묻는 말에 엘리자베스는 빙그레 웃으며 대답했다.

"다 자란 동생이 셋이니, 제가 나이까지 대답하진 않으리란 건 부인께서도 충분히 예상하시리라 믿습니다."

캐서린 대부인은 대답을 거부하는 모습에 꽤 놀란 것 같고, 엘리자베스는 당당하게 범하는 무례를 아무렇지 않게 받아친 사람은 자신이 처음 같다는 의심이 들었다.

"스무 살을 안 넘긴 건 분명하니, 그렇다면 나이를 숨길 필요는 없어."

"스물한 살은 아닙니다."

두 신사가 합류하고 다과를 끝내자, 카드놀이 탁자를 마련했다. 캐서린 대부인, 루카스 경, 콜린스 부부는 쿼드릴 탁자에 앉고, 드 버그 양은 카지노 놀이를 선택해, 두 여성은 젠킨슨 부인이 카지노 놀이를 준비하는 영광을 누렸다. 카지노 탁자는 말도 안 될 정도로 한심했다. 게임에 관한 말 말고는 아예 나오질 않았다. 드 버그 양이 너무 덥거나 춥지 않을까 혹은 빛이 너무 많이 가거나 조금 가는 건 아닐까 하고 걱정하는 젠킨슨 부인 말이 전부였다.

다른 게임 탁자에서는 엄청나게 많은 말이 오갔다. 캐서린 대부인이 주로 말하면서 다른 두 명이 실수한 걸 지적하거나 자신이 겪은 일화를 얘기하는 식이었다. 콜린스가 하는 말은 대부인이 하는 말마다 공감하고, 게임에서 이길 때마다 고마워하고, 너무 많이 이긴 것 같으면 사과하는 게 전부였다. 루카스 경은 대부인이 겪은 일화와 귀족 이름을 열심히 새겨넣느라 바빠서 말할 여유조차 없었다.

캐서린 대부인 모녀가 카드놀이를 충분히 했다고 여기는 순간, 두 탁자 모두 카드놀이를 끝내고, 마차를 타고 가라 제안하고 샬럿은 기쁘게 받아들이고 그 즉시 명령이 나왔다. 그런 다음, 일행은 벽난로 주변에 모여앉아 캐서린 대부인이 내일 날씨는 어떨지 예측하는 말을 들었다. 그런 가운데 마차를 준비했다는 말이 들리고, 서로 헤어질 때 콜린스는 고맙다는 말을 수없이 해대고 루카스 경은 허리를 수없이 숙이며 인사했다. 마차가 대문을 나서자마자 콜린스는 사촌에게 로징스에 온 느낌이 어떠냐 묻고, 엘리자베스는 실제 생각보다 바람직하게 대답했다. 하지만 콜린스는 엘리자베스가 속마음을 꾹 누른 말조차 마음에 안 들어, 자기 입으로 대부인을 찬양하기 시작했다.

# 30

루카스 경은 헌스퍼드에 딱 일주일 머물렀지만, 큰딸이 편한 집에 정착하고 이런 남편과 이렇게 대단한 이웃을 만난 건 정말 커다란 행운이라고 느끼는 데는 충분했다. 루카스 경이 머무는 동안 콜린스는 아침마다 장인을 이륜마차에 태워서 주변을 보여주었지만, 마침내 장인이 떠나자 원래 생활로 돌아가, 아침 식사와 저녁 식사 사이에 비는 시간을 정원에서 일하거나 서재에서 책을 읽거나 글을 쓰거나 창문 너머로 도로를 내다보며 보내니, 엘리자베스는 사촌을 자주 볼 필요가 없다는 사실이 지극히 만족스러웠다. 그런데 여자들이 주로 머무는 응접실은 건물 뒤편이었다. 엘리자베스는 샬럿이 식당을 주로 사용하지 않는 이유가 처음에는 궁금했다. 그곳이 훨씬 널찍하고 경치도 좋았다. 하지만 친구가 그러는 데에는 정말 탁월한 이유가 있다는 사실을 금방 깨달았다. 서재만큼이나 쾌적한 곳에 머물면 콜린스가 툭하면 나와서 합류할 게 분명하기 때문이니, 엘리자베스로서는 샬럿의 선택에 절로 고개를 끄덕이지 않을 수 없었다.

응접실에서는 도로가 안 보이는 터라, 어떤 마차가 지나고 드 버그 양이 탄 무개 사륜마차는 몇 번이나 지나는지 알 수 없는데, 콜린스는 드 버그 양이 탄 마차가 거의 매일 지나는데도 매번 달려와서 빠짐없이 알려주었다. 드 버그 양은 사제관 앞에 마차를 세워서 샬럿과 잠시 대화할 때도 잦은데, 집으로 들어오라는 말에 응한 적은 거의 없었다.

콜린스는 로징스까지 산책하지 않는 날이 거의 없고, 샬럿 역시 그럴 필요가 없다고 생각하지 않아, 엘리자베스는 생활 수단을 더 넘겨받을 수도 있다는 사실을 깨달을 때까지, 그렇게 많은 시간을 헌신하는 이유를 도무지 이해할 수 없었다. 캐서린 대부인은 가끔 찾아오는 영광을 베푸니, 그 집에 머무는 동안 어떤 집안일도 눈에서 벗어날 수 없었다. 당장 하는 일을 검사하고, 수놓는 작업을 살피고, 다른 식으로 하라 충고하고, 가구 배치에서 문제를 찾아내고, 하녀가 태만한 걸 간파하고, 행여나 가벼운 식사를 허락한다면 그건 오로지 샬럿이 고기 조각을 너무 커다랗게 자른다는 증거를 찾아내기 위해서였다.

엘리자베스가 금방 눈치챈 바에 따르면, 대부인은 높으신 지체 때문에 지역 치안 위원회에 참석하진 않을지언정, 콜린스에게 사소한 일까지 보고받는 식으로 지역 전체를 적극적으로 관리해, 마을에서 시비가 일거나 불만이 돌거나 너무 가난할 때마다 당장 달려가서 시비를 가리고 불만을 잠재우고 야단쳐서 화목하며 즐겁게 살도록 했다.

로징스에서 만찬은 일주일에 두 번씩 열리는데, 루카스 경이 빠져서 카드놀이 탁자를 하나만 준비한다는 게 다를 뿐, 나머지는 모든 게 처음과 똑같았다. 대부인이 살아가는 방식은 콜린스가 다가갈 수준이 아니라서 다른 자리에 초대받는 경우는 거의 없었다. 하지만 그게 엘리자베스는 조금도 나쁘지 않아, 상당한 시간을 꽤 편안하게 지낼 수 있었다. 샬럿과 삼십 분 동안 대화하는 시간도 즐겁고, 날씨는 일 년 가운데 가장 좋을 때라 나들이도 자주 즐겼다. 대저택 정원 옆으로 나란히 뻗어 나간 숲길은 너무나 마음에 들어, 다른 사람이 캐서린 대부인을 방문하느라 집을 비울 때마다 엘리자베스 혼자 찾아가면 울창한 나무가 아늑하게 둘러싸고 다른 사람은 누구도 없는 것 같아, 캐서린 대부인이 더는 호기심을 드러낼 수 없는 곳으로 멀찌감치 벗어난 느낌마저 들었다.

엘리자베스는 보름이란 시간을 이렇게 조용히 보냈다. 부활절이 다가오는 가운데 일주일 앞두고 로징스로 친척이 찾아올 예정인데,

이는 모녀가 단둘이 호젓하게 사는 대저택에서 극히 중요한 사건일 수밖에 없었다. 엘리자베스는 그곳에 도착한 직후에 앞으로 몇 주면 다르시가 온다는 말을 들었는데, 아는 사람 가운데서 유난히 마음에 안 드는 사람이긴 해도, 다르시가 온다면 로징스 모임에 그나마 새로운 얼굴이 생기는 셈인 데다, 다르시가 사촌을 대하는 모습을 볼 때마다 빙리 여동생이 세운 목표가 완전히 망가지는 모습을 보는 것도 재미있을 것 같았다. 캐서린 대부인은 사위로 마음을 정한 게 확실한 듯, 다르시가 온다는 사실에 지극히 만족하며 높이 칭찬하더니, 샬럿과 엘리자베스가 예전에 여러 차례 만났다는 소릴 들을 때는 화난 기색조차 어렸다.

사제관에선 다르시가 도착한 소식을 곧바로 들었다. 콜린스가 제일 먼저 확인하려는 마음으로 헌스퍼드 진입로가 보이는 지점에서 아침 내내 서성이다 마차가 대저택으로 들어설 때 허리를 숙이며 인사한 다음, 엄청난 정보를 들고 집으로 곧장 달려왔기 때문이다. 다음 날 아침에는 인사하려고 로징스로 급히 들어갔다. 인사할 캐서린 대부인 조카는 두 명이었다. 다르시가 외삼촌 둘째 아들 피츠윌리엄 대령을 데려온 거다. 그런데 정말 놀라운 건 두 신사가 콜린스와 함께 사제관까지 왔다는 사실이다. 샬럿은 남편 서재에서 두 신사가 길을 건너는 모습을 발견한 즉시 응접실로 달려와서 앞으로 맞이할 영광을 엘리자베스와 마리아에게 알리며 말했다.

"고마워, 엘리자베스, 덕분에 이런 영광을 누리네. 다르시 선생이 나를 보려고 이렇게 일찍 찾아오는 건 결코 아닐 테니까!"

엘리자베스가 말도 안 되는 칭찬을 사양할 새도 없이 현관 종소리는 울리고, 곧바로 신사 세 명이 응접실로 들어왔다. 피츠윌리엄 대령이 앞장서는데, 서른 정도 나이에 잘생기진 않아도 태도나 언행은 진짜 신사다웠다. 다르시는 하트퍼드셔에서 보던 모습 그대로로, 평소처럼 말을 아끼며 샬럿에게 인사하더니, 엘리자베스에게 어떤 마음을 품었는진 몰라도 모든 점에서 차분하게 인사하고, 엘리자베스는 한마디도 않고 무릎만 살짝 구부리며 답례했다.

피츠윌리엄 대령은 교양 있는 사내답게 편안하고 시원하게 말문을 열어서 유쾌하게 말하는데, 다르시는 샬럿에게 저택과 정원에 대해 몇 마디 하고 나서 의자에 가만히 앉아있을 뿐, 한동안 누구에게도 말하지 않았다. 하지만 결국엔 예의를 차려야 한다 생각하고 가족은 잘 지내는지 물으니, 엘리자베스는 평소처럼 대답하고 가만히 있다가 불쑥 물었다.

"우리 언니가 런던에서 지낸 게 벌써 삼 개월이랍니다. 행여나 마주친 적이 있으신지요?"

그런 적 없다는 사실은 엘리자베스도 완벽하게 알지만, 언니와 빙리 여동생 사이에 오간 말을 행여나 아는지 모르는지 확인하고 싶어선데, 제인 양을 만나는 행운을 한 번도 못 누렸다고 대답하는 얼굴에 약간 당황하는 표정이 어린 것 같을 뿐 이야기는 더 나아가지 않고, 두 신사는 잠시 뒤에 떠났다.

## 31

사제관에서는 피츠윌리엄 대령이 예의 바르다며 크게 칭찬하고, 여자들은 덕분에 로징스 모임이 재미있겠다고 느꼈다. 하지만 며칠이 지나도록 누구도 초대받지 못했다. 대저택에 손님이 있으니, 그들까지 초대할 필요는 없었던 거다. 이들이 관심받는 영광을 누린 건 손님이 오고 일주일 지난 부활절로, 교회에서 헤어질 때 비로소 초저녁에 저택으로 들어오라고 초대받았다. 지난 한 주 동안 캐서린 대부인이나 딸을 거의 못 본 상태였다. 피츠윌리엄 대령이 사제관에 한 차례 이상 들렀으나, 다르시는 교회에서 본 게 전부였다.

그들은 초대를 당연히 받아들이고, 적당한 시간에 캐서린 대부인 응접실로 들어갔다. 대부인은 예의 바르게 맞아주긴 해도 다른 손님이 없을 때만큼 반가운 눈치는 조금도 아니니, 실제로 두 조카에게, 특히 다르시에게 흠뻑 빠져들며 이야기할 뿐, 다른 사람에게는 관심조차 없었다.

피츠윌리엄 대령은 그들이 와서 기쁜 것 같았다. 로징스에서는 누가 찾아오든 한숨 돌릴 수 있어서 다행인 데다 콜린스 부인의 아름다운 친구는 정말 관심이 끌렸다. 그래서 바로 옆에 앉아 켄트와 하트퍼드셔, 여행하는 것과 집에 머무는 것, 새로 나온 책과 음악에 대해 더없이 유쾌하게 말하고, 엘리자베스는 이 공간에서 이렇게 재미있는 시간을 보낸 적이 없어 거침없이 활기차게 대화하니, 다르시는 물론 캐서린 대부인까지 관심을 보였다. 다르시는 처음부터 호기심이 가득한 표정으로 기회가 날 때마다 두 사람을 쳐다보고, 대부인은 잠시 뒤에 마찬가지로 호기심을 느끼고 노골적인 관심을 보이다 조금도 망설이지 않고 커다랗게 물었다.

"지금 무슨 말을 하는 거니, 피츠윌리엄? 지금 말하는 게 뭐야? 자네는 또 무슨 말을 하고, 엘리자베스 양? 나한테도 들려주렴."

피츠윌리엄 대령으로선 대답을 피할 도리가 없었다.

"음악 얘기를 하는 중이었습니다, 이모님."

"음악이라! 그렇다면 커다랗게 말하렴. 나도 좋아하는 주제니까.

음악 얘기라면 나도 대화에 끼어야겠구나. 영국 전역에서 나만큼 천부적인 취향을 타고나서 음악을 진심으로 즐기는 사람은 거의 없을 거야. 제대로 배웠다면 대단한 음악가가 되었겠지. 우리 딸도 그랬을 거고, 건강만 허락했다면. 여동생은 음악 공부를 잘하니, 다르시?"

다르시가 여동생에 대한 애정이 가득 묻어나오는 목소리로 잘한다고 대답하자, 캐서린 대부인이 말했다.

"잘한다는 말을 들으니 기쁘구나. 내 말을 꼭 전하렴, 탁월한 실력을 갖추려면 열심히 연습해야 한다고."

"하지만 이모님, 제 동생은 그렇게 충고할 필요가 없답니다. 정말 열심히 연습하거든요."

"그렇다면 훨씬 잘됐군. 연습은 아무리 해도 지나치지 않아. 내가 다음에 편지 보낼 때, 무슨 일이 있어도 연습을 게을리하지 말라고 당부하겠어. 끊임없이 연습하지 않으면 음악을 잘할 수 없다고 나는 젊은 아가씨들한테 언제나 말한다네. 엘리자베스 양한테도 여러 차례 말했어, 피아노를 잘 치려면 더 연습해야 한다고, 사제관엔 피아노가 없으니, 내가 늘 말한 것처럼, 로징스에 매일 와서 젠킨슨 부인 방에 있는 피아노를 쳐도 좋다고. 구석진 방이라서 아무도 방해받지 않을 테니까."

다르시는 이모가 교양 없이 말하는 모습에 약간 창피한 표정인데, 아무 말도 안 했다.

커피 시간이 끝나자 피츠윌리엄 대령은 피아노를 연주하겠다는 약속을 떠올리고, 엘리자베스는 곧바로 가서 피아노 앞에 앉았다. 대령도 의자를 옆으로 끌고 갔다. 캐서린 대부인은 노래를 절반 듣다, 예전처럼 다른 조카에게 말하니, 후자는 이모 곁에서 벗어나 평소처럼 깊이 생각하는 표정으로 피아노 옆으로 다가가서 연주자 얼굴이 잘 보이는 곳에 자리 잡았다. 엘리자베스는 그걸 알아채고 연주를 잠시 쉬는 시간에 깜찍하게 웃는 얼굴로 바라보며 말했다.

"조용히 다가와서 연주를 듣는 식으로 저를 겁주시려는 건가요, 다르시 선생? 저는 선생 여동생처럼 연주를 잘하진 않지만 겁도 안 먹는답니다. 고집이 세서 다른 사람이 바라는 만큼 겁먹는 법이 없거든요. 누가 위협하면 오히려 용기가 치솟으니까요."

그러자 다르시가 대답했다.

"잘못 본 거라고 굳이 해명하지 않겠습니다. 제가 겁주려는 게 아니란 사실은 당신도 잘 아실 테니까요. 그동안 몇 차례 만나는 즐거움을 누린 결과, 당신은 실제 생각과 다른 의견을 제시하는 걸 가끔 엄청나게 좋아한다는 사실도 충분히 깨달았고요."

엘리자베스는 자신을 평가하는 말에 실컷 웃더니, 피츠윌리엄 대령에게 말했다.

"사촌께서 저에 대한 선입견을 심어주시어, 대령님께서 제 말을 못 믿게 하시는군요. 여기에서는 믿음직한 사람으로 행세하고 싶었는데, 제 본성을 아는 사람을 만나서 안타까워요. 정말이지, 다르시 선생, 하트퍼드셔에서 파악한 약점을 그대로 말씀하시다니 자비롭지 못하시군요. 좋아요, 제가 이렇게 말씀드려도 무례하지 않다면, 저한테 맞받아칠 수밖에 없도록 하셨으니, 저도 똑같은 걸 말씀드려서 친척분들이 놀라시게 하겠어요."

"겁나지 않습니다."

다르시가 웃으며 말하자, 피츠윌리엄 대령이 소리쳤다.

"다르시한테 안 좋은 내용이라면 어서 말씀하세요. 다르시가 낯선 사람들 앞에서 어떻게 행동하는지 알고 싶으니까요."

"그렇다면 말씀드릴게요. 하지만 내용이 고약하니 단단히 준비하세요. 제가 다르시 선생을 하트퍼드셔에서 처음 만난 건 무도회였어요. 그런데 다르시 선생이 무도회에서 어떻게 하셨는지 아세요? 춤을 네 곡만 췄어요, 신사분이 부족한데도. 제가 알기에도 숙녀분 여럿이 파트너가 없어서 자리에 앉아만 있었답니다. 다르시 선생께서도 부정하지 않으실 거예요."

"당시에 저는 함께 간 일행 말고 어떤 숙녀도 아는 영광을 못 누렸답니다."

"그렇겠지요. 무도회에서는 누구도 소개하고 소개받으면 안 되니까요. 자, 피츠윌리엄 대령님, 이제 뭘 연주할까요? 제 손가락이 대령님 명령만 기다린답니다."

다르시가 다시 말했다.

"소개하고 소개받았다면 제가 더 바람직하게 행동할 수도 있었겠지요. 하지만 저는 낯선 사람들 앞에 나서는 능력이 부족하답니다."

하지만 엘리자베스는 이번에도 피츠윌리엄 대령에게 말했다.

"그 이유를 사촌께 물어도 괜찮을까요? 상식과 교양을 충분히 갖추시고 세상 경험을 충분히 하셨는데, 낯선 사람 앞에 나서는 능력이 무엇 때문에 부족한지요?"

"그건 사촌한테 안 물어도 제가 대답할 수 있습니다. 그러고 싶은 마음이 없기 때문입니다."

피츠윌리엄이 대답하자, 다르시가 반박했다.

"처음 보는 사람과 편하게 대화하는 사람도 많지만 저는 그런 능력이 정말 없습니다. 대화 분위기를 따라잡기도 힘들고, 억지로 흥미로운 척하는 것도 힘들다는 걸 충분히 깨달았으니까요."

그러자 엘리자베스가 말했다.

"피아노를 능숙하게 다루는 여성은 많지만 저는 그런 능력이 없습니다. 강약도 속도도 제대로 못 맞추고 표현력도 많이 떨어집니다. 하지만 저는 그걸 제 문제로 여깁니다, 연습을 충분히 안 했으니까요. 하지만 다른 여성처럼 훌륭하게 연주할 잠재력까지 없다고 여기진 않습니다."

다르시가 빙그레 웃으며 대답했다.

"옳은 말이에요. 한정된 시간을 훨씬 바람직하게 활용하니까요. 당신이 연주하는 걸 듣는 특권을 누린 사람이라면 누구도 실력이 부족하다는 생각을 안 할 겁니다. 낯선 사람 앞에 안 나서는 건 당신이든 나든 똑같으니까요."

여기에서 캐서린 대부인이 끼어들어 무슨 얘기를 하는 거냐고 물었다. 엘리자베스가 그 즉시 피아노를 다시 치니, 캐서린 대부인이 다가와서 잠시 듣다가 다르시에게 말했다.

"엘리자베스 양은 런던에서 훌륭한 선생님을 모시고 연습만 충분히 한다면 연주하면서 실수하지 않겠어. 손가락을 놀리는 느낌이 좋아, 취향은 우리 딸보다 떨어지지만. 우리 딸은 연주실력이 정말 뛰어났을 거야, 건강만 허락했다면."

엘리자베스는 다르시를 쳐다보며 사촌을 칭찬하는 말에 얼마나 살갑게 공감하는지 살피는데, 당시에도 나중에도 사촌을 사랑하는 기색은 조금도 느낄 수 없었다. 다르시가 드 버그 양을 상대하는 모습을 전체적으로 볼 때, 빙리 여동생이 훨씬 유리하다는, 행여나 똑같은 친척이라면 다르시가 빙리 여동생과 결혼할 가능성이 훨씬 크겠다는 결론만 나왔다.

캐서린 대부인은 엘리자베스가 연주하는 걸 계속 평가하며 연주법과 취향을 다양하게 지적했다. 엘리자베스는 예의 바르게 꾹 참으며 신사들이 요구하는 대로 피아노 앞에 계속 앉은 가운데, 대부인 마차는 일행을 사제관으로 데려갈 준비를 마쳤다.

## 32

다음 날 아침에 샬럿은 볼일이 있어서 마리아와 함께 마을로 가고 엘리자베스는 책상에 앉아서 언니에게 편지를 쓰다, 현관 종소리가 울려서 깜짝 놀랐다. 누군가 찾아온 게 분명했다. 마차 소리는 안 들렸지만, 캐서린 대부인일 가능성이 없는 건 아니란 생각에 행여나 나올 수 있는 무례한 질문을 피할 생각으로 쓰던 편지를 옆으로 치우고 문을 여니, 집으로 들어온 건 놀랍게도 다르시, 그것도 다르시 혼자였다.

다르시 역시 엘리자베스 혼자 있는 걸 보고 놀란 것 같더니, 다른 숙녀분도 함께 있는 줄 알았다며 불쑥 찾아온 걸 사과했다.

그런 다음, 두 사람은 자리에 앉고 엘리자베스는 로징스에 대한 안부를 묻고 나자, 완벽한 침묵으로 빠져들 것 같았다. 따라서 무어든 떠올려야 한다고 애태우다 하트퍼드셔에서 마지막으로 볼 때가 생각나, 모두 급히 떠난 이유를 행여나 들을 수 있을까 궁금한 마음에 이렇게 물었다.

“지난 11월에 네더필드를 모두 갑자기 떠나셨더군요! 사람들이 곧바로 쫓아와서 빙리 선생께서 기분 좋게 놀라셨겠어요. 제 기억이 맞는다면, 불과 하루밖에 안 되잖아요. 빙리 선생과 두 자매분 모두 편안하셨지요, 선생께서 런던을 떠나실 때?”

“네, 그랬습니다, 고맙습니다.”

엘리자베스는 다른 대답은 안 나올 거란 사실을 깨닫고 잠시 침묵하다 다시 물었다.

"빙리 선생께선 네더필드로 돌아오실 생각이 없다고 하시는 것 같던데요?"

"빙리가 직접 말하는 소리는 못 들었지만, 앞으로 그곳에서 지낼 가능성은 없을 겁니다. 친구가 많은 데다 아직은 친구든 약속이든 꾸준히 늘어날 수밖에 없는 나이라서요."

"네더필드에 안 오실 생각이라면 그곳을 깨끗하게 정리해서 다른 가족이라도 정착하도록 하는 게 마을에 좋을 거예요. 하지만 빙리 선생께서 그곳을 구한 이유는 마을을 위한 게 아니라 자신을 위한 것이니, 그곳을 정리하느냐 그대로 두느냐도 똑같은 원칙에 따르겠네요."

"적당한 사람이 나타나는 즉시 빙리가 그곳을 정리한다 해도 저는 안 놀랄 겁니다."

엘리자베스는 대답하지 않았다. 빙리 얘기를 계속하는 건 두려운데 딱히 할 말도 없어서 대화를 이어갈 책임을 상대에게 미루자고 마음먹은 것이다.

다르시도 그걸 눈치채고 곧바로 말했다.

"집이 참 아늑합니다. 콜린스 선생이 헌스퍼드로 처음 올 때 캐서린 대부인께서 신경을 많이 쓰셨다고 들었습니다."

"그러셨겠지요. 그래서 콜린스 선생도 세상에 다시없이 고마워하고요."

"콜린스 선생은 다행히도 아내를 잘 고른 것 같더군요."

"네, 맞아요. 콜린스 선생이 자신을 받아줄 정도로 지혜로운 여인과 만난 걸, 그래서 이렇게 행복하게 살아가는 걸 모두 축하해야 마땅해요. 제 친구는 이해력이 탁월하거든요. 하지만 저는 친구가 콜린스 선생이랑 결혼한 게 정말 잘한 건지는 모르겠어요. 그래도 제 친구

역시 완벽하게 행복한 것처럼 보이니, 세심하게 따져본다면 잘 어울리는 결혼 같기도 해요."

"친정과 친구를 편하게 만날 거리에 정착했다는 것 역시 친구분한테 바람직하겠지요."

"편하게 만날 거리라고 하셨나요? 80㎞ 거리예요."

"도로만 좋으면 80㎞는 가까운 거리 아닌가요? 반나절만 달리면 되니까요. 그렇다면 편하게 만날 수 있는 거리겠지요."

다르시가 말하자, 엘리자베스가 반박했다.

"이번 혼사에서 거리는 좋은 것 가운데 하나가 아니라고 저는 생각한답니다. 샬럿은 친정과 가까운 거리에 정착한 게 절대 아닙니다."

"그건 당신이 하트퍼드셔에 애착이 강하기 때문입니다. 롱번을 벗어나면 멀다고 여기는 거죠."

다르시가 말하며 희미하게 웃자, 엘리자베스는 그 이유를 알 것 같았다. 자신이 언니랑 네더필드를 엮으려는 거라고 여기는 게 분명했다. 그래서 얼굴을 붉히며 대답했다.

"제가 말하려는 건 여자는 친정과 가까운 곳으로 시집가야 한다는 뜻이 아닙니다. 멀고 가까운 건 상대적이며, 환경에 따라 다르다는 뜻입니다. 아무 때나 여행할 정도로 돈 많은 집이라면 거리는 아무런 문제도 안 되니까요. 하지만 이 집은 그렇지 않아요. 콜린스 부부는 수입이 괜찮지만, 아무 때나 여행할 형편은 아니에요. 제 친구는 거리가 지금 절반밖에 안 된다 하더라도 친정과 가깝다고 생각하지 않을 거예요."

다르시가 의자를 엘리자베스 쪽으로 살짝 끌어당기며 말했다.

"자신이 태어난 고향에 애착이 그렇게 강한 건 안 좋습니다. 언제나 롱번에서 살 순 없으니까요."

엘리자베스는 깜짝 놀라고, 다르시는 감정이 다시 변하는 걸 느끼고 의자를 뒤로 빼더니, 탁자에서 신문을 집어 들고 기사를 살피다 훨씬 차가운 목소리로 말했다.

"켄트 지역은 마음에 드시나요?"

켄트 지역을 둘러싸고 양쪽 모두 차분하고 간결하게 말하다, 샬럿이 여동생과 함께 돌아오는 바람에 대화는 곧바로 끝났다. 단둘이 마주 앉아서 대화하는 모습에 두 여인은 깜짝 놀랐다. 다르시는 엘리자베스 혼자 있는 줄 몰라서 실례했다고 말하더니, 잠시 아무 말 없이 있다가 밖으로 나갔다.

다르시가 떠나자마자 샬럿이 말했다.

"이게 무슨 의미겠어? 친애하는 엘리자베스, 저 사람이 너를 사랑하나 봐, 아니면 이런 식으로 찾아올 순 없어."

하지만 엘리자베스는 다르시가 별말 없었다고 대답하고, 샬럿이 보기에도 그럴 가능성은 없는 것 같아, 두 사람은 다양하게 추측하다, 마침내 다르시가 할 일이 별로 없어서 여기까지 온 것 같다는 결론을 내리니, 실제로 이 시기에는 그럴 수도 있을 것 같았다. 지금은 야외 스포츠를 즐길 거리가 하나도 없었다. 집 안엔 캐서린 대부인과 책과 당구대가 있지만 사내가 집 안에서만 지낼 순 없는 노릇이고, 근처에 사제관이 있어서 걷기에도 좋고 사람들도 괜찮은 편이니, 두 사촌으로선 사제관으로 걸어가고픈 유혹을 매일 느낄 수밖에 없었다. 그래서 오전 시간에 가끔은 혼자서 가끔은 둘이서 가끔은 대부인까지 함께 찾아왔다. 피츠윌리엄 대령이 찾아오는 건 사제관 사람들과 대화하는 시간이 즐겁기 때문인 게 확실해, 모두 그만큼 더 바람직한 시간을 보낼 수 있었다. 엘리자베스는 피츠윌리엄 대령과 지내는 시간이 즐거웠다. 자신을 사모하는 느낌도 또렷하고 예전에 좋아하던 위컴도 떠올렸다. 그런데 위컴하고 너무나 달랐다. 피츠윌리엄 대령은 상대를 다정하게 사로잡는 능력이 부족한데, 아는 건 정말 많았다.

하지만 다르시가 사제관을 툭하면 찾아오는 이유는 이해할 수 없었다. 사람들과 대화하려는 목적은 아닌 게 분명했다. 한자리에 앉아서 십 분 동안 아무 말도 안 할 때가 잦고, 설사 입을 열더라도 그러고 싶어서가 아니라 어쩔 수 없어서, 좋아서가 아니라 예의 때문에 그런 것 같았다. 활기찬 모습도 안 보였다. 샬럿은 다르시가 찾아오는 걸 어떻게 이해해야 좋을지 몰랐다. 피츠윌리엄 대령이 다르시에게 멍청하게 군다며 가끔 놀리는 걸 보면 평소에는 다른 게 분명해, 샬럿으로선 아무리 궁리해도 이해할 수 없었다. 다르시가 그러는 건 사랑 때문이라, 대상은 자기 친구 엘리자베스라 믿고 싶고, 그래서 그런 징후를 찾아내려고 신중하게 살폈다. 로징스를 찾아갈 때도, 다르시가 헌스퍼드로 찾아올 때도 열심히 살폈지만, 특별한 소득은 없었다. 다르시가 자기 친구를 많이 쳐다보는 건 분명하지만, 표정은 애매했다. 친구를 바라보는 시선은 꾸준하고 진지해도, 흠모하는 느낌이 담겼다고 단정할 순 없는 데다, 가끔은 멍한 느낌만 보이기도 했다.

샬럿은 다르시가 좋아할 가능성을 한두 차례 꺼냈지만, 엘리자베스는 그때마다 웃어넘겼다. 샬럿이 볼 때 친구는 다르시가 자신에게 빠졌다고 생각하면 그를 싫어하는 마음을 지울 게 확실해, 기대감을 잔뜩 끌어올리다 결국에는 실망하며 끝날 위험 역시 크니, 그 문제를 계속 꺼내는 건 좋지 않다고 결론 내렸다.

샬럿은 엘리자베스를 생각하는 마음 하나로, 친구가 피츠윌리엄 대령과 결혼하면 어떨까도 가끔 생각했다. 피츠윌리엄 대령은 누구하고도 비교가 안 될 정도로 성격이 유쾌하며 친구를 사모하는 게 분명하고 생활형편도 좋은 편이지만, 문제는 다르시에겐 교회 사제를 임명할 영지가 상당히 넓은데, 대령에겐 그런 능력이 없다는 거였다.

## 33

엘리자베스는 대저택 정원을 이리저리 산책하다 다르시랑 뜻하지 않게 여러 번 마주쳤다. 아무도 안 다니는 길에서 하필이면 그런 사람을 만난 게 정말 생뚱맞고 기분 나쁜 운명의 장난 같기만 해, 두 번 다시 그런 일이 없도록 하려고 자신이 잘 다니는 산책로라고 일부러 알려주기도 했다. 따라서 그런 일이 또 일어난다는 게 황당하지 않을 수 없었다! 그런데도 두 번째, 세 번째로 이어졌다. 그럴 때마다 형식적인 인사를 몇 마디 나누고 어색하게 침묵하다 떠나는 게 아니라 발길을 돌려서 함께 걸어야 한다고 생각하는 걸 보면 일부러 사람을 괴롭히려는 것 같기도 하고 고행을 자처하는 것 같기도 했다. 그렇다고 해서 말을 많이 하는 것도 아니니, 엘리자베스 역시 억지로 말하거나 열심히 들으려 애쓰지 않았다. 하지만 세 번째 마주칠 때는 헌스퍼드에서 지내는 게 재미있느냐, 혼자서 산책하는 걸 좋아하느냐, 콜린스 부부가 행복하게 보이느냐 등등 아무 상관도 없는 걸 이상하게 묻다가 로징스 얘기로 넘어가더니, 엘리자베스 양은 로징스를 완벽하게 모르는 만큼 켄트에 언제 다시 오든 로징스에 머무는 게 좋겠다는 식으로 말했다. 말속에 그런 암시가 담긴 것 같았다. 혹시 피츠윌리엄 대령을 생각해서 저렇게 말하는 걸까? 다르시가 할 말이 있다면 이런 식으로 암시할 수밖에 없겠다는 생각도 들었다. 하지만 약간 부담스러운 나머지, 사제관 맞은편 울타리 문이 나온 게 지극히 반가울 뿐이었다.

하루는 산책하러 나가서 언니가 최근에 보낸 편지를 다시 읽고 안 좋은 기분으로 쓴 게 분명한 구절을 곱씹는데, 이번에는 다르시 대신 피츠윌리엄 대령이 다가오는 걸 보고서 깜짝 놀랐다. 그래서 편지를 재빨리 치우고 억지로 웃으며 말했다.

"대령님이 이쪽으로 산책하시는 줄은 미처 몰랐네요."

"매년 그러듯 널찍한 공원을 이리저리 돌아다니는 중인데, 마지막엔 사제관을 들를 생각이었답니다. 더 멀리 산책하실 건가요?"

"아니에요, 이제 돌아가려고 했어요."

그래서 엘리자베스는 발길을 돌리고, 두 사람은 사제관 방향으로 함께 걸었다.

"이번 토요일에 켄트를 떠나시는 게 맞나요?"

엘리자베스가 묻자, 피츠윌리엄 대령이 대답했다.

"네…… 다르시가 또 안 미룬다면. 다르시는 무어든 마음 내키는 대로 하는 성격이라, 이번엔 어떨지 모르겠네요."

"그렇다면 그분은 일정을 조정하는 게 마음에 안 들 순 있어도, 선택권은 항상 자신한테 있다는 사실을 기뻐하시겠네요. 무어든 자신이 하고 싶은 대로 하는 걸 다르시 선생처럼 즐기는 사람은 본 적이 없는 것 같거든요."

"다르시는 자기 마음대로 하는 걸 정말 좋아해요. 하지만 그건 누구나 똑같지요. 다르시는 그럴 수단이 다른 사람보다 많다는 게 다를 뿐이고요. 다르시 같은 부자는 안 많으니까. 뼈에 사무칠 정도로. 당신도 아시다시피, 차남은 자신을 부정하고 남한테 의존하는 데 익숙해야 한답니다."

"제가 볼 때, 백작 가문 차남은 둘 다 모르는 것 같아요. 솔직히 말해서, 대령님은 자기 부정과 의존에 대해 무얼 아시나요? 돈이 없어서 가고 싶은 곳에 못 가고 마음에 드는 물건을 못 구한 적이 있나요?"

"급소를 찌르시는군요. 그런 어려움을 많이 겪었다고 말할 순 없겠지요. 하지만 훨씬 중요한 문제에선 돈 때문에 어려움을 겪을 때가 많습니다. 차남은 마음에 드는 여성과 결혼할 수 없거든요."

"돈 많은 여성을 안 바라면 되는데, 귀족 가문 차남은 누구나 그런 여성을 바라는 것 같아요."

"돈 쓰는 습관 때문에 의존성이 너무 심해, 우리 같은 신분 가운데 돈을 고려하지 않고 결혼할 사람은 많지 않답니다."

엘리자베스는 '나를 말하는 건가?' 하고 생각하다 얼굴을 빨갛게 물들이더니, 곧바로 마음을 가다듬고 쾌활한 어투로 물었다.

"그렇다면 백작 가문 차남은 대체로 가격이 얼만가요? 장남이 병들어서 금방 쓰러질 것 같지 않다면, 대략 오만 파운드는 안 넘을 것 같은데요."

대령도 똑같은 어투로 대답하면서 이야기는 끝났다. 지금 막 나온 얘기에 영향을 받았다고 생각하지나 않을까 걱정스러워, 엘리자베스는 곧바로 침묵을 깨뜨렸다.

"사촌께서 대령님을 데려오신 건 마음대로 휘두를 사람이 필요해서 같아요. 그런 분이 평생 마음대로 휘두를 사람을 골라서 결혼하지 않는 이유가 궁금해요. 하지만 당장은 여동생이 그 역할을 하겠네요. 보호자라곤 자신밖에 없어서 무어든 마음대로 할 수 있으니까요."

"아닙니다, 그 권한은 저도 똑같습니다. 저는 다르시와 공동으로 다르시 양을 보호할 권한이 있습니다."

"정말요? 그래서 어떤 식으로 보호하시나요? 그러시는 게 많이 힘드신가요? 그 나이 또래 아가씨는 다루기 힘들 때가 종종 있는데, 다르시 선생과 기질이 똑같다면, 무어든 마음대로 하려고 들 텐데요."

엘리자베스가 말하니, 대령은 열심히 바라보다, 다르시 양이 공동후견인을 불편하게 할 것 같다고 생각하는 이유가 무언지 물어, 엘리자베스는 자신이 어떤 식으로든 진실에 상당히 접근했다고 느끼면서 대답했다.

"놀라실 필요 없습니다. 저는 다르시 양을 비난하는 소리를 못 들었고, 따라서 세상에서 가장 온순한 아가씨가 분명하다고 생각하니까요. 제가 아는 빙리 자매께서 다르시 양을 제일 좋아하시기도 하고요. 대령님도 두 자매분을 아나요?"

"조금 압니다. 그 오라비는 성격이 좋은 신사분이죠. 다르시랑 굉장히 가까운 친구고요."

이 말에 엘리자베스가 비꼬는 어투로 대답했다.

"네, 맞아요! 다르시 선생은 빙리 선생한테 정말 다정하시어 엄청난 관심을 기울이시죠."

"관심을 기울인다! 맞아요, 다르시는 그 사람이 부족한 부분에 엄청난 관심을 기울이는 게 분명해요. 여기까지 오는 도중에 다르시가 말한 내용에 따르면, 빙리 선생한테 엄청난 은혜를 베푼 것 같더군요. 하지만 제가 틀릴 수도 있어요. 그 사람이 빙리 선생이라고 단정할 순 없거든요. 그냥 추측일 뿐이에요."

"그게 무슨 말씀인가요?"

"다르시가 널리 퍼지길 바라지 않는 내용이랍니다. 소문이 돌아서 여성분 가족한테 들어가면 정말 불쾌할 수 있거든요."

"누구한테도 말하지 않을 테니, 믿어도 좋습니다."

"게다가 그 사람이 빙리 선생이라고 추측할 이유도 충분하지 않다는 걸 명심하세요. 다르시가 '최근에 친구가 무모하게 결혼하려는 걸 막아서 정말 다행'이라고 말했을 뿐, 그 이름도 구체적인 내용도 말하지 않아, 두 사람이 지난여름을 함께 보낸 사실에 근거해서 그럴 처지에 빠져들 젊은이는 빙리 선생밖에 없다고 추측한 것에 불과하니까요."

"그렇게 간섭한 이유를 다르시 선생께서 말씀하셨나요?"

"여성 측에 심각한 문제가 몇 가지 있다고 들었습니다."

"어떤 수법으로 갈라놓았나요?"

엘리자베스가 묻자, 피츠윌리엄 대령이 빙그레 웃으며 대답했다.

"그건 말하지 않았습니다. 지금까지 한 말이 전붑니다."

엘리자베스는 아무런 대답도 없이 계속 걷는데 화나서 가슴이 터지는 것 같고, 피츠윌리엄 대령은 그런 모습을 가만히 살피다 무얼 그렇게 심각하게 생각하느냐고 물었다.

"대령님한테 막 들은 이야길 생각했어요. 대령님 사촌은 행동 하나하나가 마음에 안 들어요. 다른 사람 일에 재판관 노릇까지 하는 이유가 뭐냐고요?"

"다르시가 쓸데없이 간섭했다고 보시나요?"

"도대체 다르시 선생이 무슨 권리로 친구분한테 바람직한 걸 결정하는지, 친구분이 행복하게 살아갈 방향과 내용을 대신 판단하고 결정하는 이유가 무언지 모르겠다는 거예요."

엘리자베스가 소리치곤, 마음을 가다듬으며 이어나갔다.

"하지만 구체적인 상황을 우리는 모르니, 그렇게 비판하는 것도 옳지 않겠네요. 친구분이 여성분을 깊이 사랑하지 않아서 그럴 수도 있으니까요."

"그럴 가능성도 있겠네요. 그렇다면 우리 사촌이 거둔 영광스러운 승리도 시시할 수밖에 없고요."

농담으로 한 말이지만, 다르시를 정확하게 표현한 것 같아 차분하게 대답할 자신이 없어, 엘리자베스는 갑자기 화제를 돌려서 사소한 내용만 주고받다 사제관에 이르렀다. 그래서 손님이 떠나는 즉시 자기 방으로 들어가서 모든 걸 물리친 채 자신이 들은 내용만 열심히 되씹었다. 아무리 생각해도 자신과 관련 없는 사람을 말하는 건 아니었다. 다르시가 그렇게 엄청난 영향력을 발휘할 사내가 세상에 또 있을 순 없었다. 빙리와 언니를 갈라놓은 주범이 다르시라고 의심한 적은 없었다. 모든 걸 계획하고 주도한 건 빙리 여동생이라고 생각했다. 하지만 언니가 고통에 시달리고 앞으로도 오랫동안 시달릴 수밖에 없는 진짜 원인은 바로 다르시며, 다르시 특유의 오만과 편견이었다. 다르시는 세상에서 가장 사랑스럽고 따듯한 사람이 행복하게 살아갈 희망을 완벽하게 깨부쉈으니, 그 고통이 언제나 끝날지 아무도 몰랐다.

피츠윌리엄 대령은 '여성 측에 심각한 문제가 몇 가지 있다'고 들었다니, 그 문제는 이모부가 시골 마을에서 변호사로 일한다는 사실과 외삼촌이 런던에서 장사한다는 사실일 가능성이 컸다. 엘리자베스 입에서 한탄이 절로 나왔다.

'하지만 우리 언니는 더없이 사랑스럽고 착해! 언니 자체는 문제가 하나도 없다고. 이해력은 탁월하고 마음은 단점을 찾아서 극복하고 행동거지는 매혹적이야. 우리 아버지도 문제가 될 순 없어, 독특하긴 해도 다르시가 얕볼 수 없는 능력을 지니시고, 인격은 다르시를 훨씬 넘어서신다고.'

어머니를 떠올리는 순간에 자신감이 살짝 떨어졌지만, 이것 역시 다르시가 문제 삼을 순 없을 것 같았다. 다르시처럼 오만한 사람이라면 친구 처가가 상식이 떨어진다는 사실보다는 중요한 가문이 아니라는 사실을 훨씬 중시할 게 분명하기 때문이다. 이렇게 생각하다 보니, 정말 지독한 오만과 함께 여동생을 빙리랑 맺어주려는 소망 때문에 그런 짓을 저질렀다는 결론까지 나왔다.

잔뜩 흥분한 채 눈물까지 펑펑 쏟다 보니 머리까지 아프고, 시간이 지날수록 심해진 탓에 다르시랑 마주치고 싶지 않아, 로징스에서 여는 다과 모임에 안 가기로 마음먹었다. 샬럿은 친구 몸이 정말 안 좋은 걸 깨닫고 나무라기는커녕 남편이 압박하는 것까지 최대한 막아, 콜린스는 엘리자베스가 함께 안 가면 캐서린 대부인이 불쾌하게 여기실까 걱정하는 마음이 절로 이는 걸 힘겹게 억눌렀다.

## 34

사람들이 모두 떠나고 혼자 남자, 엘리자베스는 다르시에 대한 분노를 최대한 키우려는 듯, 자신이 켄트에 오고 나서 언니에게 받은 편지를 다시 하나씩 살펴보기로 마음먹었다. 딱히 불평하는 내용도, 지난 일을 되새기는 내용도, 너무 힘들다고 하소연하는 내용도 없었다. 하지만 글귀 한줄 한줄마다 언니 특유의 쾌활한 느낌도 없고, 차분하고 고요한 마음으로 모든 사람을 편안하게 하는 느낌도 없었다. 집중해서 살피니, 처음에 읽을 때와 달리, 문장마다 깃든 불안한 느낌마저 엿보였다. 다르시가 창피한 줄도 모르고 타인에게 슬픔과 고통을 끼친 걸 자랑했다는 사실에 엘리자베스는 언니가 겪는 고통을 한층 뼈저리게 느꼈다. 그나마 다르시가 이틀 뒤면 로징스를 떠난다는 사실이 다행스럽고, 보름 뒤면 언니를 다시 만나서 애정을 다해 기운을 북돋아 줄 수 있다는 사실이 다행스러웠다.

다르시가 켄트를 떠난다 생각하니, 그 사촌도 함께 떠난다는 사실이 저절로 떠올랐다. 하지만 피츠윌리엄 대령은 청혼할 의사가 없다는 걸 분명히 밝혔으니, 호감은 가도 안타깝게 여길 순 없었다.

이렇게 마음을 정리하는데, 현관에서 초인종 소리가 갑자기 일어나, 엘리자베스는 피츠윌리엄 대령이 예전에 늦게 찾아온 것처럼, 아프다는 말을 듣고 괜찮은지 확인하러 온 것 같다는 생각이 들어서 기분이 살짝 들떴다. 하지만 놀랍게도 다르시가 들어오는 순간, 이 생각은 완전히 사라지고 기분은 정반대로 바뀌었다.

다르시는 급하게 서둘며 건강 상태가 어떠냐고 묻곤 좋아졌다는 말을 듣고 싶어서 찾아왔다고 둘러댔다. 엘리자베스가 차갑긴 해도 예의를 다해서 대답하니, 다르시는 잠시 자리에 앉다 벌떡 일어나서 이리저리 거닐었다. 엘리자베스는 놀랍긴 해도 한마디를 안 했다. 그래서 침묵이 감도는 가운데, 다르시가 잔뜩 들뜬 표정으로 다가오더니, 이렇게 입을 열었다.

"끊임없이 몸부림쳐도 소용이 없었습니다. 앞으로도 그러겠지요. 아무리 억눌러도 감정이 새록새록 올라오니까요. 저로선 당신을 열렬히 숭배하고 사랑한다고 고백할 수밖에 없습니다."

엘리자베스는 말로 형용할 수 없을 정도로 놀랐다. 그래서 물끄러미 쳐다보고, 얼굴을 붉히고, 의심하고, 침묵했다. 이걸 다르시는 긍정으로 받아들이고 자신이 느낀 걸, 오랫동안 느낀 걸 연달아 고백했다. 말하는 솜씨는 좋고 마음속에는 할 말이 많으나, 다정한 마음보다는 오만한 마음이 많이 드러났다. 엘리자베스 가문이 떨어져서 자신도 신분이 추락하는 것 같았다고, 가문에 문제가 있어서 속마음을 계속 억눌렀다고 강하게 털어놓는 건 자신이 그만큼 고통스럽다는 하소연은 될지언정 청혼하는 방법으로 바람직할 순 없었다.

뼛속까지 사무치도록 싫어하긴 해도, 엘리자베스는 그런 사내가 애정을 고백하는 건 정말 대단하다는 사실을 모를 순 없으니, 마음은 전혀 안 흔들려도 상대가 고통스러울 수밖에 없었겠다는 사실에 처음에는 안타까운 마음이 들었으나, 나중에는 그 입에서 흘러나오는 말에 감정이 솟구치고 분노가 치밀어서 연민을 모조리 밀어내고 말았다. 그래도 엘리자베스는 다르시가 말을 마치면 꾹 참고서 차분하게 대답하려고 마음먹었다. 그래서 다르시는 자신이 온갖 노력을 다해도 이겨내지 못한 강력한 애정을 전하고, 이제 엘리자베스 양이 자신을 받아주길 바란다며 말을 마쳤다.

이렇게 말하는 동안 긍정적인 대답이 나올 걸 다르시는 조금도 의심치 않는다는 사실을 엘리자베스는 온몸으로 느낄 수 있었다. 말하는 어투는 걱정스럽고 불안하지만, 얼굴은 편안했다. 하지만 엘리자베스에겐 분노만 부추겼으니, 다르시가 말을 마치자마자, 새빨갛게 달아오른 얼굴로 대답했다.

"이런 경우에는 아무리 부정적으로 대답할지언정, 우선 고백하신 것에 감사하는 마음부터 전하는 게 일반적인 예의겠지요. 누구든 감사하는 마음이 드는 게 당연하고, 따라서 저 역시 고마운 마음이 든다면 감사해야 마땅하니까요. 하지만 저는 그럴 수 없습니다. 저는 지금까지 다르시 선생께 좋게 보이길 바란 적이 없으며, 선생은 정말 안 내킨다는 어투로 마음을 드러내셨습니다. 저 때문에 다른 사람이 고통스러웠다는 건 안타깝습니다. 하지만 그건 제가 의도한 바가 조금도 아니니, 저로선 그 고통이 빨리 끝나길 바랄 뿐입니다. 선생이 인정하지 않으려고 오랫동안 억누르셨다는 감정은, 제가 충분히 말씀드린 만큼, 이제 어렵잖게 이겨낼 수 있을 겁니다."

다르시는 벽난로 선반에 상체를 기댄 채 열심히 쳐다보는데, 놀라기보단 잔뜩 화난 표정이었다. 얼굴은 화나서 창백하고 마음마저 흔들리는 게 온몸으로 드러났다. 그래서 차분한 표정을 갖추려 애쓸 뿐, 차분하게 말할 수 있다는 확신이 들 때까지 입을 안 여니, 그 침묵이 엘리자베스에게 끔찍하게 다가왔다. 그런 가운데 마침내 억지로 차분하게 꾸민 목소리가 나왔다.

"제가 영광스럽게 기대하던 대답은 이게 전부로군요! 예의를 갖추려는 노력조차 없이 차갑게 거절하시는 이유를 알고 싶군요. 중요하지 않겠지만."

"오히려 제가 묻고 싶군요, 자신의 의지를 거스르고 자신의 이성을 거스르고 심지어 자신의 성격까지 거스르며 저를 공격하고 모욕하는 식으로 저를 좋아한다고 말씀하시는 이유를? 바로 그게 제가 예의를 못 갖춘 이유 아닐까요, 정말로 예의가 없었다면? 하지만 다른 이유도 있습니다. 선생도 잘 아십니다. 설사 제가 선생을 싫어하는 마음이 없거나, 무관심한 정도거나, 아니, 호감이 있다 하더라도, 가장 사랑하는 언니가 행복하게 살아갈 길을 영원히 망가뜨린 사람을 제가 받아들일 수 있다고 생각하시나요?"

엘리자베스가 말하는 순간, 다르시는 얼굴색이 변했다. 하지만 순간일 뿐, 엘리자베스가 계속하는 말을 가로막지 않고 가만히 들었다.

"저는 선생을 나쁘게 생각할 이유가 정말 많습니다. 동기가 무어든 선생이 부당하고 비열하게 행동한 걸 정당화할 순 없습니다. 두 사람을 갈라놓은 게, 그래서 한 사람은 세상 사람한테 변덕스럽고 우유부단하다는 비난을 받게 하고 또 한 사람은 헛된 꿈을 꾸었다는 조롱을 받게 해서 두 사람 모두 끔찍한 고통에 시달리게 한 게, 당신 혼자는 아닐지언정, 당신이 제일 앞장섰다는 건 부정할 수 없을 테니까요."

엘리자베스는 상대가 입을 다문 채 후회하는 느낌이 조금도 없는 표정으로 듣는 모습에 잔뜩 화나서 가만히 노려보았다. 자신을 쳐다보는 상대 얼굴에 도저히 못 믿겠다는 미소마저 감돌았다. 그래서 다시 물었다.

"당신이 그런 걸 부정하시나요?"

그러자 다르시가 억지로 차분한 척하면서 대답했다.

"제가 당신 언니한테서 친구를 떼어내려고 애썼으며, 그래서 성공한 걸 다행스럽게 여기는 마음을 부정하고 싶진 않습니다. 저는 저 자신보다 그 친구한테 관심을 더 많이 기울였으니까요."

엘리자베스는 예의 바른 말에 담긴 뜻을 이해하고픈 마음이 없지만, 그 의미는 애매하지도 않고 부정할 수도 없었다. 그래서 다시 말했다.

"하지만 제가 선생을 싫어하는 이유는 이것 하나가 아닙니다. 이런 일이 있기 오래전에 선생에 관한 판단을 끝냈으니까요. 선생은 몇 개월 전에 위컴 선생 입을 통해서 문제점이 완벽하게 드러났습니다. 거기에 대해 무슨 말씀을 하실 수 있죠? 이번에도 친구를 생각하는 마음이었다고 변명하실 건가요? 아니면 거짓말로 모함하실 건가요?"

"그 사람한테 관심이 많군요."

다르시가 말하는데, 차분한 어투는 아니고 얼굴도 빨갛게 달아올랐다.

"그분이 겪은 불행을 아는 사람이라면 관심을 가질 수밖에 없지 않나요?"

"그분이 겪은 불행! 맞아요, 그분은 정말 엄청난 불행을 겪었지요."

다르시가 경멸스럽단 어투로 말하자, 엘리자베스가 강력하게 지적했다.

"당신이 그렇게 만들었지요. 당신이 그분을 지금처럼 가난하게 만들었지요. 그분께 돌아갈 권리를 알면서도 당신이 빼앗았지요. 그분은 약속받은 권리를 누리며 자기 힘으로 바람직하게 살아갈 수 있었는데,

그걸 당신이 빼앗았지요. 당신이 그렇게 했지요! 그런데도 그 불행을 경멸하고 조롱하시는군요."

다르시는 빠른 걸음으로 실내를 거닐며 소리쳤다.

"그게 당신이 보는 나로군요! 그게 당신이 평가하는 나로군요! 충분히 설명해주셔서 고맙습니다. 그 계산에 따르면 저는 엄청나게 잘못했군요!"

다르시가 걸음을 멈추더니 엘리자베스를 바라보며 이어나갔다.

"하지만 제가 진지한 마음을 오랫동안 억누른 이유를 솔직하게 고백해서 자존심을 해치지 않았다면 당신도 그런 잘못은 쉽게 넘어갔을지 모릅니다. 오랫동안 갈등한 이유를 교묘하게 숨긴 채 완벽하게 순수한 마음에 이끌려서, 이성적으로 오랫동안 생각하다 모든 것에 이끌려서 청혼한다고 믿도록 꾸미며 아부했다면 당신이 이렇게 신랄하게 비난하는 일은 없었을지 모릅니다. 하지만 저는 꾸미는 걸 무엇보다 싫어합니다. 속마음을 고백한 것도 창피하지 않습니다. 자연스럽고 당당하게 했으니까요. 당신 가정형편이 많이 떨어지는 걸 제가 찬양하길, 가정환경이 많이 떨어지는 사람과 맺어지려는 걸 제가 좋아하길 바라십니까?"

엘리자베스는 분노가 끊임없이 솟구치는 걸 느끼면서도 최대한 차분하게 말하려 애썼다.

"당신이 고백한 방식 때문에 제가 정반대로 반응했다고 여기신다면 착각입니다. 선생께서 신사답게 행동하실 때 제가 느낄 부담을 덜어주는 수준에 불과했으니까요."

이 말에 다르시가 깜짝 놀랄 뿐 아무 말도 없어, 엘리자베스가 계속 말했다.

"선생께서 아무리 바람직한 방식으로 청혼하셨더라도 저는 받아들일 마음이 조금도 없었을 테니까요."

다르시는 다시 커다랗게 놀라면서 굴욕스럽고 의문스러운 표정으로 쳐다보고, 엘리자베스는 계속 말했다.

"처음 만난 순간부터, 처음 마주친 순간부터, 저는 선생이 오만하고 변덕스러우며 자신이 잘났다는 생각으로 다른 사람의 감정을 이기적으로 멸시한다는 느낌을 강하게 받아, 정말 공감하기 힘든 사람이란 토대를 다지고, 이후에 일어난 사건을 통해 정말 싫은 사람이란 확신을 튼튼하게 쌓아 올리다, 선생을 알고 한 달도 안 돼서 절대로 결혼하면 안 되는 유형이라고 확신했습니다."

"충분히 들었습니다. 당신 감정을 완벽하게 이해했으니, 이제 제가 품은 감정을 부끄럽게 여기는 것만 남았군요. 시간을 너무 많이 빼앗은 걸 용서하시고, 앞으로 건강하고 행복하게 사시길 바랍니다."

이 말과 함께 다르시는 응접실에서 황급히 나가고, 곧이어 현관문이 열리고 밖으로 나가는 소리가 들렸다.

마음이 너무나 혼란스러웠다. 몸을 지탱할 수도 없어 힘이 쭉 빠진 자세 그대로 앉아서 삼십 분을 울었다. 조금 전에 일어난 일을 곰곰이 생각하니, 모든 게 놀랍기만 했다. 다르시가 청혼하다니! 몇 개월 동안이나 마음속으로 사랑했다니! 언니에게 장애물이 많아서 친구가 결혼하려는 걸 막았다면 자신 역시 장애물이 많은 건 똑같은데도 결혼하고 싶을 정도로 사랑했다니, 이런 일이 어떻게 있을 수 있단 말인가! 자신도 모르는 사이에 상대가 그렇게 강력한 애정을 품었다는 건 고맙지만, 오만한 모습, 언니에게 한 짓을 뻔뻔하게 인정할 정도로 오만한 모습, 그럴 수밖에 없는 이유조차 못 대면서 뻔뻔하게 인정할 정도로 당당한 자세, 위컴에게 잔인하게 행동한 걸 부정하려고도 않고 냉혹하게 말하는 표정은 상대가 사랑했다는 사실을 떠올릴 때마다 솟구치는 동정심을 순식간에 억눌렀다.

깊은 생각에 빠져들어 마냥 흔들릴 때 로징스 마차 소리가 일어나, 엘리자베스는 샬럿이 바라보는 시선을 못 견딜 것 같아서 자기 방으로 재빨리 도망쳤다.

## 35

다음 날 아침에 깨어나니, 어젯밤에 오랫동안 뒤척이던 생각과 번민이 그대로 떠올랐다. 지난밤에 몰려든 충격에서 조금도 벗어날 수 없었다. 다른 무엇도 생각할 수 없고 어떤 일도 하기 싫어, 아침을 드는 즉시 산책이나 하기로 마음먹었다. 그래서 제일 좋아하는 산책로로 곧장 나아가다, 다르시가 가끔 나타난다는 기억이 떠올라, 대공원으로 들어가지 않고 발길을 돌려서 유료도로를 훨씬 더 올라갔다. 한쪽에 대공원 울타리가 있는 건 여전해, 엘리자베스는 울타리 사이에 난 문을 그대로 지나치며 오솔길을 따라갔다.

똑같은 오솔길을 두세 차례 오가며 거닐다 보니 아침 기운이 상쾌해, 울타리 문으로 다가가서 대공원을 들여다보고픈 유혹을 느꼈다. 켄트에서 5주를 보내는 동안 풍경은 엄청나게 변하고 일찍 움튼 나무는 초록이 매일같이 짙어갔다.

엘리자베스는 산책을 다시 시작하려다 대공원 모서리 조그만 숲에서 신사 한 명을 어렴풋이 보았다. 자신이 있는 쪽으로 다가오는데, 다르시일 수 있다는 두려움에 재빨리 물러났다. 하지만 상대는 마침내 엘리자베스를 충분히 볼 수 있는 곳까지 다가오더니, 성큼성큼 걸어오며 불렀다.

엘리자베스는 이미 몸을 돌린 상태였다. 자신을 부르는 소리가 들리고 그 목소리는 다르시가 분명한데도 엘리자베스는 울타리 문으로 다시 열심히 나아갔다. 다르시도 거의 동시에 울타리 문으로 다가와서 편지 한 통을 내밀더니, 엘리자베스가 본능적으로 받는 순간, 오만할 정도로 차분하게 말했다.

"당신을 만나길 기대하며 숲길을 오랫동안 걸었습니다. 편지를 읽는 영광을 베풀어주시길 바랍니다."

그러더니 살짝 묵례하고 농장 쪽으로 발길을 돌려서 곧바로 사라졌다.

즐거운 내용은 기대조차 안 해도 호기심이 강하게 일어서 봉투를 여니, 촘촘히 빼곡하게 쓴 종이 두 장이 나와서 놀라운 느낌만 가득 늘어났다. 봉투에도 글씨가 빼곡했다. 엘리자베스는 오솔길을 따라가며 내용을 읽었다. 로징스에서 아침 여덟 시에 작성했다는 편지는 이런 내용이었다.

편지를 받고서 행여나 지난 감정을 되풀이하거나 간밤에 당신이 역겨워한 제안을 다시 할까 걱정하지 마세요. 양쪽 모두 빨리 잊을수록 좋은 소망에 집착해서 당신을 고통스럽게 하거나 나를 비참하게 할 의도는 없으니까요. 성격상 편지라도 써서 당신에게 알리지 않고선 견딜 수 없어 이렇게 편지를 작성해서 건넬 뿐, 그게 아니라면 이렇게 하는 일도 없을 테니, 저로선 내용을 자세히 읽으라고 멋대로 요구하는 걸 당신이 용서하시길 바랄 뿐이며, 당신은 읽고 싶지 않겠지만, 저는 당신의 정의로운 판단을 기대합니다.

당신은 간밤에 성격도 다르고 중요성도 다른 문제 두 개를 제시하며 저를 질책하셨습니다. 하나는 제가 양쪽 감정을 거스르며 빙리를 당신 언니에게서 떼어놨다는 비난이고, 또 하나는 다양한 약속은 물론 명예와 인격까지 외면한 채 위컴이 누릴 행복을 깨뜨리고 미래의 행복조차 날려 버렸다는 비난입니다. 어릴 적 친구며 선친께서 가장 좋아하신 젊은이, 우리가 후원하는 것 말고는 기댈 데가 전혀 없는 젊은이, 당연히 우리가 후원할 걸 기대하며 성장한 젊은이를 나쁜 마음으로 잔인하게 내쳤다면, 그건 서로 애정을 키운 게 몇 주에 불과한 젊은이 두 명을 갈라놓은 것과 비교할 수 없을 정도로 사악한 행위가 아닐 수 없습니다. 하지만 제가 그럴 수밖에 없었던 동기를 다 읽으시어, 간밤에 두 가지 문제를 언급하시며 저를 강하게 비난하신 마음이 조금은 가라앉길 바랍니다. 두 가지를 설명하다 제 문제 때문에 당신이 불쾌하게 여기실 감정을 행여나 언급한다면, 저로선 미안하단 말씀을 드릴 수밖에 없습니다. 하지만 피치 못할 때는 어쩔 수 없으니, 그때 또 사과하는 건 우스꽝스럽기만 할 것 같습니다.

저는 하트퍼드셔에 가고 얼마 안 돼서, 다른 모든 사람과 마찬가지로, 빙리가 다른 여성보다 당신 언니를 유난히 좋아한다는 사실을 깨달았습니다. 하지만 빙리가 진지하게 느끼는 애정을 제가 처음으로 걱정스럽게 바라본 건 네더필드에서 무도회를 연 초저녁이었습니다. 무도회에서 저는 당신과 춤추는 영광을 누리다 루카스 경이 우연히 하시는 말씀을 듣고 빙리가 당신 언니에게 관심을 보인다는 이유로 두 사람이 결혼까지 하는 걸 모두 당연시한다는 사실을 처음 깨달았습니다. 루카스 경은 결혼을 당연하게 여기며 결혼식 날짜를 고르는 것만 남았다고 하셨습니다. 그 순간부터 저는 친구가 행동하는 모습을 자세히 살피다, 당신 언니를 좋아하는 모습이 예전에 다른 여성을 만날 때와 완전히 다르다는 사실을 느꼈습니다. 그래서 당신 언니도 살폈습니다. 표정도 자세도 솔직하고 명랑하고 매력적이나 빙리를 특별히 좋아한다는 증거는 없어, 저는 그날 관찰한 결과에 근거해, 당신 언니는 빙리가 보이는 관심을 즐기지만, 빙리와 똑같은 감정은 아니라고 확신했습니다. 이 부분에서 당신 판단이 틀리지 않는다면, 제가 틀린 게 분명합니다. 당신은 당신 언니를 훨씬 잘 알 테니, 후자일 가능성이 크겠지요. 그렇다면, 제가 잘못 판단하고 당신 언니에게 고통을 가했다면, 당신이 분노하는 건 지극히 당연합니다. 하지만 당신 언니는 얼굴과 온몸에서 풍기는 분위기가 너무나 차분한 나머지, 자세히 관찰한 사람이라면 성격은 정말 다정해도 마음은 쉽게 다가갈 수 없다고 확신할 가능성이 크다고 조금도 망설이지 않고 주장하겠습니다. 저로선 당신 언니는 무관심한 게 확실하다고 믿고 싶지만, 감히 말씀드린다면, 저는 누굴 살피고 판단할 때 기대감이나 걱정하는 마음 때문에 특별히 영향받는 사례가 거의 없습니다. 당신 언니를 무관심하다고 본 건 제가 그렇게 보고 싶었기 때문이 아니라고, 저는 공정하게 판단했고 이유도 충분하다고 믿습니다. 두 사람이 결혼하는 걸 반대한 이유는 제가 간밤에 엄청난 열정이 있을 때 비로소 극복할 수 있다고 인정한 문제 때문만이 아닙니다. 가정환경이 떨어진다는 건 친구에게도 저만큼이나 커다란 장애물이겠지요. 하지만 문제가 될만한 건 그 정도가 아닙니다. 빙리한테든 나한테든 똑같은 비중으로 존재하며 지금도 그대로 존재하는 장애물을 저는 지금 당장 눈에 안 보인다는 이유 하나로 잊으려고 애썼을 뿐입니다. 장애물이 뭔지 짧게 설명하겠습니다. 당신 외가도 문제가 없는 건 아니지만, 당신 어머니가 거의 항상 예의 없이 행동하고 세 여동생도 비슷하며 당신 아버지까지 가끔 그러시는 건 정말 커다란 문제가 아닐 수 없습니다. 미안합니다. 당신 기분을 상하게 하니, 저도 아프군요. 하지만 가족에게 결점이 있다는 게 안타깝고 이렇게 지적까지 받는 게 불쾌해도, 당신과 당신 언니는 이렇게 비판받을 행동을 안 해서 두 분 모두 성격과 예의가 좋다고 많은 사람이 칭찬한다는 걸 위안으로 삼으세요.

이 부분에서 제가 더 말씀드릴 건, 그날 초저녁을 겪으면서 가족분들을 확실하게 파악하고 친구가 불행하게 맺어지는 걸 막아야겠다는 마음을 굳게 다졌다는 사실입니다. 당신도 알다시피, 다음 날 친구는 금방 돌아올 예정으로 네더필드를 떠나 런던으로 갔습니다.

제가 한 역할을 이제부터 설명하겠습니다. 빙리 자매 역시 저와 마찬가지로 불안하게 여기던 참에, 우리 모두 생각이 같다는 사실을 깨닫고, 당신 언니와 빙리를 한시바삐 떼어놓아야 한다는 판단도 똑같다는 사실을 확인한 다음, 우리는 런던으로 곧장 쫓아가자고 결심했습니다. 그래서 바로 찾아가, 빙리에게 당신 언니와 결혼하는 게 나쁠 수밖에 없는 문제점을 지적했습니다. 진심으로 설명하고 강조했습니다. 설명을 듣고 빙리가 흔들리거나 결심을 미룰 순 있겠지만, 최종적으로 결혼을 막은 건, 제가 확실하게 말씀드릴 수 있으니, 당신 언니가 무관심했다는 사실입니다. 빙리는 자신이 진심으로 사랑하면 당신 언니도, 똑같이 열렬하진 않을지언정, 자신을 사랑할 거라고 믿었습니다. 하지만 천부적으로 겸손한 성격이라 자기 판단보다 제 판단에 많이 기댔습니다. 그래서 빙리에게 착각이라고 믿게 하는 건 그리 어렵지 않았습니다. 하트퍼드셔로 돌아가지 않도록 설득하는 건 더더욱 쉬웠습니다. 저는 이렇게 행동한 걸 잘못이라고 여기지 않습니다. 전체를 돌아볼 때 만족스럽지 못한 부분은 딱 하나, 당신 언니가 런던에 있다는 사실을 감추려고 애쓰는, 부끄러운 행동을 했다는 겁니다. 당신 언니가 런던에 있다는 건 저도 알고 빙리 양도 알지만, 빙리는 아직도 모릅니다. 두 사람이 다시 만나도 나쁜 일은 없을 수 있겠지만, 제가 보기에 빙리는 열정을 완전히 잠재우지 못한 상태라서 당신 언니를 다시 만나면 위험할 것 같았습니다. 이런 식으로 숨기고 이런 식으로 속이는 건 제가 할 짓이 아니지만, 저로선 그렇게 할 수밖에 없었고, 결국 그렇게 했습니다. 이 문제에 대해 더 할 말도 없고, 다시 사과할 것도 없습니다. 제가 당신 언니를 아프게 했다면 모르고 한 것이며, 그럴 수밖에 없었던 동기는 당신에게 당연히 근거가 부족하겠지만, 저에게 그걸 자책할 근거는 여전히 없습니다.

위컴을 망가뜨렸다는 훨씬 강하게 비난한 문제는 그 사람이 우리 가족과 맺은 관계를 모두 드러내는 식으로 반박할 수밖에 없습니다. 그 사람이 저를 구체적으로 어떻게 비난했는지 모르겠지만, 지금부터 알려드릴 내용이 진실이란 걸 확실하게 증언할 사람을 한 명 이상 알려드릴 수 있습니다.

위컴은 펨벌리 저택 영지 전체를 오랫동안 관리하신, 정말 존경스러운 분 아들입니다. 이분께서 모든 일을 믿음직하게 처리하시니, 저희 선친께서도 도움을 드리고 싶은 마음이 생기셔서 위컴을 대자로 삼으시고 다양한 은혜를 넉넉하게 베푸셨습니다. 학교 공부는 물론 케임브리지까지 보내셨는데, 위컴 부친은 부인이 낭비가 심해서 늘 가난한 나머지 자식을 신사답게 제대로 공부시킬 수 없는 터라, 선친이 거의 모든 걸 지원하셨습니다. 선친께선 위컴이 사교성이 뛰어나고 예의 바르고 매력적인 모습을 총애하신 건 물론, 위컴을 높이 평가하시고, 나중에 교회를 맡기실 생각으로 사제가 되길 바라셨습니다. 하지만 저는 아주 오래전부터 위컴을 완전히 다른 각도에서 바라보았습니다. 성격이 사악하고 원칙이 없는 모습을 선친께 숨기는 건 성공했으나, 같은 또래가 바라보는 시선까지, 방심한 순간에 본모습이 드러나는 것까지 피할 순 없었으니까요. 여기에서 저는 당신을 다시 고통스럽게 할 수밖에 없으나, 그 고통이 얼마나 큰지는 당신만 알겠군요. 하지만 위컴이 당신에게 어떤 감정을 느끼게 했든, 그것 때문에 제가 그 본질을 밝히는 걸 막을 순 없습니다. 오히려 동기가 하나 더 늘어났을 뿐이니까요.

훌륭하신 선친께선 약 오 년 전에 돌아가셨는데, 위컴을 사랑하는 마음은 마지막 순간까지 확고하셔, 위컴이 사제서품을 받으면 사제관이 비는 대로 그곳에서 가족을 이루고 바람직하게 살도록 하며, 사제직이 허용하는 선에서 최대한 승진하도록 최선을 다해 도우라고 유언하셨습니다. 거기에다 천 파운드까지 유산으로 남기셨습니다. 위컴 부친도 얼마 못 사시고 반년 사이에 두 분이 임종하시니, 위컴은 저에게 편지를 보내, 사제서품을 안 받기로 최종 결심해 약속받은 자리는 아무런 소용도 없으니, 그걸 포기하는 대신 금전적으로 당장 보상받고 싶다는 걸 부당하게 여기지 않길 바란다고 통보했습니다. 자신은 법률을 공부할 생각인데 천 파운드 이자로는 비용이 충분치 않다는 걸 저도 잘 알 거라고 덧붙였습니다. 저는 그게 진심이길 바랄 뿐 진심이라고 믿을 순 없었지만, 어쨌든, 위컴 제안에 동의할 마음은 완벽했습니다. 위컴은 성직자가 되면 안 된다는 사실을 잘 아는 터라 그 일은 일사천리로 결정되고, 위컴은 나중에 성직을 받는 상황이 되더라도 모든 걸 포기하는 대가로 삼천 파운드를 받았습니다. 그걸로 우리 관계는 모두 끝난 것 같았습니다.

저는 그 사람을 나쁘게 보고 펨벌리 저택에 초대하지도 런던에서 만나지도 않았습니다. 그는 런던에서 주로 살긴 해도 법률 공부는 핑계일 뿐, 모든 제약에서 풀려나 빈둥거리며 방탕하게 지냈습니다. 그래서 삼 년 동안 별다른 소식을 못 들었는데, 사제관 신부님이 돌아가시자, 그는 자신에게 예정된 자리를 달라는 편지를 보냈습니다. 형편이 극도로 어렵다고 주장했는데, 저는 그 주장을 믿는 게 어렵지 않았습니다. 법률은 돈벌이가 안 되는 공부라는 걸 깨달아, 제가 그 자리를 허락한다면 자신도 성직을 받아들이기로 단단히 마음먹었다는 말도 했는데, 그는 제가 그 자리를 줄 거라고 확신했습니다. 그 자리를 맡길 사람이 특별히 없는 데다, 존경하는 선친께서 남기신 유언을 제가 가볍게 여기지 않을 거라고 여겼기 때문입니다. 저는 이렇게 간절한 요청은 물론 계속 되풀이하는 요청까지 모두 거절한 걸 잘못이라고 생각하지 않습니다. 하지만 그는 상황이 나빠지는 만큼 분노했으니, 저에게 비난한 만큼 다른 사람에게도 저를 심하게 비난한 건 의심할 여지가 없습니다. 하지만 그런 시기도 지나면서 우리 관계는 완전히 끝났습니다. 그 사람이 어떻게 사는지도 몰랐습니다. 하지만 그는 지난여름에 정말 고통스러운 방식으로 저에게 관심을 다시 강요했습니다.

지금 제가 털어놓을 사건은 완전히 잊고 싶은, 이런 일만 아니라면 누구에게도 말하지 않을 내용입니다. 이만큼 말했으니, 당신도 비밀을 지켜주시리라 믿습니다. 저는 우리 어머니 조카 피츠윌리엄 대령과 함께 저보다 열 살 어린 여동생을 공동으로 보살피는 후견인입니다. 여동생은 약 일 년 전에 기숙학교를 나와 런던에 생활공간을 마련했는데, 지난여름에 런던 집을 관리하는 영 부인과 함께 램스게이트로 여행가고, 위컴도 그곳으로 간 걸 보면 사전에 계획한 게 분명합니다. 위컴이 영 부인과 사전에 만났다는 사실도 드러났는데, 우리는 불행히도 영 부인이 그런 사람인 걸 몰랐습니다. 위컴은 영 부인이 묵인하고 협조하는 가운데 다가가고, 조지아나는 위컴이 다정하게 행동하는 걸 보고 크게 감동한 나머지, 그를 사랑한다 확신하고 함께 도망가서 살기로 약속했습니다. 굳이 변명하자면 여동생은 당시에 열다섯이란 어린 나이였는데, 무모하게 약속하고 나서, 다행히도, 저에게 그 사실을 알렸습니다. 함께 도망치기 하루 이틀 전에 우연히 찾아가니, 조지아나는 자신이 부친처럼 여기는 오빠가 힘들어하며 슬퍼할 거란 생각을 억누를 수 없어, 모든 얘기를 털어놓은 겁니다.

제가 어떻게 느끼고 어떻게 행동했을지는 당신도 충분히 상상하겠지요. 여동생 평판과 심정을 고려해서 소문이 안 나도록 애쓰며 위컴에게 편지해서 당장 그곳을 떠나게 하고 당연히 영 부인을 해고했습니다. 주목적은 삼만 파운드에 달하는 여동생 재산이었다는 걸 누구도 의심할 수 없지만, 저는 위컴이 저에게 복수하는 것 역시 강력한 동기였다고 생각하지 않을 수 없습니다. 하마터면 제대로 복수할 뻔한 것도 사실이고요.

지금까지 모든 걸 사실대로 말씀드렸으니, 완벽한 거짓말로 들리지 않으신다면, 제가 위컴에게 가혹하게 행동했다는 생각을 앞으로는 거두어 주실 거라 믿습니다. 저는 그 사람이 당신에게 어떤 방식으로 어떻게 거짓말했는지 모르지만, 그게 성공한 건 조금도 이상하게 여기지 않습니다. 당신은 우리 사이에 있었던 일을 모르니, 거짓말을 찾아낼 수 없는 데다, 의심하는 건 당신 성격에 안 맞으니 말입니다.

이 모든 얘기를 간밤에 안 한 이유가 궁금하실 수 있지만, 당시에 저는 어떤 내용을 밝혀야 하는지 자체를 제대로 판단할 상태가 아니었습니다. 말씀드린 게 모두 진실인지는 피츠윌리엄 대령이 자세히 압니다. 가까운 친척으로 자주 어울린 데다 선친이 유언하신 내용을 집행하는 역할까지 담당해, 모든 내용을 상세히 알 수밖에 없으니까요. 저에 대한 혐오감 때문에 제가 말씀드린 게 무가치하게 들리신다면, 피츠윌리엄 대령에게 확인하시기 바라니, 충분히 물어보도록 하고픈 마음 하나로 이 편지를 오전 중에 당신에게 전하고자 애쓰겠습니다. 제가 덧붙일 말은 하느님 은총이 가득하길 바란다는 게 전부입니다.

피츠윌리엄 다르시.

## 36

엘리자베스는 다르시가 편지를 건넬 때 다시 청혼하는 내용일 거란 예상은 안 했지만, 이런 내용일 거란 예상도 안 했다. 그러나 상대가 얼마나 흠뻑 빠져들어 얼마나 다양한 감정이 뒤얽히며 요동쳤는지는 쉽게 짐작할 수 있었다. 내용을 읽으면서 어떤 느낌이 들었는지는 확실하지 않았다. 처음에는 다르시가 변명한다는 사실에 어이가 없었다. 그 사람은 아무것도 해명할 수 없다는, 창피한 줄 알아야 한다는 생각만 꾸준히 떠올랐다. 그 사람이 하는 모든 말에 엘리자베스는 강한 편견을 지니고 네더필드에서 일어난 사건을 설명하는 부분부터 읽었다. 이해할 능력까지 사라질 정도로 열심히 읽고, 다음에 나올 문장이 궁금해서 당장 바라보는 문장을 제대로 파악할 수도 없었다. 언니가 빙리에게 관심이 없다고 믿었다는 말은 단번에 거짓말로 규정하고, 둘이 맺어질 수 없는 장애물을 설명할 때는 분노가 치밀어서 공정한 시각으로 바라보고픈 마음마저 사라졌다. 그 사람은 자신이 한 짓에 엘리자베스가 만족할 만큼 후회하지도 않고, 문체는 뉘우치는 느낌이 아니라 거만했다. 하나같이 오만하고 무례했다.

하지만 위컴에 대한 설명으로 넘어간 다음부터는 훨씬 집중해서, 사실이라면 위컴에게 품은 긍정적인 생각을 모조리 뒤엎을 수밖에 없는 사건을 읽어나가는데, 위컴이 직접 설명한 과정과 놀라울 정도로 맞아떨어져, 엘리자베스는 그만큼 더 고통스럽고 그만큼 더 혼란스러웠다. 놀라움과 불안감과 두려움이 내리눌렀다. 모조리 부정하고 싶어서 "거짓말이야! 사실일 수 없어! 새빨간 거짓말이야!"라고 몇 번이고 소리치다, 끝까지 읽은 다음에는 마지막 내용을 제대로 파악조차 못한 채 하나같이 엉터리라고 두 번 다시 안 읽겠다고 반발하며 옆으로 황급히 밀쳤다.

엘리자베스는 마음이 너무 어지러워서 조금도 진정할 수 없다고 생각하며 계속 걸었지만, 소용이 없었다. 삼십 초도 안 돼서 편지를 다시 펼치고, 온 힘을 다해서 마음을 가라앉히며 위컴에 관해 설명하는 내용을 다시 힘겹게 읽다, 문장에 담긴 의미를 살펴볼 정도로 자제력을 키웠다. 위컴과 펨벌리 저택이 맺은 관계는 위컴이 직접 설명한 내용과 똑같고, 돌아가신 다르시 선생께서 베푸신 은혜도, 이렇게 자세한 건 아니지만, 위컴이 한 말과 비슷했다. 여기까진 양쪽 이야기가 맞아떨어졌다. 하지만 유언으로 나아가면서 차이는 거대했다. 위컴이 교회 사제직에 관해 한 말이 생생하게 기억나서 하나씩 떠올리다 보면 어느 한쪽이 완벽한 거짓말이라고 느낄 수밖에 없어, 엘리자베스는 자신이 호감을 품은 게 잘못은 아니라고 스스로 다독였다. 하지만 위컴이 교회를 포기하는 대가로 3천 파운드란 돈을 받았다는 대목을 읽고 또 읽으니 다시 망설이지 않을 수 없었다. 편지를 내려놓고 모든 상황을 최대한 공정하게 판단하고 각 주장의 개연성을 따져보지만, 별다른 효과는 없었다. 양쪽 모두 자기주장에 불과했다. 그래서 다시 읽었다. 하지만 한 줄 한 줄 나갈수록 상황이 또렷하게 드러나, 다르시는 어떤 간계로도 추악한 행동을 가릴 수 없다던 확신이 잘못한 게 하나도 없다는 쪽으로 조금씩 변하는 것 같았다.

다르시가 조금도 망설이지 않고 위컴을 무절제하고 방탕하다고 비난한 건 정말 엄청난 충격인데, 그게 부당하다는 증거를 떠올릴 순 없었다. 엘리자베스는 위컴이 민병대로 들어오기 전에 살아온 모습을 들은 게 하나도 없었다. 민병대에 들어온 것도 런던에서 우연히 만난 젊은이에게 권유받은 것에 불과했다. 하트퍼드셔에서는 위컴이 직접 말한 것 말고는 예전에 어떻게 살았는지 아무도 모른다. 진정한 본성에 대해 알아볼 순 있었으나, 엘리자베스는 그러고 싶은 마음을 한 번도 못 느꼈다. 얼굴과 목소리와 예의 바른 태도는 위컴을 단번에 좋은 점이 많은 인물로 만들었다.

엘리자베스는 다르시가 비난한 내용을 물리칠 정도로 선량한 사례를, 성실하거나 자비로운 특색이 또렷하게 드러나는 사례를 떠올리려 애썼다. 그게 아니더라도 두드러진 미덕을 떠올려서 오랫동안 게으르고 사악했다는 다르시 주장을 사소한 실수로 규정하고 벌충하려 애썼다. 하지만 그런 기억은 조금도 안 떠올랐다. 매력적인 분위기와 말투는 눈앞에 있는 것처럼 생생하게 떠올라도, 마을에서 대체로 좋게 보는 평판과 사교 능력으로 많은 사람에게 호감을 얻어낸 이상으로 구체적인 미덕은 하나도 안 떠올랐다.

엘리자베스는 이 지점에서 상당히 오랫동안 생각하다 다시 읽어나갔다. 하지만, 아아! 다르시 양을 속인 이야기가 잇따라 나오는데, 이건 바로 이날 오전에 피츠윌리엄 대령과 나눈 대화를 통해 상당히 검증할 수 있었다. 피츠윌리엄 대령은 사촌 집안 문제를 자세히 아는 데다 그 인격을 의심할 이유 역시 조금도 없다는 걸 엘리자베스 자신이 잘 아는데, 바로 그 사람에게 사실 여부를 구체적으로 물어보라는 제안까지 마지막에 했다. 엘리자베스는 피츠윌리엄 대령에게 물어볼까 하는 생각도 잠시 했지만, 너무 어색할 것 같아서 망설이다, 사촌이 확실하게 대답할 거로 확신하지 않았다면 다르시가 그렇게 제안하는 위험을 감수하지 않았을 거란 확신마저 들어서 완전히 포기했다.

엘리자베스는 필립스 이모부 댁에서 위컴을 처음 만나 단둘이 나눈 대화를 완벽하게 기억했다. 표현 하나하나가 생생하게 떠올랐다. 낯선 사람에게 그런 이야기까지 하는 건 부적절하다는 생각이 떠올랐다. 예전엔 미처 생각을 못 했다는 게 이상했다. 위컴이 그런 식으로 자신을 내세운 게 무례하다는 사실도, 말과 행동이 다르다는 사실도 느꼈다. 다르시랑 마주치는 게 조금도 두렵지 않다고, 다르시가 피할 순 있어도 자신은 아니라고 큰소리치더니, 바로 다음 주에 열린 네더필드 무도회를 피한 사실이 떠올랐다. 네더필드 사람들이 모두 떠날 때까지 위컴은 자신 말고 누구에게도 그 이야기를 안 하더니, 그들이 떠나자마자 그 이야기가 여기저기서 들썩이고, 부친에 대한 존경심 때문에 아들이 저지른 짓을 말할 수 없다면서 실제로는 조금도 망설이지 않고 비난한 사실도 떠올랐다.

위컴과 관련된 모든 상황이 이제는 달라도 너무나 다르게 보였다! 킹 양에게 관심을 보인 건 인제 보니 오로지 재산이라는 혐오스러운 목적 하나 때문이었다. 킹 양 재산이 평범한 수준이라는 건 위컴이 소박하다는 증거가 아니라 무어든 움켜쥐려 한다는 탐욕을 증명할 뿐이었다. 엘리자베스 자신에게 관심을 보인 데에도 선량한 동기는 있을 수 없었다. 재산이 많다고 착각했거나 마음을 경솔하게 드러내서 호감을 부추기는 식으로 허영심을 채운 거였다. 위컴을 옹호하려는 마음은 꾸준히 줄고 다르시가 옳다는 심증은 꾸준히 늘었다. 오래전에 언니가 물었을 때 빙리는 그 문제에서 다르시가 잘못한 건 하나도 없다고 대답했으며, 오만한 태도는 역겨울지언정 다르시를 알고 지내는 내내, 그 행동 방식을 자세히 파악한 건 최근이지만, 파렴치하거나 부당하거나 불경스럽고 부도덕하게 행동한 적은 없으며, 다르시 주변 사람은 하나같이 존경하고 칭찬하는 데다, 위컴조차 다르시가 오빠로서 훌륭하다 하고, 여동생에 대해서 애정이 가득한 목소리로 하는 말을 엘리자베스 자신이 여러 번 들었다는 건 다르시가 지극히 바람직한 감정을 품을 수 있다는 걸 증명하고, 위컴이 주장한 대로 다르시가 사악하게 행동했다면 세상 사람 눈에 이렇게 완벽하게 숨길 순 없고, 정말 그렇게 나쁜 사람이라면 빙리처럼 좋은 사람과 친구로 지낼 수도 없을 터였다.

엘리자베스는 생각할수록 부끄럽기만 했다. 다르시나 위컴을 떠올릴 때마다 자신이 무지하고 불공평하고 편견에 휩싸여 터무니없이 행동했다는 느낌만 가득 떠올랐다.

"아아, 어쩜 이리도 한심할 수 있단 말인가! 분별력이 있다고 자부하던 내가! 능력이 있다고 뽐내던 내가! 언니가 착하고 너그럽게 행동하는 걸 깔보고, 남을 쓸데없이 의심하며 허영심을 채우던 내가! 진실을 깨달으니 너무 창피하구나! 하지만 창피한 게 당연해! 사랑에 빠졌더라도 이렇게 못 견딜 정도로 눈이 멀 수는 없어! 어리석은 건 사랑이 아니라 허영심이었어. 처음 만난 순간부터 한 사람은 다정하게 말해서 기쁘고, 한 사람은 무심하게 말해서 화난 나머지, 두 사람에 관한 한, 나는 아무것도 모른 채 편견을 키우고 이성을 몰아냈어. 지금 이 순간까지 나 자신을 조금도 몰랐어."

자신에서 언니로, 언니에서 빙리로 생각이 옮아가다 보니, 이 부분에 대한 다르시 설명은 부족한 것 같다는 생각이 떠올라, 엘리자베스는 그 부분을 다시 읽었다. 두 번째 읽는 느낌은 완전히 달랐다. 한 사례에 대한 설명을 믿으면서 다른 사례에 대한 설명을 어떻게 안 믿을 수 있단 말인가? 언니가 무관심하다고 판단했다는 부분을 읽는 순간, 샬럿이 늘 주장하던 말이 떠올라, 다르시가 언니를 그렇게 바라볼 수도 있겠다는 생각이 들었다. 언니는 가슴에 뜨거운 감정이 가득해도 겉으로 드러내진 않으며, 늘 차분한 표정과 행동은 가슴에 가득한 사랑과 안 어울릴 때가 잦았다.

가족을 굴욕적으로 언급했어도 그럴만한 이유가 충분한 부분에 이르는 순간, 엘리자베스는 창피한 느낌이 모질게 일었다. 비난한 내용이 망치로 때리는 것 같아도 부정할 순 없고, 네더필드 무도회에서 다르시가 안 좋은 마음을 처음 품은 사건 등 편지에 구체적으로 묘사한 상황은 엘리자베스 자신이 다르시보다 커다란 충격을 받을 수밖에 없었다. 자신과 언니를 좋게 본 게 그나마 다행스러우나, 다른 가족이 자초한 모멸감을 달랠 순 없었다. 언니가 그렇게 좌절한 건 따지고 보면 가족이 그렇게 행동했기 때문이며 그렇게 경솔한 행동으로 자신과 언니 평판은 크게 떨어졌다고 생각하니, 좌절감이 어느 때보다 강하게 몰려들었다.

엘리자베스는 오솔길을 따라 두 시간이나 걸으며 이런저런 생각을 떠올려서 사건을 다시 하나씩 따져보고 개연성을 살피고 너무나 갑작스럽고 너무나 중요한 변화에 최선을 다해서 적응하느라 지친 데다 자리를 너무 오랫동안 비운 걸 떠올리고 마침내 돌아가, 평소처럼 쾌활한 표정으로 집 안에 들어서려 애썼으나, 가슴에 가득한 생각을 꾹 억누르느라 대화에 응할 순 없었다.

엘리자베스는 안으로 들어서는 즉시, 로징스에서 두 신사가 차례대로 다녀갔는데, 다르시는 몇 분만 기다리다 떠났지만, 피츠윌리엄 대령은 최소한 한 시간 이상 앉아서 엘리자베스가 돌아오기만 기다리다 직접 찾아 나섰다는 말을 들었다. 엘리자베스는 길이 엇갈린 걸 안타까운 척해도 속으로는 기뻤다. 피츠윌리엄 대령은 이제 아무런 관심도 없었다. 엘리자베스 머릿속엔 편지 내용만 가득했다.

## 37

두 신사는 다음 날 아침에 로징스를 떠나고, 콜린스는 인사하려고 출입구 근처에서 기다리다 집으로 돌아와, 두 사람 모두 건강해 보였다는, 최근에 로징스에서 지내는 모습이 우울한 것 같았는데 이번에는 기분도 꽤 좋아 보였다는 반가운 소식을 전했다. 그러더니 캐서린 대부인과 딸을 위로하려고 로징스로 서둘러 들어갔다. 기분이 우울하니 모두 모여서 만찬이나 들자는 대부인 전갈을 들고 만족스러운 표정으로 돌아왔다.

엘리자베스는 캐서린 대부인을 만나는 순간, 자신이 청혼을 받아들였다면 앞으로 조카며느리가 될 사람이라고 알렸을 거란 생각과 동시에 대부인이 엄청나게 화냈을 거란 생각이 절로 떠올라서 빙그레 웃었다. '대부인이 뭐라고 할까? 어떻게 반응할까?' 하는 궁금증마저 재미있었다.

제일 먼저 나온 화제는 로징스 손님이 떠나갔다는 내용일 수밖에 없으니, 캐서린 대부인이 말했다.

"정말이지 너무 허전해. 두 조카가 떠난 걸 나처럼 아쉬워하는 사람도 없을 거야. 하지만 나는 두 조카를 유난히 좋아하고, 두 조카 역시 나를 많이 좋아하는 게 분명해! 두 조카 모두 떠나는 걸 정말 아쉬워했거든! 하기야 늘 그러긴 했어. 사랑하는 대령은 마지막까지 씩씩하게 행동했지만, 다르시는 작년보다 훨씬 힘들어하는 것 같았어. 로징스를 사랑하는 마음이 늘어난 거야."

콜린스는 당연히 그럴 수밖에 없다며 아부하고, 어머니와 딸은 다정하게 웃었다.

만찬이 끝난 뒤, 캐서린 대부인은 엘리자베스에게 우울한 것 같다고, 집으로 돌아갈 날이 다가와서 그런 것 같다고 말하더니, 이렇게 덧붙였다.

"어머니한테 편지를 써서 조금 더 머물겠다고 사정해. 콜린스 부인도 자네가 곁에 있는 걸 좋아할 테니."

"친절하신 말씀에 깊이 감사드립니다. 하지만 그 말씀을 받아들일 순 없습니다. 다음 주 토요일까지 런던에 가야 합니다."

"맙소사, 그렇다면 여기에 머무는 게 육 주밖에 안 되잖아. 두 달은 채울 줄 알았는데. 자네가 오기 전에 콜린스 부인한테도 말했어. 자네가 이렇게 일찍 돌아가진 않을 거라고. 보름 더 머무는 정도는 자네 어머니도 받아들이실 거야."

"하지만 아버지께서 못 그러세요. 어서 돌아오라고 지난주에 편지하셨거든요."

"아! 자네 아버지도 당연히 받아들이실 거야, 자네 어머니가 받아들이면. 딸은 아버지한테 중요하지 않아. 자네가 다음 달까지 꼬박 머문다면, 나도 유월 초에 런던으로 갈 예정이니, 내가 데려다주겠네. 도슨이 마부석 자리를 싫어하지 않으니, 자네들 가운데 한 명이 타고 갈 자리는 충분히 나올 거야. 날씨만 충분히 시원하다면, 두 사람 모두 덩치가 안 크니, 둘 다 태워줄 수도 있고."

"대부인께서 정말 친절하시네요. 하지만 원래 계획대로 해야 할 것 같아요."

엘리자베스가 재차 사양하자, 캐서린 대부인도 포기하는 것 같았다.

"콜린스 부인, 두 사람한테 하인을 꼭 딸려 보내게. 내가 언제나 솔직하게 말하는 걸 자네도 알 텐데, 나는 젊은 아가씨 두 명만 역마차를 타고 가는 건 참을 수 없어. 정말 경솔한 짓이거든. 누구든 딸려 보낼 방법을 찾아. 나는 그런 걸 세상에서 제일 싫어해. 젊은 아가씨는 상황에 맞춰서 적절하게 보살피고 보호해야 마땅해. 우리 조카 조지아나가 지난여름에 램스게이트로 갈 때도 나는 남자 하인 두 명이 꼭 따라가게 했어. 조지아나는 고인이 되신 펨벌리 저택의 다르시 선생과 앤 귀부인 따님이라, 안 그러면 예법에 어긋나거든. 나는 이런 일에 정말 예민해. 두 아가씨한테 존을 딸려 보내도록, 콜린스 부인. 내가 이렇게 말해서 다행이야. 두 아가씨만 보냈다간 자네한테 커다란 불명예가 됐을 테니."

"저희 외삼촌께서 하인을 보내신다고 하셨어요."

"아! 자네 외삼촌이! 남자 하인이 있는가 보지? 그걸 생각하는 사람이 있어서 기쁘군. 말은 어디에서 바꾸지? 아! 당연히 브롬리겠지. 벨 여인숙에서 내 이름을 대면 사람들이 잘해줄 거야."

캐서린 대부인은 두 아가씨가 먼 길을 떠나는 문제로 다양하게 질문해도 스스로 모두 대답하는 건 아니라, 잔뜩 긴장해야 한다는 사실이 엘리자베스는 차라리 다행스러웠다. 그게 아니라면 마음속에 꽉 들어찬 생각 때문에 자신이 어디에 있는지조차 잊어버릴 것 같았다. 깊은 생각은 혼자 있는 시간으로 미뤄야 하니, 엘리자베스는 혼자 남을 때마다 크게 안도하며 깊은 생각에 빠져들고, 단 하루도 빠짐없이 산책하러 나가서 불쾌한 기억을 파헤치며 되새겼다.

엘리자베스는 다르시 편지를 결국엔 그대로 외울 것 같았다. 문장을 모조리 살피는데, 그걸 쓴 사람에 대한 감정이 매번 바뀌었다. 청혼하던 방식이 떠오를 때는 여전히 화가 치솟다가도, 터무니없이 비난하고 질책했다는 사실이 떠오를 때는 자신에게 분노하고, 다르시가 실망했다는 생각이 떠오를 때는 동정심이 일어났다. 다르시가 보인 애정은 더없이 고맙고 인격은 존경스럽지만, 다르시를 받아들일 수도 없고 자신이 거절한 걸 한순간이라도 후회하거나 다시 보고 싶은 마음을 조금이나마 품을 수도 없었다. 자신이 한 행동을 떠올리면 짜증과 후회만 일어나고, 가족이 지닌 결점을 생각하면 더없이 슬펐다. 이건 해결할 수 없는 결점이었다. 아버지는 어린 두 딸이 철없이 경솔하게 행동하는 걸 비웃기만 할 뿐 억누르려 애쓰지 않을 게 분명하고, 어머니는 예의라는 걸 모르는 터라 뭐가 나쁜지 분간할 수 없었다. 엘리자베스는 언니와 힘을 합쳐서 캐서린과 리디아가 경솔한 행동을 못 하도록 제지할 때가 잦으나, 어머니가 응석을 다 받아주니 어떻게 좋아질 수 있단 말인가? 캐서린은 마음이 약하고 성미는 급해서 동생 리디아에게 완벽하게 끌려다닐 뿐 충고할 때마다 반발하고, 리디아는 뭐든지 제멋대로라서 조심하는 게 없어 아예 듣는 척조차 안 할 게 분명했다. 이들은 무식하고 게으르고 허영심만 컸다. 메리턴에 장교가 있는 한 함께 노닥거릴 수밖에 없고, 롱번에서 편하게 걸어갈 거리에 있는 한 메리턴으로 마냥 찾아갈 수밖에 없었다.

언니 일 역시 커다란 걱정거리였다. 다르시 설명에 따르면, 빙리는 좋은 사람이란 생각이 다시 떠올라, 언니가 괜찮은 사람을 잃었다는 안타까움이 가득 피어올랐다. 애정은 진실했다는 사실이 드러나고, 친구를 절대적으로 신뢰하는 게 죄가 아닌 한, 그런 행동 역시 나무랄 수 없었다. 장점도 많고 행복한 삶도 보장된, 모든 점에서 바람직한 혼처를 가족이 멍청하고 무례하게 굴어서 언니가 잃었다고 생각하면 못 견디도록 슬프기만 했다!

이렇게 정리한 내용에 새롭게 깨달은 위컴의 본질까지 더하니, 우울한 적이 좀처럼 없을 만큼 쾌활한 성격도 크게 영향받을 수밖에 없어, 겉으로 명랑한 척하는 것조차 불가능할 것 같았다.

그곳에 머문 마지막 한 주 역시 처음에 그런 것처럼 툭하면 로징스 모임에 참석했다. 마지막 초저녁도 마찬가지였다. 대부인은 먼 길에 나설 채비를 다시 구체적으로 묻고, 짐을 제일 잘 싸는 방법을 알려주고 드레스를 제대로 싸는 유일한 방법을 강력하게 주장해, 마리아는 사제관으로 돌아가는 즉시 아침에 싸놓은 짐을 모두 풀어서 다시 싸야겠다고 다짐했다.

헤어질 때 캐서린 대부인은 엄청난 겸손을 발휘하며 잘 가라, 내년에 헌스퍼드로 꼭 다시 놀러 오라 초대하고, 드 버그 양은 두 사람에게 무릎을 구부려서 인사하며 손을 내밀었다.

## 38

토요일 아침에 콜린스는 다른 사람이 나타나기 직전에 식탁에서 엘리자베스를 만나자, 마음속으로 다짐한 대로 예의 바르게 작별할 기회로 삼았다.

"당신이 우리 집에 오는 친절을 베푸신 데에 콜린스 부인이 이미 감사했겠지만, 행여나 안 했다면 집을 떠나기 전에 꼭 그렇게 인사할 겁니다, 엘리자베스 양. 분명히 말씀드리지만, 나는 엘리자베스 양이 찾아주어서 정말 고마웠습니다. 거처가 누추해서 우리 집에 머물길 바라는 사람은 거의 없다는 걸 우리도 잘 압니다. 생활 수준은 평범하고 침실은 좁디좁고 하인도 부족하고 세상 밖으로 나가지도 않으니, 이곳 생활이 당신처럼 젊은 여성에겐 정말 따분하겠지요. 하지만 우리가 정중하게 고마워한다는 사실만큼은, 당신이 불편하게 지내지 않도록 최선을 다했다는 사실만큼은 부디 믿어주시기 바랍니다."

엘리자베스는 고마웠다고, 정말 즐거웠다고, 여섯 주를 재밌게 보낸 것도 샬럿과 함께 즐겁게 지낸 것도 세심하게 배려받은 것도 모두 감사한다고 힘주어 말했다. 콜린스는 만족스러운 표정으로 훨씬 엄숙하게 웃으며 대답했다.

"불쾌하게 지내지 않았다니 정말 기쁘군요. 우리가 최선을 다한 건 확실합니다. 무엇보다 다행스럽게도, 로징스와 맺은 인연 덕분에 당신을 상류사회에 소개하고 누추한 거처를 다양하게 벗어날 수 있어, 이번 방문이 완전히 지루하진 않았다고 우리 스스로 자부합니다. 정말이지, 우리가 캐서린 대부인 가족과 맺은 인연은 그 누구도 못 누릴 은총이자 탁월한 장점입니다. 우리 신분이 어떤지는 당신 눈으로 직접 보았습니다. 우리가 로징스에 자주 들어간다는 사실도 직접 보았습니다. 사제관은 초라할지언정, 우리가 로징스와 친밀하게 교류하는 한, 여기에 머무는 걸 동정할 순 없다고 생각합니다."

콜린스는 한껏 부풀어 오른 감정을 말로 다 드러낼 수 없어, 엘리자베스가 예의와 진실을 몇 마디 말로 묶어내려 애쓰는 동안, 실내를 이리저리 거닐다 다시 말했다.

"그러니 하트퍼드셔에 가서 바람직하게 얘기하기를 바랍니다, 친애하는 사촌. 최소한 그 정도는 얘기할 수 있다고 자부합니다. 캐서린 대부인이 콜린스 부인한테 지대한 관심을 보이는 장면도 일상적으로 목격했으니, 사촌은 친구가 전체적으로 불행하게 지낸다고 여기진 않으실 거라 확신하지만, 이 부분에 대해선 침묵하셔도 괜찮습니다. 다만 한 가지 확실히 말씀드린다면, 친애하는 엘리자베스 양께서도 친구만큼 행복하게 결혼하길 진심으로 바란다는 겁니다. 콜린스 부인과 나는 모든 점에서 성격과 생각이 놀라울 정도로 비슷하니까요, 천생연분처럼."

엘리자베스는 정말 그런 모습을 보아서 즐거웠다고 또렷하게 말하고, 가정생활이 편안한 걸 확실히 보아서 기뻤다고 진심으로 덧붙였다. 하지만 이 집 안주인이 불쑥 끼어들어 장광설을 막은 건 조금도 안타깝지 않았다. 불쌍한 샬럿을! 이런 사람들 사이에 남겨두고 떠난다는 게 편치 않았다! 하지만 샬럿은 이런 삶을 두 눈 똑바로 뜨고 선택했으니, 친구가 떠나는 걸 서운하게 여기긴 해도 동정을 구하는 것 같진 않았다. 가정과 살림, 교회와 닭, 여기에서 파생한 일상을 사랑하는 게 분명했다.

마침내 마차가 도착해, 여행 가방을 마차에 단단히 묶고 조그만 꾸러미를 안에 넣더니, 떠날 준비를 마쳤다는 소리가 들렸다. 콜린스는 엘리자베스가 친구와 애정 어린 작별 인사를 나눈 다음에 마차까지 배웅하려고 정원을 걸어가다, 가족에게 안부를 전해달라고, 지난겨울에 롱번에서 베푼 은혜를 안 잊었다고, 뵌 적은 없지만 외삼촌 부부에게도 인사를 전해달라고 부탁했다. 그런 다음에 엘리자베스와 마리아가 마차에 올라타도록 차례대로 거들고 문을 닫으려다 갑자기 깜짝 놀란 표정으로 로징스 숙녀 두 분에게 인사말을 남기는 걸 깜빡 잊었다면서 덧붙였다.

"하지만 사촌은 여기에서 지내는 동안 두 숙녀분이 베푸신 친절에 진심으로 감사드리고 겸허하게 존경하는 마음을 전달하길 당연히 바라시겠지요."

엘리자베스는 반대하지 않고, 문이 닫히고, 마차는 달렸다.

마리아가 잠시 침묵하다 감탄했다.

"맙소사! 여기에 온 게 하루 이틀밖에 안 된 것 같은데! 정말 많은 일이 일어났어!"

엘리자베스도 한숨을 내쉬며 대답했다.

"그래, 정말 많은 일."

"로징스에서 만찬이 아홉 번, 다과모임이 두 번! 집에 가서 할 말이 정말 많아!"

엘리자베스는 속으로 덧붙였다.

'숨겨야 할 것도 정말 많고!'

두 사람은 별다른 대화도 없고 마차는 별다른 사건도 없이 열심히 달리니, 헌스퍼드를 떠나고 네 시간 만에 외삼촌 댁에 도착했다. 그곳에서 며칠 묵을 예정이었다.

언니는 좋아 보이고, 엘리자베스는 외숙모가 두 사람을 위해서 마련한 다양한 행사에 참여하느라 언니 기분을 살필 기회가 없었다. 하지만 언니도 함께 집으로 돌아갈 예정이니, 롱번에서 느긋하게 살필 수 있을 터였다.

하지만 다르시가 청혼한 사실을 언니에게 말하는 걸 롱번까지 미룬다는 게 결코 쉬운 일은 아니었다. 그걸 말하는 순간, 언니는 엄청나게 놀라고 자신은 여전히 물리칠 수 없는 허영심을 크게 충족할 터라 밝히고 싶은 마음이 굴뚝 같으나, 어디까지 말하고 어디부터 숨겨야 할지 애매한 데다, 이야기가 나오기 시작하면 빙리 이야기도 당연히 나올 수밖에 없어, 언니가 슬퍼할 수 있다는 우려 때문에 꾹 참아냈다.

## 39

젊은 여성 세 명은 오월 둘째 주에 그레이스처치 거리를 떠나 하트퍼드셔 마을로 출발했다. 그래서 베넷 선생 마차가 마중 나오기로 약속한 지점에 가니, 마부가 시간을 정확히 맞추었는지, 이 층 식당에서 내다보는 캐서린과 리디아가 보였다. 두 여자애는 이미 한 시간 전에 도착해 맞은편 모자가게에서 돈 쓰는 재미를 만끽하고, 보초 서는 병사를 지켜보며 오이 샐러드를 준비하는 중이었다.

그래서 방금 도착한 세 명을 맞이하고 여인숙마다 흔한, 차갑게 식힌 고기를 식탁에 의기양양하게 차리며 감탄했다.

"정말 멋있지 않아? 정말 놀랍지 않아? 우리가 언니들을 대접할 거야. 하지만 먼저 우리한테 돈을 빌려줘야 해. 우리가 가져온 돈은 저 모자가게에서 다 썼거든."

리디아가 말하더니 물건을 보여주며 이어나갔다.

"이걸 봐. 보닛 모자를 샀어. 예쁜 느낌은 별로 없는데, 안 사는 것보다는 좋을 것 같았어. 집에 도착하는 즉시 실을 다 뜯어서 조금이라도 예쁘게 만들 수 있는지 알아볼 거야."

언니들이 안 예쁘다고 나무라도 리디아는 신경을 안 쓰고 계속 말했다.

"아! 하지만 모자가게에 더 안 예쁜 것도 두세 개나 있더라고. 색깔이 예쁜 공단을 사서 테두리를 새롭게 장식하면 그런대로 볼만 할 거야. 게다가 민병대 연대가 메리턴을 떠나면 이번 여름에는 어떤 모자를 쓰든 상관없다고, 앞으로 보름 뒤에 떠나니까."

엘리자베스는 정말 잘 됐다고 생각하며 물었다.

"정말 떠나?"

"브리튼[28] 근처로 옮겨간대. 아빠가 이번 여름에 그곳으로 우리를 전부 다 데려가면 좋겠어! 그러면 정말 멋질 거야. 돈도 거의 안 들 테고. 엄마도 정말 좋아할 거야! 안 그러면 이번 여름이 얼마나 쓸쓸하겠어!"

'맙소사, 말도 안 돼! 절대로 그럴 순 없어! 보잘것없는 민병대 연대랑 메리턴에서 매달 여는 무도회 때문에 이렇게 엉망진창이 됐는데, 군인으로 가득한 브리튼이라니!'

---

28) 영국 남부 휴양도시로 군부대가 많다.

엘리자베스는 속으로 생각하고, 모두 식탁에 둘러앉자 리디아가 다시 말했다.

"언니들한테 전할 소식이 있어. 뭘 거 같아? 대단한 소식이야, 무엇보다 중요한 소식, 우리 모두 좋아하는 사람에 대한!"

제인과 엘리자베스가 서로를 쳐다보다 웨이터에게 그만 나가라고 지시하자, 리디아는 웃으며 말했다.

"그래, 예의를 중시하는 언니들답네. 웨이터가 들으면 안 된다는 거지, 신경이나 쓸 것처럼! 내가 분명히 말하지만, 웨이터는 지금 말할 것보다 훨씬 심한 얘기도 툭하면 듣는다고. 하지만 얼굴이 못생겨서 나가니까 훨씬 좋네! 저렇게 턱이 기다란 웨이터는 처음 봐. 어쨌든 중요한 소식으로 돌아가서, 친애하는 위컴에 대한 거야. 웨이터가 듣기엔 너무나 좋은 소식, 그치? 위컴이 메리 킹이랑 결혼할 위험은 이제 없어. 어때! 메리 킹이 리버풀에 사는 삼촌네로 떠났다고, 거기에서 살려고. 위컴은 안전해."

엘리자베스가 덧붙였다.

"메리 킹도 안전하겠군! 재산을 보고 접근하는 사람한테서 벗어났으니까."

"메리 킹이 떠난 건 엄청난 바보짓이야, 위컴을 좋아했다면."

"서로 그렇게 깊이 사랑하지 않았던 거겠지."

제인이 말하자, 리디아가 대답했다.

"위컴이 안 그런 건 분명해. 내가 볼 때, 위컴은 그 여자를 눈곱만큼도 좋아하지 않았어. 그렇게 못생긴 주근깨투성이를 대체 누가 좋아하겠어?"

엘리자베스는 그렇게 험하게 말하진 않았을지언정 자신 역시 그렇게 험한 생각을 한 적은 있는 것 같아서 가슴이 뜨끔했다.

식사가 끝나자, 두 언니는 돈을 치르고 마차를 불렀다. 그래서 이리저리 궁리를 짜내며 트렁크와 자수 도구와 꾸러미와 캐서린이랑 리디아가 사들인 반갑지 않은 물건까지 모두 넣은 다음에 마차에 들어가서 자리를 잡자, 리디아가 소리쳤다.

"이렇게 빽빽하게 앉다니, 정말 훌륭해. 보닛 모자를 사서 기뻐, 모자 상자를 받는 재미로 산 거지만! 이제 모두 편하고 느긋하게 앉아서 맘껏 떠들고 웃으며 집으로 가는 거야. 무엇보다 먼저, 언니들이 멀리 떠나서 어떤 일을 겪었는지 듣고 싶어. 멋진 남자를 만났어? 누구랑 불장난했어? 두 언니 가운데 하나라도 남편감을 구해서 돌아오길 엄청나게 바랐거든. 분명히 말하지만, 큰언니는 이제 곧 노처녀가 될 거야. 이제 스물세 살이라고! 맙소사, 내가 스물세 살까지 결혼을 못하면 얼마나 창피할까! 모르겠지만, 필립스 이모도 두 언니가 남편을 구하길 바랄 거야. 엘리자베스 언니가 콜린스 청혼을 받아들여야 했다는 말까지 했다고. 하지만 내가 보기에 그건 재미가 없을 것 같아. 맙소사! 나는 언니들보다 빨리 결혼하고 싶어. 그래서 언니들 보호자로 무도회에 참석하고 싶어. 맙소사! 며칠 전엔 포스터 대령님 댁에서 정말 재밌는 일이 있었어. 캐서린 언니랑 내가 그 집에서 온종일 지내는데, 포스터 부인이 초저녁에 조그만 무도회를 열겠다고 약속했어. (말이 났으니 말인데, 포스터 부인이랑 나는 정말 가까운 친구라고!) 그래서 해링턴 자매한테 오라고 했는데, 해리언이 아파서 펜 혼자 온 거야. 그래서 우리가 어떻게 했는지 알아? 체임벌린한테 여자 역할을 맡기려고 여자 옷을 입혔으니, 얼마나 재밌겠는지 상상해 보라고! 포스터 대령 부부랑 캐서린 언니랑 나랑 이모 말고 아무도 몰라. 이모한테 가서 드레스를 빌려야 했거든. 그런데 체임벌린이 얼마나 예뻤는지 언니들은 상상도 못 할 거야! 데니랑 위컴이랑 프랫이랑 두세 명이 더 왔는데, 체임벌린을 못 알아보더라고. 하느님! 정말 얼마나 웃었는지, 포스터 부인도 박장대소하고 죽는 줄 알았으니까. 그러자 남자들이 의심하더니, 곧바로 알아내더라고."

리디아는 이런 식으로 즐긴 다양한 파티를 재밌게 풀어가고 캐서린은 옆에서 거들며, 롱번까지 가는 동안 일행을 재밌게 하려고 애썼다. 엘리자베스는 귀를 안 기울였지만, 위컴이란 이름이 귀청을 때리는 걸 피할 순 없었다.

집에선 정말 반갑게 맞이했다. 베넷 부인은 제인 얼굴이 여전히 예쁜 걸 좋아하고, 만찬을 드는 동안 베넷 선생은 엘리자베스에게 툭하면 말했다.

"네가 돌아와서 정말 기쁘구나, 엘리자베스."

만찬에 참석한 사람은 많았다. 루카스 가족이 마리아에게 소식을 들으려고 대부분 건너왔다. 그래서 화제도 다양했다. 루카스 귀부인은 식탁 맞은편에 앉은 마리아에게 큰딸이 잘 지내는지, 닭은 잘 키우는지 묻고, 베넷 부인은 몇 자리 너머에 앉은 제인에게 최신 유행을 물어서 그 내용을 루카스네 딸들에게 전하느라 양쪽과 대화하고, 리디아는 아침에 겪은 재미난 일을 일일이 말하며 누구보다도 커다랗게 소리쳐서 모든 사람이 듣게 했다.

"아! 메리 언니도 우리랑 갔더라면 좋았을 텐데. 정말 재밌었거든! 갈 때는 캐서린 언니랑 내가 마차 커튼을 모두 걷어서 안에 아무도 없는 척했다고. 캐서린 언니가 멀미만 안 했다면 계속 그랬을 거야. 조지 여인숙에 도착한 다음에도 우리는 멋들어지게 행동한 것 같아. 세 언니한테 차가운 점심을 세상에서 가장 훌륭하게 대접했거든. 언니도 함께 갔다면 우리가 똑같이 대접했을 거야. 식당을 나온 다음에도 정말 재밌었어! 우리가 마차에 못 탈 줄 알았거든. 웃겨서 죽는 줄 알았어. 집으로 돌아오는 길도 재밌었고! 마음껏 떠들고 웃어댔으니까, 십 킬로미터 떨어진 곳에서도 우리 목소리가 들릴 정도로!"

이 말에 메리는 엄숙하게 대답했다.

"그렇게 재밌게 지낸 걸 깎아내릴 생각은 없어, 친애하는 동생! 보통 여자들은 그렇게 재밌는 걸 당연히 좋아하지. 하지만 나는 솔직히 말해서 그런 걸 좋아하지 않아. 책이 훨씬 좋거든."

하지만 리디아는 한마디도 안 들었다. 누가 말하는 걸 삼십 초도 못 듣는데, 메리가 하는 말은 특히 더했다.

오후에는 리디아가 언니들에게 메리턴으로 걸어가서 그곳 사람들이 어떻게 지내는지 알아보자고 졸랐지만, 엘리자베스는 단호하게 반대했다. 베넷 집안 딸들이 먼 길에서 돌아오고 반나절도 안 돼서 장교들이나 찾아 나섰단 말이 돌아다니게 할 순 없었다. 반대한 이유는 또 있었다. 위컴이랑 마주치는 게 너무 끔찍해, 최대한 오랫동안 피하려고 단단히 마음먹은 것이다. 민병대 연대가 떠난다는 사실이 말로 형용할 수 없을 정도로 다행스러웠다. 앞으로 보름이면 떠난다니, 그렇게 떠나고 나면 위컴 때문에 진저리치는 일이 두 번 다시 없길 바랄 뿐이었다.

집에 돌아오고 몇 시간이 안 지나서 엘리자베스는 리디아가 여인숙에서 말한 브리튼 여행계획에 대해 부모님이 자주 논쟁한다는 사실을 깨달았다. 아버지는 그럴 생각이 조금도 없는 게 분명하지만, 대답이 애매하고 어정쩡한 나머지, 어머니는 매번 좌절하면서도 결국엔 성공할 거란 희망을 조금도 안 접었다.

## 40

엘리자베스는 그동안 일어난 사건을 언니에게 알려주고픈 마음을 더는 이겨낼 수 없어, 마침내, 언니와 관련된 내용은 모두 빼고, 다음 날 아침에 깜짝 놀랄 준비를 하라면서 다르시와 자신 사이에 있었던 일을 굵직한 내용만 알렸다.

제인은 깜짝 놀랐으나 사내가 엘리자베스에게 푹 빠지는 건 너무나 당연한 결과라는 자매 특유의 편파적인 애정으로 놀라움을 달래고 다른 감정을 가득 채웠다. 다르시가 조금도 바람직하지 않게 청혼한 걸 안타까워하면서도 동생에게 거절당하고 깊은 좌절감에 빠진 걸 더욱 슬퍼하며 말했다.

"성공하리라고 확신한 건 잘못이야. 그런 모습은 보이지 말아야 했어. 하지만 좌절감도 그만큼 더 커다랄 수밖에 없을 거야!"

"맞아, 그래서 나도 마음이 아파. 하지만 그 사람은 다른 감정도 많으니, 나에 대한 호감을 금방 몰아낼 거야. 그런데, 청혼을 거절한 게 잘못이라고 생각하는 건 아니겠지?"

"당연하지! 절대 아니야."

"그렇다면 내가 위컴 문제로 잔뜩 흥분해서 얘기한 건 잘못이라고 생각해?"

"아니야, 나는 그렇게 말한 게 잘못인지 아닌지 모르겠어."

"하지만 바로 다음 날에 일어난 일을 들으면 알 수 있을 거야."

엘리자베스는 편지 이야기를 꺼내, 위컴과 관련된 내용을 모두 알렸다. 가련하게도 제인은 얼마나 거대한 충격에 휩싸였던가! 인류 전체를 합쳐도 그렇게 거대한 악덕은 있을 수 없다고 믿으며 세상을 살아가는 사람인데, 한 사람 혼자서 그럴 수 있다니! 다르시에 대한 오해가 풀린 건 기뻐도 너무나 엄청난 사실에 충격받은 마음을 달랠 순 없었다. 그래서 뭔가 착각했을지 모른다고 생각하려 진심으로 애쓰면서 다르시에 대한 오해까지 풀어줄 방법을 찾지만, 엘리자베스 생각은 달랐다.

"그래도 소용없어. 양쪽 모두 좋은 사람으로 만드는 건 절대로 성공할 수 없으니까. 선택은 자유지만, 한쪽으로 만족해야 해. 두 사람 사이에서는 한쪽만 좋은 사람일 수밖에 없는데, 나는 그게 엄청나게 변했어. 다르시 선생 말이 옳다는 쪽으로 기울었거든. 그러니 언니도 한쪽을 선택해야 할 거야."

하지만 제인이 미소를 떠올리는 데는 상당한 시간이 필요했다.

"이렇게 커다란 충격은 처음 받는 것 같아. 위컴이 그렇게 나쁜 사람이라니! 정말 믿기 힘들어. 다르시 선생이 불쌍해! 얼마나 힘들지 생각해 보라고, 친애하는 엘리자베스. 엄청나게 실망한 데다 네가 그렇게 나쁘게 생각한다는 사실까지 알았으니! 여동생이 겪은 일까지 털어놓고! 정말이지 안타까워. 네 마음도 똑같을 게 분명해."

"맙소사, 아니야! 언니가 그렇게 아파하면서 동정하는 모습을 보니까 그런 느낌이 깨끗하게 사라졌어. 언니가 그 사람을 충분히 공정하게 변호하니까 나는 걱정과 관심이 그만큼 줄어들어. 언니가 내 몫까지 해줘서 다행이야. 그런 식으로 계속 안타까워한다면 나는 마음이 깃털처럼 가볍겠어."

"불쌍한 위컴! 얼굴은 누구보다 선량해 보이고, 행동은 누구보다 솔직하고 다정한데!"

"두 사람이 받은 교육에 커다란 문제가 있는 게 분명해. 한 명은 속으로만 착하고 한 명은 겉으로만 착하니."

"나는 너처럼 다르시 선생 겉모습에 문제가 있다고 생각한 적이 없어."

"특별한 이유도 없이 다르시 선생을 싫어하겠다고 마음먹은 건 내가 누구보다 똑똑하다고 여겨서야. 그런 식으로 사람을 싫어하면 천재성이 드러나고 재치가 늘거든. 상대를 정당하게 평가하지 않으면 계속 비난할 수 있고, 상대를 늘 비웃다 보면 입담도 살아나."

"그래도 편지를 처음 읽을 때는 너도 지금처럼 생각하지 않았을 거야, 엘리자베스."

"당연히 그럴 수 없었지. 정말 불편했거든, 넋이 달아날 정도로. 그런데도 속마음을 털어놓을 사람 하나 없고, 속이 텅 비어서 어리석고 허영심만 가득하다는 느낌에 시달릴 때는 옆에서 그렇지 않다며 달래 줄 언니가 없었다고! 아! 언니가 그리웠어!"

"다르시 선생한테 위컴에 대해서 그렇게 강하게 말한 게 안타까워, 한 사람은 그런 말을 들을 자격이 없고 또 한 사람은 그런 말을 들을 책임이 없는데."

"맞아. 하지만 가슴에 편견이 가득하니, 당연히 그렇게 비참하게 말하는 불행을 겪을 수밖에. 언니 조언이 필요한 게 하나 있어. 위컴이 어떤 사람인지 알려야 할까, 말아야 할까?"

제인은 잠시 생각하다 대답했다.

"위컴에 대해 그렇게 끔찍한 말까지 할 필요 없을 것 같아. 네 생각은 어떠니?"

"내 생각도 똑같아. 다르시 선생은 편지를 공개해도 좋다는 말을 안 했거든. 정반대로 자기 여동생 얘기를 혼자만 알아야 한다고 했지. 그러니 편지 내용을 빼고 말한다면 어떤 사람이 내 말을 믿겠어? 다르시 선생을 나쁘게 보는 사람이 많으니, 좋은 쪽으로 돌려놓으려 하다간 메리턴에서 좋은 사람 절반은 등을 돌릴 거야. 나는 그걸 감당할 수 없고 위컴은 금방 떠나니, 그가 어떤 사람이든 이곳 사람이랑 상관없는 거야. 그러다 보면 모든 사람이 진실을 깨달을 테고, 우리는 그것도 몰랐느냐며 비웃을 수 있겠지. 좋아, 당장은 아무한테도 말하지 않겠어."

"그래, 잘 결정했어. 위컴은 그렇게 잘못한 사실이 드러나면 영원히 망가질 거야. 과거를 반성하고 새로운 사람으로 거듭나려 애쓸 수도 있는데, 우리가 궁지에 몰아넣을 순 없어."

엘리자베스는 이렇게 대화하면서 혼란스러운 마음을 달랠 수 있었다. 보름이나 짓누르던 비밀 두 개를 털어낸 데다, 다시 얘기하고 싶을 때마다 언니는 열심히 들어줄 게 확실했다. 하지만 밝히지 않는 게 좋을 것 같은 비밀은 여전히 숨겼다. 다르시 편지에 담긴 나머지 부분은 감히 꺼낼 수도, 빙리가 언니를 진심으로 좋아했다는 애길 털어놓을 수도 없었다. 이것만큼은 누구에게도 말할 수 없었다. 마지막 골치 아픈 미스터리는 당사자가 서로를 완벽하게 이해한 다음에야 비로소 털어놓을 수 있을 것 같았다. 그래서 혼자 다짐했다.

'영원히 불가능할 것 같은 일이 일어난다면, 그래서 빙리가 훨씬 다정하게 말한다면, 그다음에 비로소 내가 살짝 끼어드는 거야. 그 내용이 조금도 중요하지 않을 때까지 내 입으로 털어놓을 수 없어!'

엘리자베스는 집에서 편히 쉬며 언니 기분을 느긋하게 살폈다. 언니는 행복하지 않았다. 빙리를 좋아하는 마음이 애틋했다. 예전엔 이렇게 사랑한다는 사실을 미처 모른 탓에 언니 가슴엔 첫사랑의 온기가 그대로 남고, 나이와 성격 탓에 첫사랑을 생각하는 마음이 누구보다 굳건하며, 빙리와 쌓은 추억은 너무나 소중하고, 빙리를 더없이 좋아한 나머지, 주변 사람에 대한 배려와 건강한 사고방식이 아니라면 깊은 후회에 끝없이 빠져드느라 평온한 마음은 물론 건강까지 크게 해칠 터였다.

하루는 베넷 부인이 말했다.

"으음, 엘리자베스, 제인이 슬픈 일을 겪은 걸 너는 어떻게 생각하니? 나는 그 일을 이제 누구한테도 말하지 않기로 다짐했단다. 며칠 전에 필립스 동생한테도 말했어. 하지만 제인이 런던에서 그 사람을 만났는지 안 만났는지 도통 모르겠구나. 아아, 그 사람은 자격이 없어. 제인이 그 사람이랑 맺어질 기회도 없는 것 같고. 그 사람이 여름에 네더필드로 돌아온다는 소문도 없어. 알만한 사람한테 모두 물어보았거든."

"그 사람은 이제 네더필드에서 안 살 거예요."

"으음, 그건 그 사람이 알아서 하겠지. 그 사람이 돌아오는 걸 아무도 바라지 않아. 하지만 나는 그 사람이 내 딸을 나쁘게 이용했다고 늘 말하겠어. 내가 너희 언니라면 절대로 안 참겠다고. 으음, 그나마 다행스러운 건, 제인은 심장이 찢어져서 죽을 거고 그 사람은 자신이 한 짓을 끝없이 후회할 거란 사실이야."

하지만 엘리자베스는 이렇게 끔찍한 기대로 마음을 달랠 수 없어서 대답을 안 하자, 어머니가 다시 말했다.

"으음, 엘리자베스, 콜린스 부부는 꽤 편안하게 살아, 그치? 아아, 계속 그렇게 살면 좋겠구나. 음식은 어떻게 차려 먹던? 샬럿은 살림을 잘할 거야. 자기 어머니 절반만 따라가도 돈을 넉넉하게 모으겠지. 그 집은 낭비라는 걸 모르거든."

"네, 맞아요."

"살림을 잘하는 건 모두 거기에 달렸어. 그래, 그래, 콜린스 부부는 버는 돈 이상을 안 쓰려고 조심할 거야. 돈 때문에 힘들어하지도 않을 거고. 아, 두 사람은 정말 잘 살 거야! 너희 아버지가 돌아가시면 롱번을 차지한다는 말도 툭하면 주고받겠지. 자기네한테 다 넘어온 것처럼 여기면서."

"제가 있는 앞에서 그렇게 말한 적은 없어요."

"그랬겠지. 그렇게 말하면 이상하니까. 하지만 자기네끼리는 툭하면 말할 게 분명해. 아아, 자기네 몫이 아닌 부동산을 받아서 마음이 편하면 그만큼 더 좋은 거고. 나 같으면 정말 창피할 것 같은데."

## 41

제인과 엘리자베스가 돌아오고 한 주가 순식간에 지나더니, 둘째 주가 시작됐다. 민병대 연대가 메리턴에 머무는 마지막 주라서 마을 아가씨는 누구나 침울할 수밖에 없었다. 우울한 분위기가 사방에 가득했다. 베넷 집안 큰딸과 둘째 딸만 평소대로 생활하며 먹고 마시고 잠잤다. 캐서린과 리디아는 너무나 우울한 터라, 가족 가운데 그렇게 몰인정한 사람이 있다는 사실을 도저히 이해할 수 없어, 두 언니에게 너무 냉정하다고 나무라며 툭하면 한탄하기 일쑤였다.

"아, 하느님! 이제 우리는 어떻게 될까? 앞으로 어떻게 해야 할까? 그런데 엘리자베스 언니는 어쩜 그렇게 웃을 수 있어?"

두 딸을 사랑하는 어머니도 똑같이 슬퍼하며, 자신이 25년 전에 똑같은 일을 겪고 얼마나 슬퍼했는지 떠올렸다.

"밀러 대령 연대가 떠날 때 아마 이틀은 꼬박 울었을 거야. 심장이 찢어지는 줄 알았지."

"저도 심장이 찢어질 것 같아요."

리디아가 말하자, 베넷 부인이 한탄했다.

"아, 브리튼에 간다면!"

"그래요! 아, 브리튼에 간다면! 하지만 아빠가 반대하시잖아요."

"해수욕을 잠깐만 해도 기운이 펄펄 나겠어."

베넷 부인 말에 캐서린도 동조했다.

"필립스 이모도 해수욕이 나한테 좋다고 하셨어요."

이렇게 한탄하는 소리는 롱번 저택에 늘 울려 퍼지고, 엘리자베스는 좋은 쪽으로 받아들이려고 애써도 부끄러운 느낌만 몰려들었다. 다르시가 그렇게 평가한 것도 당연하고, 친구를 위해서 그런 역할을 한 것도 당연하단 생각만 들었다.

하지만 리디아가 우울할 이유는 순식간에 말끔하게 사라졌다. 연대를 이끄는 포스터 대령 부인이 브리튼에 함께 가자고 초대한 것이다. 어린 나이로 최근에 결혼했는데, 리디아랑 활달한 취향과 성격이 비슷한 터라 서로를 좋게 보며 지난 삼 개월 동안 단짝처럼 어울린 사이였다.

초대를 받고서 리디아는 황홀경에 빠져든 채 포스터 부인을 극찬하고, 베넷 부인은 기뻐하고, 캐서린은 속상해서 어쩔 줄 몰랐다는 건 말할 필요도 없다. 리디아는 바로 위 언니 심정은 아랑곳하지 않고 끝없이 황홀한 표정으로 집 안을 이리저리 날아다니며 모든 사람에게 축하해달라 요구하고 여느 때보다 커다랗게 떠들고 웃어대니, 캐서린은 끝없이 불행한 표정으로 거실에 눌러앉아 언짢은 어투만큼이나 말도 안 되는 소리로 운명을 한탄했다.

"포스터 부인이 나를 리디아처럼 초대하지 않은 이유를 모르겠어. 물론 특별히 친한 건 아니지만, 그래도 리디아처럼 초대받을 권리는 있다고. 아니, 더 많다고, 나이가 두 살이나 많으니까."

엘리자베스는 리디아가 정신을 차리게 하려 애쓰고 제인은 초대를 거절하도록 애썼지만, 소용이 없었다. 엘리자베스는 이번 초대를 어머니나 리디아처럼 기뻐할 수 없었다. 리디아가 그나마 상식적으로 행동할 가능성이 완전히 사라지는 셈이니, 행여나 들통나면 엄청난 욕을 먹을지언정, 아버지를 찾아가서 리디아를 보내지 말라고 몰래 부탁할 수밖에 없었다. 리디아가 얼마나 부적절하게 행동하는지, 포스터 부인 같은 여자와 사귀어서 좋을 게 왜 하나도 없는지, 브리튼에서는 집에서 지낼 때보다 훨씬 많은 유혹을 받을 텐데 그런 친구와 지내다 보면 왜 경솔하게 행동할 수밖에 없는지 또박또박 설명했다. 아버지는 가만히 듣다가 대답했다.

"리디아는 많은 사람 앞에 나서야 마음이 편한 아인데, 이번처럼 돈도 안 들이고 가족한테 불편도 안 끼치고 그럴 기회는 결코 없어."

"리디아가 사람들 앞에서 칠칠찮고 경솔하게 행동해서 우리 모두 커다랗게 피해 볼 거란, 아니, 이미 피해받았다는 사실을 아신다면 아버지도 이번 문제를 완전히 다른 각도에서 판단하실 거예요."

"이미 피해받아? 맙소사, 너를 좋아하는 남자가 리디아 때문에 겁먹고 도망갔니? 불쌍한 엘리자베스! 하지만 기죽을 것 없다. 어린 동생이 그러는 것조차 못 견딜 정도로 까탈스러운 녀석이라면 아쉬워할 필요 없어. 자, 리디아가 멍청하게 굴어서 물러난 한심한 녀석들 명단이나 보자꾸나."

"오해세요. 저는 아쉬울 정도로 피해 본 게 없어요. 지금 저는 구체적인 사례가 아니라 전반적인 해악을 말씀드리는 거예요. 리디아가 자제하란 경고를 뻔뻔하게 무시하고 말도 안 되는 변덕을 부리는 바람에 우리 집안 체면도 깎이고 위신도 깎이는 거요. 죄송해요, 너무 노골적으로 말씀드려서. 사랑하는 아버지, 원기 왕성한 리디아 성질을 안 억누르신다면, 지금 추구하는 쾌락은 인생에 아무런 도움이 안 된다는 교훈을 안 가르치신다면, 그 애는 구제할 수 없는 나락으로 떨어질 거예요. 이대로 성격이 굳어서 열여섯 살만 되면 온갖 남자랑 시시덕대며 자신은 물론 가족 전체를 우스꽝스럽게 만들 거라고요. 가장 나쁘고 천박하게 시시덕댈 거라고요. 어리다는 것과 놀기 좋다는 것 말고는 아무런 매력이 없고 머리는 텅 비어서 무식한 상태로 사내라면 누구한테나 눈길을 끌려고 열 올리다간 모든 사람한테 경멸받는 처지가 될 거라고요. 이렇게 위험한 건 캐서린도 마찬가지고요. 어디든 리디아가 이끄는 대로 가니까요. 속은 텅 비고 무식하고 게으르고 완벽하게 제멋대로라고요! 아! 아버지는 두 아이가 가는 곳마다 비난받고 경멸받을 거란 사실을, 그래서 언니들까지 불명예에 휩싸일 거란 사실을 모르시겠어요?"

베넷 선생은 엘리자베스가 진심으로 말한다는 걸 깨닫고 그 손을 다정하게 잡으며 대답했다.

"걱정할 것 없어, 우리 딸. 너랑 제인은 어디를 가든 존경받고 인정받을 테니까. 너희는 멍청한 동생 두 명, 아니, 세 명 때문에 체면 깎이는 일이 없을 테니까. 리디아가 브리튼에 못 가면 롱번은 바람 잘 날이 없을 거야. 그러니 그냥 보내자꾸나. 포스터 대령은 분별력이 있으니, 진짜 나쁜 일은 리디아가 못하게 할 거야. 다행히 리디아는 가난해서 다른 사람이 먹잇감으로 삼을 수도 없고. 브리튼은 여기랑 다르니까 마음껏 시시덕댈 만큼 주목을 못 받을 거야. 장교들 앞에 훨씬 예쁜 여자들이 가득할 테니까. 게다가 지금보다 나빠진다면 우리한테는 리디아를 집 안에 꽁꽁 가둘 명분도 생기고."

엘리자베스는 이 대답에 만족할 수밖에 없지만, 생각이 변한 건 조금도 없어, 실망스럽고 안타까운 마음으로 물러났다. 하지만 이런 고민에 계속 빠져들며 애태우는 성격은 아니니, 자신은 도리를 다했다고 확신할 뿐, 어쩔 수 없는 해악에 안달하거나 근심 걱정으로 해악을 키우는 건 성질에 안 맞았다.

리디아와 어머니는 엘리자베스가 아버지에게 말한 내용을 알았더라면 엄청나게 화내며 떠들어댔을 게 분명하다. 리디아 머릿속에서 브리튼으로 간다는 건 세속적인 쾌락을 마음껏 즐긴다는 의미였다. 환상에 빠져든 눈에는 시원하게 뻗어 나간 해수욕장과 곳곳에 가득한 장교들이 보였다. 당장은 모르는 장교 수십 명이 자신에게 관심을 쏟는 모습도 보였다. 영광스러운 군 주둔지에는 막사가 황홀할 정도로 아름답게 쭉쭉 뻗어 나가는데 젊은 사내로 가득해서 새빨간 군복이 눈부시고, 무엇보다 대단한 건, 자신이 막사에서 최소한 장교 여섯 명과 다정하게 시시덕대는 모습이 보인다는 사실이다.

이렇게 황홀한 광경과 대단한 현실을 만끽하는 걸 언니가 막으려 했다는 사실을 안다면 과연 리디아가 얼마나 광분했을까? 그걸 이해할 사람은 어린 딸과 거의 비슷한 감정에 빠져든 어머니밖에 없었다. 남편이 브리튼으로 데려가지 않을 게 확실한 상황에서 리디아라도 간다는 게 그나마 유일한 위안거리니 말이다.

하지만 이런 일이 있었다는 걸 까마득히 몰라, 두 사람은 리디아가 집을 떠나는 바로 그 날까지 끊임없는 황홀경에 빠져들 뿐이었다.

엘리자베스는 이제 위컴을 마지막으로 만나야 했다. 집으로 돌아온 뒤로 여러 차례 마주쳤지만, 처음에 좋아하던 마음이 완전히 사라진 건 물론 흔들리는 기색조차 없었다. 예전에는 다정한 모습이 좋아 보였으나, 이제는 메스껍고 단조롭고 지루한 겉치레만 보였다. 게다가 자신을 대하는 태도는 불쾌한 느낌만 가득 일으켰다. 그렇게 많은 일이 있었는데도 예전에 좋던 관계로 돌아가길 바라는 의도를 분명하게 드러내니, 그것만큼 불쾌한 태도는 어디에도 없었다. 그렇게 한심하고 경솔하게 시시덕거릴 대상으로 자신을 선택했다는 걸 깨닫는 순간, 그나마 상대를 걱정하던 마음조차 완전히 사라지고 말았다. 아무리 오랜 시간이 흐르고 어떤 잘못을 저지르더라도 관심을 다시 보이면 자신이 허영심에 들떠서 좋아하는 마음을 곧바로 되살릴 거라고 확신하는 자세에 엘리자베스는 억누르려고 애써도 모멸감이 치미는 걸 어쩔 수 없었다.

민병대 연대가 메리턴에 머무는 마지막 날에 위컴은 다른 장교들과 함께 롱번에서 만찬을 들었다. 엘리자베스는 위컴과 좋은 상태로 헤어질 마음이 조금도 없기에 헌스퍼드에서 어떻게 지냈느냐고 묻는 말에 피츠윌리엄 대령과 다르시 선생이 로징스에서 3주를 묵었는데, 당신도 피츠윌리엄 대령을 아는지 모르겠다고만 했다.

위컴은 깜짝 놀라면서 못마땅한 표정을 당혹스럽게 떠올리다, 곧바로 마음을 다잡고 미소를 머금으며 예전에 여러 번 보았다고 대답하더니, 정말 신사다운 사람이라고 평가하곤, 당신이 보기엔 어떻더냐고 물었다. 당연히 엘리자베스는 좋은 사람 같다고 대답하고, 위컴은 아무 관심도 안 보인 채 다시 곧바로 물었다.

"대령이 로징스에서 얼마나 묵었다고 하셨죠?"

"거의 삼 주."

"자주 만났습니까?"

"네, 거의 매일."

"대령은 다르시와 달리 예의에 밝은 사람이지요."

"네, 그렇더군요. 하지만 다르시 선생 역시 자주 만나니까 훨씬 좋아 보이더군요."

"정말요! 그렇다면 혹시……?"

이렇게 소리치는 위컴 표정을 엘리자베스는 안 놓쳤다. 하지만 위컴은 표정을 가다듬고 훨씬 쾌활한 어투로 다시 물었다.

"그 사람이 좋아 보인다는 게 말하는 태도를 뜻하는 건가요? 평소 스타일에 황송하게도 예의를 조금 더하던가요?"

그러더니 훨씬 진지한 어투로 나직하게 덧붙였다.

"그 사람은 본성이 조금도 좋아질 수 없거든요."

"맞아요! 본성은 예전 그대로예요."

엘리자베스가 대답하니, 위컴은 그 말을 기뻐해야 하는 건지 의심해야 하는 건지 헷갈리는 표정이었다. 엘리자베스 안색에는 상대를 불안하고 걱정스럽게 만드는 무언가가 있었다.

"다르시 선생 역시 자주 만나니까 훨씬 좋아 보인다고 말한 건, 그 사람 태도나 생각이 좋아졌다는 뜻이 아니라, 성격을 훨씬 많이 이해하게 되었다는 뜻입니다."

위컴이 당황한 모습은 이제 새빨간 얼굴색과 잔뜩 흔들리는 표정으로 나타났다. 그래서 잠시 침묵하다 당혹감을 떨쳐내고 엘리자베스를 다시 쳐다보며 더없이 다정한 어투로 말했다.

"당신은 다르시를 제가 어떻게 생각하는지 잘 아시니, 다르시가 겉으로나마 올바른 모습을 보여주려고 애쓸 정도로 지혜를 발휘한 걸 제가 진심으로 기뻐한다는 사실을 충분히 이해하실 겁니다. 그렇다면 오만한 성격도 자신한텐 아닐지언정 다른 많은 사람한텐 좋을 수 있으니까요. 저한테 저지른 악행을 이제 더는 못할 테니까요. 걱정스러운 게 있다면, 행여나 대부인한테 좋게 보이려고 그 댁에 방문한 기간만 당신이 말한 것처럼 조심스럽게 행동한 건 아닌가 하는 겁니다. 그분이 곁에 있으면 두려워한다는 걸 제가 잘 알거든요. 다르시는 드 버그 양과 혼인하길 간절하게 바라니, 그 가능성을 높일 생각으로 꾸며낼 수도 있고요."

이 말에 엘리자베스는 절로 피어오르는 웃음을 억누를 수 없지만, 대답은 머리를 살짝 끄덕인 게 전부였다. 상대는 자신이 겪었다는 오랜 고통으로 화제를 돌리고픈 마음이 또렷하지만, 엘리자베스는 그걸 받아줄 기분이 아니었다. 위컴은 남은 시간 내내 평소처럼 쾌활한 척했지만, 엘리자베스에게 각별하게 신경 쓰진 않았다. 그러다 양측 모두 깍듯한 예의를 갖추며 헤어지는데, 둘 다 다시 안 만나면 좋겠다고 생각했을 가능성이 크다.

만찬 모임이 끝나자, 리디아는 메리턴으로 포스터 부인을 따라갔다. 다음 날 새벽에 그곳에서 출발할 예정이었다. 가족과 헤어지는 과정은 슬프다기보단 시끄러웠다. 눈물을 흘린 사람은 캐서린 하나밖에 없는데, 그것도 질투심이 부글부글 끓어올라서였다. 베넷 부인은 어린 딸에게 재미있게 놀다 오라며 장황하게 늘어놓고, 마음껏 즐길 기회를 절대로 놓치지 말라고 특별히 명령하니, 그건 리디아가 충실히 따를 게 불 보듯 뻔했다. 너무 좋은 나머지 시끌벅적하게 작별하느라 바빠, 두 언니가 차분하게 하는 당부는 귀에 들어오지도 않았다.

## 42

엘리자베스는 자기 가족을 놓고 판단할 때, 행복한 부부생활이나 편안한 가정생활이 가능하다고 여길 수 없었다. 아버지는 젊고 아름다운 미모에, 그리고 젊고 아름다운 미모가 일반적으로 떠올리는 상쾌한 느낌에 사로잡혀 결혼했는데, 여인은 이해력이 떨어지고 교양이 부족해, 부인을 진심으로 사랑하는 마음은 결혼 초기에 끝나고 말았다. 존경하고 존중하는 마음과 믿음은 영원히 사라지고 행복한 가정생활을 바라는 마음 역시 완전히 무너졌다. 하지만 베넷 선생은 자신이 경솔하게 행동한 결과로 나타난 좌절감을, 사람들이 어리석거나 사악한 행위 때문에 불행한 걸 잊으려고 쾌락에 빠져드는 식으로 외면할 성격이 아니었다. 시골 생활과 책이라는 취미에 흠뻑 빠져드는 게 전부였다. 무식하고 어리석은 모습을 보면서 즐거워한다는 것만 빼면 부인에게 기대하는 것 역시 하나도 없었다. 이건 남편이 부인에게 바라는 행복일 수 없지만, 다른 즐거움은 찾을 수 없는 환경에서, 진정한 철학자라면 그런 행복이라도 찾을 것 같았다.

하지만 엘리자베스는 남편으로 아빠 행동이 부적절하다는 사실을 모른 적이 없었다. 그래서 늘 고통스러운 눈으로 지켜보았다. 그러면서도 아버지 능력을 존중하고 자신을 사랑으로 대하는 모습이 고마워, 눈앞에 또렷하게 보이는 걸 잊으려 애쓰고, 딸들 앞에서 부인을 비웃는 건 결혼에 대한 의무와 예의를 심하게 어기는 거란 생각을 머릿속에서 몰아내려 애썼다. 하지만 안 어울리는 결혼은 자녀에게 심각한 불행으로 다가온다는 사실을 지금처럼 강하게 느낀 적도, 재능을 엉뚱한 방향으로 사용할 때 나타나는 문제를 지금처럼 뼈저리게 느낀 적도 없었다. 아버지가 재능을 제대로 사용했다면 아내에게 능력을 끌어올릴 순 없을지언정, 최소한 딸들에게 올바른 품행을 심어줄 순 있을 터였다.

엘리자베스는 위컴이 떠나서 반가운 걸 빼면 민병대 연대가 사라져서 특별히 좋은 점을 찾을 수 없었다. 밖에서는 파티가 예전처럼 다양하지 않고, 집에서는 어머니와 동생이 모든 게 지루하다며 끊임없이 투덜대서 곳곳에 그늘을 드리웠다. 마음을 복잡하게 만드는 동생이 사라졌으니, 캐서린은 시간이 지나면 예전 상태로 자연스레 돌아가겠고, 다른 동생은 해수욕장과 군부대라는 위험이 이중으로 널린 상황에서 성격상 더욱 어리석고 뻔뻔하게 굴 가능성이 크니, 훨씬 나쁜 일을 겪을까 걱정스러울 뿐이었다. 따라서 전체적으로, 예전에 가끔 느낀 것처럼, 오랫동안 초조하게 갈망하던 행복이 실제로 깃들더라도 기대한 만큼 만족스러울 순 없었다. 진정으로 행복한 현실은 다음으로 미루고, 거기에 모든 소망과 희망을 걸어서 기대감에 들뜨는 즐거움을 되찾는 식으로 당장 실망스러운 걸 달래고 또 다른 실망에 대비해야 했다. 지금은 레이크 지방으로 여행한다는 계획이 무엇보다 행복한 대상이었다. 이것 하나만 떠올리면 어머니와 캐서린이 투덜대서 힘들게 하는 모든 시간을 견딜 수 있었다. 언니 제인만 함께 간다면 모든 계획이 완벽할 것 같으나, 이런 생각도 들었다.

'그래도 뭔가 아쉬운 게 있는 편이 바람직해. 모든 게 완벽하면 실망도 그만큼 크니까. 하지만 지금은 언니가 못 가는 걸 끊임없이 안타까워하는 식으로, 내가 기대한 모든 기쁨이 눈앞에 나타나기를 바랄 수 있잖아. 모든 게 완벽한 계획은 절대로 성공할 수 없어. 실망스러운 사태를 피하려면 아쉬운 걸 살짝 남겨두는 게 좋아.'

리디아는 멀리 떠날 때 어머니와 캐서린에게 자주 편지해서 소식을 상세히 알리겠다고 약속했다. 하지만 편지는 띄엄띄엄 오고 내용은 늘 짧았다. 어머니에게는 대여 서점에 다녀왔는데 이런저런 장교들이 관심을 보이고, 장식이 너무 화려해서 눈이 돌아갈 지경이라거나, 드레스나 양산을 새로 샀는데, 자세히 설명하고 싶으나 포스터 부인이 부르니 급히 나가서 군부대로 들어가야 한다는 내용이 전부였다. 캐서린에게 물어도 특별한 내용이 없는 건 마찬가지니, 분량은 비교적 길어도 공개할 수 없는 내용이 대부분이었기 때문이다.

리디아가 떠나고 이삼 주가 지나면서 건강하고 유쾌하고 활달한 분위기가 롱번에 다시 조금씩 나타났다. 모든 게 훨씬 밝아졌다. 겨울을 보내려고 런던에 갔던 이웃도 돌아오고, 화사한 여름옷과 여름 행사 일정도 나타났다. 베넷 부인은 기운을 되찾아서 평소처럼 투덜대고, 유월 중순에는 캐서린도 기분을 많이 되찾아서 더는 안 울고 메리턴에 걸어가니, 엘리자베스는 이렇게 바람직한 사례를 통해, 국방부가 사악하고 잔인한 계획을 세워서 메리턴에 다른 연대를 주둔시키지 않는 한, 돌아오는 성탄절에는 캐서린도 장교 얘기를 하루에 한 번 이상 안 꺼낼 정도로 정신을 차리겠다고 기대할 수 있었다.

북부로 여행하는 날짜는 빠르게 다가오다 이제 보름만 남았을 때, 외숙모에게서 편지 한 통이 날아와, 출발 날짜를 미루고 여행 기간도 줄였다. 외삼촌이 사업 때문에 보름이 지난 칠월에야 움직일 수 있는 데다 한 달 안에 런던으로 돌아와야 해, 그렇게 멀리 떠나기엔 기간이 너무 짧아서 원래 제안한 계획대로 강행하기 어려우니, 느긋하고 편안하게 여행한다는 계획이라도 살리려면 레이크 지역을 포기하고 다른 지역을 선택할 수밖에 없어, 현재 계획에 따르면 더비셔 이상 북쪽으로 올라갈 수 없다. 이 정도면 삼 주 사이에 주요 명승지를 충분히 돌아볼 수 있는 데다, 외숙모도 이 지역이 특히 강하게 끌린다. 외숙모 자신이 예전에 오랫동안 살고 이번에 며칠을 지낼 더비셔는 매틀록, 채츠워스, 도브데일, 피크 같은 명승지 못지않게 호기심을 충분히 자극할 거라는 내용이었다.

엘리자베스는 크게 실망했다. 레이크 지역을 구경할 기대감을 잔뜩 품은 터라, 그 정도 시간이면 충분할 것 같다는 생각마저 일었다. 하지만 엘리자베스는 외숙모 제안을 받아들일 수밖에 없고, 웬만하면 기쁘게 받아들이는 성격 역시 강해서 모든 문제는 곧바로 순조롭게 풀려갔다.

더비셔란 표현을 보는 순간에는 여러 생각도 떠올랐다. 펨벌리 저택과 그 주인이 안 떠오를 수 없으니, '그곳에서 다르시랑 마주치지 않고 형석 몇 개만 살그머니 가지고 나오면 되겠다'고 다짐할 뿐이었다.

기대감에 부푼 기간 역시 당연히 두 배로 늘어났다. 외삼촌 부부가 도착하려면 4주가 지나야 했다. 하지만 그 기간도 결국엔 지나고, 마침내 외삼촌 부부는 자녀 네 명을 데리고 롱번으로 찾아왔다. 여섯 살과 여덟 살 딸 두 명에다 더 어린 사내애 두 명으로, 제인이 특별히 보살필 예정인데, 제인은 아이들이 좋아하는 데다 성격이 차분하고 다정해서 공부를 가르치고 함께 놀고 사랑으로 대하는 등, 모든 점에서 아이들을 돌보기에 적합했다.

외삼촌 부부는 롱번에 딱 하루 머물고 다음 날 아침에 색다른 재미를 찾아서 엘리자베스와 함께 출발했다. 한 가지는 확실히 즐거웠다. 함께 여행할 동반자로 딱 어울린다는 사실인데, 불편한 걸 충분히 견딜 체력과 성격, 즐거운 일을 더 즐겁게 만드는 쾌활함, 여행 중에 실망스러운 일이 생기면 서로 격려해서 힘을 실어주는 애정과 지성이 여기에 모두 들어갔다.

이 글을 쓰는 목적은 더비셔 풍경을 묘사하는 것도, 옥스퍼드, 블레넘, 워릭, 케닐워스, 버밍엄 등, 다양한 작품에 나오는 명승지를 설명하는 것도 아니다. 현재의 관심사는 더비셔 지역 일부가 전부다. 이들은 지역 명소를 모두 둘러본 다음, 외숙모가 예전에 살고, 지금은 아는 사람 일부가 산다는 소식을 최근에 들은, 램턴이라는 조그만 도시로 들어섰다. 엘리자베스는 외숙모에게 램턴에서 8㎞ 거리에 펨벌리 저택이 있다는 설명을 들었다. 마차를 타고 지나가는 도로변에 있는 건 아니나, 이삼 킬로미터 이상 벗어나는 것도 아니었다. 하루 전에 여행 경로를 검토할 때, 외숙모는 그곳을 다시 보고 싶다고 말했다. 외삼촌도 좋다고 대답하자, 외숙모는 엘리자베스도 찬성하느냐고 물었다.

"얘야, 여러 번 들었는데 직접 가보고 싶지 않니? 잘 아는 사람이 살던 저택이잖아. 너도 알다시피, 위컴은 그 저택에서 어린 시절을 보냈다고."

엘리자베스는 당황했다. 자신은 펨벌리 저택을 볼 일이 없다고, 일부러 찾아가서 구경하고픈 마음은 없다고 대답해야 할 것 같았다. 그래서 대저택은 이제 질렸다고, 멋진 양탄자나 공단 커튼을 더는 보고 싶지 않다고 말하니, 외숙모는 어리석다고 나무라며 말했다.

"장식을 잘해서 멋진 저택이라면 나도 굳이 구경하고 싶지 않아. 하지만 그곳은 풍경이 놀라워. 숲이 영국 전역에서 제일 멋지다고."

엘리자베스는 더 말하지 않았다. 하지만 마음속까지 공감한 건 아니었다. 대저택을 구경하다 다르시랑 마주칠 수도 있다는 생각이 단번에 떠올랐다. 정말 끔찍했다! 생각하는 자체로 얼굴이 빨갛게 달아올라, 그런 위험을 감수하느니 차라리 외숙모에게 모두 털어놓는 게 좋겠단 생각마저 들었다. 하지만 이 말은 아무 때나 할 수 있으니, 그 집 가족이 지금 집에 있는지 은밀하게 알아보고, 원치 않는 대답이 나오면 그때 가서 말하자고 다짐했다.

그래서 엘리자베스는 밤에 자기 방으로 물러나서 객실 하녀에게 물었다. 펨벌리 저택이 정말 대단하냐? 그 주인은 이름이 무어냐? 그 집 가족이 여름을 지내러 내려왔느냐? 아무렇지 않은 척하면서 마지막으로 건넨 질문에 다행히도 아니라는 대답이 돌아오니, 이제 경각심이 사라져서 대저택을 직접 보고픈 엄청난 호기심을 느긋하게 즐기다, 다음 날 아침에 그 말이 다시 나올 때, 엘리자베스는 적당히 무관심한 표정으로 펨벌리 저택을 구경하는 것도 나쁘지 않겠다고 가볍게 대답했다. 그래서 세 사람은 펨벌리 저택으로 갔다.

2권 끝

# 3권

## 43

달리는 마차에서 엘리자베스는 심하게 떨리는 마음으로 펨벌리 숲이 나타나는지 살피는데, 출입구로 들어서는 순간에는 가슴이 쿵쾅거렸다.

대정원이 널찍해서 경치가 다양했다. 마차는 제일 낮은 출입구 가운데 하나로 들어서서 아름답고 광활하게 뻗어 나간 숲을 가로지르며 오랫동안 달렸다.

엘리자베스는 마음이 복잡해서 대화할 수 없지만, 놀라운 경치가 보일 때마다 절로 감탄했다. 마차는 1㎞에 걸쳐 조금씩 오르다 상당히 높은 언덕 꼭대기에 올라서니, 숲은 거기에서 끝나고, 계곡 맞은편에 자리한 펨벌리 저택과 급하게 휘는 도로가 보였다. 아름다운 석조 건물은 언덕 꼭대기에 위풍당당하고, 뒤로는 울창한 산이 능선을 이루고, 앞에는 그렇지 않아도 멋있는 개울이 잔뜩 뽐내며 흐르는데 사람이

손댄 흔적은 없었다. 개울 둑에도 특별한 형식이나 엉뚱한 장식이 없었다. 엘리자베스는 더없이 기뻤다. 자연이 이렇게 당당한 곳도, 자연에 가득한 아름다움을 이상한 취향으로 망가뜨린 흔적이 이렇게 없는 곳도 본 적이 없었다. 세 사람 모두 한껏 감탄하는 가운데, 엘리자베스는 펨벌리 저택 안주인이 된다는 건 정말 대단한 거라고 느꼈다!

마차는 언덕을 내려와서 다리를 건너고 저택 현관으로 달렸다. 저택을 가까이 살피다 보니, 그 집 주인과 마주칠 수 있다는 우려가 또다시 일었다. 객실 하녀가 잘못 안 것만 같아서 끔찍하게 두려웠다. 건물 내부를 구경하길 신청하고, 일행은 복도로 안내받아 하녀 우두머리가 나타나기만 기다리고, 엘리자베스는 펨벌리 저택에 들어왔다는 사실이 너무나 신기했다.

하녀 우두머리가 나타났다. 외모는 점잖고 나이는 많은데, 세련된 모습은 예상보다 적어도 예의는 대단했다. 일행은 하녀 우두머리를 따라 정찬실로 들어갔다. 널찍하게 균형을 잡아 가구를 제대로 배치한 방이었다. 엘리자베스는 잠시 살피다 창가로 가서 경치를 즐겼다. 조금 전에 지나온, 숲으로 둘러싸인 언덕이 멀리서 보니 꽤 험준하면서도 아름다웠다. 대정원도 균형 감각이 탁월해, 개울은 물론 그 둑과 휘어진 계곡에 가득한 나무까지 눈길에 닿는 경치가 하나같이 아름다웠다. 다른 방으로 차례대로 들어서자, 경치 역시 각도가 달라지는데, 어느 창문에서 바라보든 아름다운 건 똑같았다. 방은 하나같이 천장이 높고 아름다우며, 가구는 집주인 재산에 하나같이 잘 어울렸다. 하지만 쓸데없이 화려하거나 요란하지 않은 모습에, 로징스 가구에 비해 화려한 건 적고 우아한 건 뛰어난 모습에, 엘리자베스는 집주인 취향을 칭찬하지 않을 수 없었다. 이런 생각이 절로 들 정도였다.

'이런 곳에서 안주인으로 살아갈 수도 있었어! 이렇게 많은 방에서 지금쯤 내가 익숙하게 지낼 수도 있었어! 낯선 사람으로 구경하는 게 아니라, 주인으로 이 모든 걸 누리며 외삼촌 부부를 손님으로 맞을 수도 있었어.'

그러다 다시 냉정하게 생각했다.

'아니야, 그런 일은 절대로 있을 수 없어. 외삼촌 부부는 여기에 올 수 없어. 두 분을 초대하라는 허락이 안 떨어질 테니까.'

이런 생각이 다행스럽게 떠올라 후회가 이는 걸 막아주었다.

엘리자베스는 하녀 우두머리에게 주인이 정말로 이 집에 없는지 묻고 싶은 마음이 간절했으나 용기가 안 났다. 하지만 결국에는 외삼촌이 물어서 엘리자베스는 깜짝 놀라며 쳐다보고, 하녀 우두머리 레이놀즈 부인은 그렇다고 대답하며 덧붙였다.

"하지만 내일 오실 거예요, 친구를 잔뜩 데리고."

이 말을 듣는 순간, 엘리자베스는 여행을 하루 더 미루지 않은 게 더없이 다행스러웠다!

외숙모가 초상화 한 점을 보라고 말해, 엘리자베스는 그곳으로 다가가서 벽난로 선반 위에 다른 소형 초상화와 함께 걸린 위컴처럼 생긴 그림을 보았다. 외숙모는 웃으면서 마음에 드느냐 묻고, 레이놀즈 부인은 다가와서 초상화에 담긴 젊은이는 돌아가신 주인어른 밑에서 일하던 집사 아들이라고, 주인어른께서 모든 비용을 들여서 키우셨다며 덧붙였다.

"지금은 군대에 들어갔는데, 안타깝게도 아주 방종하게 사는 것 같아요."

외숙모는 웃으면서 쳐다보지만, 엘리자베스는 그럴 수 없었다.

레이놀즈 부인이 다른 소형 초상화를 가리키며 말했다.

"그리고 저건 우리 주인님인데, 정말 똑같이 생겼답니다. 아까 그 초상화와 함께 팔 년 전에 그린 건데도요."

외숙모가 그림을 바라보며 대답했다.

"주인이 좋은 사람이란 말을 자주 들었어요. 얼굴이 잘생겼네요. 그런데 엘리자베스, 너는 그림이 실물과 얼마나 비슷한지 알겠네?"

레이놀즈 부인은 엘리자베스가 주인을 안다고 넌지시 비추는 말에 존경하는 마음이 늘어난 것 같았다.

"저 아가씨께서 우리 주인님을 아시나요?"

엘리자베스는 빨갛게 달아오른 얼굴로 대답했다.

"조금요."

"정말 잘생긴 신사라고 생각하지 않으세요, 아가씨?"

"네, 정말 잘생겼어요."

"이렇게 잘생긴 신사분은 어디에도 없답니다. 위층 화랑에 올라가면 훨씬 커다랗고 정교하게 그린 주인님 초상화가 있어요. 이 방은 돌아가신 주인님께서 좋아하시던 공간이라, 저 소형 초상화들도 예전 그대로 걸어놓았답니다. 두 신사분을 아주 좋아하셨거든요."

이 말을 듣고서 엘리자베스는 거기에 위컴 초상화가 걸린 이유를 이해할 수 있었다.

그런 다음, 레이놀즈 부인은 다르시 아가씨 초상화를 가리켰다. 여덟 살밖에 안 됐을 때 그린 거였다.

"다르시 아가씨도 오빠처럼 잘생겼나요?"

외숙모가 묻자, 레이놀즈 부인이 대답했다.

"아! 네. 누구보다 아름다운 아가씨랍니다. 교양이 대단하지요! 온종일 피아노치고 노래한답니다. 아가씨가 칠 피아노를 옆방에 이제 막 들였어요. 주인님이 선물하시는 거예요. 아가씨도 주인님이랑 내일 오시거든요."

외숙모는 편하고 쾌활한 성격답게 다양하게 묻고 평가하는 식으로 대답을 계속 끌어내고, 레이놀즈 부인은 자부심 때문인지 애정 때문인지 주인과 여동생에 대해서 말하는 걸 좋아했다.

"주인께서는 일 년 가운데 펨벌리 저택에 얼마나 계시나요?"

"제가 바라는 만큼은 아니지만, 절반은 지내신답니다. 다르시 아가씨는 매년 여름이면 늘 여기에서 지내시고요."

엘리자베스는 '램스게이트에 갈 때만 빼고'라는 생각이 절로 났다.

"주인께서 결혼하시면 훨씬 자주 보시겠군요."

"네, 맞아요. 하지만 언제 결혼하실지 모르겠어요. 주인님께 어울릴 분이 있는지도 모르겠고요."

외삼촌 부부는 빙그레 웃고, 엘리자베스는 이렇게 말하지 않을 수 없었다.

"그렇게 생각하신다니, 주인께선 정말 대단한 분이시겠네요."

"제가 말씀드리는 건 모두 사실이고, 주인님을 아는 사람이라면 누구나 그렇게 말한답니다."

레이놀즈 부인 대답에 엘리자베스는 조금 심하다고 생각했다. 하지만 더욱 놀라운 건 부인이 덧붙인 말이었다.

"저는 주인님에 대해 나쁘게 말하는 소리를 한 번도 못 들었답니다, 주인님이 네 살 때부터 모셨는데도요."

이건 엘리자베스 생각과 완전히 다른, 무엇보다 대단한 칭찬이 아닐 수 없었다. 다르시는 상냥한 사내가 아니라는 생각을 오랫동안 품은 터라, 엘리자베스는 관심이 매섭게 일어나는 걸 느끼고 더 듣고 싶은 마음이 간절해, 외삼촌이 말하는 게 고마웠다.

"그만한 칭찬을 들을 사람은 거의 없는데, 부인께서는 그런 주인을 모셔서 다행이겠군요."

"네, 선생님, 그렇답니다. 세상 어디를 뒤져도 이보다 훌륭한 주인은 못 만날 거예요. 제가 겪은 바에 따르면 어릴 때 착한 사람은 어른이 돼도 착한데, 주인 나리는 어릴 적부터 성격이 늘 다정하고 마음이 넓었답니다."

엘리자베스는 레이놀즈 부인을 빤히 쳐다보았다. '다르시 선생 얘기를 하는 게 맞아?' 하는 생각이 절로 들었다.

"선친께서도 훌륭한 분이셨지요."

외숙모가 말하자, 레이놀즈 부인이 맞장구쳤다.

"네, 맞아요, 정말 훌륭하셨어요. 아드님도 똑같이 살아가실 거예요, 가난한 사람을 다정하게 대하시는 것도."

엘리자베스는 계속 듣고, 놀라고, 의심하면서도 더 많이 듣고 싶었다. 레이놀즈 부인이 초상화는 어떻고 방은 얼마나 크고 가구는 얼마나 비싼지 설명하는데, 귀에 하나도 안 들어왔다. 외삼촌은 레이놀즈 부인이 주인을 지나치게 칭찬하는 걸 그 집에서 일하기 때문에 생긴 편견으로 여기며 재밌게 듣다가 이야기를 다시 이어나가고, 레이놀즈 부인은 일행을 이끌고 웅장한 중앙 계단을 오르며 열심히 대답했다.

"주인님은 어떤 지주보다 훌륭하고 어떤 주인보다 훌륭하십니다. 자기밖에 모르고 날뛰는 요즘 젊은이랑 달라요. 소작인과 하인 가운데 주인님을 칭송하지 않는 사람은 한 명도 없어요. 개중에는 주인님이 오만하다고 말하는 사람도 있지만, 저는 그런 모습을 한 번도 못 봤답니다. 주인님께서 다른 젊은이처럼 수다 떨지 않아서 그런 말이 나오는 것 같아요."

엘리자베스는 '이 말이 맞는다면 정말 상냥한 사람이 분명해!'라고 생각하는데, 외숙모가 옆에서 걸으며 속삭였다.

"저 설명은 그 사람이 우리 불쌍한 친구한테 한 행동과 조금도 맞아

떨어지지 않는군."

"우리가 속았을 수도 있어요."

"그럴 가능성은 없어. 우리가 확실하게 들었잖아."

2층 넓은 로비에 오르자, 레이놀즈 부인은 정말 아름다운 거실로 안내하는데, 최근에 아래층보다 훨씬 밝고 우아하게 꾸민 상태로, 지난번에 다르시 아가씨가 이 방을 특히 좋아하는 걸 보고서 주인님이 아가씨를 기쁘게 할 목적으로 이제 막 새롭게 꾸몄다는 설명이 나왔다. 그래서 엘리자베스는 창가로 걸어가며 말했다.

"정말 좋은 오빠네요."

레이놀즈 부인은 다르시 아가씨가 이 방에 들어오면 굉장히 좋아할 거라며 덧붙였다.

"주인님은 늘 그러신답니다. 여동생이 좋아하는 거라면 무어든 안 가리고 단번에 해내시니까요. 여동생한테 좋은 거라면 못 하실 게 없으셔요."

이제 구경할 곳은 화랑과 커다란 침실 두세 개만 남았다. 화랑에는 훌륭한 그림이 많지만, 엘리자베스는 미술을 모르는 터라 아래층에서 그런 것처럼 다르시 아가씨가 크레용으로 그려서 관심도 많이 가고 이해도 잘되는 그림을 주로 구경했다.

화랑에는 대대로 내려오는 초상화가 많아도, 낯선 사람이 관심을 보일 만한 건 없었다. 그래서 엘리자베스는 자신이 아는 하나밖에 없는 얼굴을 찾아서 계속 걸었다. 마침내 그 초상화가 시선을 사로잡았다. 다르시랑 놀라울 정도로 비슷했다. 얼굴에 머금은 미소는 자신을 바라볼 때 종종 떠오르던 기억도 났다. 그래서 초상화 앞에서 한동안 진지하게 바라보고, 화랑을 나가기 전에 다시 그 앞으로 다가가니, 레이놀즈 부인은 선친께서 살아생전에 그리게 한 초상화라고 알려주었다.

바로 이 순간, 엘리자베스는 초상화 주인에게 어느 때보다 다정한 마음이 일었다. 레이놀즈 부인이 주인을 칭찬한 내용은 가볍게 여길 게 아니었다. 모든 걸 아는 하인이 칭찬한 이상으로 값진 칭찬이 어디에 있겠는가? 엘리자베스는 다르시가 오빠로, 지주로, 주인으로, 얼마나 많은 사람을 행복하게 할 수 있고, 얼마나 많은 사람을 기쁘거나 고통스럽게 할 수 있고, 얼마나 많은 선행이나 악행을 할 수 있을지 가만히 생각했다. 레이놀즈 부인이 한 말은 하나같이 다르시를 좋게 보는 내용이라, 엘리자베스는 다르시를 그린 화폭 앞에서 그 눈이 자신을 바라보도록 가만히 서서, 다르시가 보인 관심을 어느 때보다 깊이 느끼며 고마워하다 보니, 따듯한 느낌이 떠오르고 잘못 알던 표정도 부드럽게 변했다.

일반인에게 공개하는 곳을 모두 둘러본 뒤, 일행은 아래층으로 내려가서 레이놀즈 부인이랑 작별하고 현관에서 기다리는 정원사에게 다가갔다.

잔디를 가로지르며 개울 쪽으로 걸을 때, 엘리자베스는 다시 한번 뒤돌아보았다. 외삼촌 부부도 걸음을 멈춰, 건물을 언제쯤 지었을까 추측하는데, 건물 주인 당사자가 마구간으로 이어진 뒷길에서 불쑥 나타났다.

20m도 안 되는 거리에서 갑자기 나타나는 바람에 그 시선을 피할 순 없었다. 두 시선은 곧바로 마주치고, 둘 다 얼굴이 새빨갛게 달아올랐다. 상대방은 너무나 놀라서 순간적으로 움직일 수조차 없는 것 같았다. 하지만 곧바로 정신을 차리고 다가와서 엘리자베스에게 말하는데, 완벽하게 태연한 건 아닐지언정, 최소한 예의는 완벽했다.

엘리자베스는 재빨리 돌아섰으나 상대가 다가오는 바람에 동작을 멈추고, 당혹감을 조금도 못 숨긴 채 인사를 받았다. 상대가 나타나는 순간, 방금 본 초상화랑 얼굴이 비슷하단 사실에서 외삼촌 부부가 상대의 정체를 설사 못 알아차렸다 할지라도 정원사가 놀라는 표정은 주인이 나타났다는 사실을 단번에 알려주기에 충분했다. 그래서 다르시가 조카에게 말하는 동안 외삼촌 부부는 약간 떨어져서 기다리는데, 정작 엘리자베스 자신은 너무 놀라고 당혹스러워서 고개를 들고 상대 얼굴을 쳐다볼 수 없는 건 물론, 가족 안부를 예의 바르게 묻는 말에 뭐라고 대답해야 좋을지도 몰랐다. 마지막에 헤어진 뒤로 완전히 달라진 태도가 너무나 놀라워, 상대가 한 마디 한 마디 할 때마다 당혹감만 늘어나고, 자신이 여기에 온 건 말도 안 된다는 생각도 끊임없이 떠올라, 엘리자베스에게 그렇게 불편한 순간은 전 생애를 통틀어 처음이었다. 상대편 역시 차분한 표정은 아니었다. 말하는 어투는 평소처럼 침착한 느낌이 조금도 없고, 롱번에서 언제 떠나고 더비셔에 얼마나 머물 건지 묻고 또 물으며 허둥대는 걸 보면, 마음이 복잡한 게 분명했다.

마침내 상대는 할 말이 모두 떨어진 듯 한동안 입을 다문 채 가만히 있더니, 갑자기 정신을 차리고 떠났다.

그러자 외삼촌 부부가 곁으로 다가와서 정말 잘생긴 얼굴이라며 감탄하는데, 엘리자베스는 한마디도 못 듣고 복잡한 감정에 완전히 빠져들어 입을 꾹 다문 채 외삼촌 부부를 따라갔다. 너무나 창피하고 괴로웠다. 자신이 여기에 온 자체가 무엇보다 한심하고 어이가 없었다! 다르시 눈에 자신이 얼마나 이상하게 보였을까! 그렇게 자만심 강한 사내에게 자신이 얼마나 하찮게 보였을까! 자신이 일부러 그 사람 앞에 나타난 것처럼 보이지 않겠는가! 아, 하필이면 왜 여기에 왔단 말인가? 아니, 그 사람이 예정보다 하루 일찍 돌아올 이유는 뭐란 말인가? 자신들이 십 분만 일찍 떠났어도 상대가 못 알아보지 않겠는가, 지금 막 도착해 말이나 마차에서 내린 게 분명하니 말이다! 정말 고약하게 마주친 장면을 생각할수록 얼굴이 빨갛게 달아올랐다. 그런데 행동이 놀라울 정도로 변한 건 어떤 의미일까? 자신에게 말을 걸었다는 자체도 놀라운데, 예의도 바른 데다 가족 안부까지 묻다니! 다르시가 그렇게 겸손하게 말한 것도, 그렇게 다정하게 말한 것도 처음이었다. 로징스 대정원에서 편지를 건네며 마지막으로 말하던 자세와 너무나 달랐다! 도대체 어떻게 생각하고 어떻게 받아들여야 할지 몰랐다.

아름다운 개울가 산책로에 들어서니, 한 걸음 뗄 때마다 훌륭한 경관이 보이고 일행이 다가가는 숲은 훨씬 아름답게 다가왔다. 하지만 엘리자베스는 아무것도 느낄 수 없어, 외삼촌 부부가 끊임없이 감탄할 때마다 기계적으로 대답하고, 외삼촌 부부가 손가락으로 가리키는 쪽을 쳐다보는 척해도 눈에 들어오는 경치는 하나도 없었다. 펨벌리 저택에, 지금 이 순간 다르시가 있을 공간에 모든 관심이 쏠렸다. 다르시가 지금 이 순간에 무얼 생각하는지, 자신을 어떻게 생각하는지, 그렇게 많은 일을 겪었는데도 여전히 자신을 소중하게 생각하는지 궁금했다. 다르시가 예의 바르게 말한 건 마음이 그만큼 편하기 때문일 수도 있으나, 목소리는 조금도 편한 것 같지 않았다. 자신을 만나서 기쁜 게 더한지 아픈 게 더한지 모르겠지만, 자신을 보고서 태연하지 않은 건 분명했다.

하지만 결국엔 외삼촌 부부가 도대체 무얼 그렇게 넋 놓고 생각하느냐고 묻는 소리에, 엘리자베스는 겉으로나마 아무렇지 않은 척해야겠다고 느꼈다.

숲으로 들어선 다음, 개울을 잠시 벗어나서 높은 지대로 올라서니, 계곡과 맞은편 언덕과 가득 들어찬 숲과 나무 사이로 가끔 드러나는 개울이 황홀하게 보였다. 외삼촌은 대공원 전체를 돌아보고 싶다면서도 과연 걸어서 돌 수 있을까 고민했다. 그러자 정원사는 둘레가 16㎞

나 된다고 의기양양하게 말하며 웃었다. 고민은 그걸로 끝나고, 일행은 잘 가꾼 순환로를 따라갔다. 한참 걷다 보니 개울 폭은 어디보다 좁고 나뭇가지는 길게 늘어뜨린 오솔길이 나왔다. 소박한 모습이 주변 풍경과 잘 어울리는 다리를 건너는데, 지금까지 지나온 어느 곳보다 장식이 적었다. 계곡이 좁아지면서 막 자란 잡목 숲 사이로 좁은 산책로가 개울과 나란히 뻗어 나갔다. 엘리자베스는 구불구불한 길을 돌아보고 싶어서 다리를 건널 때 저택에서 얼마나 왔는지 따져보는데, 원래 걷는 솜씨가 안 좋은 외숙모는 더 멀리 갈 수 없어서 마차가 있는 곳으로 최대한 빨리 돌아갈 생각만 했다. 조카딸은 거기에 따를 수밖에 없어, 일행은 개울 건너편 저택이 있는 지름길로 방향을 돌렸다. 하지만 속도가 느렸다. 외삼촌은 취미를 즐길 여유가 많지 않은데도 낚시를 좋아해, 개울에서 송어가 뛰어오를 때마다 열심히 바라보며 정원사랑 얘기하느라 천천히 걸었기 때문이다. 이렇게 천천히 나아가다, 다르시가 멀지 않은 거리에서 다가오는 광경을 보고서 일행은 또다시 놀라고 엘리자베스는 처음에 그런 것처럼 경악했다. 이곳은 다른 곳과 달리 길을 가린 나무가 적어서 다르시가 다가오는 모습이 잘 보였다. 엘리자베스는 잔뜩 놀란 건 똑같아도 최소한 아까보단 마음의 준비를 잘해서 차분한 표정으로 말하자고 다짐했다, 행여나 다르시가 정말로 자기네를 만나러 오는 거라면. 다르시가 다른 길로 접어들 거란 느낌이 순간적으로 몰려들었던 거다. 이런 생각은 길이 굽어서 상대가 안 보이는 동안 이어지다, 굽은 길을 다 지나는 순간에 바로 앞에서 다르시가 나타났다. 엘리자베스는 아까 보인 예의를 조금도 안 잃은 걸 한눈에 깨달았다. 그래서 다시 만나는 순간, 똑같이 흉내 내며 경치가 아름답다고 예의 바르게 칭찬했다. 하지만 불행한 기억이 불쑥 튀어나와 "상쾌하다"거나 "매혹적이다"는 이상 말할 순 없었다. 펨벌리 저택을 칭찬하면 엉뚱하게 해석할 것 같다는 걱정마저 들었다. 그래서 얼굴을 빨갛게 물들이고 더는 말하지 않았다.

외숙모는 약간 뒤에 섰는데, 엘리자베스가 입을 꼭 다물자, 다르시는 일행을 소개받는 영광을 베푸시겠느냐고 물었다. 엘리자베스로서는 조금도 예상 못 한 예의였다. 오만하게 비난하던 당사자를 소개받길 원하는 모습에 절로 피어오르는 미소를 억누를 수 없었다. '두 사람이 누군지 알면 저 사람이 얼마나 놀랄까? 지금은 상류층 사람으로 여기는 것 같아'라는 생각이 절로 났다.

하지만 즉시 소개했다. 그리고 자신과 어떤 관계인지 알리면서 상대가 어떤 표정을 떠올리는지 살짝 훔쳐보았다. 천박한 신분이란 걸 깨닫고 최대한 빨리 물러날 거란 생각도 들었다. 친척이란 말을 듣고 다르시가 놀란 건 확실하나, 의연하게 받아들이더니, 발길을 돌려서 물러나는 게 아니라 외삼촌과 대화했다. 엘리자베스는 정말 기쁘고 의기양양했다. 얼굴을 붉힐 필요가 없는 친척도 있다는 사실을 다르시도 깨달을 거란 사실이 다행스러웠다. 그래서 두 사람이 주고받는 내용을 열심히 듣다, 외삼촌이 탁월한 지성과 취향과 교양이 묻어나오는 말이나 표현을 할 때마다 기뻐했다.

대화 주제는 낚시로 곧바로 흘러가고, 다르시는 이곳 마을에 머무는 동안 아무 때나 낚시하러 오라고 정중하게 초대하며 낚시 장비까지 빌려주겠다고 제안하더니, 송어가 잘 잡히는 지점을 손으로 가리키며 알려주었다. 외숙모는 엘리자베스와 팔짱을 끼고 나란히 걷다가 놀랍다는 표정으로 조카를 바라보았다. 엘리자베스는 아무 말도 안 했지만, 기분이 좋았다. 다르시가 그러는 건 모두 자신 때문이 분명하기 때문이다. 하지만 놀라움도 최고로 치솟아, '저 사람이 왜 저렇게 변했지? 무엇 때문에 저렇게 된 거지? 나 때문일 순 없어. 저 사람이 저렇게 다정하게 변한 건 나 때문이 아니야. 내가 헌스퍼드에서 비판한 것 때문에 이리도 놀랍게 변할 순 없어. 나를 여전히 사랑한다는 것 역시 불가능해'라고 끊임없이 되씹었다.

여성 두 명은 앞에서 걷고 남성 두 명은 뒤에서 한동안 걷더니, 신기한 수경 식물을 살피러 개울가로 내려갔다 올라오면서 변했다. 외숙모가 오전 내내 돌아다니느라 지친 나머지 엘리자베스 팔에 기대는 거론 부족하다 판단하고 남편 팔에 의지하는 쪽을 선택했다. 그래서 다르시가 그 자리로 옮겨서 엘리자베스와 나란히 걸은 거다. 침묵이 잠시 감돌자, 엘리자베스가 먼저 말했다. 여기로 오기 전에 주인이 없다는 사실을 확인했다는 걸, 이렇게 갑자기 나타날지 아무도 예상하지 못했다는 걸 알리고 싶었다.

"레이놀즈 부인께선 당신이 내일이나 돌아올 거라 말하고, 베이크웰을 떠나기 전엔, 당신이 저택에 금방 올 일은 없을 거란 대답을 들었답니다."

다르시는 모두 사실이라 인정하고, 집사하고 볼 일이 있어 함께 여행하던 일행보다 몇 시간 일찍 내려왔다면서 말했다.

"일행은 내일 이른 시각에 도착하는데, 당신이 아는 사람도 몇 명 있답니다. 빙리랑 그 자매."

엘리자베스는 고개를 가볍게 끄떡이는 거로 대답했다. 둘 사이에서 빙리라는 이름이 마지막으로 나오던 때로 단번에 모든 생각이 쏠렸다. 다르시 표정을 보건대, 크게 다른 것 같지 않았다.

다르시가 잠시 침묵하다 말했다.

"당신을 특별히 잘 알길 바라는 사람도 있답니다. 제가 너무 많은 걸 부탁하는지 모르겠는데, 당신이 램턴에 머무는 동안 여동생을 소개해도 괜찮을까요?"

갑작스러운 부탁에 엘리자베스는 엄청나게 놀랐다. 이렇게 대단한 부탁을 도대체 어떤 식으로 받아들여야 좋을지 몰랐다. 다르시 양이 자신을 얼마나 알고 싶어 하든 오빠 때문이 분명하니, 깊이 따져보지 않아도 더없이 만족스러웠다. 다르시가 엄청난 고통을 겪고서도 자신을 나쁘게 생각하지 않는다는 사실이 기뻤다.

이제 두 사람은 입을 꾹 다물고 걸으며 각자 깊은 생각에 빠져들었다. 엘리자베스는 마음이 불편했다. 이건 있을 수 없었다. 하지만 기분이 우쭐하고 기뻤다. 다르시가 여동생을 소개하고 싶다는 건 최상의 찬사였다. 훨씬 앞에서 걷다 보니, 두 사람이 마차가 있는 곳에 다다른 순간, 외삼촌 부부는 200m나 뒤처진 상태였다.

다르시는 집으로 들어가서 쉬자 하고, 엘리자베스는 조금도 피곤하지 않다고 대답해, 두 사람은 잔디에 서서 기다렸다. 많은 얘기가 오갈 수 있는 시간이라 침묵이 어색했다. 엘리자베스는 말하고 싶지만, 어떤 주제로도 말하면 안 될 것 같았다. 그러다 여행 중이란 사실을 떠올려, 두 사람은 매틀록과 도브데일에 대해 끈질기게 얘기했다. 그래도 시간과 외숙모는 정말 천천히 움직이니, 엘리자베스는 인내심도 화제도 거의 바닥날 즈음에 외삼촌 부부가 다가왔다. 다르시는 집으로 모두 들어가서 다과를 들자며 초대하고, 일행은 거절하고, 그래서 서로 공손하게 헤어졌다. 다르시는 두 여성이 마차에 오르도록 손을 빌려주고, 마차가 달릴 때 엘리자베스는 저택으로 천천히 걸어가는 다르시를 바라보았다.

외삼촌은 본격적으로 평가하고, 두 사람 모두 다르시를 예상 이상으로 훌륭한 사람이라 선언하더니, 외삼촌이 "행실도 완벽하고 예의도 완벽하고 겸손한 모습도 완벽"하다고 말하자, 외숙모가 대답했다.

"근엄한 느낌이 조금 있긴 한데 분위기가 그렇다는 거고 어울리지 않는 것도 아니야. 몇몇 사람이 오만하다고 평하는 부분은 나도 레이놀즈 부인이랑 생각이 같아. 나는 오만한 모습을 못 봤거든."

"그 사람이 우리한테 하는 걸 보고 깜짝 놀랐어. 예의 이상이야. 그건 배려거든, 우리를 그렇게 배려할 이유도 없는데. 엘리자베스랑 친한 사이도 아니잖아."

외삼촌 말에 외숙모가 덧붙였다.

"확실한 건, 엘리자베스, 저 사람은 위컴처럼 잘생긴 게 아니야. 아니, 위컴이랑 생김새가 다르다는 편이 정확하겠군. 저 사람은 이목구비가 완벽해. 그런데 너는 무엇 때문에 저 사람을 나쁘게 말한 거니?"

엘리자베스는 최선을 다해서 열심히 변명했다. 켄트에서 만날 때는 전보다 훨씬 좋아 보이긴 했는데, 이번처럼 상냥한 모습은 처음이라고도 말했다.

그러자 외삼촌이 말했다.

"하지만 예의 바르게 행동하다가도 변할 순 있어. 상류층 사람은 자주 그러거든. 그렇다면 나도 그 사람이 낚시에 초청한 말을 곧이곧대로 받아들이면 안 되겠군. 다음 날 마음이 변해서 쫓겨날 수도 있으니."

엘리자베스는 외삼촌 부부가 다르시 성격을 완전히 잘못 안다고 느끼면서도 말을 안 하자, 이번에는 외숙모가 말했다.

"우리가 본 바에 따르면 그 사람은 가련한 위컴한테든 누구한테든 모질게 굴 사람이란 생각이 안 들어. 심술궂은 표정이 아니잖아. 그건 둘째 치고, 말할 때 입 주변에 상쾌한 느낌마저 감돌거든. 얼굴에 기품이 가득한 걸 보면 속으로 나쁜 생각을 할 사람이 아니야. 하지만 집 안을 안내한 레이놀즈 부인은 그 사람 성격을 너무 심하게 과장한 게 분명해! 가끔 웃음이 터져 나올 뻔했다고. 주인 마음이 넓은 건 맞으니, 하인 눈에는 그거 하나로 충분하겠지."

여기에서 엘리자베스는 다르시가 위컴에게 한 행동을 조금 변명해야겠다고 느꼈다. 그래서 켄트에서 다르시 친척에게 들은 내용에 따르면 그 사람이 한 행동을 완전히 다른 각도에서 바라볼 수 있다고, 그 사람 성격에 문제가 있는 건 절대 아니며 위컴은 하트퍼드셔 사람들이 생각하는 만큼 좋은 사람도 아니라고 최대한 조심스럽게 말했다. 여기에 대한 증거로, 두 사람 사이에서 돈이 오간 사실도 구체적으로 설명하고, 말한 사람 이름을 밝힐 순 없어도 충분히 믿을만하다고 덧붙였다.

외숙모는 깜짝 놀라면서 걱정했다. 하지만 예전에 즐겁게 지내던 마을에 들어서면서 매혹적인 추억에 흠뻑 빠져들어, 주변에 가득한 흥미진진한 장소를 손가락으로 일일이 가리키며 남편에게 설명하느라 다른 무엇도 생각할 수 없었다. 외숙모는 오전 내내 걸어서 피곤한데도 식사를 들자마자 예전에 알던 사람을 찾아 나서더니, 오랜 세월을 뛰어넘는 대화에 마음껏 빠져든 채 초저녁 시간을 보냈다.

엘리자베스는 그날 일어난 일을 골똘히 생각하느라 새로 만난 사람들에게 관심을 집중할 수 없었다. 다르시가 예의 바르게 행동한 걸, 특히, 여동생을 소개하고 싶다는 말을 생각하고 또 생각하며 놀라는 것 말고는 할 수 있는 게 하나도 없었다.

## 44

엘리자베스는 다르시가 여동생을 펨벌리 저택에 도착한 날 낮에 데려올 거라 판단하고 그날 오전엔 여인숙에서 멀리 벗어나지 않기로 마음먹었다. 하지만 판단은 틀렸다. 그들이 램턴에 도착한 날 아침에 곧바로 찾아왔다. 엘리자베스 일행이 새로 만난 사람들과 여기저기를 걸어 다니다 그 사람들과 식사하려고 옷을 갈아입으러 여인숙으로 돌아온 즉시, 마차 소리가 들려서 창가로 다가가니, 신사 한 명과 숙녀 한 명이 이륜 쌍두마차를 타고 달려오는 게 보였다. 엘리자베스는 마부 복장을 단번에 알아보고 그게 의미하는 바를 추측한 다음, 자신이 맞이할 영광을 알렸다. 외삼촌 부부는 엄청나게 놀랐다. 그래서 엘리자베스가 당혹스러운 표정으로 말하는 모습과 정황 자체와 전날 벌어진 여러 상황을 종합한 결과, 이번 사태를 새로운 각도에서 바라보기 시작했다. 구체적으로 들은 말은 없으나, 그렇게 대단한 인물이 이렇게 커다란 관심을 보이는 데에는 조카딸을 좋아하는 것 말고 다른 이유가 있을 수 없었다. 이런 생각이 새롭게 떠오르는 동안, 엘리자베스는 불안감이 순간순간 늘어났다. 자신이 당황한다는 사실이 놀라웠다. 하지만 무엇보다 끔찍하게 불안한 건 오빠가 동생에게 자신을 너무 대단한 인물로 묘사한 건 아닐까 하는 것이었다. 손님을 제대로 대접하고픈 마음 역시 커다란 나머지, 제대로 대접을 못 할 것 같다는 의심마저 자연스레 일었다.

엘리자베스는 자신이 보일까 두려워 창가에서 물러나, 실내를 거닐며 마음을 가다듬으려고 애쓰는데, 외삼촌 부부가 잔뜩 놀라서 묻는 표정이 사람을 더욱 불안하게 했다.

다르시 양과 오빠는 나타나고, 정말 어렵게 인사하는 자리가 생겨났다. 엘리자베스는 자신도 놀랐지만, 다르시 양 역시 최소한 자신만큼은 당혹스러워한다는 사실을 깨달았다. 램턴에서 지내는 동안 다르시 양은 대단히 오만하다는 말을 여러 번 들었는데, 가만히 살피니, 그건 엄청나게 수줍어하는 것에 불과했다. 어떤 말이든 극히 짧게 간신히 할 정도였다.

다르시 양은 엘리자베스보다 키가 크고 덩치도 컸다. 나이는 열여섯을 간신히 넘겼으나, 몸매는 틀이 잡히고 겉모습은 여성스럽게 우아했다. 오빠보다 잘생긴 얼굴은 아니나 분별력도 있고 착하게 보이며, 태도는 더없이 겸손하고 부드러웠다. 엘리자베스는 여동생에게서 오빠처럼 날카롭고 차분하게 관찰하는 모습을 예상했으나, 그런 느낌이 조금도 없는 걸 알아채고 크게 안심했다.

두 사람이 찾아오고 얼마 안 돼서 다르시는 빙리도 금방 도착할 거라 말하더니, 엘리자베스가 잘됐다고 대답하며 손님 맞을 준비를 채 하기도 전에 빙리가 계단을 빠르게 올라오는 소리가 들리다 곧이어 실내로 들어섰다. 엘리자베스는 빙리에 대한 분노를 오래전에 지웠지만, 행여나 남았다 해도 엘리자베스를 보자마자 꾸밈없이 다정하게 대하는 모습에 눈 녹듯 사라질 수밖에 없을 터였다. 의례적이긴 해도 가족이 잘 지내는지 다정하게 묻는데, 바라보는 표정도 말하는 어투도 예전처럼 편안하고 쾌활했다.

빙리는 외삼촌 부부에게도 엘리자베스가 그런 만큼이나 관심 가는 인물이었다. 오래전부터 보고 싶은 마음이 간절했다. 사실 눈앞에 등장한 인물 가운데 어느 하나 관심 가지 않는 인물이 없었다. 다르시와 조카딸 사이는 조금 전부터 의심이 솟구쳐 조심스러우면서도 진지하게 살피다, 최소한 둘 중 한 명은 사랑하는 감정을 품었다고 확신했다. 조카딸 감정은 아직 모호하지만, 남자 쪽에서 끝없이 찬양하는 게 확실한 증거였다.

엘리자베스는 할 일이 많았다. 손님 한 명 한 명이 느끼는 마음을 확인하고 싶고, 자기 마음을 차분하게 달래서 모두에게 바람직하게 보이고 싶지만, 실패할 것 같아 두려운데, 실제로는 확실하게 성공한 것 같았다. 자신이 좋게 보이려고 애쓴 이상으로 하나같이 호감을 드러냈으니 말이다.

빙리를 만나니, 엘리자베스는 생각이 언니로 자연스레 흘러갔다. 아! 상대방 역시 생각이 같은 쪽으로 흘러가는지 알고 싶었다. 예전보다 말수가 줄었다는 느낌이 들고, 자신을 쳐다보면서 언니 흔적을 찾는다는 느낌도 한두 번 들어서 기뻤다. 이건 단순한 상상에 불과할지언정, 다르시 양에 대한 태도는 착각할 여지가 없었다. 언니와 경쟁한다고 들었는데, 양쪽 모두 서로에게 특별한 관심을 드러내지 않았다. 엘리자베스로서는 이 부분이 참으로 다행스럽지 않을 수 없고, 그들이 떠나기 전에는, 초조한 눈으로 해석하기에, 빙리가 언니를 다정하게 떠올린 흔적과 동시에, 감히 자신은 제인 얘기를 꺼낼 수 없으니 다른 사람이라도 꺼내기만 바라는 마음을 두세 차례 느꼈다. 엘리자베스랑 단둘이 얘기할 기회가 생기는 순간에는 빙리가 깊이 후회하는 어투로 "마지막으로 만나는 기쁨을 누리고 오랜 시간이 흘렀네요"라고 말하더니, 미처 대답하기도 전에 덧붙였다.

"여덟 달이 넘어요. 네더필드에 모두 모여서 무도회를 즐긴 11월 26일 이후로 한 번도 못 만났으니까요."

엘리자베스는 빙리가 그렇게 정확히 기억한다는 사실이 기뻤다. 상대는 기회를 엿보다 다른 사람이 관심을 안 기울이는 틈을 이용해서 다른 자매 모두 롱번에 있는지 묻기도 했다. 이렇게 물은 것도 앞에서 말한 것도 대단한 건 아니지만, 표정과 태도는 의미심장했다.

엘리자베스는 다르시에게 눈길을 자주 돌릴 수 없지만, 얼핏 바라볼 때마다 표정은 정중하고 어투는 주변 사람을 경멸하거나 모멸하는 기색이 조금도 없으니, 어제 순간적으로 변덕을 부려서 바람직한 태도를 보인 것에 불과하다 해도 최소한 하루는 이어지는 것 같았다. 불과 몇 개월 전만 해도 만나는 자체를 불쾌하게 여길 사람들과 가까이 지내며 좋은 평판을 얻으려 애쓰는 모습을, 자신은 물론 노골적으로 경멸하던 외삼촌 부부에게도 예의 바르게 행동하는 모습을 보고 헌스퍼드 사제관에서 마지막으로 만난 장면을 떠올리니 차이와 변화가 너무 커다란 충격으로 다가와, 엘리자베스는 깜짝 놀라는 모습이 겉으로 안 드러나도록 엄청나게 애써야 했다. 네더필드에서 가까운 친구와 어울릴 때도 로징스에서 고귀한 친척과 어울릴 때도 다르시가 잘난 척하거나 고집스러운 태도를 벗어던진 채 상대를 기쁘게 하려고 이렇게 애쓰는 모습은 한 번도 본 적이 없었다. 성공하더라도 특별한 소득이 없고, 이렇게 어울리는 자체로 네더필드와 로징스 숙녀 모두가 비웃고 헐뜯을 게 분명한데 말이다.

손님들이 삼십 분 넘게 머물다 일어설 때 다르시는 외삼촌 부부와 엘리자베스 양에게 이 지방을 떠나기 전에 펨벌리 저택 만찬에 초대하고 싶다는 소망을 함께 전달하자고 여동생에게 제안했다. 다르시 양은 누구를 초대한 경험이 없는 탓에 망설이면서도 오빠 말에 기꺼이 따랐다. 외숙모는 초대받는 핵심인물이 어떻게 하길 바라는지 알고 싶은 마음으로 조카딸을 쳐다보지만, 엘리자베스는 고개를 이미 다른 데로 돌린 상태였다. 하지만 조심스레 외면한 건 초대가 싫어서가 아니라 순간 당황해서라 판단하고 남편을 쳐다보니, 사람 만나는 걸 좋아하는 성격답게 초대를 받아들이길 바라는 기색이 또렷해, 결국엔 꼭 참석하겠다 대답하고, 날짜를 이틀 뒤로 정했다.

빙리는 엘리자베스를 다시 만날 수 있어서 정말 기쁘다고, 하트퍼드셔 친구들에 관해 묻고 싶은 것도 많고 말할 것도 많다고 했다. 엘리자베스는 이 말을 언니 소식을 듣고 싶다는 뜻으로 이해하고 반겼다. 이윽고 손님이 모두 떠난 다음에 비로소 삼십 분 동안 조금도 편하지 않고 즐길 수 없었던 만남을 천천히 생각하며 기뻐할 수 있었다. 그래서 혼자 있고 싶기도 하고 외삼촌 부부가 이상한 걸 말하거나 물을까 두렵기도 해, 빙리를 칭찬하는 말이 충분히 나올 정도만 머물다 옷을 갈아입으러 얼른 갔다.

하지만 외삼촌 부부는 조카딸에게 억지로 듣고 싶은 마음이 없으니, 엘리자베스가 걱정할 이유 역시 없었다. 조카딸과 다르시는 자신들이 원래 생각한 이상으로 가까운 사이가 분명하고, 다르시는 조카딸을 많이 사랑하는 것도 분명했다. 하나같이 신기하나, 구체적으로 물어볼 명분은 없었다.

다르시에 대해선 이제라도 좋게 생각하고픈 마음이 가득했다. 자신들이 아는 한 특별히 트집 잡을 게 없었다. 정중한 자세는 감동을 자아내며, 자신들이 느낀 것과 레이놀즈 부인이 한 말에 근거해서 정리한 성격을 그대로 전달한다면, 다르시를 아는 하트퍼드셔 사람들은 그게 다르시에 관한 말인지 조금도 모를 터였다. 하지만 이제 레이놀즈 부인 말을 믿고 싶었다. 다르시를 네 살 때부터 알았다는 부인의 권위도, 한 마디 한 마디에 실린 무게도, 가볍게 무시하면 안 된다는 사실을 깨달았다. 램턴 친구들이 평가하는 말에도 무게감을 떨어뜨리는 내용은 없었다. 이들은 오만하다고 비판하지만, 오만은 자부심에서 나올 가능성이 크고, 그게 아니더라도 조그만 장터 마을에 다르시 가족이 찾아올 일이라곤 없어서 그런 소문이 나올 가능성도 컸다. 하지만 다르시가 자유주의 사상을 지녔으며, 가난한 사람에게 좋은 일을 많이 한다는 사실 역시 모두 인정했다.

위컴은 안 좋은 평가가 많이 돌아다녔다. 주인집 아들과 있었던 사건이 정확하게 돌아다니는 건 아니나, 더비셔를 떠날 때 빚을 많이 져서 다르시가 갚아주었다는 사실은 많은 사람이 알았다.

엘리자베스는 전날보다 이날 저녁에 펨벌리 저택을 더 많이 생각하느라, 밤이 긴 것 같아도 그 저택에 사는 인물에 대한 마음을 정리하는 데는 턱없이 부족해, 잠자리에 두 시간을 꼬박 누워서 가만히 따져보았다. 자신이 다르시를 싫어하지 않는 건 확실했다. 그렇다, 그런 마음은 오래전에 사라진 건 물론, 혐오감이랄 수 있는 감정을 품었단 자체를 부끄럽게 여겼다. 훌륭한 인품이란 걸 깨달으면서 존경심마저 느낀다는 사실을 처음엔 인정할 수 없었으나, 시간이 지나는 동안 다른 감정과 부닥치는 느낌이 줄더니, 지극히 바람직한 평가를 들으면서 훨씬 따뜻한 느낌으로 나아가다 못해 원래 성격은 다정하다는 느낌까지 받은 게 바로 어제였다. 하지만 이 모든 것 말고도, 존경하고 존중하는 마음 말고도, 엘리자베스 가슴에는 가볍게 넘길 수 없는 선의가 있으니, 그건 감사하는 마음이었다. 한때 자신을 사랑한 건 물론, 청혼을 거절하면서 신랄하게 비난한 걸, 청혼을 거절하면서 부당하게 비난한 걸 모두 용서할 정도로 여전히 사랑한다는 사실에 감사하는 마음이었다. 자신을 엄청난 원수로 여기고 멀리해야 마땅한 사람이 우연히 만난 걸 계기로 인연을 이어가려 무던히 애쓰고, 자기네 두 사람에 한정된 문제에 무모하게 집중하거나 어색한 태도를 보이는 대신, 주변 사람에게 좋은 인상을 주고 여동생까지 소개하는 결단을 내렸다. 그렇게 오만한 사내가 이렇게 변한 게 놀랍기도 하고 고맙기도 했다. 사랑하기 때문에, 열렬히 사랑하기 때문에 그런 게 분명하니 말이다. 이런 느낌이 마음을 기쁘게 하면서 힘까지 실어주지만, 그게 뭔지 딱히 꼬집어 말할 순 없었다. 자신은 다르시를 존경하고 존중하고 고맙게 여기며, 다르시가 앞으로 행복하길 바라는 마음도 강한 게 분명했다. 하지만 그 행복에 자신이 얼마나 관여하길 바라는지는, 자신에게 여전히 남은 것 같은 힘으로 다르시가 다시 청혼하도록 하는 게 두 사람에게 얼마나 바람직한지는 정말 알 수 없었다.

외숙모와 조카딸은 다르시 양이 펨벌리 저택에 도착한 날에, 늦은 조찬 시간에 간신히 도착한 게 분명한데도 찾아온 놀라운 예의에, 그 정도까진 아니더라도 자신들 역시 예의를 다해서 답방하는 게 도리라고, 따라서 다음 날 아침에 펨벌리 저택을 찾아가는 게 마땅하다고 이미 결정한 상태였다. 그래서 외숙모와 함께 찾아간다는 게 엘리자베스는 기뻤다. 하지만 무엇 때문에 기쁠까? 스스로 자문하니, 특별히 대답할 말이 없었다.

외삼촌은 아침을 들자마자 먼저 나갔다. 전날 낚시를 얘기하다, 정오 전에 펨벌리 저택에서 신사 몇 명과 만나기로 약속한 거다.

## 45

엘리자베스는 빙리 여동생이 질투심 때문에 자신을 싫어한다는 걸 확실히 깨달은 터라, 자신이 펨벌리 저택에 나타나면 당연히 언짢게 여길 거란 생각을 안 할 수 없었다. 하지만 다시 만났다는 소식을 들었을 테니, 상대가 이번에는 얼마나 예의 바르게 행동할까 궁금하기도 했다.

저택에 들어서자 하인이 복도를 지나 커다란 객실로 안내하는데, 북향이라서 여름에 특히 시원했다. 유리창마다 활짝 열어, 저택 뒤편으로 숲이 울창하고 높은 산이 시원하게 드러나는데, 그 사이 잔디에는 밤나무와 참나무가 곳곳에 흩어져서 아름다웠다.

다르시 양은 여기서 손님을 맞이하고, 옆에는 빙리 자매, 런던에서 함께 사는 부인이 앉아있었다. 다르시 양은 예의 바르게 맞이하면서도 당황하는 기색이 엿보이는데, 뭔가 실수할까 두렵기도 하고 수줍기도 해서 그런 거지만, 신분 낮은 사람들에게 오만해서 그런 거라는 느낌을 줄 수도 있을 것 같았다. 하지만 외숙모와 조카딸은 그렇지 않다는 걸 잘 아는 터라 다르시 양이 안쓰러웠다.

빙리 자매는 무릎만 살짝 구부려서 인사만 하고 다시 앉으니, 어색할 수밖에 없는 침묵이 잠시 흘렀다. 그걸 제일 먼저 깨뜨린 사람은 앤슬리 부인으로, 표정이 상냥하고 우아한 여성인데, 어떤 식으로든 대화를 시작하려 애쓰는 모습을 보면 빙리 자매보다 교양이 훌륭한 게 분명했다. 그래서 앤슬리 부인과 외숙모가 주로 말하고 엘리자베스는 가끔 끼어드는 식으로 대화했다. 다르시 양은 자기도 용기 내서 끼어들고픈 표정으로, 누가 들을 염려가 제일 적을 때면 가끔 짧게 말하는 용기를 발휘했다.

엘리자베스는 빙리 여동생이 자세히 살핀다는 걸, 자신이 다르시 양에게 말할 때는 특히 열심히 바라본다는 걸 금방 눈치챘다. 그렇게 바라본다 해서 다르시 양에게 말을 못 할 건 없지만, 자리가 멀리 떨어져서 불편했다. 그러나 말을 많이 할 수 없어서 아쉬운 건 아니었다. 머릿속 생각에 깊이 빠져들었기 때문이다. 남자들이 금방이라도 객실에 들어올 것 같은데, 그중에 집주인도 있기를 바라는 느낌도 있고 두려워하는 느낌도 있으나, 바라는 게 큰지 두려운 게 큰지는 좀처럼 판단할 수 없었다. 빙리 여동생 목소리는 조금도 안 들리는 상태에서 이런 식으로 15분 정도 앉아있다, 빙리 여동생이 가족은 잘 지내느냐고 차갑게 묻는 소리를 듣고서 퍼뜩 정신을 차렸다. 그래서 똑같이 짧고 무심하게 대답하니, 상대는 더 말하지 않았다.

하인들이 차갑게 식힌 고기와 케이크와 제철 과일을 다양하게 가져오면서 분위기는 좋아졌다. 하지만 그건 앤슬리 부인이 여러 차례 의미심장하게 쳐다보며 미소 지어서 다르시 양에게 주인 된 도리를 떠올리도록 한 다음이었다. 이제 모든 사람에게 할 일이 생겼다. 말할 순 없어도 먹을 순 있으니 말이다. 그래서 포도와 천도복숭아와 복숭아가 탁자에 아름답게 쌓여서 주인을 골랐다.

이럴 때 다르시가 객실로 들어와서 엘리자베스에게 두려운 게 큰지 바라는 게 큰지 판단할 기회를 주었다. 처음에는 바라는 감정이 압도하더니, 나중에는 안타까운 감정이 일어났다.

다르시는 신사 두세 명과 함께 외삼촌을 만나 개울가에서 낚시하다, 부인과 조카딸이 아침에 온다는 말을 듣고서 단번에 달려온 것이다. 그래서 객실로 들어서는 순간, 엘리자베스는 조금도 당황하지 않고 완전히 편안하게 마음먹기로 지혜롭게 결심했다. 어느 때보다 필요하지만, 어느 때보다 지키기 힘든 결심이었다. 모든 사람이 자기네 두 사람을 의심하고, 다르시가 처음 들어오는 순간부터 모든 시선이 지켜보았다. 하지만 빙리 여동생처럼 호기심을 강하게 드러내며 지켜보는 사람도 없으나, 그래도 목표물 가운데 한 명에게 말할 때는 얼굴에 미소를 가득 머금었다. 아직은 질투심에 눈이 멀지 않은 데다, 다르시를 향한 관심 역시 끝난 게 아니기 때문이다. 다르시 양은 오빠가 들어오는 순간부터 훨씬 많이 말하려 애쓰고, 엘리자베스는 다르시가 여동생과 자신이 가까워지길 바라며 가능한 한 두 사람이 더 많이 대화하도록 배려하는 걸 느꼈다. 빙리 여동생도 그걸 느낀 건 똑같아, 말할 기회가 오자마자 예의를 다하면서도 비꼬는 어투로 경솔하게 복수했다.

"그런데 엘리자베스 양, 민병대 연대는 메리턴을 떠났나요? 엘리자베스 양 가족이 참 서운하게 여기겠네요."

다르시가 있어서 위컴이란 이름까지 언급하진 않았지만, 엘리자베스는 상대가 위컴을 염두에 두고 하는 말임을 단번에 알아채고, 순간적으로 위컴과 관련된 기억이 짜증스럽게 떠올랐으나, 심술궂은 공격을 제대로 받아쳐야 한다는 생각에 정신을 바싹 차려서 비교적 무심한 어투로 간단하게 대답했다. 이렇게 말하면서 자신도 모르게 흘낏 쳐다보니, 다르시는 잔뜩 긴장한 표정으로 진지하게 쳐다보고, 여동생은 당혹스러워서 고개도 못 들었다. 소중한 친구가 고통스러워할 줄 알았다면 빙리 여동생이 이렇게 말하진 않을 테지만, 그 의도는 엘리자베스가 좋아한 게 분명한 사내를 화제로 삼아서 엘리자베스를 불안하게 하고 판단력에 문제가 있다는 사실을 드러내서 다르시가 좋게 보는 시선을 깎아내리려는 것, 가능하다면 엘리자베스네 식구 일부가 민병대와 엉뚱하고 어리석게 관계한다는 사실을 다르시가 떠올리도록 하자는 것이었다. 하지만 다르시 양이 위컴과 눈이 맞아서 도망가려 한 사건은 조금도 몰랐다. 워낙 은밀하게 처리한 나머지, 당사자 말고 아는 사람은 엘리자베스밖에 없는 데다, 엘리자베스가 오래전에 눈치챈 것처럼, 다르시는 나중에 자기 여동생과 빙리를 맺어줄 생각으로 빙리 가족에게 더더욱 숨기려고 애쓴 터였다. 다르시가 이런 마음을 품은 건 확실하고, 이것 때문에 제인 언니를 빙리랑 떼어놓으려고 애쓴 건 아닐지라도, 빙리가 행복하게 사는 문제에 그만큼 더 관심을 보일 가능성은 컸다.

하지만 엘리자베스가 차분하게 대답하자, 다르시는 곧바로 감정을 달래고, 빙리 여동생은 실망스럽기도 하고 화도 나지만 위컴과 관련된 얘기를 더 안 꺼내니, 다르시 양 역시 조금 뒤에 마음을 가다듬긴 해도 무슨 말이든 할 정도는 아니었다. 다르시 양은 오빠랑 눈길을 마주칠까 봐 두려운데, 오빠는 이 문제를 조금도 거론하지 않으니,

다르시가 엘리자베스를 좋아하지 않게 하려는 의도로 나온 말 때문에 다르시 양 눈에는 오빠와 엘리자베스가 그만큼 더 바람직하게 보일 뿐이었다.

그러고 얼마 안 가서 엘리자베스 일행은 자리에서 일어나고 다르시가 마차까지 배웅하는 동안, 빙리 여동생은 엘리자베스의 인격과 행위와 드레스를 마음껏 흉보며 헐뜯었다. 하지만 다르시 양은 맞장구치지 않았다. 오빠 판단은 틀릴 수 없으니, 오빠가 좋아한다는 이유 하나로 자신도 충분히 좋아할 수 있었다. 게다가 오빠가 말하는 걸 들으면 엘리자베스는 사랑스럽고 상냥한 사람이 분명했다.

빙리 여동생은 다르시가 객실로 돌아오는 순간에 도저히 못 참고 다르시 양에게 한 말 일부를 그대로 되풀이하며 소리쳤다.

"오늘 아침엔 엘리자베스 양 안색이 정말 안 좋네요, 다르시 선생님. 지난겨울 이후로 얼굴이 그렇게 심하게 변한 사람은 처음 봐요. 얼굴은 까맣고 피부는 거칠어요! 언니도 저도 엘리자베스 양을 다시 안 만나는 게 좋을 뻔했어요."

다르시는 이 말이 아무리 거슬릴지언정, 볕에 그을린 것 말고 특별히 변한 걸 모르겠다고, 여름철에 여행하면 당연히 그럴 수밖에 없다고 차분하게 대답하는 거로 만족했다.

하지만 빙리 여동생은 달랐다.

"저는 솔직히 말해서 엘리자베스 양이 어디가 예쁜지 통 모르겠어요. 얼굴은 홀쭉하고, 피부는 우중충하고, 이목구비는 잘 생긴 데가 하나도 없잖아요. 코는 밋밋해서 개성이 없고, 치아는 그런대로 괜찮지만 평범한 수준이지요. 두 눈이 예쁘다는 말을 가끔 듣지만, 저는 특별한 매력을 못 찾겠어요. 눈매가 날카롭고 심술궂게 보여서 마음에 안 들거든요. 분위기는 세련된 느낌 없이 자부심만 가득한 게 꼴불견이고요."

다르시가 엘리자베스를 좋아한다는 사실을 알면서도 나쁘게 말하는 건 빙리 여동생 자신에게 바람직한 방법일 수 없으나, 사람이 화나면 이성을 잃는 법이니, 마침내 다르시 얼굴에 분노가 치미는 걸 본 게 빙리 여동생이 얻은 유일한 성과였다. 하지만 다르시가 입을 꾹 다무니, 빙리 여동생은 그 입을 열고야 말겠다는 일념 하나로 계속해서 말했다.

"하트퍼드셔에서 엘리자베스 양을 처음 만날 때, 그런 여자가 미인이란 평을 듣는다는 말에 우리 모두 깜짝 놀란 기억이 나는군요. 다르시 선생께선 네더필드에서 만찬을 든 다음에 '저런 여자가 미인이라니! 그렇다면 저 여자 어머니는 재치가 뛰어나다고 해야겠어'라고 말한 기억도 똑똑히 떠오르고요. 그런데 이제는 저 여자를 꽤 좋은 쪽으로 보는 것 같군요. 얼굴도 꽤 예쁘다고 생각하고요."

다르시는 더 못 참고 대답했다.

"네, 하지만 그건 제가 엘리자베스 양을 처음 봤을 때 얘깁니다. 그때 이후로 제가 아는 여성 가운데 가장 아름답다고 생각하니까요."

다르시는 이 말과 함께 밖으로 나가고, 빙리 여동생은 상대가 입을 열도록 했다는 게 만족스럽긴 해도 그 고통은 오로지 혼자서 감당해야 했다.

외숙모와 엘리자베스는 돌아가는 길에 자신들이 방문해서 겪은 내용을 모두 이야기해도, 둘 다 관심이 유난히 쏠리는 주제는 조금도 안 꺼냈다. 사람들 표정과 행동을 일일이 확인했지만, 둘 다 관심이 유난히 쏠리는 사내에 대해선 조금도 말하지 않았다. 그 사람 여동생과 그 사람 친구들과 그 사람이 사는 집과 그 사람이 내놓은 과일에 관해선 모두 얘기했지만, 그 사람 얘기는 조금도 안 했다. 하지만 엘리자베스는 그 사람에 대한 외숙모 생각이 너무나 궁금하고, 외숙모는 조카딸이 그 사람 얘기를 먼저 꺼내기만 바랐다.

## 46

엘리자베스는 램턴에 처음 왔을 때 언니 편지가 없어서 너무나 실망했다. 램턴에서 지내는 동안 아침마다 매일 실망했다. 그런데 삼 일째 되는 날에는 투덜댈 필요가 없었다. 편지 두 통이 한꺼번에 오는데, 한 통에는 주소를 엉뚱하게 적어서 다른 곳에 다녀온 흔적이 있었다. 엘리자베스는 그걸 보고서 비로소 이해할 수 있었다. 언니가 엉뚱한 주소를 적어서 그런 것이었다.

편지는 외삼촌 부부와 함께 산책하러 나가려고 준비할 때 온 터라, 외삼촌 부부는 엘리자베스 혼자서 조용히 읽으라 말하고 자기네끼리 나갔다. 다른 곳에 다녀온 편지가 먼저 부친 게 분명했다. 오 일 전에 작성한 편지였다. 앞부분에는 이런저런 파티와 약속과 함께 마을에서 일어난 사건을 설명하는 내용으로 가득했다. 하지만 절반을 넘어가자, 날짜도 하루 넘어가는데, 훨씬 중요한 내용을 크게 당황하며 써내려갔다. 이런 내용이었다.

윗부분을 쓰고 나니, 친애하는 엘리자베스, 누구도 예상 못 한 너무나 엄청난 사건이 일어났어. 네가 놀랄까 염려스럽구나. 물론 우리 모두 잘 지내. 내가 말하고자 하는 건 불쌍한 리디아 얘기야. 어젯밤 자정에 우리 모두 잠자리에 들었는데, 포스터 대령이 속달 편지를 보내서 리디아가 부하 장교 한 명이랑 스코틀랜드로 도망갔다고 알렸어.[29] 그게 바로 위컴이니, 우리가 얼마나 놀라겠어! 하지만 캐서린이 조금도 예상 못 한 사건은 아닌 것 같아. 정말, 정말 안타까워. 그렇게 결혼하는 건 양쪽 모두 너무나 경솔하잖아! 나로선 최선의 결과를 기대할 수밖에 없어, 우리가 그 사람 성격을 잘못 안 거라고. 그 사람이 생각도 없고 분별력도 없지만, (다행스럽게도) 이번만큼은 나쁜 의도가 아니라고 나는 확신해. 아버지가 리디아에게 물려줄 재산이 없다는 건 그 사람도 잘 알 테니, 최소한 재산을 노리고 이러는 건 아니잖아. 불쌍한 어머니는 깊은 슬픔에 잠겼어. 아버지는 그런대로 잘 견디셔. 우리가 아버지랑 어머니한테 그 사람에 대한 나쁜 소문을 안 알려서 다행이야. 이제 우리도 그걸 깨끗하게 잊어야 해. 두 사람은 일부러 토요일 자정에 도망쳐서 다른 사람은 월요일 아침 여덟 시에 비로소 알았대. 그래서 속달 편지를 급히 보낸 거야. 친애하는 엘리자베스, 두 사람은 우리 집 바로 옆을 지나간 게 분명해. 포스터 대령이 여기로 와서 우리한테 자세히 설명할 예정이야. 리디아가 대령 부인에게 몇 줄 남겨서 앞으로 어떻게 할지 알렸대. 이제 마쳐야겠어, 불쌍한 어머니 곁을 오래 비울 수 없거든. 이번 사건에 담긴 의미를 네가 제대로 이해할지 걱정스럽지만, 나도 제대로 이해하고 쓴 건지 모르겠구나.

엘리자베스는 편지를 다 읽는 즉시, 깊이 생각할 여유도 자신이 느낀 감정을 헤아릴 여유도 없이 다른 편지를 움켜쥐고 봉투를 허겁지겁 뜯었다. 앞 편지를 보낸 다음 날에 쓴 편지였다.

---

29) 영국은 결혼 제도가 복잡하고 법적 허가를 받기도 까다로우나, 당시 스코틀랜드는 결혼 신고가 간단해, 부모 허락 없이 사랑하는 남녀는 그곳으로 도망가서 결혼하는 사례가 많았다.

지금 즈음이면, 친애하는 동생, 내가 급히 작성한 편지를 받았겠구나. 이번에는 편지를 쉽게 이해하도록 쓰길 바라지만, 시간은 넉넉해도 머리가 복잡해서 또렷이 정리할 자신은 없어. 친애하는 엘리자베스, 뭐라고 써야 할지 모르겠지만, 나쁜 소식을 미루지 말고 알려야 할 것 같아. 불쌍한 리디아랑 위컴이 결혼하는 건 지극히 경솔하지만, 이제 우리로선 두 사람이 확실히 결혼하기만 간절하게 바랄 수밖에 없어. 두 사람이 스코틀랜드로 안 갔다고 우려할만한 증거가 너무 많거든. 포스터 대령이 어제 오셨어. 이틀 전에 속달 편지를 보내고 얼마 안 돼서 브리튼을 떠난 거야. 리디아가 대령 부인에게 남긴 짧은 편지에는 두 사람이 그레트나 그린[30]으로 간다고 했으나, 데니가 말한 바에 따르면 위컴은 그곳으로 갈 생각도 리디아랑 결혼할 생각도 없고, 포스터 대령은 이 사실을 전달받는 순간 너무 놀란 나머지, 브리튼을 떠나 그들 뒤를 당장 쫓아갔어. 그래서 클래펌까진 흔적을 쉽게 찾았는데, 그게 마지막이었어. 클래펌에 들어서는 순간, 두 사람이 엡섬에서 타고 온 이륜마차를 돌려보내고 삯마차로 갈아탔기 때문이야. 그런 다음부터 우리가 아는 건 두 사람이 런던 쪽으로 가는 걸 본 사람이 있다는 게 전부야. 어떻게 받아들여야 좋을지 모르겠어. 포스터 대령은 거기에서 런던까지 모두 조사하고, 하트퍼드셔로 오실 때는 통행세를 받는 곳마다 물어보고 바넷과 해트필드 여인숙에서도 모두 물어보셨는데, 아무 소식도 못 들었어. 두 사람이 지나는 걸 본 사람이 하나도 없어. 그래서 대령님은 무척 걱정하며 롱번으로 와서 안타까운 마음을 진심으로 드러내셨어. 포스터 대령과 부인이 정말 안 됐지만, 이들 부부를 누가 탓할 수 있겠니.

친애하는 엘리자베스, 우리는 엄청난 불행에 휩싸였어. 아버지와 어

30) 그레트나 그린(Gretna Green)은 스코틀랜드 국경지대에 있는 사랑의 도피처로 유명해, 현재까지 '사랑의 도피처'란 일반 명사로 사용할 정도다.

머니는 최악이라고 생각하시지만, 나는 그 사람을 그렇게 나쁘게 생각할 수 없어. 여러 상황을 따져보고 처음 세운 계획보다는 런던에서 은밀하게 결혼하는 게 낫다고 생각할 수도 있잖아. 가능성은 없지만 설사 그 사람이 리디아처럼 어린애를 농락할 계획을 품었다 해도, 리디아까지 어떻게 모든 걸 포기하겠니? 그럴 순 없어! 하지만 안타깝게도 포스터 대령은 두 사람이 결혼하지 않았을 거라고 믿어. 내가 두 사람이 결혼했을 거라고 말하니, 대령님이 고개를 절레절레 저으시며, 안타깝게도 자신은 위컴을 믿을 수 없다고 하시는 거야. 어머니는 가련하게도 온몸이 아파서 방에만 머무셔. 힘이라도 내시면 좋겠지만, 기대할 순 없어. 아버지에 대해서 말하자면, 나는 그렇게 침울한 모습을 지금까지 본 적이 없어. 불쌍한 캐서린은 두 사람이 자신에게 완벽하게 숨겼다며 분통을 터트리지만, 이건 비밀을 지켜야 하는 문제니 당연히 그럴 수밖에 없었겠지. 친애하는 엘리자베스, 이렇게 끔찍한 상황을 너라도 피해서 다행이야. 하지만 이제 충격도 많이 가셨으니, 네가 돌아오길 갈망해도 괜찮을까? 그럴 형편이 아니라면, 어서 돌아오라고 이기적으로 강요하진 않겠어. 잘 있어!

내가 지금 막 강요하지 않겠다고 한 말을 하려고 펜을 다시 드네. 하지만 여러 상황을 볼 때 네가 최대한 빨리 돌아오길 진심으로 바라지 않을 수 없어. 나는 외삼촌 부부를 잘 아니, 두 분께도 감히 부탁드리고 싶어. 게다가 외삼촌께 드릴 말씀도 있거든. 아버지께서 포스터 대령과 런던으로 가셔서 리디아를 찾아볼 예정이야. 어떻게 찾아보실지는 나도 몰라. 하지만 너무 커다란 고통에 휩싸인 상태라서 가장 좋고 가장 안전한 방법을 찾으실 순 없을 것 같고, 포스터 대령은 내일 저녁까지 브리튼으로 돌아가셔야 해. 상황이 너무 급하니 외삼촌이 곁에서 도와주시면 좋겠어. 외삼촌도 내 마음을 금방 이해하시고 도와주실 거야.

엘리자베스는 편지를 다 읽자마자 소중한 시간을 허비하지 않고 외삼촌을 곧바로 찾아 나설 생각으로 벌떡 일어나, "아! 외삼촌이, 외삼촌이 어디 계시지?" 하고 소리치며 문가로 다가가는데, 하인이 그 문을 열면서 다르시가 나타났다. 그래서 창백한 얼굴로 서두는 모습을 보고 깜짝 놀라 뭐라고 말하기도 전에, 엘리자베스는 리디아가 처한 상황만 골똘히 생각하느라 다른 건 생각조차 할 수 없어서 급하게 소리쳤다.

"죄송합니다만, 지금은 만날 수 없어요. 당장 외삼촌을 찾아야 합니다, 조금도 지체할 수 없어요. 지금은 한순간도 낭비할 수 없어요."

"맙소사! 도대체 무슨 일입니까?"

다르시가 걱정스러운 마음에 예의조차 잊고 소리치더니, 마음을 가다듬고 다시 말했다.

"당신을 붙잡진 않겠지만, 차라리 저나 하인이 찾으러 가는 게 좋겠습니다. 당신은 안색이 나쁘니, 여기에 머무는 게 낫겠어요."

엘리자베스는 잠시 망설이다, 자신은 무릎이 덜덜 떨려서 외삼촌 부부를 찾으러 나가야 아무런 소용이 없다는 걸 깨달았다. 그래서 하인을 부르더니, 숨이 가빠서 알아듣기 힘든 어투로 당장 주인 나리와 마님을 찾아오라고 지시했다.

엘리자베스는 하인이 나가는 순간, 더 서 있을 수 없어서 그대로 주저앉는데, 안색이 너무나 안 좋아서 다르시는 그대로 두고 떠날 수도, 연민과 애정이 가득한 어투로 이렇게 말하지 않을 수도 없었다.

"하녀를 부르겠습니다. 뭐라도 드시고 마음을 진정하는 게 좋지 않겠어요? 포도주는 어때요. 제가 가져다 드릴까요? 안색이 너무 안 좋아요."

엘리자베스는 마음을 추스르려 애쓰며 대답했다.

"고맙지만, 아니에요. 저는 아무렇지 않아요. 정말 괜찮아요. 롱번에서 날아온 끔찍한 소식을 듣고서 충격을 받은 것뿐이에요."

엘리자베스는 힘겹게 말하다 눈물을 터트릴 뿐, 한동안 아무 말도 못 했다. 다르시는 걱정하고 당황한 속에서 안타까운 마음을 애매하게 전하다, 입을 꾹 다문 채 불안한 마음으로 가만히 지켜볼 수밖에 없었다. 그러자 마침내 엘리자베스가 다시 입을 열었다.

"지금 막 제인 언니한테 편지를 받았는데, 정말 끔찍한 소식이에요. 누구한테도 숨길 수 없는 소식이요. 막냇동생이 모든 친구를 떠나, 도망쳤어요. 위컴한테 자신을 모두 내던졌어요. 브리튼에서 둘이 도망쳤어요. 당신은 위컴이란 사람을 잘 아는 만큼 앞으로 벌어질 일도 잘 알겠지요. 동생은 돈도 없고 연줄도 없어 위컴을 붙잡아둘 건 하나도 없으니, 결국엔 모든 걸 잃고 말겠지요."

다르시는 너무 놀라서 온몸이 얼어붙고, 엘리자베스는 더욱 흥분한 목소리로 덧붙였다.

"저는 그 사람이 어떤 사람인지 아는 터라 그렇게 되는 걸 막을 수도 있었는데! 제가 아는 내용 일부를, 제가 깨달은 내용 일부를 가족한테 설명할 수도 있었는데! 그래서 그 사람 성격을 알았더라면 이런 일은 안 일어났을 텐데! 하지만 이제는 너무 늦었어요!"

"정말 안타깝군요. 안타깝고…… 충격적이에요. 하지만 확실한가요, 완벽하게 확실한가요?"

"네, 확실해요! 두 사람이 토요일 자정에 브리튼을 떠나서 런던까지 간 흔적은 확인했지만, 그다음은 몰라요. 두 사람이 스코틀랜드로 안 간 건 확실해요."

"동생분을 어떤 식으로 찾는 중인가요, 어떤 식으로 시도하는 중인가요?"

"아버지가 런던으로 떠나실 예정이라, 제인 언니는 외삼촌이 당장 가서 거드시길 바란다고 편지에 썼어요. 그래서 우리도 당장 떠나야 해요, 가능하다면 삼십 분 안에. 하지만 우리가 할 수 있는 건 하나도 없어요. 저는 우리가 할 수 있는 게 하나도 없다는 걸 잘 알아요. 그런 사내를 우리가 어떻게 하겠어요? 아니, 애초에 두 사람을 어떻게 찾겠어요? 희망이 없어요. 모든 게 캄캄해요!"

다르시는 침묵으로 인정하며 머리를 절레절레 젓고, 엘리자베스는 계속 한탄했다.

"그 사람이 어떤 사람인지 깨닫는 순간…… 아! 제가 제대로 행동했더라면, 제가 용기를 냈더라면! 하지만 어떻게 해야 좋을지 몰라…… 제가 너무 심한 건 아닐까 망설였어요. 너무나 끔찍하고 비참하게 착각했어요!"

다르시는 대답을 안 했다. 말을 듣는 것 같지도 않았다. 깊은 생각에 잠긴 채 서성이는데, 이맛살은 잔뜩 찡그리고 얼굴은 어두웠다. 그 모습을 보는 순간 엘리자베스는 모든 걸 이해했다. 자신이 더는 매력적이지 않은 거였다. 약점이 이렇게 확실히 드러난 앞에선, 너무나 엄청난 망신거리가 이렇게 또렷이 드러나는 앞에선 모든 매력이 사라질 수밖에 없었다. 이상하게 여길 수도 나무랄 수도 없으나, 다르시가 발휘하는 엄청난 자제력은 마음을 달래는 데도 고통을 덜어내는 데도 도움이 안 됐다. 그보다는 자신이 무엇을 바라는지 정확히 깨달아, 모든 사랑이 허공으로 날아갈 수밖에 없는 지금 이 순간만큼 다르시를 사랑할 수 있기를 간절하게 바란 적은 없었다.

하지만 이런 생각이 떠오를지언정 엘리자베스 마음을 가득 채울 순 없었다. 리디아가, 가족 모두에 몰아닥친 불명예와 고통이, 순식간에 모든 걸 집어삼켜, 엘리자베스는 손수건으로 얼굴을 가린 채 모든 걸 체념했다. 그런데 다르시 목소리가 끔찍한 현실을 되살렸다. 연민이 가득하지만 자제하는 기색 역시 가득한 목소리였다.

"제가 어서 나가기만 바란다는 사실도, 쓸데없이 걱정하는 것 말고는 제가 굳이 여기에 머물 이유는 없다는 사실도 잘 압니다. 제가 무슨 말로 위로하더라도 엄청난 고통을 달랠 순 없을 테니까요! 그러니 헛된 소망으로 당신을 괴롭히지 않겠습니다. 그것 역시 고맙다는 말을 강요하는 것에 불과하니까요! 불행한 사태가 일어나, 오늘 제 여동생이 펨벌리 저택에서 당신을 대접하는 기쁨을 누릴 순 없을 것 같군요."

"아, 맞아요. 다르시 양한테 미안하다고 전해주세요. 급한 일이 생겨서 집으로 갔다고요. 불행한 진실은 최대한 숨겨주세요, 오래 갈 순 없겠지만."

다르시는 당연히 비밀로 하겠다 약속하고, 엄청난 고통을 안타깝게 여기는 마음을 다시 밝히고, 현 상황에서 기대할 수 있는 이상으로 바람직하게 마무리하길 기원하고, 가족에게 안부를 전해달라 부탁하더니, 작별하는 표정으로 심각하게 딱 한 번 쳐다보고 밖으로 나갔다.

다르시가 나가자마자, 엘리자베스는 더비셔에서 몇 번 만날 때처럼 다정하게 만나는 건 이제 영원히 불가능하다고 느꼈다. 두 사람 사이에서 다양하게 일어난 변화와 역설이 주마등처럼 스치니, 온갖 감정이 비비 꼬였다는 사실에, 예전에는 끝나기만 바랐는데 지금은 계속 이어지길 바란다는 사실에 한숨이 절로 나왔다.

감사하고 존경하는 마음이 바람직한 애정을 키운다면, 엘리자베스 마음이 이렇게 변한 건 잘못도 아니고 불가능한 것도 아니다. 하지만 그렇지 않다면, 애정이 이렇게 솟구치는 건 바람직하지도 자연스럽지도 않다면, 흔히 말하듯, 상대를 처음 본 순간에, 딱 한 마디 주고받는 순간에 애정이 솟구치는 게 당연하다면, 엘리자베스를 변호할 방법은 두 번째 방식으로 위컴을 좋아하면서 상당한 시련을 겪고 비참하게 끝났으니, 흥미가 훨씬 떨어지는 첫 번째 방식을 모색하는 건 지극히 당연하다고 보는 것 말고 무엇 하나 있을 수 없다. 그래서 엘리자베스는 다르시가 떠나는 모습을 안타까운 마음으로 지켜보았다. 리디아가 온갖 굴욕에 시달리게 된 것도 고통스럽지만, 다르시와 이렇게 비참하게 헤어질 수밖에 없다는 사실도 고통스러웠다. 두 번째 편지를 읽고서 엘리자베스는 위컴이 리디아랑 결혼하리란 희망을 완전히 포기했다. 제인 언니가 아니고선 누구도 그걸 기대하며 마음을 달랠 수 없었다. 이런 일이 일어난 것 역시 이상하지 않았다. 첫 번째 편지를 읽을 때는 잔뜩 놀란 게 사실이다. 위컴이 재산이라곤 하나도 없는 여자애와 결혼한다는 게 놀라웠다. 리디아가 그런 사내를 사랑의 포로로 만들었다는 사실을 조금도 이해할 수 없었다. 하지만 지금은 모든 게 너무나 당연했다. 가볍게 연애할 매력은 리디아도 충분했다. 리디아가 결혼할 의사도 없이 남자와 도망간 건 아니겠지만, 덕성도 지성도 부족해서 먹잇감으로 끝장나는 건 너무나 당연했다.

민병대 연대가 하트퍼드셔에 있는 동안 리디아가 위컴을 좋아한다는 느낌은 못 받았지만, 리디아는 누구든 자신을 칭찬하면 곧바로 사랑했다. 누구든 관심을 보인다고 느끼면 이 장교를 사랑하고 저 장교를 사랑했다. 그래서 대상이 끊임없이 바뀔 뿐, 좋아하는 사내가 없을 때는 한 번도 없었다. 이런 여자애가 응석 부리는 걸 받아주며 제멋대로 하도록 내버려 두었으니, 아! 지금은 너무나 뼈저리게 후회스러울 뿐이었다!

당장은 집으로 돌아가서 직접 듣고 직접 보고 싶었다. 아버지는 없고 어머니는 꼼짝도 못 한 채 끊임없이 돌보기를 요구하는, 모든 게 뒤엉킨 현장으로 어서 달려가, 모든 부담을 혼자 짊어진 제인 언니를 도우며 함께 역경을 헤쳐나가고 싶었다. 리디아를 위해서 할 수 있는 건 없지만, 그래도 외삼촌이 거드는 건 정말 중요한 것 같아, 어서 돌아오기만 바라는 마음 역시 마냥 치솟았다. 마침내 외삼촌 부부는 하인에게 전갈을 듣고 조카딸이 갑자기 아픈 것 같다고 걱정하며 급히 돌아왔지만, 엘리자베스는 오해를 재빨리 풀곤 두 사람을 부른 이유를 열심히 설명하고 두 편지를 커다랗게 읽어주고, 두 번째 편지에 실린 추신을 덜덜 떨리는 목소리로 힘주어 읽었다. 외삼촌 부부는 리디아를 좋아한 적이 없어도, 당연히 커다란 충격에 빠져들 수밖에 없었다. 이번 사태는 리디아 혼자가 아니라 모두에게 커다란 문제라, 외삼촌은 너무나 끔찍한 현실에 깜짝 놀라며 한탄하더니, 모든 노력을 다해서 힘껏 돕겠다고 약속했다. 엘리자베스는 당연히 그럴 줄 알았지만, 너무 고마워서 눈물까지 흘리고, 세 사람 모두 집으로 당장 돌아가기로 순식간에 결정하니, 이제부터는 최대한 빨리 출발하는 게 무엇보다 중요했다.

"그럼 펨벌리 저택은 어떻게 하지? 하인 말이 네가 우리를 찾아오라고 할 때 다르시 선생이 있었다던데, 정말이니?"

외숙모가 묻고, 엘리자베스는 대답했다.

"네. 그래서 우리가 약속을 지킬 수 없게 되었다고 말했어요. 모두 정리했어요."

그러자 외숙모는 떠날 준비를 하려고 자기 방으로 달려가며 혼자 중얼거렸다.

"모두 정리했다니, 두 사람이 이런 문제까지 드러낼 정도로 가까운 사인가? 아, 어떻게 정리한 건지 궁금하군!"

하지만 궁금해도 소용없으니, 혼란스러운 가운데 급히 서둘면서 흥미를 돋우는 정도로 만족할 수밖에 없었다. 행여나 엘리자베스 역시 이만한 여유가 있다면, 너무나 비참해서 어떤 일도 할 수 없다고 생각할 게 분명했다. 하지만 외숙모가 그런 것처럼 자신이 할 일을 정확히 해내니, 램턴에서 만난 모든 사람에게 갑자기 떠나는 이유를 그럴싸하게 둘러대는 쪽지를 쓰는 일도 그 가운데 하나였다. 한 시간 만에 모든 일을 끝내고 그사이에 외삼촌은 여인숙 비용을 정산하니, 남은 일은 마차를 타고 떠나는 게 전부였다. 그래서 엘리자베스는 오전 시간을 너무나 힘들게 보내다 생각보다 이른 시각에 마차에 앉아서 롱번으로 달릴 수 있었다.

## 47

마차가 런던을 빠져나올 때 외삼촌이 말했다.

"이리 따지고 저리 따지면서 진지하게 살폈는데, 엘리자베스, 나는 너희 맏언니 판단이 옳은 것 같아. 젊은 사내가 가족도 있고 친구도 있고 부대 상관 집에 머무는 여자애를 그런 식으로 농락할 생각은 못 할 것 같아서, 일이 잘 풀리리란 느낌이 강하게 들어. 친구랑 가족이 가만히 안 있을 것을 너무나 잘 알지 않겠어? 포스터 대령한테 그런 짓을 하면 부대에서 인정받을 수 없다는 사실도 잘 알고? 그런 위험을 감수할 순 없다고!"

"정말 그렇게 생각하세요?"

엘리자베스가 묻는데 순간적으로 얼굴이 밝아지고, 옆에서 외숙모도 거들었다.

"내가 보기에도 너희 외삼촌 의견이 맞는 것 같아. 그런 짓을 저지르면 체면도 명예도 이익도 크게 다쳐. 나는 위컴이 그렇게 나쁜 사람 같지 않아. 너는, 엘리자베스, 그 사람이 그런 짓을 저지를 정도로 나쁘다고 보니?"

"이익은 아니겠지만, 다른 건 충분히 포기할 사람이에요. 두 분 말씀이 맞으면 좋겠어요! 하지만 저는 그런 희망을 못 품겠어요. 정말 그렇다면 두 사람이 스코틀랜드로 왜 안 가겠어요?"

외삼촌이 대답했다.

"무엇보다 우선, 두 사람이 스코틀랜드로 안 갔다는 완벽한 증거는 없어."

"아! 하지만 마차를 돌려보내고 삯마차로 옮겨탔잖아요! 게다가 바닛 도로 다음부터 모든 흔적이 사라졌고요."

"으음, 그렇다면…… 두 사람이 런던으로 갔다고 하자. 그렇다 해도 그건 숨으려는 목적일 뿐, 다른 특별한 목적은 없을 거야. 둘 다 돈이 충분하지 않을 테니, 스코틀랜드보다 런던에서 결혼하는 게 시간은 걸리더라도 훨씬 경제적이라고 생각할 수 있잖아."

"그렇다면 몰래 도망간 이유는 뭐죠? 사람들이 아는 걸 왜 두려워한 거죠? 왜 은밀하게 결혼하려는 거죠? 아, 아니에요, 아니에요, 그럴 가능성은 없어요. 제인 언니 편지에 따르면, 제일 친한 친구가 위컴은 리디아랑 결혼할 생각이 조금도 없다고 했어요. 위컴은 돈 없는 여자랑 절대로 결혼하지 않아요. 그럴 수 없는 사람이에요. 그런데 리디아한테 뭐가 있죠? 젊고 건강하고 쾌활한 것 말고 어떤 매력으로 위컴이 돈 많은 여자와 결혼해서 누릴 이익을 포기하게 할 수 있죠? 연대에서 불명예를 겪는 게 두려워서 리디아랑 치졸하게 도망치지 않으리란 주장은 저도 판단할 수 없어요. 그런 행동이 연대에서 어떤 반응을 일으키는지 모르니까요. 하지만 다른 주장은 안타깝게도 전혀 안 맞는 것 같아요. 리디아는 앞으로 나설 형제가 없는 데다, 위컴은 우리 아버지가 가족한테 무슨 일이 일어나든 관심도 없고 신경도 안 쓰는 모습을 보고, 이런 문제가 생겼을 때 다른 집 아버지들이 흔히 그러는 것과 달리 별다른 조치를 안 할 거로 여긴 게 분명해요."

"하지만 리디아가 결혼한다는 조건도 없이 모든 걸 포기하고 쫓아갈 정도로 위컴을 사랑할 수 있다고 생각하니?"

엘리자베스는 두 눈에 눈물을 가득 머금으며 대답했다.

"당연하지요. 저로선 여동생한테는 체면도 정조관념도 없다는 걸 의심할 여지가 없다는 게 고통스러울 뿐이에요. 정말이지 뭐라고 말해야 좋을지 모르겠어요. 물론 제가 리디아를 잘못 보았을 수도 있어요. 하지만 리디아는 정말 어려요. 심각한 문제를 진지하게 생각하는 법을 배운 적이 없고, 지난 반년 동안, 아니, 열두 달 동안 허영에 들떠서 모든 걸 포기한 채 재밋거리만 찾아다녔어요. 늘 게으르고 경솔하게 행동해도, 무어든 마음대로 판단하고 행동해도, 아무도 나무라지 않았어요. 민병대 연대가 메리턴에 처음 들어온 날부터 리디아 머릿속에는 장교들과 시시덕대며 연애하는 생각만 가득했어요. 늘 이런 문제만 생각하고 떠들어대다 보니, 뭐라고 할까? 그쪽으로 빠져들 감수성은 커지고, 당연히 그만큼 더 적극적으로 쫓아다닌 것 같아요. 위컴은 외모든 말솜씨든 여자를 사로잡을 매력이 충분하다는 걸 우리 모두 잘 알고요."

외숙모가 끼어들었다.

"하지만 제인은 위컴이 그런 짓을 저지를 정도로 나쁜 사람이라고 생각하지 않잖아."

"제인 언니가 누굴 나쁘게 생각하겠어요? 실제로 그런 사람이 있고 과거 행적이 아무리 나쁠지언정, 나쁜 결과가 구체적으로 나타나지 않는 한 언니가 누굴 나쁘게 생각하겠어요? 하지만 위컴이 나쁜 사람이란 건 언니도 나만큼 잘 알아요. 그 사람이 방탕하고, 정직하지도 명예롭지도 않으며, 거짓과 사기로 환심을 산다는 건 우리 둘 다 잘 알아요."

외숙모는 그걸 모두 어떻게 알았는지 궁금하게 여기며 물었다.

"그럼 너는 모든 걸 확실히 아는 거니?"

엘리자베스는 얼굴을 빨갛게 물들이며 대답했다.

"네, 확실히 알아요. 저번에 위컴이 다르시 선생한테 한 짓을 말씀드렸잖아요. 그리고 외숙모가 지난번에 롱번에 오셨을 때, 모든 걸 참으며 관대하게 행동한 사람을 위컴이 어떻게 비난하는지 들으셨잖아요. 그것 말고 다른 사례도 많은데, 제가 말씀드릴 권한도 굳이 말씀드릴 필요도 없으나, 위컴이 펨벌리 저택 가족에 대해 꾸며낸 말은 끝이 없어요. 위컴이 다르시 양에 대해서 하는 말을 듣고 저는 거만하고 냉랭하고 까탈스러운 줄 알았어요. 위컴은 그렇지 않다는 사실을 아는데도요. 다르시 양은 우리가 만나서 직접 겪은 것처럼 상냥하고 겸손하다는 사실을 아는데도요."

"그런데 리디아는 그런 사실을 조금도 몰라? 너랑 제인은 그렇게 잘 아는 걸 걔는 어떻게 모를 수 있어?"

"네! 그게, 바로 그게 무엇보다 후회스러워요. 저 역시 켄트에서 다르시 선생과 피츠윌리엄 대령을 자주 만난 다음에 비로소 진실을 깨달았어요. 그런데 집으로 돌아오니, 민병대 연대가 일주일에서 보름 사이에 메리턴을 떠난다는 거예요. 그렇다면, 저한테 모든 이야길 들은 제인 언니도 저도, 우리가 아는 내용을 굳이 공개할 필요는 없다고 생각했어요. 마을 사람이 위컴을 좋게 생각하는데 굳이 그걸 뒤집어놓아서 무슨 소용이 있을까 해서요. 그런데 포스터 대령 부인과 떠나기로 결정 났을 때도 리디아한테 위컴 성격을 알려줄 필요성은 전혀 못 느꼈어요. 리디아가 거짓말에 넘어갈 거라곤 생각조차 못 한 거예요. 그것 때문에 이렇게 엄청난 사태가 벌어지리라곤, 두 분께서 잘 아시듯, 전혀 생각을 못 한 거예요."

"두 사람이 브리튼으로 갈 때만 해도 서로 좋아한다고 생각할 이유가 없었니?"

"네, 조금도. 두 사람이 서로 좋아하는 느낌은 조금도 없었어요. 그런 걸 느꼈더라면 당연히 모른 척하진 않았겠지요. 위컴이 민병대 연대에 처음 들어올 때, 리디아가 그 사람을 엄청 좋아하긴 했지만, 그건 우리 모두 똑같았어요. 메리턴 인근에 사는 여자애는 누구든 처음 한두 달 동안 위컴 때문에 넋이 나갔으니까요. 하지만 위컴이 리디아를 특별히 좋아하진 않으니, 무작정 좋아하며 열광하다 결국엔 관심을 잃고 자신한테 잘하는 장교만 쫓아다녔어요."

흔히 그렇듯, 이렇게 흥미진진한 주제를 둘러싸고 끊임없이 논의한다고 해서 달리 추측하거나 걱정하거나 기대할 만큼 새로운 사실이 나오는 건 아니겠지만, 세 사람은 마차를 타고 가는 내내 다른 주제를 떠올릴 수 없었다. 엘리자베스 머릿속엔 이 생각이 안 떠나고 가슴엔 고통과 번민이 가득해, 잠시 잊고 편히 쉴 수도 없었다.

세 사람은 마차에서 하룻밤을 보내면서 최대한 빠르게 이동해, 다음 날 만찬 시간에는 롱번에 도착했다. 엘리자베스는 언니가 오랫동안 기다리다 지치진 않겠다는 사실이 그나마 다행스러웠다.

마차가 울타리 안으로 들어서는 걸 외삼촌네 꼬맹이들이 보고서 현관 앞 계단으로 몰려나와, 현관으로 다가갈 때 여기저기서 깡충깡충 뛰면서 놀라움과 기쁨을 온몸으로 발산하며 환영하니, 세 사람 모두 당장은 기분이 좋았다.

엘리자베스는 마차에서 펄쩍 뛰어내려, 아이들에게 일일이 서둘러서 키스하고 현관으로 황급히 들어서니, 언니가 어머니 방에서 급히 내려오다 마주쳤다.

엘리자베스는 언니를 꼭 껴안고 함께 눈물을 글썽이다, 도망자에 대해 새로운 소식이 있는지 물으니, 언니가 대답했다.

"아직 없어. 하지만 외삼촌이 오셨으니 잘 풀릴 거야."

"아버지는 런던에 계셔?"

"응, 화요일에 가셨어, 내가 편지에 적은 대로."

"편지는 자주 하셔?"

"딱 한 번 받았어. 수요일에 몇 줄 적어, 무사히 도착하셨다며 주소를 알려주셨어, 내가 그러시라고 신신당부한 대로. 그리곤 중요한 일이 생길 때까지 다시 편지하지 않겠다고만 덧붙이셨어."

"어머니는…… 어머니는 어떠셔? 식구들은 어떻고?"

"어머니는 그런대로 괜찮으신 것 같아, 크게 낙담하시긴 했지만. 지금 위층에 계시는데, 외삼촌 부부와 너를 보면 정말 좋아하실 거야. 아직은 방에서 안 나오셔. 메리랑 캐서린은 다행히 잘 지내고."

"그럼 언니는…… 언니는 어떻고? 얼굴이 창백해. 속을 많이 썩인 게 분명해!"

하지만 제인은 잘 지낸다며 동생을 안심시키고, 외삼촌 부부가 아이들과 어울리다 함께 들어오면서 대화는 끝났다. 제인은 얼른 달려가서 울고 웃는 얼굴로 외삼촌 부부를 맞이하며 고마워했다.

응접실로 들어가자, 엘리자베스가 이미 물은 걸 외삼촌 부부도 당연히 물어서 제인이 특별히 아는 건 없다는 사실을 확인했다. 하지만 제인은 마음이 착해, 잘 풀릴 거라는 낙관적인 희망을 여전히 못 버린 게 분명했다. 그래서 모든 게 잘 되기만, 리디아든 아버지든 편지를 보내서 자초지종을 설명하고 결혼했음을 알리기만 아침마다 기대했다.

그들은 잠시 대화하다 베넷 부인을 만나러 올라가니, 모두가 예상한 대로 베넷 부인은 눈물을 흘리고 후회하고 한탄하며, 위컴이 나쁜 놈이라고 욕설을 퍼붓고, 자신이 고통과 냉대에 시달린다고 투덜대더니, 어린 딸이 엉뚱하게 응석 부리는 걸 그대로 받아준 자신만 빼고 다른 모든 사람을 비난했다.

"내 말대로 가족 모두 브리튼으로 갔더라면 이런 일은 안 일어났어. 불쌍한 리디아를 돌볼 사람이 아무도 없었다고. 포스터 부부가 리디아를 안 살핀 이유가 뭐냐고? 이렇게 저렇게 그냥 내버려 둔 게 분명해. 리디아는 누가 제대로 보살피면 그런 짓을 저지를 애가 아니야. 나는 그 사람들한테 리디아를 맡을 자격이 조금도 없다고 늘 생각했지만, 늘 그런 것처럼 무시당했어. 불쌍한 것! 그런데 이제 남편까지 갔으니, 위컴을 만나는 즉시 싸우다 살해당할 게 분명한데, 그럼 우리는 어떻게 되겠니? 시신이 차갑게 식기도 전에 콜린스 부부가 쫓아낼 테니, 네가 안 도우면 우리 모두 어떻게 살아가야 할지 모르겠구나."

그렇게 끔찍한 생각은 하지도 말라고 모두 소리치고, 외삼촌은 일반적인 말로 누나는 물론 누나 가족도 사랑한다며 달랜 다음, 바로 다음 날 런던으로 떠나서 매형을 있는 힘껏 거들어 리디아를 꼭 찾아내겠다며 덧붙였다.

"최악의 사태에 대비하는 건 중요하지만, 아직은 확실한 게 없는 만큼 쓸데없이 걱정할 필요도 없어요. 두 사람이 브리튼을 떠난 건 일주일도 안 됐어요. 앞으로 며칠이면 소식이 들릴 텐데, 두 사람이 결혼하지 않았거나 결혼할 계획이 없다는 사실을 확인할 때까지, 이 문제 때문에 절망하지 말자고요. 런던에 가는 즉시 매형을 우리 집으로 모신 다음, 앞으로 어떻게 하면 좋을지 방법을 찾아볼게요."

베넷 부인이 감동했다.

"어이쿠, 친절한 우리 동생, 바로 그게 내가 무엇보다 듣고 싶은 소리란다! 그럼 이제 런던으로 가서 두 사람을 찾아내렴, 어디에 숨더라도. 그래서 결혼하지 않았다면, 결혼하게 해. 결혼 예복 같은 건 신경 쓰지 말라고 해. 결혼만 하면 그걸 살 돈은 충분히 주겠다고 리디아한테 말해. 무엇보다도 매형이 안 싸우게 해. 내 건강이 정말 끔찍하다고, 무서워서 넋이 달아날 지경이라고, 몸이 덜덜 떨리고 씰룩거린다고, 옆구리에서 경련이 일고 머리가 아프고 심장이 콩닥거린다고, 그래서 낮이든 밤이든 쉬질 못한다고 전해. 귀여운 리디아한테는 나를 만날 때까지 결혼 예복을 절대로 주문하지 말라 하고. 제일 좋은 옷집이 어딘지 모르니까. 아, 동생, 정말 고맙구나! 네가 일을 다 해결할 거야."

하지만 외삼촌은 문제를 해결하도록 최선을 다하겠다고 약속하면서도, 희망이든 공포든 너무 심하게 품지 말도록 충고할 수밖에 없었다. 그러다 정찬을 준비했다는 말이 들리자, 딸이 없을 때 그 자리를 대신하는 하녀에게 베넷 부인이 모든 감정을 쏟아붓도록 한 다음, 모두 밖으로 나왔다.

외삼촌 부부는 베넷 부인이 방에 틀어박혀서 지낼 필요가 굳이 없다고 생각하지만 반대하진 않았다. 식탁에서 시중드는 하인들 앞에서 경솔하게 입을 놀리는 편보단, 그 문제에 관한 모든 근심 걱정을 가장 믿음직한 하녀 한 명에게만 털어놓는 편이 더 낫다고 판단한 것이다.

식당에 들어가니, 메리와 캐서린이 곧 합류했다. 각자 자기 방에서 바쁘게 지내느라 미리 못 나온 터였다. 한 명은 책을 읽느라, 또 한 명은 화장하느라 바빴다. 하지만 얼굴은 둘 다 차분했다. 어떤 변화도 안 보였다. 제일 친한 동생을 잃어선지 이번 사태에 화나선지, 캐서린 말투가 평소보다 짜증스러운 게 전부였다. 메리는 정말 차분했다. 식탁에 둘러앉자마자 엘리자베스에게 엄숙한 표정으로 속삭일 정도였다.

"너무나 불행한 사태야. 앞으로 곳곳에서 쑥덕대겠지. 하지만 우리는 사악한 물결에서 교훈을 추려내고, 자매 가슴에 향유를 가득 부으며 위로해야 해."

그러더니 엘리자베스가 대답을 안 할 것 같자, 이렇게 덧붙였다.

"리디아한테는 불행한 사태일지언정, 우리는 여기서 유익한 교훈을 끌어내야 해. 여자는 정조를 잃으면 돌이킬 수 없다, 한 발만 헛디디면 끝없은 나락으로 떨어진다, 여자에 대한 평판은 미모만큼이나 덧없이 무너진다, 여자는 형편없는 남자 앞에서 아무리 조심해도 모자란다는 교훈."

엘리자베스는 어이가 없어서 고개를 들고 쳐다보지만, 머릿속이 복잡해서 아무런 말도 못 했다. 하지만 메리는 눈앞에 벌어진 끔찍한 사태에서 도덕적인 교훈을 계속 찾아내며 자신을 위로했다.

제인과 엘리자베스는 오후에 단둘이 삼십 분 동안 지내게 되자, 엘리자베스는 그 즉시 궁금한 걸 묻고 제인은 열심히 대답했다. 그래서 엘리자베스는 이번 사태가 끔찍하게 끝날 수밖에 없다 확신하고, 제인은 아니라고 주장할 수 없어서 함께 한탄한 다음, 전자가 주제를 이어가며 말했다.

"그래도 내가 못 들은 이야기가 있으면 빼놓지 말고 말해줘. 구체적으로 알려달라고. 포스터 대령이 뭐래? 도망치기 전에 아무것도 못 느꼈대? 두 사람이 함께 지내는 모습을 수없이 보았을 거 아냐."

"포스터 대령도 둘이 좋아한다는, 리디아 쪽에서 특히 좋아한다는 의심이 들긴 했지만, 우려할 정도는 아니었대. 대령님이 참 안 됐어! 정말 세심하고 다정하게 행동했거든. 걱정스러운 사태를 우리한테 알리려고 찾아오려 할 때만 해도 두 사람이 스코틀랜드로 안 갔을 거란 생각은 조금도 못 하다, 그런 생각이 처음 떠오르는 순간 더욱 서둘러서 찾아왔거든."

"데니는 위컴이 결혼하지 않을 거라고 했다며? 그렇다면 두 사람이 도망갈 거란 사실도 알았나? 포스터 대령이 데니를 직접 만났대?"

"응. 하지만 직접 만나서 물어보니, 데니는 두 사람 계획을 전혀 몰랐다면서 속마음을 털어놓지 않더래. 두 사람이 결혼하지 않을 거란 말도 다신 안 하고. 그래서 데니가 잘못 알았을지 모른다는 생각도 들어."

"그럼 포스터 대령이 직접 찾아올 때까지 두 사람이 결혼하지 않을 걸 의심한 가족은 아무도 없었던 거야?"

"어떻게 의심하겠어? 나는 리디아가 그 사람이랑 결혼해서 과연 행복할까 하는 걱정이 들어서 약간 불안한 정도였어. 그 사람이 올바르게 행동하진 않는 걸 아니까. 하지만 아버지랑 어머니는 그걸 조금도 모르셔. 두 사람이 경솔하게 행동했다고 생각하시는 정도야. 그때 비로소 캐서린이 우리보다 많은 걸 안다고 우쭐대면서 리디아가 마지막으로 보낸 편지에 그런 일이 있을 테니 단단히 준비하라는 내용이 있다고 말했어. 몇 주 전부터 두 사람이 좋아한다는 걸 알았던 것 같아."

"하지만 브리튼으로 떠나기 전부터 그런 건 아니지?"

"응, 아닌 것 같아."

"포스터 대령이 위컴을 나쁘게 생각하는 건 확실해? 위컴이 어떤 사람인지 알아?"

"예전처럼 좋게 말하지 않는 건 확실해. 낭비벽이 있고 경솔하대. 이 일이 벌어진 다음에 비로소 위컴이 메리턴에 빚을 엄청 졌다는 소문도 도는데, 사실이 아니면 좋겠어."

"아, 언니, 우리가 비밀을 숨기지 않았더라면, 그래서 위컴이 어떤 사람인지 말했더라면 이런 일은 안 일어났을 텐데!"

"지금보다야 좋겠지. 하지만 예전에 저지른 잘못을 반성하는지 어떤지도 모른 채 무작정 폭로하는 건 옳지 않잖아. 우리는 좋은 뜻이었다고."

"리디아가 자기 부인한테 보낸 쪽지 내용을 포스터 대령이 구체적으로 알려줬어?"

"직접 보라고 줬어."

그러더니 제인이 수첩에서 쪽지를 꺼내 엘리자베스에게 건넸다. 이런 내용이었다.

친애하는 친구에게,

내가 어디로 가는지 알면 많이 웃겠구나. 내일 아침에 사라진 걸 알고 네가 깜짝 놀랄 걸 생각하면 나도 웃음이 절로 나와. 나는 그레트나 그린으로 가는데, 누가 함께 가는지 모르겠다면, 너는 숙맥일 수밖에 없어. 내가 사랑하는 사람은 이 세상에 한 명밖에 없으니까. 그 사람은 천사니까. 나는 그 사람이 없으면 절대로 행복할 수 없으니, 이렇게 떠나는 걸 나쁘게 생각하지 마. 내가 떠난 걸 롱번에 알릴 필요는 없어, 그러고 싶지 않다면. 내가 '리디아 위컴'이라고 서명해서 편지를 보내면 훨씬 놀랄 테니까. 아, 얼마나 재밌을까? 웃음이 터져서 더는 못 쓰겠어. 프랫한테는 내가 오늘 밤에 함께 춤추겠다고 한 약속을 못 지켜서 미안하게 여긴다고 전해주렴. 나중에 모든 걸 알면 다 용서하길 바란다고도 전하고, 다음에 무도회에서 만나면 함께 기꺼이 춤추겠다고도 전해. 롱번에 가면 사람을 보내서 옷을 가져오게 할게. 하지만 그러기 전에 모슬린 자수 드레스가 쭉 찢어진 데를 샐리한테 고쳐달라고 말하면 좋겠어. 잘 있어. 포스터 대령님한테 안부를 전하고, 멋진 우리 여행을 축하하며 건배하길 바랄게.

사랑하는 친구,

리디아 베넷.

엘리자베스는 쪽지를 다 읽자마자 한탄했다.

"아! 생각이라곤 조금도 없는 리디아! 그런 순간에 이런 편지를 쓰다니! 하지만 여행 목적을 중요하게 여겼다는 건 그나마 알겠군. 위컴이 나중에 어떻게 설득했든, 리디아가 파렴치한 계획을 세운 건 아니야. 불쌍한 아버지! 이걸 보고 기분이 어떠셨을까!"

"그렇게 충격받은 모습은 생전 처음이야. 십 분 내내 아무 말씀도 못 하셨으니까. 어머니는 그 즉시 노발대발하고, 집안은 쑥대밭으로 변했어!"

"아! 언니, 그날 하루가 다 가기 전에 이번 사태를 정확히 모르는 하인이 한 명이라도 있었어?"

"모르겠어. 한 명이라도 있으면 좋겠어. 하지만 그런 순간에 모든 걸 숨긴다는 건 정말 어려워. 어머니가 히스테리를 부려서. 내가 온 힘을 다해서 도우려 했지만, 안타깝게도 제대로 못 한 것 같아! 앞으로 일어날 사태가 무서워서 나도 제정신이 아니었거든."

"언니가 어머니를 보살피느라 힘을 너무 많이 쓴 것 같아. 얼굴이 안 좋아. 모든 근심과 걱정을 언니 혼자 짊어졌잖아! 아, 내가 곁에 있어야 하는 건데!"

"메리랑 캐서린이 많이 도왔어. 힘든 일은 뭐든 함께 하려고 했을 거야. 하지만 두 아이한테 부담을 지우는 건 옳지 않다고 생각했어. 캐서린은 몸이 가냘프고 예민하며, 메리는 책을 너무 읽는 터라 쉬는 시간이 필요하거든. 아버지가 떠나신 뒤로 화요일에 필립스 이모가 와서 목요일까지 곁에 머물며 도와주셨어. 우리 모두한테 커다란 도움과 위안이 되었지. 루카스 귀부인 역시 친절하게도 수요일 아침에 걸어와서 우리를 위로하시곤, 필요하다면 자신이든 딸들이든 기꺼이 도와주겠다고 말씀하셨어."

"그분은 안 오시는 편이 좋았을 거야. 좋은 뜻으로 오셨겠지만, 이렇게 불행한 일이 있을 때는 이웃을 최대한 안 만나는 편이 좋거든. 도움은 안 되고 위로하는 건 짜증만 나니까. 그러니 멀리서 의기양양하게 지켜보며 좋아하라고 해."

엘리자베스가 소리치더니, 아버지는 어린 딸을 어떻게 찾을 생각인지 묻자, 제인이 대답했다.

"먼저 두 사람이 말을 마지막으로 바꿨다는 엡섬으로 가서 마부를 만나, 뭔가 새로운 사실이 있나 알아보실 것 같아. 핵심 목적은 클래펌에서 탔다는 삯마차 번호를 알아내는 거야. 런던에서 손님을 태우고 왔다는데, 젊은 신사와 숙녀가 다른 마차에서 갈아타는 모습이 관심을 끌었을 것 같아, 클래펌까지 가서 수소문하실 거야. 그곳 마부가 런던 손님을 내려준 집을 다행스럽게 찾아내, 그 집으로 가서 마차 번호와 차고를 알아내기만 바라시면서. 이것 말고 또 어떤 계획을 세우셨는지는 모르겠어. 너무 급히 떠나신 데다 정신이 하나도 없으셔서 나로선 이 정도밖에 알아낼 수 없었어."

## 48

다음 날 아침에 베넷 선생 편지를 모두 기다리는데, 소식 한 줄 안 왔다. 아버지가 평소에 편지 쓰는 걸 싫어한다는 사실을 잘 알긴 해도 이런 시기엔 다르길 바란 터였다. 결국엔 좋은 소식이 없어서 그런 거라고 결론 내릴 수밖에 없지만, 식구들은 그런 사정마저 확실히 알고 싶었다. 외삼촌 역시 편지가 오는 걸 보고서 출발하려고 기다린 터였다.

외삼촌이 가면 어떤 일을 어떻게 진행하는지 최소한 꾸준히는 알려 줄 게 분명한 데다, 헤어질 때는 매형을 롱번으로 최대한 빨리 돌아가게 하겠다는 약속까지 해, 베넷 부인은 이제 남편이 결투하다 살해당하는 건 막을 수 있겠다며 크게 안심했다.

외숙모는 자신이 있는 게 조카들에게 좋겠다는 생각으로 꼬맹이들과 함께 하트퍼드셔에 며칠 머물기로 했다. 그래서 베넷 부인을 돌보기도 하고 모두 함께 쉬는 시간에는 조카들을 위로도 했다. 필립스 이모도 기운을 북돋아 줄 생각으로 자주 찾아왔지만, 매번 올 때마다 위컴이 낭비가 심하며 비도덕적으로 행동한 사례를 가져오니, 이모가 떠날 때면 누구나 기운이 더 떨어졌다.

불과 삼 개월 전만 하더라도 빛의 천사처럼 여기던 위컴을 메리턴 전체가 헐뜯으려고 애쓰는 것 같았다. 메리턴에서 장사하는 사람은 하나같이 위컴이 빚을 잔뜩 지더니, 가족을 유혹하는 식으로 해결하려 했다고 떠들어댔다. 누구나 할 것 없이 위컴은 세상에서 가장 나쁜 사내라 말하고, 누구나 할 것 없이 자신은 겉보기만 그럴싸한 인간을 단 한 번도 안 믿었다고 주장했다. 엘리자베스는 떠도는 소문을 절반도 안 믿지만, 리디아 인생이 확실히 끝장났다는 사실만큼은 더욱 확실하게 믿을 수 있었다. 심지어 소문을 그만큼도 안 믿는 제인조차 희망을 거의 잃었는데, 오랫동안 소망하던 것처럼, 두 사람이 정말로 스코틀랜드에 갔다면 소식을 보내고도 남을 시점이 지날 때는 특히나 더했다.

외삼촌은 일요일에 롱번을 떠나고, 화요일엔 외숙모에게 편지를 보냈다. 런던에 도착하자마자 매형을 찾아서 자기네 집으로 모시고 왔다. 매형은 자신이 찾아가기 전에 엡섬과 클래펌에 다녀왔지만 괜찮은 소식은 하나도 못 듣고, 이제는 두 사람이 런던으로 들어오는 즉시 셋방을 찾기 전에 호텔부터 찾았을 거로 판단하고 모든 호텔을 돌아다니려고 마음을 굳혔다. 자신은 효과가 있을 거라 기대하지 않지만, 매형이 마음을 확고하게 세웠으니 옆에서 거들 생각이다. 그러면서 덧붙이길, 매형은 런던을 떠날 생각이 당장은 조금도 없는 것 같다고, 소식을 금방 또 전하겠다고 약속했다. 이런 추신도 있었다.

> 포스터 대령에게 편지를 보내서 가능하다면 그 사람이 연대에서 친하게 지내던 사람을 통해 위컴이 런던 어디에 숨었는지 알만한 친척이나 지인이 있는지 알아보라고 부탁했어. 그런 사람을 찾아서 단서를 구체적으로 얻는다면 커다란 도움이 될 거야. 당장은 우리에게 별다른 방법이 없어. 장담하건대, 포스터 대령은 이 문제에 관한 한 우리 부탁을 들어주려고 최선을 다할 거야. 하지만 다시 생각하니, 그 사람 친척이나 지인에 대해 엘리자베스가 누구보다 잘 알 것 같더군.

엘리자베스는 외삼촌이 이렇게 평가한 이유를 충분히 이해하지만, 자신은 이렇게 칭찬받을 정도로 중요한 정보를 조금도 몰랐다. 위컴에게 오래전에 사망한 아버지와 어머니 말고 가족이 있다는 말은 들은 적이 없었다. 하지만 민병대 연대에서 함께 지낸 동료라면 새로운 사실을 알 수도 있으니, 기대는 크게 안 하지만, 알아보는 자체는 괜찮은 것 같았다.

롱번은 하루하루가 근심 걱정으로 가득했다. 하지만 우체부가 올 시간이면 특히 심했다. 아침만 되면 누구나 편지가 오기만 초조하게 기다렸다. 좋은 소식이든 나쁜 소식이든 편지로 들어올 수밖에 없으니, 새날을 맞을 때마다 중요한 소식이 오기만 잔뜩 기대하며 하루를 시작했다.

하지만 외삼촌 소식이 다시 도착하기 전에, 완전히 다른 사람이 아버지 앞으로 보낸 편지 한 통이 도착했다. 콜린스였다. 제인은 아버지가 자리를 비운 동안에 아버지 앞으로 온 편지는 모두 열어보라고 지시받은 터라, 편지 봉투를 열어서 읽고, 엘리자베스는 콜린스 편지가 늘 이상하다는 사실을 잘 아는 터라, 언니 어깨너머로 함께 읽는데, 이런 내용이었다.

친애하는 선생님,

저는 선생님과 친척인 데다 사제라는 직분 때문에 어제 하트퍼드셔에서 보낸 편지로 선생님께서 극심한 고통을 겪는다는 사실을 파악하고 이렇게나마 위로하는 말씀을 드려야 한다고 생각했습니다. 친애하는 선생님, 콜린스 부인과 저는 선생님과 선생님의 소중한 가족이 겪는 고통에 진심으로 안타까운 마음을 전합니다. 이런 고통은 시간이 아무리 지나도 사라지지 않는 문제 때문에 겪는 거라 무엇보다 모질 수밖에 없습니다. 이렇게 엄청난 불행을 누그러뜨리는 데 조금이라도 도움이 된다면, 아버지로서 누구보다 커다란 고통에 시달릴 상황에서 선생님을 조금이라도 위로할 수 있다면, 저로선 어떤 노력도 마다치 않겠습니다.

따님은 이런 일을 겪느니 차라리 죽는 게 은총입니다. 이번 사태가 특히 안타까운 건, 샬럿이 알려준 바에 따르면, 어린 따님이 엉뚱하게 응석 부리는 것까지 모두 받아주어서 이렇게 음탕하게 행동했다고 볼 이유가 충분하기 때문입니다. 그렇지만, 동시에, 선생님과 베넷 부인을 위로하는 차원에서 저는 어린 따님이 천성적으로 나쁘다고, 그렇지 않다면 가정교육이 아무리 나쁘더라도 어린 나이에 이렇게 끔찍한 범죄를 저지르진 않을 거로 생각하고 싶습니다. 원인이 무엇이든 저는 선생님이 겪은 고통을 안타깝게 여기며, 콜린스 부인은 물론 캐서린 대부인과 따님께서도 똑같은 마음이십니다.

이번 사건을 제가 다 말씀드리니, 두 분께선 저와 마찬가지로, 딸 한 명이 어리석게 행동하면 다른 딸도 심각한 타격을 받는다며 걱정하셨습니다. 캐서린 대부인께서 겸손하게 지적하신 것처럼, 도대체 어떤 사람이 그런 가족과 인연을 맺으려 들겠습니까? 이 생각을 하니, 지난 11월에 있었던 특정 사건이 떠오르면서 정말 다행이란 생각마저 드는군요. 행여나 정반대 결과가 나왔더라면, 선생님이 겪는 슬픔과 불명예를 저도 고스란히 겪어야 할 테니까요. 그러니 저로선 친애하는 선생님께서 마음을 최대한 달래시라는, 그래서 무가치한 따님에 대한 애정을 영원히 거두시어, 추악한 범죄의 열매를 스스로 거두게 하라는 조언을 드리고자 합니다.

친애하는 선생님의 기타 등등.

외삼촌은 특별히 알릴 소식이 없어, 포스터 대령이 답장을 보낸 다음에 편지를 보냈다. 위컴은 만나는 친척이 있다는 말을 한 번도 안 했으니, 그런 사람은 없는 게 분명하다. 예전에 가까이 지내던 사람은 수없이 많으나, 군대에 들어온 다음부터는 그들 누구하고도 가깝게 지내진 않은 것 같다. 따라서 위컴 소식을 알려줄 만한 사람은 아무도 없다. 위컴이 숨어서 지내는 건 리디아 가족에게 들킬까 염려스러운 것도 있지만, 재정 상태가 심각한 문제도 있다. 도박 빚이 상당하다는 걸 이제 막 파악했다. 포스터 대령은 브리튼에 진 빚을 갚으려면 천 파운드 이상이 필요하다고 한다. 런던에도 빚이 많지만, 도박 빚은 훨씬 엄청나다.

외삼촌은 롱번 가족에게 어떤 사실도 숨기지 않고, 제인은 깜짝 놀라며 소리쳤다.

"도박꾼이라니! 상상조차 못 했어. 이럴 줄은 조금도 몰랐어."

외삼촌은 아버지가 돌아오는 토요일에 집으로 가실 거라고 편지에 덧붙였다. 모든 노력이 실패해서 기운이 하나도 없던 참에, 가족에게 돌아가시라고 처남이 간절하게 하는 말에 따르겠다면서, 처남에게 모든 방법을 다해서 두 사람을 찾으라고 신신당부했다는 거다. 이 말을 듣는 순간, 얼마 전까지 남편 목숨을 걱정하던 베넷 부인은 딸들이 기대한 만큼 좋아하기는커녕 크게 반발하며 소리쳤다.

"뭐라고, 불쌍한 리디아를 놔두고 집으로 오신다고? 두 사람을 찾기 전까지 너희 아버지는 절대로 런던을 떠날 수 없어. 누가 위컴이랑 싸워서 리디아랑 결혼하게 하느냐고, 너희 아버지가 돌아오시면?"

외숙모도 집으로 돌아갈 때가 돼서 꼬맹이들과 함께 롱번을 떠나는 시각에 베넷 선생은 런던을 떠나기로 했다. 마차가 첫 번째 역참까지 외숙모 가족을 싣고 가서 주인어른을 태우고 롱번으로 돌아오는 방식이었다.

외숙모는 더비셔에서 만난 다음부터 엘리자베스와 다르시 사이가 잔뜩 궁금했으나, 하나도 못 풀고 떠났다. 조카딸은 다르시란 이름을 스스로 꺼낸 적이 없으며, 다르시가 편지를 보낼 거라는 은근한 기대는 무위로 끝났다. 롱번으로 돌아온 다음에 펨벌리 저택에서 엘리자베스에게 보낸 편지는 한 통도 없었다.

가족 모두가 겪는 불행한 사태는 엘리자베스가 우울하게 지낼 이유로 충분했다. 그래서 엘리자베스가 풀 죽어 지내는 자체로 추측할 수 있는 건 없었다. 하지만 엘리자베스는 이제 자기 마음을 충분히 깨달은 터라, 행여나 다르시를 몰랐더라면, 리디아가 끔찍하게 행동한 결과를 자신이 훨씬 잘 견디었을 거란 사실 역시 완벽하게 깨달았다. 그랬더라면 잠 못 이루는 밤이 절반은 줄었을 거란 생각마저 들었다.

베넷 선생은 평소처럼 달관한 표정으로 롱번에 도착했다. 평소 습관대로 말을 거의 안 한 데다, 자신이 멀리 떠날 수밖에 없었던 일에 대해선 입조차 뻥긋하지 않으니, 딸들은 상당한 시간이 흐른 다음에 비로소 물어볼 용기를 냈다.

오후로 넘어간 다음에 베넷 선생이 다과 모임에 참석하자, 엘리자베스는 위험을 무릅쓰고 그 문제를 꺼낸 다음, 아버지가 겪었을 고통을 안타깝게 여기는 마음을 짧게 드러내서 이런 대답을 들은 것이다.

"그런 말은 하지 마라. 고통을 겪을 사람이 나 말고 누가 있겠니? 다 내가 저지른 짓이니 고통을 겪는 것도 당연해."

"너무 자책하지 마세요."

엘리자베스가 대답하자, 베넷 선생이 다시 말했다.

"자책은 나쁘니, 네가 경고하는 것도 일리는 있겠지. 인간은 본능적으로 자책하는 경향이 강해! 하지만 엘리자베스, 내가 얼마나 잘못했는지 평생에 한 번은 느끼고 싶구나. 자책하는 건 겁나지 않아. 어차피 사라질 테니까."

"두 사람이 런던에 있는 것 같으세요?"

"그래. 런던이 아니라면 어디서 그렇게 꼭꼭 숨겠니?"

"게다가 리디아는 런던에 가고픈 마음이 강했어요."

캐서린이 끼어들자, 베넷 선생이 비꼬았다.

"잘 됐구나. 한동안 지낼 수 있을 테니까."

그러더니 잠시 침묵하다 말했다.

"엘리자베스, 네가 지난 오월에 조언한 게 맞은 것 때문에 나쁜 감정을 품은 건 조금도 없단다. 돌이켜보면 네 판단이 정확했어."

그때 제인이 어머니 차를 가져가려고 들어오자, 베넷 선생이 한탄했다.

"대단한 자랑거리야, 좋은 점도 있고. 불행한 사태를 정말 우아하게 만들거든! 다음에는 나도 똑같이 해야겠어. 수면 모자와 잠옷 차림으로 서재에 눌어붙어서 식구들을 최대한 괴롭히는 거야. 그래, 캐서린이 도망친 다음에 그러면 되겠군."

"저는 도망가지 않아요, 아빠. 제가 브리튼에 갔다 해도 리디아처럼 철없이 행동하진 않았을 거예요."

캐서린이 투덜대자, 베넷 선생이 말했다.

"네가 브리튼에 가? 나는 오십 파운드가 생긴다 해도 너를 가까운 이스트본조차 안 보내! 안 돼, 캐서린, 이제 나도 조심해야 한다는 교훈을 깨달았으니, 너한테 그대로 적용할 수밖에 없어. 이제 우리 집에 어떤 장교도 올 수 없는 건 물론, 우리 집 근처를 지나갈 수도 없어. 무도회는 완전히 금지야, 너희 언니랑 손잡고 춤추는 게 아닌 한. 하루에 십 분씩 이성적으로 행동한다는 사실을 증명할 때까지는 밖에 절대로 못 나가."

캐서린은 협박 하나하나를 진지하게 받아들이고 엉엉 우니, 베넷 선생이 다시 말했다.

"괜찮아, 괜찮아, 슬퍼할 거 없어. 앞으로 십 년 동안 착하게 굴면 모든 걸 새롭게 검토할 테니까."

## 49

베넷 선생이 돌아오고 이틀이 지난 뒤, 제인과 엘리자베스는 집 뒤편 잡목숲을 산책하다, 하녀가 오는 모습을 보고서 어머니가 부른다 생각하고 그쪽으로 다가가니, 서로 마주한 순간에 하녀가 제인에게 예상치 못한 말을 꺼냈다.

"귀찮게 해서 죄송합니다만, 런던에서 좋은 소식이 왔는지 알고 싶어서 실례를 무릅쓰고 물으러 왔습니다."

"무슨 말인가요, 힐? 런던에서 아무 소식도 안 왔어요."

그러자 힐 부인이 깜짝 놀라며 소리쳤다.

"맙소사, 외삼촌께서 주인 나리께 속달 편지를 보낸 걸 모르세요? 우체부가 삼십 분 전에 와서 주인 나리가 받으셨답니다."

자매는 편지 내용이 궁금해서 뭐라고 말할 여유조차 없이 달렸다. 현관을 지나서 조찬실로 들어가도, 거기에서 서재로 달려가도 아버지가 없어, 어머니 곁에 있는지 알아보러 위층으로 올라가려다 마주친 집사에게 이런 말을 들었다.

"주인 나리를 찾으시는 거라면, 방금 잡목숲 쪽으로 가셨답니다."

이 말을 듣자마자 자매는 복도와 현관을 다시 지나서 잔디를 가로지르며 찾아 나서니, 깊은 생각에 잠긴 채 방목장 한쪽 조그만 숲으로 걸어가는 아버지가 보였다.

제인은 엘리자베스처럼 몸이 가볍지도 않고 달리는 실력도 떨어져

순식간에 뒤처지고, 엘리자베스는 숨을 헐떡일 정도로 열심히 달리며 소리쳤다.

"아, 아버지, 무슨 소식인가요…… 무슨 소식? 외삼촌한테 편지를 받으셨나요?"

"그래, 속달 편지를 받았다."

"그럼, 아아, 좋은 소식인가요, 나쁜 소식인가요?"

아버지가 주머니에서 편지를 꺼내며 대답했다.

"좋은 소식이 어떻게 오겠니? 하지만 네 눈으로 직접 보고 싶은 모양이구나."

엘리자베스가 아버지 손에서 편지를 재빨리 낚아챌 때 언니가 다가오고, 아버지는 다시 말했다.

"커다랗게 읽으렴. 도대체 무슨 말인지 모르겠으니까."

그레이스처치 거리
8월 2일, 월요일

친애하는 매형에게,

마침내 조카딸 소식을 보내게 되었으니, 저로선 매형이 기뻐하시길 바랄 뿐입니다. 매형이 토요일에 떠나자마자 다행히도 두 사람이 런던 어느 지역에 있는지 알아냈습니다. 구체적인 내용은 만나서 말씀드리겠습니다. 지금 중요한 건 두 사람을 찾아냈다는 것, 제가 직접 만났다는 겁니다.

"그렇다면 내가 늘 바라던 대로 두 사람이 결혼한 거야!"

제인이 소리치고, 엘리자베스는 다시 읽었다.

제가 직접 만났다는 겁니다. 두 사람은 결혼하지 않았고, 결혼할 생각도 없는 것 같습니다. 하지만 제가 위험을 무릅쓰고 매형을 대신해서 약속한 조건을 기꺼이 들어주신다면, 둘이 결혼할 것 같기도 합니다. 매형이 하실 일은, 우선, 매형 부부가 돌아가신 다음에 아이들에게 나누어줄 유산 오천 파운드 가운데서 리디아 몫을 동등하게 인정하신다 약속하시고, 둘째, 매형 살아생전에 매년 백 파운드를 주신다고 약속하시는 겁니다. 모든 걸 고려할 때, 이건 제가 매형을 대신해서 조금도 망설이지 않고 동의할 수밖에 없었던 조건입니다. 매형 대답을 당장 들어야 해서 속달로 급히 보냅니다. 이런 조건으로 볼 때 위컴이 사람들 생각만큼 절망적이진 않다는 사실을 매형도 쉽게 이해하실 겁니다. 이 점에서 온 세상이 속았으니, 저로선 위컴이 빚을 다 갚아도 리디아한테 돈이 조금 남는다고 말할 수 있어서 정말 다행입니다. 상황이 이러하니, 여기에 관련된 일 전체를 제가 매형 이름으로 결정할 권한을 주신다면, 지금 당장 정식 계약서를 준비하라고 해거스턴에게 지시하겠습니다. 매형께서 런던으로 다시 오실 필요는 없으며, 저를 믿고 롱번에 차분하게 머무신다면 제가 알아서 해결하겠습니다. 답장을 최대한 빨리 보내주세요, 매형 생각을 정확하게 담아서. 우리는 리디아가 우리 집에서 결혼하는 게 최선이라 생각하는데, 매형도 동의하시길 바랍니다. 리디아가 오늘 우리 집에 올 예정입니다. 새로 결정할 사항이 있으면 곧바로 연락드리겠습니다.

에드워드 가디너.

엘리자베스가 편지를 다 읽고 소리쳤다.
"가능한가요? 위컴이 리디아랑 결혼하는 게 정말 가능한가요?"
제인이 말했다.

"그렇다면 위컴은 우리 생각만큼 나쁜 사람이 아닌 거야. 친애하는 아버지, 정말 축하드려요."

"답장은 하셨어요?"

엘리자베스가 물었다.

"아니다. 하지만 바로 해야겠지."

아버지가 대답하자, 엘리자베스는 망설이지 말고 어서 편지를 쓰라고 간청했다.

"아, 친애하는 아버지, 어서 돌아가셔서 편지를 쓰세요. 이런 일은 한순간 한순간이 중요하잖아요."

제인이 제안했다.

"제가 대신 써드릴게요, 편지를 쓰는 게 싫으시면."

"그래, 편지를 쓰는 건 정말 싫지만 피할 순 없겠지."

아버지는 이렇게 말하고는 두 딸과 함께 돌아서서 집으로 걸어가는데, 엘리자베스가 말했다.

"그럼 어떻게 하실…… 제 생각엔 조건을 받아들여야 할 것 같아요."

"조건을 받아들여라! 나는 그 사람이 그렇게 조금 요구한 게 부끄럽기만 하구나."

"그래도 결혼시켜야 해요! 어차피 위컴은 그런 인간이라고요!"

"그래, 그래, 결혼시켜야지. 다른 방법은 없으니까. 하지만 정말 궁금한 게 두 가지 있는데 하나는, 너희 외삼촌이 얼마나 많은 돈을 썼으며 또 하나는, 내가 그걸 어떻게 갚느냐는 거야."

아버지가 말하자, 제인이 깜짝 놀라며 물었다.

"돈이라니요! 외삼촌께서! 그게 무슨 말씀이세요, 아버지?"

"정신이 있는 사내 치고 내가 살아생전에 매년 주는 백 파운드와 내가 떠난 다음에 오천 파운드에서 일부를 받는 게 탐나서 리디아하고 결혼하진 않을 거란 뜻이다."

엘리자베스가 공감했다.

"그 말씀은 맞아요. 저는 생각조차 못 했네요. 그 사람 빚을 모두 갚고도 일부 남는다고 했으니! 아아! 외삼촌이 무리하신 게 분명해요! 관대하고 착하신 외삼촌께서 이번 일 때문에 부담이 너무 많을까 걱정스러워요. 적은 돈으론 이렇게 못 하실 텐데."

아버지가 대답했다.

"맞아. 만 파운드에서 한 푼이라도 빠지는 돈을 받고 리디아랑 결혼한다면 위컴이 멍청한 거야. 우리 식구가 되자마자 멍청하다고 말해서 미안하군."

"만 파운드요! 어떻게 그럴 수가! 그 돈 절반이라도 어떻게 갚나요?"

베넷 선생은 아무 대답도 없어, 각자 깊은 생각에 빠져든 채 집으로 말없이 걸었다. 그래서 아버지는 답장을 쓰러 서재로 가고, 자매는 조찬실로 들어갔다.

단둘만 남는 순간에 엘리자베스가 한탄했다.

"진짜 두 사람이 결혼하는구나! 정말 이상해! 이렇게라도 된 걸 우리 모두 고맙게 여겨야 해. 두 사람이 결혼한다는 걸, 비록 양쪽 모두 행복할 가능성이 작고 위컴은 야비할지언정, 우린 기뻐할 수밖에 없어. 아, 리디아!"

"위컴이 리디아를 정말로 사랑하지 않는다면 이렇게 결혼하진 않을 거란 생각이 들어서 나는 마음이 놓여. 외삼촌이 친절하시게도 그 사람 빚을 모두 청산하셨지만, 나는 그게 만 파운드나 될 순 없다고 봐. 외삼촌도 아이가 있고 앞으로 더 낳을 수도 있잖아. 그런데 만 파운드 절반이라도 어떻게 쓰겠어?"

제인 말에 엘리자베스가 대답했다.

"위컴이 빚을 얼마나 지고 우리 동생을 통해 정산한 액수는 얼마나 되는지 조사한다면, 외삼촌이 돈을 얼마나 썼는지 정확히 파악할 수 있겠지, 위컴 자신은 땡전 한 푼 없으니까. 외삼촌 부부가 베푸신 은혜를 우리는 절대로 갚을 수 없어. 리디아를 집으로 데려와서 지켜주고 보살피는 건 수십 년을 고마워해도 모자랄 정도로 대단한 희생이야. 지금쯤이면 리디아가 외삼촌 댁에 머물겠군! 그만한 도움을 받고도 미안한 줄 모른다면, 리디아는 앞으로 행복할 자격이 영원히 없어! 외숙모랑 마주치는 기분이 어떨까 궁금해!"

"우리는 두 사람 사이에서 벌어진 일을 잊어야 해. 나는 그래도 두 사람이 행복하게 살 거라고 믿고 싶어. 위컴이 리디아랑 결혼한다는 건 앞으로 올바르게 살아가겠다는 증거라고 믿을래. 사랑하는 마음이 서로를 안정시킬 테니, 두 사람이 차분하게 정착하고 합리적으로 살면서 세월을 보내다 보면 예전에 저지른 경솔한 행동은 모두 잊힌다고 생각할래."

제인 말에 엘리자베스가 반발했다.

"두 사람이 저지른 짓은 언니도 나도 다른 사람도 영원히 잊을 수 없어. 그런 말은 하지도 마."

지금 일어난 일을 어머니가 조금도 모를 가능성이 그때 비로소 떠올랐다. 자매는 서재로 가서 새로운 소식을 어머니에게 알려도 되느냐 묻고, 아버지는 편지를 쓰느라 고개조차 안 든 채 차갑게 대답했다.

"마음대로 하려무나."

"외삼촌 편지를 가져가서 어머니한테 보여드려도 되나요?"

"원하는 건 무어든 들고 어서 나가렴."

엘리자베스는 아버지 책상에서 편지를 집어 들고 언니와 함께 계단을 올랐다. 메리와 캐서린도 마침 베넷 부인 곁에 있어, 한 번 말하는 거로 충분할 터였다. 그래서 제인은 좋은 소식이 있다고 운을 뗀 뒤, 편지를 커다랗게 읽었다. 베넷 부인은 감정을 주체할 수 없었다. 리디아가 금방 결혼하길 바란다는 구절을 읽는 순간에는 기뻐서 어쩔 줄 모르더니, 다음부터는 한 문장 한 문장이 황홀했다. 그동안 충격과 분노로 안절부절못했는데, 이제는 너무 좋아서 안절부절못했다. 어린 딸이 결혼한다는 소식을 듣는 거로 모든 문제는 해결되었다. 딸이 행복할까 걱정하지도, 딸이 저지른 잘못을 떠올리며 부끄러워하지도 않았다. 그러면서 소리쳤다.

"귀엽고 사랑스러운 리디아! 잘 됐어! 우리 딸이 결혼한다니! 우리 딸을 다시 보다니! 열여섯이란 나이에 결혼하다니! 착하고 다정한 우리 동생! 나는 이렇게 될 걸 처음부터 알았어. 걔가 모든 걸 해결할 줄 알았다고! 어서 리디아를 보고 싶어! 친애하는 위컴도 보고 싶고! 그런데 의상, 결혼 예복! 당장 결혼 예복 문제로 올케한테 편지를 써야겠어. 엘리자베스, 아버지한테 달려가서 우리 딸한테 돈을 얼마나 줄지 물어보렴. 아니야, 아니야, 내가 직접 가겠어. 종을 울려, 캐서린, 하녀를 불러. 지금 당장 옷을 입을 거야. 귀엽고 사랑스러운 리디아! 다시 만나면 우리 모두 얼마나 기쁠까!"

큰딸은 갑작스러운 황홀경을 조금은 진정시킬 생각으로 외삼촌이 그렇게 한 건 자신들 모두에게 엄청난 빚이 될 수밖에 없다고 말하곤, 이렇게 덧붙였다.

"일이 바람직하게 정리된 건 외삼촌이 엄청난 은혜를 베풀었기 때문이에요. 위컴한테 재정적인 지원을 약속한 게 분명해요."

그러자 어머니가 반발했다.

"맙소사, 그건 너무나 당연한 거야. 외삼촌이 아니면 누가 리디아한테 그렇게 하겠니? 외삼촌한테 자식이 없다면 그 돈은 모두 우리 몫이라고. 게다가 우리가 외삼촌한테 무얼 받은 건 이게 처음이야, 선물을 몇 차례 받은 것 말고는. 아아! 정말 행복해! 나도 결혼한 딸이 생기는 거야. 위컴 부인이라! 듣기가 얼마나 좋아! 지난 유월에 열여섯 살이 됐는데! 친애하는 제인, 지금 나는 너무 들떠서 편지를 쓸 수 없으니, 네가 대신 쓰렴, 내가 말하는 대로. 돈 문제는 나중에 아버지랑 결정해도 되지만, 물건은 바로 주문해야 하거든."

그리곤 옥양목, 모슬린, 하얀 삼베 등을 구체적인 특징과 함께 나열하자, 주문 목록이 순식간에 쌓이는 참에, 제인은 아버지와 충분히 상의한 다음에 주문하라고, 하루 늦게 주문한다고 문제 될 건 없다고 강조해서 어렵게 설득했다. 어머니는 너무 기뻐서 평소처럼 고집부리지 않으나, 동시에 다른 계획을 숱하게 떠올리며 소리쳤다.

"옷을 차려입고 메리턴으로 가서 필립스 동생한테 세상 무엇보다 좋은 소식을 알려야겠어. 돌아오는 길에 루카스 귀부인과 롱 부인한테 들르고. 캐서린, 어서 내려가서 마차를 준비하라고 지시해. 바깥 공기를 쐬는 게 엄마한테 좋아. 얘들아, 엄마가 메리턴에서 무얼 사다 줄까? 아! 하녀가 오는군! 친애하는 힐 부인, 좋은 소식 들었어? 리디아 아가씨가 결혼한대. 리디아 아가씨가 결혼하면 모두 펀치 술을 한 사발씩 마시는 거야."

힐 부인은 그 즉시 기뻐했다. 엘리자베스도 다른 식구와 마찬가지로 축하받으니, 너무나 어리석은 모습이 참으로 역겨워 자기 방으로 도망가서 혼자 깊은 생각에 잠겼다.

리디아가 처한 상황은 아무리 좋게 보려고 애써도 비참하지 않을 수 없지만, 리디아로서는 더 나빠지지 않은 걸 고맙게 여겨야 했다. 최소한 엘리자베스는 그렇게 느꼈다. 앞을 바라보면 리디아에게 합리적인 행복도 세속적인 번영도 기대할 수 없지만, 뒤를 돌아보면 불과

두 시간 전만 하더라도 모든 가족이 두려워했으니, 이런 식으로나마 정리된 게 정말 다행스러웠다.

## 50

베넷 선생은 이런 일이 닥치기 오래전부터 버는 돈을 족족 쓰는 대신 조금이라도 저축해서 자신이 죽은 다음에 아이들과 부인에게 남겨주면 좋겠다는 생각을 자주 했다. 지금 이 생각이 어느 때보다 절실하게 일어났다. 자신이 최선을 다해서 그렇게 했더라면 리디아가 명예와 신뢰를 조금이라도 되찾으려고 외삼촌에게 빚질 필요는 없을 터였다. 영국 전역에서 가장 무가치한 젊은이에게 리디아하고 결혼하도록 몰아붙이는 기쁨도 제대로 누릴 터였다.

그런데 지금은 누구에게도 도움이 안 되는 결혼을 시키려고 처남 혼자 모든 비용을 썼다는 사실이 너무나 걱정스러워, 할 수만 있다면 처남이 쓴 돈을 파악해서 최대한 빨리 갚아야겠다고 단단히 마음먹을 뿐이었다.

베넷 선생은 처음 결혼할 때만 해도 저축 같은 건 조금도 필요하지 않다고 생각했다. 당연히 아들을 낳을 테니 말이다. 아들이 태어나서 성인이 되면 한정 상속이란 사슬을 잘라내, 자신이 죽어도 부인과 아이들은 충분히 살아갈 수 있다고 생각했다. 그런데 딸만 연속으로 태어날 뿐 아들은 안 나오고, 베넷 부인은 리디아를 낳고도 오랫동안 아들을 낳을 거라고 자신했다. 그러다 결국엔 좌절하니, 저축하기에 이미 늦은 상태였다. 베넷 부인은 절약할 능력이 조금도 없어, 빚지는 걸 남편이 무조건 반대한 덕분에 그나마 수입 이상으로 지출하지 않을 뿐이었다.

결혼 계약에 따라 베넷 부인과 딸들 앞으로 오천 파운드가 떨어졌지만, 나누는 비율은 부모 마음대로 결정할 수 있었다. 그런데 리디아 몫만큼은 지금 결정해야 하나, 베넷 선생은 자신이 받은 제안을 받아들이는데 조금도 망설일 수 없었다. 그래서 처남에게 간략하지만 깊이 감사한 다음, 처남이 한 모든 결정을 완벽하게 받아들이며, 따라서 자신을 대신한 약속을 기꺼이 지키겠다고 답변했다. 지금까지 위컴을 이렇게 간단하게 설득해서 리디아와 결혼하도록 만들 수 있다고 생각한 적은 한 번도 없었다. 리디아에게 매년 백 파운드씩 주는 건 매년 십 파운드로 충분할 터였다. 숙식비용과 용돈은 물론, 베넷 부인을 통해서 끊임없이 넘어갈 돈을 고려하면 그 액수는 훨씬 넘을 테니 말이다.

자신이 많은 힘을 안 쓰고도 사태가 정리됐다는 것 역시 반갑고 놀라웠다. 당장은 이번 일에 조금도 신경 쓰고 싶은 마음이 없었다. 처음에는 분노가 일어서 리디아를 당장 찾아 나섰지만, 예전의 나태한 자세는 자연스럽게 하나씩 돌아왔다. 편지는 곧바로 부쳤다. 상황을 파악하는 건 느려도 실행은 빠르니 말이다. 편지에는 처남에게 진 빚을 구체적으로 알려달라고 사정하는 글까지 담았지만, 리디아에게 너무나 화나서 딸에게 전하는 말은 한 줄도 없었다.

좋은 소식은 집안 곳곳에 순식간에 퍼지고, 이웃에겐 적당한 속도로 퍼졌다. 이웃은 새로운 소식을 담담하게 받아들였다. 리디아가 유곽으로 흘러들거나, 바람직한 대안으로, 세상을 등지고 외딴 농장으로 들어간다면 소문을 퍼트리기에 훨씬 좋을 터였다. 하지만 결혼하는 걸 둘러싸고 퍼트릴 소문은 앞으로도 충분하니, 메리턴의 성질 고약한 부인들이 하나같이 입을 모아서 리디아가 잘 살면 좋겠다고 말하던 소망은 상황이 이렇게 변했다 해서 크게 달라질 게 없었다. 그런 남편과 결혼하면 당연히 불행할 수밖에 없기 때문이다.

베넷 부인은 보름 동안 아래층으로 안 내려오다, 이날은 행복에 겨운 표정으로 내려와서 식탁 머리에 앉는데, 기운이 팔팔 넘쳐흘렀다. 창피한 느낌도 의기양양한 기분을 억누를 순 없었다. 큰딸이 열여섯 살이 된 이후로 딸이 결혼하는 걸 첫 번째 목표로 삼았는데 이제 꿈을 이루게 되었으니, 머릿속 생각과 입 밖으로 나오는 말은 하나같이 우아한 결혼식이나 고급 모슬린이나 새 마차나 하인과 관련된 내용이었다. 딸이 살만한 신혼집을 찾아 마을 곳곳을 쑤시며 돌아다니다, 신혼부부가 돈을 얼마나 버는지도 모르고 생각조차 안 한 채, 너무 작고 수준이 떨어진다며 퇴짜를 놓고서 이렇게 말하기 일쑤였다.

"헤이 대저택도 괜찮을 거야, 굴딩 가족이 나온다면. 스토크 대저택도 좋고, 거실이 지금보다 크다면. 하지만 애시워스는 너무 멀어! 리디아를 16㎞ 떨어진 곳에 살게 할 순 없다고. 퍼비스 저택은 다락이 끔찍하고."

베넷 선생은 하인이 있을 때는 부인이 이렇게 말해도 가만히 있었다. 하지만 하인이 물러나는 즉시 말했다.

"베넷 부인, 당신 딸과 사위가 살 집으로 그 집을 몽땅 구하든 하나만 구하든, 먼저 상황부터 제대로 파악합시다. 근방엔 두 사람한테 내줄 집이 하나도 없다오. 나 역시 두 사람을 롱번에 받아들여서 경솔한 행위를 부추기지 않을 테고."

선언은 오랜 논쟁으로 이어졌지만, 베넷 선생은 단호했다. 그래서 다른 논쟁으로 나아갔다. 딸이 결혼할 때 입을 옷을 사야 하는데 남편이 땡전 한 푼 안 주려 한다는 사실에 베넷 부인은 어이도 없고 소름도 끼쳤다. 남편은 이번 일에서 딸에게 사랑한다는 표시를 조금도 안 하겠다고 강력하게 선언했다. 베넷 부인은 도저히 이해할 수 없었다. 딸에게 아무리 화났다 한들, 딸이 결혼하는데 필요한 특권을 거부하겠다는 건 부인이 상상하는 선을 훨씬 넘었다. 부인에겐 어린 딸이 위컴과 도망가서 보름 넘게 살았다는 것보다 결혼식에서 새 옷을 못 입는다는 게 훨씬 커다란 굴욕이었다.

엘리자베스는 더비셔에서 갑작스러운 소식을 듣고 놀란 나머지 어린 동생에 대한 걱정을 다르시에게 모두 털어놓았다는 사실이 무엇보다 안타까웠다. 앞으로 결혼하면 둘이 도망친 문제는 그대로 사라질 테니, 몰라도 되는 사람에게는 바람직하지 못한 건 애초에 숨기는 게 마땅했다!

다르시를 통해서 나쁜 소문이 널리 퍼질까 걱정하진 않았다. 비밀을 지키는 부분에서 다르시보다 믿음직한 사람은 없었다. 하지만 동생이 부도덕한 사실에 관한 한 다르시보다 알리기 싫은 사람도 없었다. 개인적으로 불이익을 겪을까 두려워서 그런 건 아니었다. 두 사람 사이에는 넘지 못할 장벽이 어떤 식으로든 존재하니 말이다. 리디아가 명예롭게 결혼하는 식으로 모든 걸 마무리한다 해도, 애초에 문제가 많은데 당연히 경멸할 수밖에 없는 사내와 혼인까지 하니, 다르시가 이런 집안과 인연을 맺을 가능성은 어차피 없었다.

다르시가 인연을 꺼리는 건 엘리자베스가 보기에도 당연했다. 더비셔에서 느낀 것처럼 자신에게 호감을 사려는 마음은 확실하지만, 이렇게 엄청난 불명예까지 뛰어넘길 바라는 건 합리적이지 않았다. 엘리자베스는 왜 그런지 모르지만, 너무나 창피하고, 너무나 슬프고, 너무나 안타까웠다. 다르시가 좋게 바라보길 바라는 마음은 한층 간절한데, 이제 그걸 기대할 순 없었다. 다르시 소식을 듣고 싶은 마음은 한층 간절한데, 이제 그걸 기대할 순 없었다. 다르시와 함께 지내면 행복하겠다는 확신은 드는데, 이제 다시 만나길 기대할 수도 없었다.

불과 사 개월 전에 당당하게 퇴짜놓은 청혼을 지금은 정말 고맙고 기쁘게 받아들일 거란 사실을 안다면 다르시가 정말 의기양양할 거라는 생각도 툭하면 떠올랐다. 남성 가운데 가장 고결한 사람이라는 건 조금도 의심하지 않지만, 다르시도 사람이니, 당연히 의기양양할 터였다.

다르시는 기질이나 재능이란 측면에서 자신과 가장 잘 맞는 사내라는 느낌이 이제 확실하게 들었다. 바라보는 시각과 성질은 서로 달라도, 다르시는 무어든 엘리자베스 자신이 바라는 대로 할 사내였다. 두 사람이 결합하면 서로에게 바람직할 게 분명했다. 자신은 생생한 활력으로 느긋하고 부드럽게 어루만지며 다르시가 훨씬 바람직하게 행동하도록 돕고, 다르시는 세상에 대한 지식과 학식과 판단력으로 자신에게 훨씬 중요한 걸 도울 터였다.

하지만 남녀가 결혼해서 행복한 부부로 산다는 게 무언지를 많은 사람이 지켜보며 감탄할 가능성은 이제 사라졌다. 지금 집안에서 치를 결혼은 성격이 완전히 다르니, 훨씬 바람직한 결혼을 완전히 불가능하게 망가뜨린 대가에 불과했다.

위컴과 리디아가 어떻게 자립해서 살아갈지 엘리자베스는 상상도 할 수 없었다. 하지만 열정이 도덕성보다 강하다는 이유로 결합한 부부가 끝까지 행복할 수 없다는 건 쉽게 예상할 수 있었다.

외삼촌은 매형에게 편지를 다시 보냈다. 매형이 감사한 부분에 대해 자신은 매형 가족이 행복하도록 열심히 노력하는 게 너무나 당연하니, 이 얘기는 두 번 다시 안 하는 게 좋겠다고 결론짓는 식으로 짤막하게 대답하고 이번 편지를 보내는 주된 목적은 위컴이 민병대를 관두기로 했다는 소식을 알리는 거라면서 덧붙였다.

저는 결혼 날짜가 잡히는 대로 위컴이 민병대에서 나오길 간절하게 바랐습니다. 위컴 자신과 조카딸로선 그러는 편이 지극히 바람직하다는 의견은 매형도 저랑 같으시겠지요. 정규군에 들어가는 게 훨씬 좋으니까요. 위컴은 예전 친구들 가운데 군대 문제를 적극적으로 도와줄 능력과 의지를 지닌 사람이 몇 명 있습니다. 그래서 지금 북부지역에 주둔한 부대 사령관에게 정규군 소위로 임명하겠다는 약속을 받았습니다. 이쪽 지역에서 멀리 떨어진 지역으로 가는 게 무엇보다 중요하니까요. 위컴도 잘 해보겠다고 약속했으니, 저로선 추문을 전혀 모르는 사람들 사이에서 두 사람이 훨씬 신중하게 살아가길 바랄 뿐입니다.

포스터 대령에게 편지를 보내서 현재 진행되는 사항을 알리고, 브리튼 안팎에 있는 채권자들에게 빚을 금방 갚겠다고, 제가 책임지겠으니 안심하라고 전하도록 부탁했습니다. 그러니 번거롭겠지만 매형께서도 메리턴에 있는 채권자들에게, 위컴이 알려준 명단을 동봉하오니, 똑같은 말을 전달하시겠습니까? 위컴이 모든 빚을 털어놓았으니, 저로선 이것까지 속이지 않길 바랄 뿐입니다. 해거스턴에게 모두 지시했으니, 앞으로 일주일이면 빚을 모두 갚을 겁니다. 그런 다음에 북부에 있는 정규군으로 합류할 예정입니다, 롱번에서 먼저 초대하지 않는다면. 그런데 집사람 말이 조카딸은 남부를 떠나기 전에 가족을 다시 만나길 갈망한다더군요. 리디아는 잘 지냅니다. 매형과 누님에게 안부를 전하라고 부탁하네요. 그럼 이만.

에드워드 가디너.

베넷 선생과 딸들은 위컴이 민병대를 떠나는 게 바람직하다는 사실을 외삼촌만큼이나 확신했다. 하지만 베넷 부인은 조금도 반가워하지 않았다. 리디아가 북부지역에 정착한다는 건, 어린 딸 부부를 하트퍼드셔에 살게 해서 곁에 두고 이리저리 자랑하는 기쁨을 만끽하려고 잔뜩 기대하던 베넷 부인에겐 여간 실망스러운 결과가 아닐 수 없었다. 게다가 민병대 연대에는 리디아가 아는 사람이 수없이 많고 좋아하는 사람도 많은데, 굳이 거길 떠나야 한다는 사실은 더더욱 안타까웠다. 이렇게 말할 정도였다.

"리디아는 포스터 부인을 매우 좋아하니까 그렇게 멀리 보내면 충격이 클 수밖에 없다고! 민병대 연대에는 리디아가 좋아하는 젊은이도 여러 명이지만, 북부 연대에는 그렇게 유쾌한 장교들이 없을 수도 있고!"

베넷 선생은 리디아가 북부로 떠나기 전에 가족을 만나고 싶다는 요청을 처음에는 완벽하게 거부했다. 하지만 제인과 엘리자베스는 부모님이 어린 동생 마음을 헤아려서 결혼을 받아들이는 게 리디아 앞길에 정말 중요하니, 두 사람이 결혼하면 롱번으로 초대해야 한다고 진정 어린 마음으로 부드럽게 합리적으로 설득하고, 결국엔 아버지 역시 두 딸이 바라는 대로 생각하고 두 딸이 바라는 대로 행동하게 되었다. 어머니는 리디아가 북부로 사라지기 전에 결혼한 딸을 마을 사람들 앞에서 자랑하게 되었다는 사실을 깨닫고 더없이 좋아했다. 베넷 선생은 처남에게 다시 편지할 때, 두 사람이 롱번에 오는 걸 허락한다고 알렸다. 그래서 두 사람은 결혼식을 마치는 즉시 롱번으로 오기로 결정되었다. 하지만 엘리자베스는 위컴이 여기에 동의했다는 사실이 무엇보다 놀라워, 자기감정만 생각한다면 위컴과 마주치는 사태는 끝까지 피하고 싶었다.

# 51

리디아가 결혼하는 날이 밝았다. 제인과 엘리자베스는 리디아 자신보다 훨씬 복잡한 감정에 휩싸였다. 마차가 마중 나가서 신혼부부를 태우고 만찬 시간까지 돌아올 예정이었다. 두 사람이 온다는 게 제인과 엘리자베스에겐 너무나 힘든데, 특히 제인은 리디아가 그렇게 나쁜 짓을 저지를 때 당연히 느낄 감정까지 자신에게 투사하니, 동생이 겪을 수밖에 없는 고통이 떠올라서 더더욱 힘들었다.

두 사람이 왔다. 가족은 조찬실에서 기다렸다. 마차가 현관으로 달려오는 소리에 베넷 부인은 얼굴이 환하게 피어나고, 남편은 속을 모를 정도로 무거운 표정이고, 딸들은 하나같이 당혹스럽고 불안하고 불편했다.

리디아 목소리가 현관에서 일어나고 문이 활짝 열리더니, 리디아가 조찬실로 뛰어들었다. 어머니는 앞으로 나서서 더없이 기쁘게 맞이하며 어린 딸을 꼭 끌어안고, 잇따라 들어온 위컴에게 다정하게 웃으며 한 손을 내밀어서 조금도 주저하지 않고 반기는데, 두 사람이 당연히 행복하다고 확신하는 것 같았다.

이윽고 두 사람은 베넷 선생을 쳐다보았으나, 그다지 다정하게 환영하는 느낌이 아니었다. 안색은 더욱 딱딱하게 굳고, 입은 조금도 안 열었다. 신혼부부가 뻔뻔하게 구는 모습에 분노만 치솟았다. 엘리자베스는 어처구니가 없고, 제인마저 충격을 받았다. 리디아는 여전히 리디아였다. 체면도 염치도 없고, 뻔뻔하고, 무식하고, 시끄럽고, 무서운 것도 없었다. 언니들에게 한 명씩 다가가며 축하를 요구하더니, 마침내 모두 자리에 앉자, 실내를 열심히 돌아보다 조금 바뀐 걸 알아채고 오랜만에 다시 보는 느낌이 색다르다며 웃었다.

위컴도 리디아와 마찬가지로 어려워하는 기색이 없는데, 어차피 늘 유쾌하게 행동하는 터라, 성격과 결혼에 특별한 문제가 없다면, 편하고 다정하게 웃으며 이제 한 가족이라고 하는 말에 모두 기뻐할 수 있을 터였다. 엘리자베스는 위컴이 이렇게 뻔뻔하리라곤 미처 생각도 못 했다. 하지만 더없이 뻔뻔한 사내가 자리에 앉는 모습은 앞으로 얼마나 더 뻔뻔하게 굴지 한계를 정할 수 없다고 다짐하는 것 같았다. 엘리자베스도 얼굴을 붉히고 제인도 얼굴을 붉히는데, 문제를 일으킨 당사자 두 명은 얼굴을 붉히는 기색조차 없었다.

대화는 끊이지 않았다. 신부도 어머니도 그보다 빠르게 말할 순 없고, 우연히 옆자리에 앉은 위컴은 느긋하고 편안한 어투로 자신이 이곳에서 알고 지내던 사람들 안부를 물으나, 엘리자베스는 편하게 대답할 수 없다는 걸 느꼈다. 리디아든 위컴이든 세상에서 가장 행복한 기억을 떠올리는 것 같았다. 과거에 일어난 어떤 사건도 고통스럽지 않으니, 리디아는 언니들이 절대로 꺼내고 싶지 않은 얘기까지 스스럼없이 꺼내며 자랑했다.

"내가 여길 떠난 게 삼 개월이나 된다니. 보름밖에 안 된 것 같은데. 하지만 그동안 일어난 일은 정말 많아. 하느님 맙소사! 여길 떠날 때만 해도 돌아오기 전까지 결혼하리란 생각은 조금도 못했거든! 그러면 재밌겠다는 생각은 했어도."

아버지가 고개를 들고 쳐다보았다. 제인은 고통스러워했다. 엘리자베스가 눈치를 주어도, 리디아는 마음에 안 드는 건 안 보고 안 듣는 성격답게 흥겹게 이어나갔다.

"아! 엄마, 내가 오늘 결혼한 걸 이곳 사람들도 아나요? 혹시 모를까 걱정하던 참에 윌리엄 굴딩 선생이 탄 마차랑 마주쳐서 나는 결혼 소식을 알려야겠다고 다짐하곤, 그 사람한테 창문을 열게 하고 장갑을 벗어서 창턱에 손을 올려 반지를 보여준 다음, 고개를 끄덕이며 환하게 웃어주었답니다."

엘리자베스는 도저히 견딜 수 없었다. 그래서 벌떡 일어나 밖으로 뛰쳐나가, 사람들이 식당으로 가느라 복도를 지나는 소리가 들릴 즈음에 비로소 합류했다. 리디아가 어머니 바로 오른편에서 의기양양하게 걸으며 큰언니에게 말하는 소리가 들렸다.

"아! 제인 언니, 이제 내가 첫째고 언니는 그 밑이야. 내가 먼저 결혼했으니까."

리디아는 애초에 창피한 걸 조금도 모르던 아이였으나, 이제는 시간이 지나면 깨우치리라 기대할 수도 없었다. 그러니 태평하고 활달한 기분은 더욱 늘어나다, 급기야 필립스 이모와 루카스 부부를 비롯한 이웃을 일일이 만나서 "위컴 부인"이라는 호칭을 듣고 싶다는 마음마저 드러내는데, 당장은 식사를 마치자마자 반지를 보여주며 결혼한 걸 자랑하려고 하녀 세 명을 일일이 찾아다녔다.

그러다 조찬실로 자리를 다시 옮기자, 이렇게 물었다.

"아아, 엄마, 우리 남편 어때요? 참 잘생기지 않았나요? 언니들이 부러워하네요. 내가 누린 행운을 언니들이 절반이라도 누리면 좋겠어요. 언니들도 브리튼으로 가야 해요. 남편을 구하기에 딱 좋거든요. 우리 모두 함께 안 간 게 정말 안타까워요, 엄마."

"맞아, 내 뜻대로 했다면 당연히 함께 갔을 거야. 하지만 사랑하는 리디아, 네가 멀리 떠나는 건 조금도 마음에 안 들어. 꼭 그래야 하는 거니?"

"맙소사! 당연하지요. 마음에 안 들 거 없어요. 나는 그곳 역시 마음에 들 테니까요. 엄마랑 아빠랑 언니들이랑 꼭 놀러 오세요. 겨우내 뉴캐슬에 머물 텐데 무도회가 자주 열릴 게 분명하니, 내가 알아서 언니들한테 좋은 파트너를 구해줄게요."

"정말 그럴 수만 있다면 더없이 좋겠구나!"

어머니는 감탄하고 리디아는 계속 말했다.

"돌아올 때는 언니 한두 명을 거기에 남겨놓는 거예요. 그러면 겨울이 가기 전에 제가 남편을 한 명씩 구해줄 테니까요."

그러자 엘리자베스가 말했다.

"말이라도 고맙긴 한데, 나는 남편을 너처럼 구할 생각이 없어."

두 사람은 열흘 이상 머물 수 없었다. 위컴은 런던을 떠나기 직전에 소위로 임관해, 보름 안에 연대에 합류해야 했다.

두 사람이 이리도 짧게 머문다는 사실을 안타깝게 여기는 사람은 베넷 부인밖에 없으니, 짧은 기간이나마 최대한 활용해서 딸을 데리고 여기저기 방문하고 집에서 파티도 자주 열었다. 파티는 누구나 참석할 수 있어서, 가족끼리 지내는 걸 피하고픈 사람에겐 그보다 더 바람직할 수 없었다.

엘리자베스가 충분히 예상한 대로 위컴이 리디아를 사랑하는 마음은 리디아가 위컴을 사랑하는 마음에 훨씬 못 미쳤다. 두 사람이 도망친 건 위컴 때문이 아니라 리디아 때문이란 사실도 충분히 느낄 수 있었다. 위컴이 주변 상황 때문에 도망칠 수밖에 없다는 사실을 확실히 몰랐더라면, 그래서 함께 도망칠 동료가 생기는 걸 마다할 사람이 아니라는 사실을 확실히 몰랐더라면, 리디아를 그렇게 사랑하지도 않으면서 함께 도망친 이유가 정말 궁금할 터였다.

리디아는 위컴을 지나치게 좋아했다. 어떤 경우에도 사랑스러운 위컴이었다. 비교할 사람은 어디에도 없었다. 위컴은 무어든 세상에서 가장 잘했다. 사냥을 시작하는 9월 1일에는 영국 전역에서 새를 누구보다 많이 잡을 거라고 확신할 정도였다.

두 사람이 집에 오고 얼마 안 돼서 한번은 아침에 리디아가 두 언니랑 있을 때 엘리자베스에게 이렇게 말했다.

"언니, 내가 결혼한 이야기를 언니한테 안 한 것 같아. 엄마랑 다른 언니한테 얘기할 때 언니는 없었잖아. 내가 어떻게 결혼했는지 궁금하지 않아?"

엘리자베스가 대답했다.

"아니, 별로. 그런 얘기는 안 할수록 좋은 것 같아."

"하! 언니는 정말 이상해! 하지만 나는 어떻게 결혼했는지 꼭 말해야겠어. 언니도 알다시피 우리는 세인트 클레멘트 교회에서 결혼했어, 위컴이 하숙하는 곳이 그 교구거든. 그래서 우리는 열한 시까지 교회에 가기로 계약했어. 외삼촌과 외숙모는 나와 함께 가고, 다른 사람은 교회에서 만나기로 하고. 그런데, 아아, 월요일 아침이 되니까 모든 게 뒤죽박죽인 거야! 언니도 알다시피, 행여나 무슨 일이 일어나서 결혼식을 미루는 건 아닐까 걱정하느라 정신이 하나도 없었거든. 그런데 옷을 입는 내내 외숙모가 옆에서 설교집이라도 읽는 것처럼 떠들어대며 잔소리하지 뭐야. 열 마디 가운데 한 마디도 귀에 안 들어오는데. 나는, 언니도 알겠지만, 사랑하는 위컴 생각만 머리에 가득했거든. 결혼식에 파란 외투 차림으로 나올지 어떨지 알고 싶어서.

아무튼 우리는 평소처럼 열 시에 아침을 드는데, 식사가 영원히 안 끝날 것 같았어. 말이 났으니 말인데, 언니도 알겠지만, 외삼촌과 외숙모는 내가 거기에 있는 내내 끔찍이도 불쾌하게 굴었거든. 언니가 믿을지 모르겠는데, 나는 그 집에서 보름을 지내는 동안 문밖으로 한 발짝도 못 나갔어. 파티도 약속도 무엇도. 런던이라고 해서 특별날 건 없지만, 그래도 조그만 극장은 문을 연다고. 어쨌든 마차는 현관문으로 다가오고, 외삼촌은 스톤 선생이라는 끔찍한 사내한테 불려가서 이런저런 얘기를 주고받았어. 그런데 두 사람은 한 번 만났다 하면 도무지 끝날 줄을 몰라. 나는 너무 걱정돼서 어쩔 줄 모르겠더라고, 외삼촌이 나를 신랑한테 건네줄 예정이라서. 행여나 시간에 늦으면 그날은 결혼할 수 없잖아.[31] 다행히도 외삼촌은 십 분 만에 돌아와서 우리 모두 출발했어. 하지만 나중에 생각하니, 외삼촌이 못 갔더라도 결혼식을 미룰 필요는 없었어. 다르시 선생이 그 역할을 대신하면 되니까."

"다르시 선생!"

엘리자베스가 내뱉는데, 깜짝 놀란 어투였다.

"그래! 언니도 알다시피, 그 사람이 위컴과 함께 올 예정이었거든. 그런데, 맙소사! 내가 깜박했어! 그 말은 입도 뻥긋하면 안 되는데. 절대 말하지 않겠다고 단단히 약속했거든! 위컴이 뭐라고 할까? 비밀로 하기로 했는데!"

"비밀로 하기로 했으면 더 말하지 마. 나도 캐묻지 않을 테니까."

제인이 끼어들자, 엘리자베스는 호기심이 활활 타오르는데도 똑같이 말했다.

"그럼, 당연하지! 아무것도 안 묻겠어."

리디아가 대답했다.

"고마워. 언니들이 물으면 나는 말할 수밖에 없는데, 그러면 위컴이 화낼 거야."

하지만 엘리자베스는 묻고 싶은 마음이 너무나 강하게 치솟아, 그 자리를 재빨리 피해야 했다. 그러나 모른 척하고 지나갈 순 없었다. 최소한, 내용을 파악하려는 시도조차 안 할 순 없었다. 다르시가 리디아 결혼식에 참석하다니. 다르시가 참석할 필요는 조금도 없는 결혼식이 아니던가! 그곳엔 절대로 안 만날 사람들이 있지 않은가! 다양한

31) 당시에는 오전 8시에서 정오 사이에 결혼해야 법적으로 인정받았다.

상황을 가정하며 그 이유를 아무리 떠올리려 애써도 만족할 만한 소득은 없었다. 가장 그럴듯한 건 다르시 행동을 가장 고상한 각도에서 바라보는 건데, 그것 역시 있을 법하지 않았다. 엘리자베스는 애매한 느낌을 견딜 수 없어, 황급히 종이를 집어서 외숙모에게 짧은 편지를 써, 리디아가 우연히 흘린 이름에 관해 비밀을 지키는 데 방해가 안 되는 선에서 설명하길 부탁했다. 이런 내용이었다.

우리 가족도 아니고 우리와 특별한 관련도 없는 사람이 그런 자리에 참석한 이유를 제가 궁금하게 여길 수밖에 없다는 건 외숙모께서도 충분히 이해하실 거예요. 제발 부탁이니, 바로 답장을 써서 알려주세요, 리디아가 생각하는 것처럼 완벽한 비밀로 지켜야 할 이유가 충분한 게 아니라면. 물론 그만한 이유가 있다면 저 역시 모르는 상태로 만족하려고 애쓰겠지만요.

엘리자베스는 편지를 마무리하면서 중얼거렸다.

'하지만 실제로는 못 그럴 거예요, 친애하는 외숙모가 명예로운 방식으로 알려주지 않는다면, 저는 모든 방법을 동원해서 이유를 알아내고 말 테니까요.'

제인은 명예를 중시하는 사람이라 리디아가 우연히 흘린 말을 은밀히 꺼내지 않을 거란 사실이 엘리자베스로서는 다행스러웠다. 궁금한 내용을 모두 파악할 때까지는 속마음을 털어놓지 않는 게 바람직할 테니 말이다.

## 52

다행히도 엘리자베스가 보낸 편지는 답장이 예상보다 빨리 왔다. 그래서 편지를 받자마자 아무도 방해하지 않을 조그만 언덕으로 급히 가서 벤치에 앉으며 만족스러운 대답을 기대했다. 답장 부피로 보아 설명을 거부하진 않았다는 확신이 들었다.

그레이스처치 거리

9월 6일

사랑하는 조카딸에게,

네가 보낸 편지를 막 받고서 답장을 오전 내내 쓸 생각이야, 짧은 글로는 충분히 설명할 수 없을 것 같아서. 네가 설명을 부탁해서 깜짝 놀랐다는 고백부터 해야겠어. 네가 물어볼 거란 생각은 조금도 못 했거든. 물론 화난 건 아니야, 네가 궁금하게 여기리라곤 상상조차 못 했단 걸 알려주고 싶은 것뿐이야. 무슨 말인지 모르겠다면, 내가 주제넘게 말한 걸 용서하렴. 너희 외삼촌도 나만큼이나 놀랐거든. 외삼촌이 이번 일을 그런 식으로 처리한 건 너도 관여했다고 믿었기 때문이야. 하지만 네가 정말 아무것도 모른다면 내가 자세히 설명하마.

내가 롱번에서 집으로 돌아온 바로 그날, 뜻밖의 손님이 너희 외삼촌을 찾아왔어. 다르시 선생이 외삼촌이랑 방에서 문을 꼭 닫고 몇 시간을 보낸 거야. 내가 도착할 땐 이미 끝났고, 그래서 나는 너와 달리 호기심을 끔찍하게 억누를 필요가 없었어. 다르시 선생이 리디아와 위컴이 있는 곳을 찾아냈다고, 그래서 위컴은 여러 번, 리디아는 한 번 만나서 얘기했다고 외삼촌에게 알리려고 찾아온 거야. 기억나는 대로 말하자면, 그는 우리가 떠난 바로 다음 날에 두 사람을 찾기로 다짐하고 더비셔를 떠나서 런던으로 들어왔어. 위컴이 무가치한 인간이란 사실을 널리 알려서 젊은 여성이 빠져들지 못하게 해야 하는데, 자신이 그러지 못해서 이런 일이 일어난 책임을 져야 한다는 게 다르시 선생이 말한 동기야. 모든 걸 자신의 엉뚱한 자존심 탓으로 돌리면서, 예전에는 위컴이 저지른 짓을 세상에 알리는 건 자신 같은 사람이 할 짓이 아니라 생각했다고 고백하더군. 위컴이 어떤 사람인지를 너무나 잘 아니, 자신에겐 자신 때문에 일어난 문제를 고칠 의무가 있다고 했어. 행여나 다른 동기가 있다 해도 명예롭지 못한 종류는 절대로 아닐 거라고 나는 확신해. 아무튼 다르시 선생은 런던에 들어오고 며칠 만에 두 사람을 찾아냈어. 우리가 모르는 걸 몇 가지 알았거든. 바로 이게 우리 뒤를 따라오기로 마음먹은 또 다른 동기야.

영 부인이란 사람이 있대. 몇 년 전에 다르시 양 가정교사로 일하다 바람직하지 못한 문제로 해고되었다는데, 이유는 말하진 않았어. 어쨌든 영 부인은 그런 다음에 에드워드 거리에 커다란 집을 구해서 하숙 치며 살았어. 그런데 바로 이 영 부인이란 사람이 위컴하고 가깝게 지낸다는 사실을 아는 터라, 런던에 들어오자마자 이 여자를 찾아가서 위컴에 관해 물었어. 하지만 여자는 이삼일 동안 아무것도 알려주지 않았대. 뇌물이나 뒷돈을 줄 때까지 말할 수 없다고 여긴 것 같아. 여자는 위컴이 사는 곳을 정확히 알았거든. 실제로 위컴은 런던에 도착하는 즉시 이 여자를 찾아와서 빈방이 있다면 그곳에 묵으려고 작정하기도 했으니까. 하지만 다르시는 바라던 주소를 마침내 손에 넣었어. 그리고 당장 찾아가서 위컴을 만나고, 나중에는 리디아를 만나야겠다고 요구했어. 첫 번째 목적은 수치스러운 행동을 그만두고 친구들한테 당장 돌아가라고, 자신도 최대한 돕겠다고 리디아를 설득하는 거였어. 하지만 리디아는 그대로 남겠단 의지가 확고하다는 사실을 깨달았지. 친구들은 안중에도 없고 다르시 선생이 돕는 것도 필요 없었어. 위컴을 떠나라는 말이 귀에 조금도 안 들어왔던 거야. 언젠가는 두 사람이 꼭 결혼할 거라고 믿었거든, 그게 언제일지는 몰라도. 리디아 마음이 이러니, 이제 남은 건 두 사람을 확실히 결혼시키는 방법밖에 없다고 판단했는데, 위컴과 이야기하자마자 결혼할 마음이 조금도 없다는 사실을 깨달았대. 위컴은 도박 빚 때문에 압박이 심해서 민병대 연대를 떠날 수밖에 없었다고, 리디아마저 함께 도망치는 사태가 벌어진 건 오로지 리디아 자신이 멍청해서라고 서슴없이 말하더래. 그러면서 자신은 군대를 당장 나올 생각이라고, 하지만 앞으로 어떻게 살아갈지는 아직 모르겠다고, 어디론가 가긴 가야 하는데 어디로 가야 할지는 모르겠다고, 앞으로 살아갈 방편이 없다는 건 자신도 잘 안다고 했다는 거야.

다르시 선생은 리디아랑 당장 결혼하지 않는 이유가 뭐냐고, 베넷 선생이 부자는 아니지만, 그래도 어떤 식으로든 도와줄 순 있으니 결혼하면 상황이 많이 풀리지 않겠느냐고 물었어. 그리고 대답을 들어보니, 위컴은 다른 지방에 가서 돈 많은 여자랑 결혼하는 식으로 팔자를 고치려는 생각을 여전히 품고 있었던 거야. 하지만 상황이 너무 심각한지라, 당장 도와주겠단 유혹을 물리칠 순 없을 것 같더래.

그래서 두 사람은 여러 차례 만났어. 검토할 사항이 많았거든. 물론 위컴은 자신이 받을 수 있는 이상을 요구했지만, 결국엔 적절한 수준으로 물러설 수밖에 없었고.

위컴하고 모든 걸 단단히 약속하니, 이제 다르시 선생이 할 일은 너희 외삼촌에게 알리는 거라, 내가 집으로 돌아오기 전날 밤에 우리 집을 찾아왔어. 하지만 외삼촌을 만날 수 없어, 계속 물어보다, 너희 아버지가 그 집에 있는데 다음 날 아침에 런던을 떠날 거란 얘기를 들었어. 다르시 선생은 너희 아버지보다 외삼촌하고 상의하는 게 바람직하다 판단하고 너희 삼촌과 만나는 걸 너희 아버지가 떠난 다음으로 미뤘어. 그래서 명함을 안 남겨, 이튿날까지 너희 삼촌은 어떤 신사가 사업 문제로 찾아왔다고만 여겼어.

그리고 토요일에 다시 찾아온 거야. 너희 아버지는 이미 떠나시고, 너희 외삼촌은 집에 계시고, 그래서 내가 앞에서 말한 것처럼, 단둘이 오랫동안 토론했어.

두 사람은 일요일에 다시 만나고, 그때는 나도 다르시 선생을 만났어. 바로 이날 모든 걸 결정했어. 그와 동시에 롱번으로 속달 편지를 보냈지. 하지만 다르시 선생은 고집이 대단했어. 다르시 선생한테 진짜 단점이 있다면 그건 옹고집인 것 같아, 엘리자베스. 사람들이 다양한 단점을 시시때때로 떠들어대지만, 진짜 단점은 이것 하나야. 자신 혼자 모든 걸 부담하겠다고 끝까지 고집부린 걸 보면. (고맙다는 말을 들으려는 것밖에 안 돼서 굳이 말하지 않았지만) 너희 외삼촌 역시 모든 부담을 스스로 짊어질 각오를 충분히 다진 상태였거든.

두 사람은 이 문제로 오랫동안 옥신각신했어, 문제를 일으킨 두 사람 누구도 이만한 관심을 받을 자격이 없는데. 하지만 결국엔 외삼촌이 양보할 수밖에 없고, 그래서 조카딸을 특별나게 돕지 못하면서도 그 공덕은 혼자 몽땅 차지해야 하니, 너무나 신경에 거슬려서 고통스러워했지. 그런 참에 오늘 아침 너한테 편지가 온 걸 보고 외삼촌이 정말 기뻐했단다. 남의 공덕을 훔칠 수밖에 없는 상황까지 설명해서 그 공덕을 제대로 돌릴 테니 말이야. 하지만 엘리자베스, 이 사실은 너만 알아야 해. 굳이 필요하다면 제인까지만 알리고.

위컴과 리디아에게 무얼 도와주어야 했는지 아마 너도 짐작할 거야. 빚을 모두 갚아주었는데 총액이 천 파운드는 훨씬 넘을 테고, 리디아가 유산으로 받을 몫에 천 파운드를 얹어주고, 정규군 장교 자리까지 사주었어. 모든 부담을 다르시 선생 혼자 짊어져야 하는 이유는 앞에서 말한 그대로야. 사람들이 위컴을 제대로 모르고 받아들인 건 자신이 침묵해서, 자기 생각이 부족해서, 자신이 잘못해서라는 거지. 어느 정도 일리는 있겠지만, 이번 사태가 일어난 게 그 사람이든 누구든 침묵했기 때문이라고 여길 순 없을 것 같아. 다르시 선생이 아무리 멋지게 주장하더라도, 친애하는 엘리자베스, 이번 사태가 다른 측면에서 다르시 선생한테 중요한 의미가 있다고 여기지 않았더라면 너희 외삼촌도 절대로 양보하지 않았으리란 사실을 알아두렴.

모든 걸 결정하자, 다르시 선생은 친구들이 여전히 머무는 펨벌리 저택으로 돌아갔지만, 결혼식 날에 런던으로 와서 돈 문제를 모두 해결하겠다고 약속했어.

이제 너한테 다 말한 것 같아. 네가 이야기를 듣고 얼마나 놀랄지 모르겠구나. 최소한 불쾌하게 여기지 않으면 좋겠어. 리디아가 우리한테 왔어. 위컴은 우리 집에 끊임없이 들락거리고, 그는 우리가 하트퍼드셔에서 본 모습 그대로지만, 리디아는 우리 곁에 머물며 보여준 모습에 문제가 정말 많다는 말까진 안 하려고 했어, 지난 수요일에 제인이 보낸 편지를 보고 집으로 가서도 똑같이 행동한다는 사실을 몰랐더라면, 그래서 내가 지금부터 하는 말 때문에 너희가 새롭게 고통스러울 건 없다는 사실을 몰랐더라면. 나는 리디아한테 정말 나쁜 짓을 한 거라고, 가족이 얼마나 힘들었겠냐고 진지하게 말하고 또 말했어. 그 애가 조금이라도 들었다면 그건 행운이야, 조금도 안 들은 게 분명하거든. 나는 때때로 무척 화났지만, 친애하는 엘리자베스와 제인을 떠올리면서 꾹 참았어.

다르시 선생은 정확한 시간에 돌아와서, 리디아가 말한 대로 결혼식에 참석했어. 다음 날엔 우리와 만찬을 들고, 수요일이나 목요일에 런던을 다시 떠난다더군. 내가 이번 기회를 빌려서 (예전에는 용기가 없어서 말하지 못했는데) 다르시 선생은 정말 좋은 사람이라고 말한다면, 친애하는 엘리자베스, 나한테 화낼 거니? 그 사람이 우리한테 한 행동은 더비셔에서 그런 것처럼 모든 점에서 마음에 들어. 분별력과 판단력 역시 대단하고. 다르시 선생한테 부족한 건 쾌활한 모습이 전부인데, 이건 결혼만 잘하면 아내한테 충분히 배우겠지. 그런데 교활한 측면도 있는 것 같아. 그동안 네 이름은 한 번도 안 꺼냈거든. 하기야 요새는 교활한 게 유행이긴 해.

내가 너무 주제넘게 말했다면 용서하렴. 나한테 P[32]에 드나들지 못하는 벌만은 절대로 내리지 말고. 대공원을 구석구석 돌아보고 싶거든. 낮은 사륜 쌍두마차에 조그만 조랑말 한 쌍을 묶고 돌아다니면 정말 재미있을 거야.

하지만 인제 그만 써야겠어. 아이들이 삼십 분 전부터 엄마를 불러. 그럼 잘 있으렴.

너희 외숙모.

편지가 끝나는 순간, 엘리자베스는 심장이 쿵쾅거리는 것 같은데, 기쁜 느낌이 많은지 아픈 느낌이 많은지는 판단할 수 없었다. 리디아가 결혼하도록 다르시가 무언가 했을지 모른다는 느낌이 막연하고 애매하게 떠오르긴 했으나, 그렇게 대단한 선의를 드러내는 건 너무나 엄청나서 도저히 있을 수 없다며 억지로 억누르고, 너무 커다란 신세를 지는 셈이라 도저히 그럴 순 없다며 염려했는데, 그게 모두 사실로 드러난 것이다! 다르시는 일부러 런던까지 가서 누구보다 경멸하고 혐오하던 여인에게 온갖 고통과 굴욕을 감수하며 간청하고, 절대로 만나고 싶지 않은, 그 이름을 듣는 자체로 형벌인 사내를 이리저리 만나며 이성으로

32) 펨벌리 저택을 뜻한다.

호소하다, 결국엔 돈까지 주면서 설득했다. 좋게 볼 수도 존중할 수도 없는 여자애를 위해서 이 모든 고통을 감수했다. 엘리자베스 마음속에선 이 모든 게 자신 때문이라는 속삭임이 일었다. 하지만 새로운 희망은 다른 걸 떠올리는 순간에 사라졌다. 청혼을 이미 거절한 여성에게, 위컴과 친척이 되는 걸 당연히 거부할 수밖에 없는 감정마저 극복할 정도로, 거대한 애정을 품고서 그렇게 했다고 여기는 건 허영심의 극치라는 생각조차 떠올랐다. 위컴과 동서지간이 되다니! 이것만큼은 다르시 자존심이 조금도 용납할 수 없을 터였다. 다르시는 엄청난 일을 했다. 그게 얼마나 대단한 일인지는 생각만 해도 부끄러웠다. 하지만 다르시는 그럴 수밖에 없는 이유를 설명했고, 그건 어렵지 않게 믿을 수 있었다. 다르시가 자기 책임이라고 느끼는 것도, 마음을 너그럽게 쓰는 것도, 문제를 해결할 수단이 있다는 것도 충분히 이해할 수 있었다. 다르시가 그렇게 행동한 건 엘리자베스 자신이 제일 커다란 이유는 아닐지라도, 아직은 애정이 조금 남아서 그 마음을 편안토록 하려는 게 부분적인 이유는 된다고 여길 수도 있었다. 하지만 절대로 보답 받지 않을 사람에게 신세를 졌다는 사실이 너무나 고통스러웠다. 더없이 고통스러웠다. 리디아를 되찾고 명예를 되찾고 모든 걸 되찾은 게 하나같이 다르시 덕분이라니! 아, 다르시를 무례하게 생각한 하나하나가, 건방지게 말한 하나하나가 가슴 깊은 곳을 아프게 찔렀다.

엘리자베스는 자신을 생각하면 한없이 낮아지지만, 다르시만큼은 한없이 자랑스러웠다. 연민과 명예를 잃지 않고 훨씬 바람직한 인간으로 나아갔다는 사실이 자랑스러웠다. 외숙모가 다르시를 칭찬한 부분을 읽고 또 읽었다. 충분하진 않지만, 그래도 기뻤다. 외삼촌과 외숙모 모두 다르시와 자신 사이에 애정과 믿음이 존재한다고 확신하는 걸 보니, 후회하는 마음과 기쁜 마음이 동시에 일어났다.

바로 그때 누가 다가오는 소리를 듣고 엘리자베스는 깊은 생각에서 깨어나며 벌떡 일어났다. 그래서 다른 길로 가려는데, 위컴이 따라붙으며 말했다.

“혼자 산책하는 걸 방해한 건 아닌가요, 친애하는 처형?”

엘리자베스는 미소를 머금으며 대답했다.

“네, 맞아요. 그렇다 해서 피하고 싶은 것까진 아니에요.”

“그렇다면 미안합니다. 우리는 원래 좋은 친구였는데, 이제 더 가까운 사이가 됐군요.”

“맞아요. 다른 사람도 오나요?”

“모르겠어요. 장모님은 리디아와 함께 마차를 타고 메리턴에 가신다더군요. 그런데 외삼촌과 외숙모님께 친애하는 처형이 펨벌리 저택에 다녀왔다고 들었습니다.”

엘리자베스는 그렇다고 대답했다.

“부럽습니다. 저는 아직 버거울 것 같거든요. 그렇지 않다면 뉴캐슬로 가는 길에 들를 수도 있을 텐데요. 그렇다면 하녀 우두머리 할머니도 만났겠네요? 불쌍한 레이놀즈 부인, 그분은 저를 늘 예뻐하셨답니다. 하지만 그분께서 제 얘기까진 안 하셨겠지요?”

“아니에요, 하셨어요.”

“뭐라고 하셨나요?”

“군대에 들어갔는데, 잘 안 풀려서 안타깝다고요. 당신도 알다시피, 거리가 멀면 이상하게 오해할 때가 종종 있잖아요.”

“그렇겠지요.”

위컴이 대답하며 입술을 깨물고, 엘리자베스는 인제 그만하길 기대했으나, 상대는 곧바로 말했다.

“지난달에 런던에서 놀랍게도 다르시를 만났습니다. 서너 차례 마주쳤답니다. 다르시가 런던에 뭘 하러 왔는지 궁금해요."

"드 버그 양과 결혼하려고 준비하는가 보죠. 이런 계절에 런던에 간다면 특별한 일일 테니까요."

"그렇겠지요. 램턴에 머무는 동안 다르시를 만났나요? 외삼촌 부부 말을 들으면 그런 것 같던데요."

"네, 여동생을 우리한테 소개했답니다."

"여동생이 마음에 들던가요?"

"네, 아주 많이."

"지난 일이 년 사이에 상당히 좋아졌다는 말은 나도 들었답니다. 마지막으로 볼 때는 그다지 좋아 보이지 않았거든요. 마음에 든다니 다행입니다. 그 아이도 좋은 쪽으로 변해야 할 텐데요."

"분명히 그럴 겁니다. 제일 고통스러운 시기는 이제 완전히 끝났으니까요."

"킴프턴 마을도 들렀나요?"

"그런 기억은 없네요."

"그걸 묻는 이유는 내가 물려받을 교회가 그곳에 있기 때문입니다. 멋진 곳이죠! 사제관도 훌륭하고! 모든 점에서 나한테 잘 맞았을 거예요."

"설교 내용을 짜는 게 마음에 들겠어요?"

"정말 좋아했을 거예요. 내가 살아갈 이유 가운데 하나로 여기다 보면 적응도 금방 할 테고요. 불평하면 안 되지만, 장담하건대 그 일은 나한테 잘 맞았을 거예요! 한적한 곳에서 조용히 사는 걸 저는 가장 이상적인 행복으로 여기니까요! 하지만 그렇게 될 수 없었죠. 다르시가 당시 상황에 대해 말하는 걸 들었나요, 켄트에 머물 때?"

"당시 상황을 잘 알고 성격도 좋은 사람한테 들었답니다, 그 자리는 조건이 딸렸고, 그걸 결정하는 건 주인이라고요."

"들었군요. 네, 조건이 딸리긴 했습니다. 처음부터 그렇게 말했잖아요, 기억할지 모르겠지만."

"현재는 모르겠지만, 당시에는 설교 내용 짜는 걸 정말 싫어했다고, 사제서품을 안 받기로 구체적으로 결심하고 그 일을 완전히 포기했다는 말을 들은 건 확실히 기억합니다."

"그것도 들었군요! 근거가 전혀 없는 말은 아닙니다. 그 얘기를 처음 꺼낼 때, 내가 그렇게 말한 건 당신도 기억할 거예요."

어느새 현관문 앞에 거의 도달했다. 엘리자베스가 상대를 떨구려고 빠르게 걸었기 때문이다. 하지만 리디아 때문에 상대를 자극할 마음은 없어, 기분 좋게 웃으며 말했다.

"이제 됐어요, 위컴 선생, 당신도 알다시피, 우리는 친척이 되었잖아요. 지난 일 가지고 다투지 말아요. 앞으로는 늘 한마음으로 지내면 좋겠어요."

그러면서 한 손을 내밀자, 위컴은 그 손에 다정하면서도 정중하게 키스해도 고개마저 들진 못한 채 엘리자베스와 함께 안으로 들어갔다.

## 53

위컴은 이번 대화에 완벽하게 만족한 나머지, 그 문제를 다시 꺼내서 스스로를 괴롭히거나 친애하는 처형을 자극하는 일이 절대로 없고, 엘리자베스는 자신이 충분히 말해서 상대가 입을 완전히 다물었다는 사실에 만족했다.

위컴과 리디아가 떠날 날은 성큼 다가오고, 베넷 부인은 이별을 받아들일 수밖에 없는데, 차라리 뉴캐슬로 모두 이사하자는 주장을 남편이 들은 척조차 안 하니, 앞으로 최소한 열두 달은 못 볼 것 같아서 안타까운 목소리로 한탄했다.

"아! 사랑하는 리디아, 앞으로 언제 볼 수 있을까?"

"맙소사! 나도 몰라요. 이삼 년 안에는 못 보겠지요."

"자주 편지하렴, 사랑하는 우리 딸."

"최대한 자주 할게요. 하지만 엄마도 알다시피, 결혼한 여자는 편지 쓸 시간이 거의 없어요. 언니들이 자주 편지할 거예요. 할 일이 없으니까요."

위컴은 아내보다 다정하게 작별인사했다. 잘생긴 얼굴로 환하게 웃으면서 듣기 좋은 말을 쭉 늘어놓았으니 말이다.

그래서 두 사람이 떠나자마자 베넷 선생이 말했다.

"지금까지 본 사위 가운데 가장 훌륭한 사위를 얻었어. 바보처럼 웃기도 하고 능글맞게 웃기도 하면서 우리 모두를 유혹하려는 걸 보면. 정말 자랑스러워. 루카스 경이 얻은 사위는 비교조차 안 돼."

베넷 부인은 막내딸과 헤어지고 며칠을 우울하게 보내다 말했다.

"제일 가까운 사람과 헤어지는 것만큼 슬픈 일은 없다는 생각이 들어. 너무 쓸쓸해."

"딸이 결혼해서 그래요, 어머니. 아직 네 딸이 있으니까 마음 편히 가지세요."

엘리자베스가 위로하자, 베넷 부인이 말했다.

"아니야. 리디아가 내 곁을 떠난 건 결혼해서가 아니라 남편 연대가 너무 멀어서야. 훨씬 가까웠다면 리디아도 이렇게 빨리 떠나지 않았을 거야."

하지만 이제 막 돌기 시작한 소문을 듣는 순간, 침울한 분위기는 순식간에 사라지고 새로운 희망에 온통 마음이 쏠렸다. 네더필드 주인이 하녀 우두머리에게 하루 이틀 뒤에 내려와서 몇 주 머물며 사냥할 테니, 거기에 맞게 준비하라고 지시했다는 거다. 베넷 부인은 안절부절못했다. 그래서 제인을 바라보고 빙그레 웃다가 고개를 절레절레 젓더니, 소식을 처음 알려준 필립스 부인을 쳐다보며 말했다.

"그러니까 빙리 선생이 내려온다는 거군, 동생. 으음, 잘됐군. 하지만 나는 관심 없어. 빙리 선생은 우리랑 아무런 관계도 없으니, 두 번 다시 만나고픈 마음이 안 들 거야. 하지만 네더필드에 내려오고 싶다면 내려오는 것도 좋겠지. 무슨 일이 일어날지 누가 알아? 하지만 우리하고는 상관없어. 너도 알다시피, 동생, 우리는 그 얘기를 두 번 다시 안 하기로 예전에 다짐했거든. 그런데 내려온다는 말이 확실하긴 한 거야?"

필립스 부인이 대답했다.

"니콜스 부인이 간밤에 메리턴으로 나왔으니까 맞을 거예요. 지나가는 걸 보고서 내가 일부러 나가서 소문이 맞는지 물었더니, 확실하다더군요. 늦어도 목요일엔 내려오는데, 수요일일 가능성이 크대요. 그래서 수요일에 먹을 고기를 주문하러 푸줏간에 가는 중이라는데, 잡아먹기에 딱 좋은 오리도 벌써 여섯 마리나 샀더라고요."

제인은 빙리가 온다는 말을 듣고 얼굴색이 변하지 않을 수 없었다. 엘리자베스에게 빙리란 이름을 마지막으로 꺼낸 게 벌써 몇 개월인데, 이번에, 단둘이 있는 순간에, 다시 꺼냈다.

"아까 이모님이 새로운 소식을 전할 때 나를 쳐다보더구나, 엘리자베스. 그래, 힘들어하는 표정을 떠올린 건 나도 알아. 하지만 엉뚱한 생각이 떠올라서 그랬다고 상상하지 마. 사람들이 나를 쳐다볼 것 같아서 순간 당황한 것뿐이니까. 확실히 말하는데, 그 소식은 나한테 조금도 반갑거나 힘들지 않아. 한 가지는 기뻐, 빙리 선생이 혼자 온다는 거. 서로 마주칠 염려가 그만큼 적을 테니까. 나는 아무렇지 않은데 다른 사람들이 쑥덕대는 게 싫거든."

엘리자베스는 어떻게 받아들여야 할지 몰랐다. 더비셔에서 빙리를 안 만났더라면, 소문으로 들은 목적 하나 때문에 내려온다고 여길 수 있었다. 하지만 빙리는 제인을 여전히 사랑하는 게 분명했다. 친구랑 상의한 다음에 내려오는 거냐, 아니면 혼자 판단하고 대담하게 내려오는 거냐 하는 게 애매할 뿐이었다. 이런 생각마저 들었다.

'합법적으로 빌린 집에 내려오는데 가련하게도 사람들이 쑥덕대는 말을 들어야 하는구나! 나라도 아무 말 말아야겠어.'

언니는 빙리가 내려온다는 소문에 입장을 확실히 밝히고, 진짜 그렇다고 확고하게 믿지만, 엘리자베스는 언니가 크게 흔들리는 걸 쉽게 알아차렸다. 평소와 달리 차분한 모습은 줄고 불안한 모습은 자주 엿보였다.

아버지와 어머니 사이에서는 열두 달 전에 뜨겁게 토론한 주제가 새롭게 등장했다.

"빙리 선생이 내려오는 즉시, 여보, 찾아가야 해요."

베넷 부인이 주장하자, 베넷 선생이 거부했다.

"맙소사, 싫소. 작년에도 찾아가라고 강요하면서, 내가 찾아가면 그 사람이 우리 딸이랑 결혼할 거라고 장담했잖소. 그런데도 맹탕으로 끝났으니, 그렇게 멍청한 심부름은 이제 두 번 다시 안 하겠소."

아내는 빙리가 네더필드로 돌아오는 즉시 이웃에 사는 신사들이 관심을 보이는 건 정말 중요하다 주장하고, 남편은 또다시 거부했다.

"나는 그따위 예절을 경멸하오. 그 사람이 우리랑 사귀고 싶다면 직접 찾아오라 하시오. 우리가 사는 곳을 알잖소. 나는 이웃이 떠났다 돌아올 때마다 꽁무니나 쫓아다니며 시간을 낭비하진 않겠소."

"어이쿠, 내가 아는 건, 당신이 안 찾아가는 건 정말 무례하다는 거예요. 당신이 그런다 해도 우리 집 만찬까지 초대하지 말란 법은 없으니, 이제 결심했어요. 롱 부인과 굴딩 가족을 초대하고, 그러면 우리까지 열세 명이니, 딱 하나 남는 자리에 빙리 선생을 초대하는 거예요."

베넷 부인은 이렇게 결심하고 마음이 놓여서 남편의 무례한 행동을 견디긴 해도, 그것 때문에 자기네보다 이웃이 빙리를 먼저 만난다는 생각이 떠오를 때는 정말 억울할 수밖에 없었다.

빙리가 도착할 시간은 점점 다가오고, 제인은 엘리자베스에게 이렇게 말했다.

"그 사람이 우리 집에 온다는 게 안타까워. 아무런 소용도 없는데 말이야. 나는 완전히 무관심한 얼굴로 마주할 수 있지만, 사람들이 끊임없이 쑥덕대는 소리가 들리는 건 정말 견딜 수 없어. 어머니는 좋은 의도로 그러시는 거겠지만, 그런 말이 나올 때마다 내가 얼마나 힘들어하는지는 조금도 몰라, 아무도 몰라! 빙리 선생이 네더필드를 어서 떠나면 좋겠어!"

엘리자베스가 대답했다.

"언니를 위로하는 말을 할 수 있으면 좋겠는데, 그건 완전히 내 능력 밖이야. 언니도 알겠지만, 힘들어하는 사람한테 꾹 참는 게 최선이라는 뻔해 빠진 설교만큼은 절대로 못 하겠어, 언니는 늘 그렇게 참았으니까."

빙리가 도착했다. 베넷 부인은 하녀를 통해 그 소식을 누구보다 일찍 알았지만, 불안하고 초조한 시간만 그만큼 더 늘어날 뿐이었다. 그래서 하루하루 꼽으면서 초대장을 보내도 좋을 시기를 따질 뿐, 만찬

이전에 만나는 건 완전히 포기했다. 그런데 하트퍼드셔에 도착하고 삼 일째 되는 아침에 말을 타고 잔디밭으로 들어서는 빙리가 이 층 침실 창문 너머로 보였다.

베넷 부인은 함께 기뻐하려고 딸들을 열심히 불렀다. 제인은 탁자에 앉은 자리를 단호하게 지켰지만, 엘리자베스는 어머니가 만족하도록 창가로 다가가다, 빙리와 함께 오는 다르시를 발견하고 언니 옆자리로 대뜸 물러나고, 캐서린은 커다랗게 물었다.

"빙리 선생과 함께 신사분이 오는데, 누굴까요?"

"아는 사람이겠지, 얘야. 나는 모르는 사람이구나."

베넷 부인 대답에 캐서린이 다시 말했다.

"맙소사! 예전에 빙리 선생과 함께 다니던 남자 같아요. 이름이 뭐더라? 키가 크고 오만한 사내."

"하느님 맙소사! 다르시! 맞아, 분명해. 아아, 빙리 선생 친구라면 누구나 환영하겠지만, 저 사람은 꼴조차 보기 싫어."

제인은 깜짝 놀라기도 하고 걱정스럽기도 한 표정으로 엘리자베스를 쳐다보았다. 그들이 더비셔에서 만난 걸 모르는 터라, 다르시가 모든 걸 설명하는 편지를 건넨 뒤로 처음 만나는 동생으로선 정말 어색할 거라 느낀 것이다. 두 자매는 더없이 당혹스러웠다. 자신은 물론 서로를 안쓰럽게 여기느라, 어머니가 계속 말하며 다르시는 정말 싫다고, 빙리 친구라서 예의를 갖출 뿐이라고 다짐하는 소리조차 못 들었다. 엘리자베스가 불편할 수밖에 없는 이유는 또 있으나, 언니에게 외숙모 편지를 보여줄 용기나 다르시를 생각하는 마음이 변한 걸 알릴 용기를 낸 적은 한 번도 없는 터라, 제인은 그걸 알 수 없었다. 제인에게 다르시는 동생에게 청혼하고 거절당했으나 장점은 많은 사내고, 엘리자베스에게는 제인이 빙리에게 느끼는 살가운 애정까진 아닐지라도 최소한 그만큼 당연하고 정당하게 호감을 느끼고, 새로 확인한 정보에 따르면 가족이 큰 빚을 진 당사자였다. 그러니 다르시가 오는 모습에, 네더필드로, 롱번으로 자신을 스스로 찾아오는 모습에 놀란 건, 더비셔에서 완전히 뒤바뀐 행동을 처음 보고 놀랄 때와 비슷했다.

새하얗게 질린 얼굴은 순식간에 새빨갛게 달아오르고 미소는 환하게 번지고 두 눈은 반짝였다. 오랫동안 못 봐도 다르시가 사랑하고 소망하는 마음은 조금도 안 흔들렸다는 생각이 들었다. 그렇지만 확신할 순 없어, 이렇게 생각했다.

'먼저 행동하는 걸 보고서 기대감을 키워도 안 늦어.'

엘리자베스는 가만히 앉아서 마음을 차분하게 달래려 애쓰며 자수 작업에 열중하다, 하인이 문으로 다가오는 기척을 듣고는 궁금도 하고 불안도 해서 언니 얼굴을 살짝 쳐다보았다. 평소보다 약간 창백하긴 해도 예상보다는 표정이 차분했다. 두 신사가 들어오는 순간에는 창백한 느낌이 늘긴 해도 화난 기색이나 쓸데없이 상냥한 기색 없이 적당하게 행동하며 비교적 편안하게 맞이했다.

엘리자베스는 예의 바른 선에서 말을 최대한 줄이고 자리에 다시 앉아서 필요한 이상으로 열심히 자수를 놓았다. 그러다 용기 내서 다르시를 딱 한 번 쳐다보았다. 평소처럼 무거운 표정이었다. 펨벌리 저택보다는 하트퍼드셔에서 떠올린 표정에 가깝다는 생각이 들었다. 하지만 외삼촌 부부와 만나던 표정을 어머니 앞에서 떠올릴 순 없을 것 같았다. 마음은 아파도 충분히 있을 법한 추측이었다.

엘리자베스는 빙리도 살짝 살피는데, 기쁜 표정과 어색한 표정이 동시에 보였다. 베넷 부인이 빙리를 깍듯하게 대하는 모습에 두 딸은 정말 창피한데, 다르시에게 형식적인 예의만 차리며 차갑게 대하는 모습이 두드러질 때는 특히 더했다.

엘리자베스는 어머니가 제일 좋아하는 딸을 돌이킬 수 없는 불명예에서 구한 빚이 후자에게 있다는 사실을 아는 터라, 천박하고 고통스럽게 차별하는 모습이 특히 더 아프고 힘들었다.

다르시는 외삼촌 부부의 안부를 묻더니 엘리자베스가 당황하며 대답하는 걸 보고서 더는 말하지 않았다. 옆자리에 안 앉았으니, 그게 침묵한 이유일 수도 있지만, 더비셔에서는 그러지 않았다. 그곳에서는 엘리자베스에게 직접 말할 수 없을 때면 엘리자베스랑 친한 사람들에게 말했다. 그런데 이번에는 다르시 목소리가 안 들린 상태로 몇 분이 흘러, 호기심을 도저히 못 참아 가끔 고개를 들고 쳐다보면, 자신을 쳐다보는 만큼이나 언니를 쳐다보는 모습이 보이고 특별한 대상 없이 바닥을 내려다볼 때도 잦았다. 지난번에 만날 때보다 생각은 많고 호감을 사려는 마음은 적은 게 또렷했다. 엘리자베스는 실망스럽기도 하고, 그런 자신에 화도 났다. 이런 생각이 절로 들었다.

'달리 무슨 모습을 기대하겠어! 저러려면 여기까지 왜 온 거야?'

엘리자베스는 다르시하고 대화하고픈 마음이 간절하나, 다르시에게 말을 걸 용기까지 낼 순 없었다. 그래서 여동생 안부를 물었지만, 계속 이어갈 순 없었다.

"갑자기 떠나신 뒤로 정말 오랜만이네요, 빙리 선생."

빙리가 가볍게 인정하자, 베넷 부인이 다시 말했다.

"다시 안 오실 거라고 걱정했답니다. 성 미카엘 축일에는 그 집을 완전히 정리할 거라는 소문까지 돌았거든요. 하지만 나는 그게 사실이 아니기를 바랐어요. 선생이 멀리 떠난 뒤로 우리 마을에 정말 많은 일이 있었답니다. 샬럿이 결혼해서 다른 곳으로 가고, 우리 딸 한 명도 그랬답니다. 아마 당신도 소식을 들었을 거예요. 신문에 실린 기사를 보았을 테니까요. '타임스'랑 '쿠리어'에 실렸거든요. 하지만 제대로 실린 건 아니랍니다. '최근에 조지 위컴 선생과 리디아 베넷 양이 결혼했다'는 내용만 싣고, 리디아 아버지가 누구며 사는 곳은 어딘지 등등은 한마디도 없었으니까요. 초안을 써서 올린 게 런던에 사는 동생인데, 어떻게 그리도 어설프게 처리했는지 모르겠어요. 선생도 그걸 보셨나요?"

빙리는 보았다는 대답과 동시에 축하하고, 엘리자베스는 감히 고개를 들 수 없어서 다르시가 어떤 표정을 했는지 알 수 없고, 어머니는 계속 말했다.

"딸을 좋은 사람과 맺어준다는 게 기쁜 일인 건 확실한데, 동시에, 빙리 선생, 멀리 떠나보내는 정말 힘든 일이기도 하답니다. 우리 딸 부부는 머나먼 북쪽으로, 뉴캐슬로 갔는데, 거기서 얼마나 오래 머물러야 할지 모르겠어요. 사위가 복무할 연대가 거기에 있거든요. 우리 사위가 민병대 연대를 떠나서 정규군으로 들어간 이야기는 들으셨을 거예요. 다행히도 좋은 친구가 있거든요. 하지만 능력이 좋은 만큼 친구도 많은 건 아닌가 봐요."

엘리자베스는 이 말이 다르시를 힘들게 할 수밖에 없다는 사실을 아는 터라, 너무나 창피하고 비참한 나머지 자리에 그대로 있을 수 없었다. 그래서 억지로 힘내, 빙리에게 이번에는 얼마나 머물 생각이냐고 물어서 삼사 주일 것 같다는 대답을 들었다. 그러자 어머니가 다시 말했다.

"네더필드에 있는 새를 모두 잡으면 여기로 와서 베넷 선생 땅에 있는 새를 마음껏 잡으세요. 베넷 선생도 그러길 바라는 마음에 제일 좋은 새는 그대로 남겨둘 게 분명하니까요."

너무나 불필요하고 너무나 친절한 관심에 엘리자베스는 비참한 느낌만 늘어났다! 이번에도 일 년 전과 마찬가지로 좋은 결과를 예상하며 잔뜩 들뜨는 건 더없이 고통스러운 결과만 부추기는 꼴이 되리란 생각도 들었다. 순간, 마음이 이렇게 흔들리는 고통은 몇 년을 행복하게 보내도 벌충할 수 없다는 생각마저 떠올랐다.

'지금 내가 느끼는 가장 커다란 소망은 이제 두 남자 누구하고도 어울리지 않는 거야. 저 남자들하고 어울리는 게 아무리 재미있다 한들, 이렇게 엄청난 고통을 보상할 순 없어! 두 사람 다 앞으로 두 번 다시 안 보고 싶어!'

하지만 몇 년 동안 행복해도 벌충할 수 없는 엄청난 고통은, 옛 연인이 아름다운 언니 모습을 보고서 사랑하는 마음에 다시 불붙이는 걸 보는 순간, 엄청난 위안으로 이어졌다. 처음 들어올 때만 해도 빙리는 언니에게 말을 거의 안 했으나, 관심이 5분 간격으로 늘어나는 것 같았다. 말을 많이 하진 않아도, 아름다운 모습은 작년 그대로고 착한 마음씨도 차분한 자세도 마찬가지였다. 언니는 달라진 모습을 안 보이려 애썼다. 자신이 예전과 마찬가지로 말을 많이 한다고 확신할 정도였다. 마음이 너무 복잡해, 자신이 입을 꾹 다물었다는 사실조차 모를 때가 많았다.

두 신사가 떠나려고 일어서자, 베넷 부인은 계획을 잊지 않고 초대해서 며칠 뒤에 롱번에서 만찬을 들겠다는 약속을 받고는 이렇게 덧붙였다.

"당신은 꼭 오셔야 한답니다, 빙리 선생, 지난겨울 런던으로 가기 전에 돌아오는 즉시 우리와 함께 만찬을 들기로 약속했으니까요. 나는 아직도 안 잊었답니다. 분명히 말하지만, 당신이 약속을 안 지켜서 무척 실망했거든요."

빙리는 이 말을 듣고 순간적으로 멍한 표정을 떠올리다, 일 때문에 약속을 어겼다며 사과했다. 그런 다음에 두 사람은 떠났다.

베넷 부인은 이왕 온 김에 조금 더 머물다 만찬을 들고 가라고 요청하고픈 마음이 강력하게 일었지만, 평소에 먹는 요리가 좋은 편이긴 해도 코스가 두 종류도 안 되는 정도로는 자신이 간절하게 소망하는 남자에게 충분하지 않고, 일 년에 만 파운드나 버는 사내의 자존심과 식욕을 충족시킬 수도 없어서 단념하고 말았다.

## 54

두 사람이 떠나자마자 엘리자베스는 산책하러 나갔다. 기운을 회복하는 게, 더 정확히 말해서 기운이 빠질 수밖에 없는 문제를 아무런 방해도 없이 깊이 따져보는 게 목적이었다. 다르시가 보여준 행동이 놀랍기도 하고 짜증도 났기 때문이다.

'아아, 입을 꼭 다문 채 무겁고 냉담하게 행동할 거면 도대체 뭐하러 온 거냐고?'

여기에 대해 만족스러운 대답은 조금도 못 구했다.

'런던에서 외삼촌 부부를 만날 때는 똑같이 다정하고 유쾌하게 행동했다던데, 나한테는 왜 안 그러지? 내가 두렵다면 우리 집까지 왜 온 거야? 나한테 관심이 없다면 왜 말하지 않는 거야? 속만 바싹바싹 태우는 사내! 앞으로는 두 번 다시 생각하지 않겠어.'

이런 다짐은 언니가 다가오는 바람에 잠시나마 지킬 수 있었다. 언니는 얼굴에 쾌활한 표정이 가득한 걸 보면 방금 떠난 손님을 엘리자베스보다는 만족스럽게 여기는 게 분명했다. 이렇게 말할 정도였다.

"다시 만나는 순간이 이렇게 지나가서 다행이야. 나는 힘이 있다는 사실을 깨달았으니, 그 사람 때문에 두 번 다시 흔들리지 않겠어. 그 사람이 화요일에 만찬을 들러 온다니 마음이 놓여. 서로에게 아무런 관심도 없는, 평범한 관계라는 사실을 모든 사람이 또렷하게 깨달을 테니까."

엘리자베스가 웃으면서 대답했다.

"그래, 그래, 정말 아무런 관심도 없지. 아, 언니, 조심해."

"친애하는 엘리자베스, 내가 위험에 또 빠질 정도로 연약하다고 생각하는 건 아니겠지?"

"나는 언니가 그 사람을 어느 때보다 커다란 사랑에 빠뜨릴 위험이 크다고 생각해."

베넷 가족은 화요일까지 두 신사를 만날 수 없어, 베넷 부인은 빙리가 삼십 분 동안 좋은 뜻으로 정중하게 행동한 모습을 떠올리며 행복한 미래를 꿈꾸었다.

화요일에는 롱번에 손님이 가득 모여들고, 모든 사람이 초조하게 기대하던 두 신사는 사냥을 즐기는 사람답게 제시간에 정확히 나타났다. 그래서 식당에 모여들 때, 엘리자베스는 빙리가 예전에 파티에 참석하면 꼭 그런 것처럼 자신이 앉을 자리에, 언니 옆자리에, 앉는지 아닌지 열심히 지켜보았다. 신중한 어머니 역시 똑같은 생각에 빠져들어, 빙리에게 자기 옆자리에 앉으라고 청하고픈 마음을 꾹 눌렀다. 빙리는 식당으로 들어설 때만 해도 망설이는 것 같더니, 언니가 주변을 둘러보다 우연히 웃는 모습에 마음을 정하고 옆자리에 앉았다.

엘리자베스는 더없이 기뻐하다, 다르시를 쳐다보았다. 하지만 무관심한 표정을 점잖게 떠올릴 뿐이니, 행여나 빙리가 어색하게 웃는 표정으로 그쪽을 쳐다보는 시선을 못 봤더라면, 마음껏 행복해도 된다는 허락을 다르시에게 받았다고 착각할 것 같았다.

만찬 내내 빙리가 언니에게 하는 행동은 예전보다 조심스럽긴 해도 사랑하는 마음이 그대로 묻어나왔다. 혼자서 적절하게 판단한다면 언니는 물론 빙리 자신도 순식간에 행복할 수 있겠다는 확신이 들었다. 결과를 섣불리 단정할 순 없지만, 엘리자베스는 빙리가 그렇게 행동하는 모습을 보는 자체로 즐거웠다. 덕분에 걱정이 한숨 놓이긴 해도, 기분까지 살아날 순 없었다. 다르시는 식탁이 서로를 가를 정도로 멀찌감치 떨어진 자리였다. 한쪽에는 엄마가 있었다. 그런 상황이 어느 쪽에도 즐거울 수 없다는 사실을, 어느 쪽에도 바람직할 수 없다는 사실을, 엘리자베스는 너무나 잘 알았다. 거리가 멀어서 두 사람이 하는 말은 안 들리지만, 서로에게 말을 거의 안 하다 필요할 때면 어쩔 수 없다는 듯 딱딱하고 차갑게 말하는 모습은 확실히 보였다. 어머니가 무례한 모습을 볼 때마다 온 가족이 다르시에게 많은 빚을 졌다는 생각이 고통스럽게 떠올라, 가족 모두가 친절한 행동을 모르는 건, 고마움을 모르는 건, 아니라는 사실을 다르시에게 알릴 수만 있다면 뭐라도 할 것 같은 느낌마저 들었다.

엘리자베스는 단둘이 얘기할 기회가 한 번이라도 있기를, 다르시가 처음 찾아왔을 때처럼 형식적으로 인사한 이상으로 대화를 못 한 채 모든 시간이 흘러가지 않기를 간절하게 바랐다. 불안하고 초조한 나머지, 남자들이 들어오기 전에 거실에서 보내는 시간이 너무나 지루하고 따분했다. 하마터면 예의 없이 행동할 뻔할 정도였다. 엘리자베스는 오늘 밤을 즐겁게 보내느냐 아니냐가 모두 달렸다는 심정으로 남자들이 들어오길 학수고대했다. 그러면서 다짐했다.

'이번에도 나한테 안 온다면, 다르시를 영원히 포기하고 말겠어.'

남자들이 들어왔다. 엘리자베스가 보기에 이번에는 다르시가 기대에 부응할 것 같았다. 하지만, 아아! 언니는 차를 만들고 자신은 커피를 따르는 탁자 주변에 여자들이 잔뜩 모여서 빼곡하게 달라붙은 나머지, 자신 옆에는 의자 하나 들여놓을 자리조차 없었다. 게다가 사내들이 다가올 때는 여자애 한 명이 유난히 바싹 달라붙어서 조그맣게 속삭이기도 했다.

"남자들이 온다 해도 절대로 우리를 갈라놓지 못해요. 우리는 남자가 하나도 필요하지 않으니까요, 그렇죠?"

결국 다르시는 다른 사람들에게 다가갔다. 엘리자베스는 두 눈으로 좇으며 다르시가 말하는 모든 사람을 부러워하느라 커피를 차분하게 따를 수조차 없었다. 그러다 너무나 멍청한 자신에 분노했다!

'한 번 청혼했다 거절당한 사내라고! 그 사내가 다시 사랑할 거라고 기대하다니, 어떻게 이리도 멍청하지? 똑같은 여자한테 두 번이나 청혼할 정도로 마음 약한 사내가 과연 한 명이라도 있겠어? 그런 모멸감은 어떤 사내도 못 견딘다고!'

하지만 다르시가 커피잔을 직접 들고 다가오는 바람에 엘리자베스는 기분이 약간 살아났다. 그래서 기회를 안 놓치고 말했다.

"여동생은 아직도 펨벌리 저택에 있나요?"

"네, 크리스마스 때까지 머물 예정입니다."

"혼자서요? 친구들은 모두 떠났나요?"

"앤슬리 부인이 곁에 있습니다. 다른 사람들은 삼 주 전에 스카버러[33]로 떠났답니다."

엘리자베스는 할 말이 더 안 떠올랐다. 하지만 다르시가 계속 대화하길 바란다면 충분히 이어질 수 있었다. 그러나 다르시는 옆에 물끄러

33) Scarborough, 영국 동북부 항구도시로 온천이 유명하다.

미 서서 아무 말도 안 하다, 여자애가 엘리자베스에게 다시 속삭이자, 다른 데로 가고 말았다.

차 마시는 도구를 치우고 카드놀이 탁자를 만들자, 여자는 모두 일어나고 엘리자베스는 다르시가 이제 곧 다가오겠다고 기대했으나, 어머니가 휘스트 카드놀이 탁자로 무례하게 몰아붙여서 다르시가 그 자리에 어쩔 수 없이 앉은 걸 보는 순간에 모든 희망이 무너졌다. 엘리자베스는 즐겁게 지낼 기대감을 모두 잃었다. 저녁 내내 서로 다른 탁자에 묶인 채, 다르시가 툭하면 자기 쪽을 쳐다보느라 카드놀이를 자신만큼이나 못 하는 것 말고는 희망이 하나도 없었다.

베넷 부인은 네더필드 신사 두 명을 저녁 늦도록 붙잡아둘 생각이었으나, 불행히도 네더필드 마차가 제일 먼저 오는 바람에 둘을 붙잡아둘 기회는 사라지고 말았다. 그래서 손님이 전부 떠나자마자 이렇게 물었다.

"그래, 얘들아, 오늘 하루 어땠니? 내가 볼 땐 모든 게 드물게 잘된 것 같아. 만찬이 지금까지 본 어떤 만찬보다 훌륭했거든. 사슴고기는 골고루 익고, 엉덩이 살이 이렇게 통통한 건 처음 본다고 다들 말하더라고. 수프는 지난주에 루카스 저택에서 먹은 것보다 오십 배는 훌륭하고, 다르시 선생조차 까투리 고기가 맛있다고 할 정도였으니까. 그 사람은 프랑스 요리사가 최소한 두세 명은 될 텐데 말이야. 그리고 친애하는 제인, 오늘 정말 예뻤어. 롱 부인도 그렇게 말했어. 내가 물어보았거든. 롱 부인이 또 뭐라고 했는지 아니? '아! 베넷 부인, 드디어 제인이 네더필드로 들어가겠네요.' 정말 이렇게 말했다고. 나는 롱 부인이 세상에서 가장 좋은 사람이라고 생각해. 조카딸도 하나같이 예의 바르고. 예쁜 애는 없지만. 그래서 나는 그 사람들이 진짜 좋아."

한 마디로, 베넷 부인은 기분이 굉장히 좋았다. 빙리가 하는 행동을 가만히 살핀 결과, 마침내 제인에게 사로잡혔다고 확신했다. 가족에게 좋은 일이 일어날 거라고 잔뜩 기대하며 꿈에 부풀다, 다음 날 곧바로 청혼하러 안 올 때는 이해할 수 없을 정도로 커다랗게 실망할 정도였다.

제인도 엘리자베스에게 비슷하게 말했다.

"그런대로 괜찮은 하루였어. 모임에 참석할 사람을 잘 골라서 서로 잘 어울린 것 같아. 이런 식으로 자주 모이면 좋겠어."

엘리자베스가 웃자, 제인이 다시 말했다.

"엘리자베스, 그러지 마. 나를 의심하면 안 돼. 기분 나쁘다고. 분명한 건 분별력도 있고 상냥하기도 한 사내랑 대화하는 걸 즐기는 법을 내가 깨달았다는 거야, 그 이상 기대하지 않으면서. 나는 그 사람이 나한테 관심을 끌려고 애쓰지 않고 편하게 행동하는 모습이 완벽하게 마음에 들어. 다정하게 말해서 상대를 즐겁게 하려는 욕구가 다른 사내보다 강할 뿐이거든."

"정말 잔인해, 내가 못 웃게 할 거면서 매 순간 웃기는 건."

"누굴 믿게 한다는 게 어려울 때도 있구나!"

"불가능할 때도 있고!"

"내가 마음에 없는 소리를 하는 것처럼 말하는 이유가 뭐니?"

"나로선 어떻게 대답해야 좋을지 모를 질문이군. 사람은 누구나 남을 가르치길 좋아하지만, 우리가 가르칠 수 있는 건 몰라도 되는 것밖에 없어. 미안하지만, 언니가 안 그렇다고 주장하려면 아예 나한테 은밀한 얘길 하지 마."

## 55

며칠 뒤에 빙리가 찾아왔는데, 혼자였다. 친구는 그날 아침에 런던으로 떠났는데, 열흘 뒤에 돌아올 예정이라고 했다. 빙리는 한 시간 넘게 머물면서 정말 즐거워했다. 베넷 부인은 계속 머물다 저녁밥까지 들고 가라고 권했지만, 빙리는 걱정스러운 표정으로 다른 약속이 있다고 털어놓았다. 그래서 베넷 부인이 다시 권했다.

"그렇다면 다음에는 우리 부탁을 들어주길 바랍니다."

빙리는 언제라도 기꺼이 환영한다, 부인만 괜찮으시다면 함께 식사할 기회가 빨리 오면 좋겠다고 말했다.

"그럼 내일 올래요?"

네, 내일은 약속이 없으니, 기꺼이 초대에 응하겠습니다.

빙리가 왔는데, 너무 이른 시각이라서 여자들 누구도 옷을 차려입기 전이었다. 베넷 부인은 실내복 차림에 머리는 하다 만 상태로 딸네 방으로 달려가며 소리쳤다.

"친애하는 제인, 서둘러 차려입고 밑으로 내려가. 그 사람이 왔어…… 빙리 선생이 왔다고. 정말 왔어. 서둘러, 어서. 자, 사라, 제인 아가씨가 옷을 입도록 도와드려. 엘리자베스 머리는 신경 쓰지 말고."

제인이 대답했다.

"최대한 빨리 내려갈게요. 하지만 캐서린이 우리보다 일찍 내려갈 거예요, 삼십 분 전에 올라왔거든요."

"어이쿠! 캐서린은 놔둬! 걔가 무슨 상관이 있다고? 어서 내려가, 어서! 내 허리띠는 어딨니?"

하지만 어머니가 나가자, 제인은 동생 없이 혼자 내려가지 않으려 했다.

베넷 부인이 두 사람만 있게 하려고 안달하는 모습은 저녁에도 그대로 나타났다. 차를 마신 뒤, 베넷 선생은 습관대로 서재로 물러나고 메리는 피아노 연습하러 위층으로 올라갔다. 두 방해물이 사라지자, 베넷 부인은 가만히 앉아서 엘리자베스와 캐서린을 쳐다보며 눈을 계속 껌뻑거리지만, 소용이 없었다. 엘리자베스는 일부러 안 쳐다보고, 캐서린은 쳐다보다 천진난만하게 물었다.

"왜 그러세요, 엄마? 저한테 눈을 껌뻑거리는 이유가 뭔가요? 제가 어떻게 하라는 건가요?"

"아무것도 아니다, 얘야, 아무것도. 너한테 껌뻑거리지 않았어."

그러더니 오 분 이상 가만히 있는데, 이렇게 소중한 기회를 낭비할 순 없어, 갑자기 일어나며 캐서린에게 "이리 오렴, 얘야, 할 말이 있어"라고 말하며 데리고 나갔다. 그 즉시 제인은 상황을 이렇게 몰아가는 건 정말 싫다는, 너는 절대로 나가지 말라고 간청하는 눈빛으로 엘리자베스를 쳐다보고, 베넷 부인은 잠시 뒤에 문을 살짝 열며 소리쳤다.

"얘야, 엘리자베스, 할 말이 있구나."

엘리자베스는 그 말에 따를 수밖에 없어서 복도로 나가니, 어머니가 말했다.

"두 사람만 있는 게 좋아. 나는 캐서린과 이 층으로 올라가서 내 방에 있을 거야."

엘리자베스는 어머니에게 따지려 들지 않고 복도에 가만히 있다, 어머니가 캐서린을 데리고 사라진 다음에 응접실로 다시 들어갔다.

베넷 부인이 이날 세운 계획은 효과가 없었다. 빙리는 모든 점에서 빠져들었으나, 사랑한다는 고백까지 하진 않았다. 편안하고 쾌활한 자세는 저녁 모임을 유쾌하게 하고, 어머니가 무례하게 참견하는 건 견뎌내고, 수없이 뱉어내는 엉뚱한 말도 꾹 참으면서 차분하게 받아내니, 제인으로선 정말 고맙지 않을 수 없었다.

빙리는 저녁 식사까지 머물도록 권할 필요조차 없고, 떠나기 전에는 베넷 부인이 요구해서 다음 약속까지 잡았다. 내일 아침에 와서 남편과 함께 사냥하는 것이었다.

이날 이후로 제인은 아무 관심도 없다는 말을 두 번 다시 안 했다. 자매 사이에 빙리에 대한 말은 한마디도 안 오갔지만, 엘리자베스는 다르시가 예정보다 일찍 돌아오지 않는다면 모든 일이 바람직하게 흘러가겠다고 믿으면서 행복한 마음으로 잠자리에 들었다. 하지만 다르시가 동의한 가운데 이런 일이 일어난다는 생각도 꽤 그럴싸하게 떠올랐다.

빙리는 정확한 시각에 나타나서 약속대로 베넷 선생과 오전 시간을 보냈다. 후자는 전자가 기대한 이상으로 성격이 쾌활했다. 빙리는 주제넘거나 어리석은 점이 조금도 없으니, 베넷 선생 역시 어이없거나 경멸스러운 마음으로 입을 꾹 다물 필요가 없었던 거다. 그래서 여느 때보다 터놓고 말하는 건 많고 괴팍하게 행동하는 건 적었다. 빙리는 당연히 함께 돌아와서 만찬을 들고, 저녁에 베넷 부인은 빙리와 딸 곁에서 모든 사람을 떼어내려고 다시 궁리했다. 엘리자베스는 편지 쓸 일이 있어서 차를 다 마시자 조찬실로 곧바로 물러났다. 다른 사람은 카드게임 탁자를 펴서 둘러앉는 터라, 굳이 어머니 계획을 방해할 이유가 없었다.

하지만 편지를 다 쓰고 응접실로 돌아가는 순간, 어머니가 더없이 똑똑하게 처리한 걸 보고서 놀라지 않을 수 없었다. 문을 여는 순간, 언니와 빙리가 벽난로 앞에 나란히 선 모습이 뭔가 깊은 대화를 나누는 것 같은데, 이것 하나로 의심할 수 없다면, 두 사람이 황급히 떨어지며 쳐다보는 얼굴에선 모든 걸 읽을 수 있었다. 모두 어색하지만, 엘리자베스 자신이 제일 어색한 것 같았다. 누구도 말하지 않고, 엘리자베스는 다시 나가려 할 때, 이미 언니와 함께 자리에 앉았던 빙리가 갑자기 일어나서 언니에게 몇 마디 속삭이곤 밖으로 급히 나갔다.

제인은 기쁜 비밀을 엘리자베스에게 털어놓지 않을 수 없어, 날아갈 듯한 마음으로 동생을 껴안더니 자신은 세상에서 가장 행복한 여자라고 선언하며 덧붙였다.

"정말 엄청나! 과분할 정도로. 나한텐 정말 과분해. 아! 왜 모든 사람이 이렇게 행복할 수 없는 걸까?"

엘리자베스는 진심으로 반기며 따듯하게 축하하니, 한 마디 한 마디가 아름다울 수밖에 없고, 제인은 다정한 말 한 마디 한 마디에 새로운 행복을 느낄 수 있었다. 하지만 지금은 동생 곁에 머물 때가 아니니, 아직 못한 말을 절반도 못 꺼내고 소리쳤다.

"당장 어머니를 찾아가야 해. 애정 어린 걱정을 어떤 식으로도 소홀히 할 수 없어. 다른 사람한테 소식을 듣게 하고 싶지도 않고. 그이는 벌써 아버지를 찾아갔어. 아! 엘리자베스, 소식을 들으면 온 가족이 얼마나 좋아할까! 이렇게 거대한 행복을 나는 어떻게 추슬러야 할까!"

그러더니 카드 모임을 일부러 깨뜨리고 캐서린과 이 층으로 올라간 어머니를 찾아서 급히 나갔다.

엘리자베스는 혼자 남자, 수많은 시간을 애태우며 마음 졸이던 문제가 순식간에 바람직하게 해결된 사실에 빙그레 웃었다. 이런 생각이 들었다.

'이제 빙리 선생 친구가 걱정하며 용의주도하게 행동하는 것도 소용없고, 빙리 양이 아무리 거짓말하고 계략을 꾸며도 소용없어! 모든 게 행복하고 현명하고 바람직하게 끝났어!'

잠시 뒤에 빙리가 아버지와 짤막한 대화를 성공적으로 끝내고 돌아와서 문을 열자마자 황급히 물었다.

"언니는 어디에 갔나요?"

"이 층 어머니요. 금방 내려올 거예요."

그러자 빙리는 문을 닫고 다가와서 처제로서 호의와 애정을 베풀어 달라 부탁하고, 엘리자베스는 두 사람이 맺어지는 걸 진심으로 솔직하게 기뻐했다. 그래서 다정하게 악수한 다음에 언니가 내려올 때까지, 빙리 자신은 얼마나 행복하며 언니는 얼마나 완벽한지 일일이 듣는데, 빙리가 사랑에 홀딱 빠지긴 했어도 더없이 행복하길 기대하는 근거는 하나같이 합리적이라는 생각이 들었다. 기본적으로 둘 다 세상을 바라보는 눈이 탁월한 데다 언니는 성격이 훌륭하고, 느낌과 취향 역시 두 사람이 대체로 비슷하기 때문이다.

그날 밤은 모두가 더없이 즐거웠다. 제인은 너무나 흡족한 나머지 얼굴에서 활력이 사랑스럽게 넘쳐흘러 어느 때보다 아름다웠다. 캐서린은 바보처럼 웃으며 자기 차례가 오길 기대했다. 베넷 부인은 아무리 찬성하고 허락해도 마음에 가득한 기쁨을 충분히 드러낼 수 없어, 빙리에게 그 말만 삼십 분이나 되풀이하고, 베넷 선생은 저녁 식사하러 왔을 때, 정말 기뻐하는 모습이 행동과 목소리에 그대로 묻어나왔다.

하지만 빙리가 머무는 동안 그런 말을 한마디도 않더니, 빙리가 떠나자마자 딸을 바라보며 말했다.

"제인, 축하한다. 너는 앞으로 정말 행복하게 살 거야."

제인은 바로 다가가서 볼에 키스하며 축복에 감사하니, 아버지가 다시 말했다.

"너는 착한 아이야. 네가 결혼해서 행복하게 살 걸 생각하니 정말 기쁘구나. 나는 너희 두 사람이 모든 걸 함께 잘 헤쳐나갈 걸 조금도 의심하지 않아. 기질이 굉장히 비슷하거든. 너희 둘 다 사람 말을 쉽게 믿으니 앞으로 어떤 일도 제대로 결정을 못 해서 하인마다 속이려 들 테고, 남한테 퍼주길 좋아하니 너희 수입으론 늘 부족하겠지만."

"그러지 않을 거예요. 돈 문제만큼은 생각 없이 경솔하게 처리하지 않을 테니까요."

"수입이 늘 부족할 거라뇨! 친애하는 베넷 선생, 대체 무슨 말을 하는 거예요? 일 년 수입이 사오천 파운드라고요, 더 많을 수도 있고요."

아내가 옆에서 소리치더니, 딸에게 말했다.

"아! 얘야, 친애하는 제인, 엄마는 너무나 행복하구나! 오늘 밤은 한숨도 못 잘 것 같아. 이렇게 될 줄 알았어. 내가 이렇게 될 수밖에 없다고 늘 말했잖아. 이렇게 예쁜데 어떻게 이렇게 안 될 수 있겠니! 빙리 선생이 작년에 하트퍼드셔에 나타난 순간, 나는 네 짝이 될 수밖에 없다고 생각했단다. 아! 정말이지 나는 여태껏 그렇게 잘생긴 사내를 본 적이 없어!"

위컴과 리디아는 완전히 잊었다. 그 순간만큼은 다른 딸 누구도 안 떠오르니, 베넷 부인에게 제인은 누구도 비교할 수 없는, 가장 좋아하는 딸이었다. 메리와 캐서린은 언니가 앞으로 베풀 혜택에 관심을 쏟으며 행복한 꿈을 꾸었다. 메리는 네더필드 서재를 이용하게 해달라 간청하고, 캐서린은 겨울마다 그곳에서 무도회를 서너 번은 열라고 사정한 것이다.

빙리는 롱번을 매일같이 당연하게 찾아왔다. 아침을 들기도 전에 툭하면 찾아와서 저녁 식사를 할 때까지 머물기 일쑤였다. 거부할 수 없는 이웃이 거부할 수 없는 만찬에 야만인처럼 초대할 때만 예외였다.

엘리자베스는 언니와 대화할 시간이 거의 없었다. 빙리가 머무는 동안 언니는 다른 누구에게도 신경을 못 쓰니 말이다. 하지만 가끔 두 사람이 떨어질 수밖에 없을 때면 자신이 상당히 바람직한 역할을 한다는 걸 깨달았다. 언니가 없을 때면 빙리가 다가와서 제인 얘기를 즐겁게 꺼내고, 빙리가 없을 때면 언니가 다가와서 똑같이 했기 때문이다. 하루는 저녁에 이런 말도 했다.

"지난봄에 내가 런던에 있는 걸 까맣게 몰랐다는 말을 듣고서 너무나 행복했어! 그럴 순 없다고 믿었거든."

"나도 그럴 거라고 생각했어. 어쨌든 왜 몰랐다는데?"

"여동생 때문 같아. 두 자매는 빙리가 나랑 가까워지는 걸 바라지 않으니까 당연히 그럴 만해. 모든 점에서 나보다 바람직한 여자를 선택할 수 있다고 생각했으니까. 하지만 빙리가 나랑 행복하게 사는 모습을 보면 충분히 만족할 테고, 그러면 우리는 다시 좋은 관계로 지낼 수 있을 거야. 예전 같은 사이론 절대로 돌아갈 수 없겠지만."

"언니가 이렇게 단호하게 말하는 건 처음 들어. 잘했어! 언니가 빙리 양한테 또 속아 넘어가는 걸 보면 짜증이 치밀 것 같았거든."

"빙리가 지난 11월에 런던으로 떠날 때 나를 진심으로 사랑했다는 걸, 내가 무관심하다는 오해만 없었다면 무슨 일이 있어도 다시 내려왔다는 걸 믿을 수 있겠니, 엘리자베스!"

"그 부분에서 빙리 선생이 약간 실수한 건 맞아. 하지만 그건 그만큼 겸손하다는 증거도 돼."

이 말은 빙리가 수줍음이 많아서 자신의 훌륭한 능력을 낮추어보기 때문이라는 제인의 칭찬으로 자연스레 이어졌다. 엘리자베스는 친구가 방해한 걸 빙리가 말하지 않았다는 사실을 깨닫고 마음이 놓였다. 언니가 누구보다 속이 넓고 인정이 많다 해도, 그 사실을 알면 다르시에게 편견이 생길 수밖에 없을 테니 말이다.

"나는 세상에서 가장 행복한 사람이 분명해! 아! 엘리자베스, 우리 가족 가운데서 왜 나 혼자만 이렇게 커다란 은총을 받을까! 너도 나처럼 행복하다면! 너한테도 이런 사내가 나타난다면 얼마나 좋을까!"

제인이 한탄하는 말에 엘리자베스는 다시 축하했다.

"언니가 그런 사내 마흔 명을 준다 해도 나는 절대로 언니만큼 행복할 수 없어. 언니처럼 착한 성격이 아닌 한 절대로 이렇게 행복할 수 없거든. 아니야, 아니야, 내 일은 내가 알아서 할게. 나한테 행운이 따른다면 콜린스 같은 사람이 또 나타날 수도 있잖아."

롱번 가족에게 이렇게 좋은 일이 있다는 건 오랜 비밀이 될 수 없었다. 베넷 부인은 동생인 필립스 부인에게 속삭이는 특권을 누리고, 필립스 부인은 허락조차 안 받고 메리턴 이웃에게 모두 말하는 모험을 감행한 것이다.

베넷 집안은 불과 서너 주 전만 하더라도 리디아가 도망친 소문이 돌면서 세상에서 가장 불행한 집안으로 낙인찍혔는데, 이번에는 세상에서 가장 행복한 집안이란 소문이 사방으로 순식간에 퍼져나갔다.

## 56

빙리가 제인과 결혼을 약속하고 일주일이 지난 어느 날 아침, 베넷 집안 여자들과 빙리가 식당에 있는데, 마차 소리가 갑자기 일어나서 창밖을 바라보니, 이륜마차를 말 네 마리가 끌며 잔디를 달려오는 게 보였다. 손님이 오기엔 너무 이른 시각인 데다, 화려한 모습을 보면 근방에 돌아다니는 마차도 아니었다. 말은 역마차용이고, 마차도, 제일 앞에 탄 마부 복장도 낯설었다. 하지만 누군가 오는 게 분명한 터라, 빙리는 갑작스러운 손님에 발목이 안 묶이도록, 제인에게 잔목

숲이나 산책하자고 제안했다. 그래서 두 사람은 나가고, 세 사람은 남아서 아무리 추측해도 영문을 알 수 없는데, 문이 활짝 열리면서 손님이 들어왔다. 캐서린 대부인이었다.

당연히 의외의 손님일 거라고 예상했어도 이건 너무나 뜻밖이라, 베넷 부인과 캐서린은 상대가 누군지 완벽하게 모르면서도 엘리자베스보다 안절부절못했다.

대부인은 평소보다 무례한 태도로 들어와서 엘리자베스 인사에 고개만 까닥이곤 한마디도 않고 의자에 앉았다. 소개를 부탁하는 말은 없었지만, 엘리자베스는 대부인이 들어올 때 어머니에게 이름을 알린 상태였다.

베넷 부인은 잔뜩 놀라면서도 대단한 사람이 찾아왔다는 사실에 들떠서 최대한 정중하게 맞이하고, 대부인은 잠시 가만히 있다, 엘리자베스에게 뻣뻣하게 말했다.

"그동안 잘 지냈겠지, 엘리자베스 양. 저분은 자네 어머니 같군."

엘리자베스는 그렇다고 짤막하게 대답했다.

"저 애는 자네 동생이고."

베넷 부인은 대부인에게 말할 기회가 생긴 걸 반기며 얼른 대답했다.

"네, 대부인. 저 아이는 밑에서 둘째 딸입니다. 막내는 최근에 결혼하고, 큰딸은 금방 결혼할 예정으로 지금은 약혼자랑 주변을 산책한답니다."

캐서린 대부인이 잠시 침묵하다 말했다.

"정원이 정말 좁더군."

"당연히 로징스하고 비교할 순 없겠지요, 대부인. 하지만 루카스 저택 정원보다는 넓답니다."

"이 방은 저녁나절을 보내기엔 참 불편하겠어, 여름에는. 창문이 모두 정서향이야.”

베넷 부인은 저녁 식사를 마치고 나면 이곳을 안 쓴다고 대답한 다음에 덧붙였다.

“콜린스 부부는 잘 지내는지 여쭈어도 괜찮을지요.”

“그렇소, 잘 지낸다오. 그제 밤에 보았거든.”

엘리자베스는 대부인이 샬럿 편지를 꺼내기만 기다렸다. 그것 말고는 이렇게 찾아올 이유가 하나도 없었다. 하지만 편지는 나올 생각을 안 하니, 정말로 당혹스러웠다.

베넷 부인은 다과를 내오겠다고 최대한 정중하게 제안했지만, 캐서린 대부인은 단호하면서도 무례하게 아무것도 안 먹겠다더니, 벌떡 일어나서 엘리자베스에게 말했다.

“엘리자베스 양, 잔디 한쪽 조그만 숲이 그나마 예쁘장하더군. 자네만 괜찮다면 둘이 나가서 산책하고 싶은데.”

어머니가 소리쳤다.

“그래, 얘야, 어서 나가서 대부인께 산책로를 보여드려. 정자를 보면 좋아하실 거야.”

엘리자베스는 이 말에 따라 자기 방으로 가서 양산을 가져와, 지체 높은 손님이 기다리는 아래층으로 내려갔다. 그래서 두 사람이 복도를 지날 때, 캐서린 대부인은 정찬실과 응접실 문을 차례대로 열어서 안을 들여다보고 그리 나쁜 편은 아니라고 말하며 걸어갔다.

마차가 현관 앞에 그대로 있어, 엘리자베스는 안에 시녀가 있는 걸 보았다. 두 사람은 아무 말 없이 조그만 숲으로 이어지는 자갈길을 따라 나아갔다. 평소보다 유난히 무례하고 불쾌한 여자에게 굳이 말을 걸려고 애쓰지 않겠다고 엘리자베스는 단단히 다짐했다. 그 얼굴을 보니 이런 생각이 절로 일었다.

'저런 여자를 그 조카랑 비슷하단 생각을 어떻게 했는지 이상해.'

조그만 숲에 들어서자마자 캐서린 대부인이 입을 열었다.

"내가 여기까지 온 이유를 자네가 모르진 않겠지, 엘리자베스 양. 자네 마음과 자네 양심이 알 테니까."

엘리자베스는 깜짝 놀란 모습을 그대로 드러내며 대답했다.

"아닙니다, 모르겠습니다, 대부인. 여기까지 찾아오시는 영광을 베푸신 이유를 조금도 모르겠습니다."

대부인이 화난 어투로 말했다.

"엘리자베스 양, 나를 우습게 보면 안 된다는 정도는 알아야지. 대충 넘어가려 해도 나는 그렇게 만만한 사람이 아니야. 나는 진실하고 솔직하게 살아갈 은총을 타고났으니, 아무리 이런 순간이라도 그런 태도에서 벗어나지 않는다고. 이틀 전에 정말 놀라운 소문을 들었네. 자네 언니가 넘보지 못할 사내랑 결혼하게 되었다는 소문은 물론, 자네 역시, 엘리자베스 양, 그런 식으로, 내 조카하고, 바로 내 조카 다르시하고 결혼할 거란 소문 말이야. 누가 나쁜 마음을 품고 헛소문을 낸다는 건 잘 알지만, 사실일 수 있다고 여기는 자체로 우리 조카한테 상처가 될 수 있다는 건 잘 알지만, 당장 달려와서 자네한테 내 뜻을 확실히 밝혀야겠다고 마음먹었네."

엘리자베스는 놀랍기도 하고 모멸감도 들어서 빨갛게 달아오른 얼굴로 대답했다.

"헛소문에 불과하다고 생각하신다면 먼 길을 굳이 달려오신 이유가 궁금하네요. 굳이 여기까지 무엇 때문에 오셨는지요?"

"소문이 완벽한 거짓말이라는 걸 확인하려고."

엘리자베스는 차분하게 대답했다.

"대부인께서 저랑 우리 가족을 만나려고 롱번까지 오신 자체가 오히려 소문을 부추기는 거 아닐까요, 행여나, 정말로, 그런 소문이 돌아다니다면?"

"행여나! 모르는 척하겠다는 건가? 자네 가족이 소문을 열심히 퍼트린 게 아니라고 발뺌하려는 건가? 그런 소문이 사방에 퍼지는 걸 자네는 모른다는 건가?"

"그런 소문이 있다는 건 한 번도 못 들었습니다."

"그렇다면 그 소문은 근거가 없다고 단언할 수 있나?"

"저는 대부인만큼 솔직한 척할 수 없습니다. 대부인께서 물어보실 권리가 있듯 저 역시 대답하지 않을 권리가 있으니까요."

"아니야. 나는 확실한 대답을 요구하네, 엘리자베스 양. 그 애가, 우리 조카가, 자네한테 청혼한 게 사실인가?"

"대부인께서 헛소문에 불과하다고 하셨습니다."

"당연하지, 꼭 그래야 하고, 우리 조카한테 이성이라는 게 있는 한. 하지만 자네가 교묘하게 유혹해서 순간적으로 빠져들어, 자신에 대한 그리고 가문에 대한 책임을 잊을 수도 있겠지. 자네는 우리 조카를 충분히 꼬드길 수 있으니까."

"정말 그렇다면, 저로선 그 사실을 더욱 밝힐 수 없겠군요."

"엘리자베스 양, 내가 누군지 모르는가? 나는 그런 표현에 익숙하지 않아. 나는 다르시랑 세상에서 제일 가까운 어른이야, 다르시에 관한 모든 걸 알아볼 권리가 있다고."

"하지만 저에 관한 걸 알아볼 권리는 없겠지요, 그런 태도로 저한테 털어놓도록 강요하실 수도 없고요."

"똑똑히 듣게. 이 혼사는, 자네가 주제넘게 열망하는 혼사는 절대로 있을 수 없어. 그래, 절대로. 다르시는 내 딸과 약혼했어. 그러니 자네가 무슨 말을 할 수 있겠나?"

"딱 한 마디, 그게 정말이라면 대부인께서도 다르시 선생이 저한테 청혼했다고 가정할 이유는 없다고 말씀드리겠습니다."

캐서린 대부인이 잠시 망설이다 대답했다.

"두 사람이 약혼한 건 약간 독특해. 아주 어릴 적에 부모끼리 맺어주자고 약속한 거라서. 다르시 엄마가 바라고, 나 역시 마찬가지였지. 두 아이가 요람에 있을 때 엄마끼리 약속하고, 그래서 이제 결혼으로 꽃피우려는 순간에, 집안도 떨어지고 신분도 떨어지고 우리 집안과 관계도 없는 여자가 끼어든 거야! 자네는 다르시 엄마가 소망한 걸 조금도 존중하지 않나? 다르시가 내 딸과 암묵적으로 약혼한 걸? 자네는 예의와 배려 같은 섬세한 감정을 모두 잊어버린 건가? 다르시는 처음부터 우리 딸과 결혼할 운명이라고 내가 하는 말을 자네도 듣지 않았나?"

"네, 확실히 들었습니다. 하지만 그게 저와 무슨 상관이죠? 제가 대부인 조카와 결혼하는데 다른 문제가 없다면, 그분 모친과 이모님께서 그분과 드 버그 양이 결혼하길 바라셨다는 사실을 알았다 해도 거리낄 이유는 없겠지요. 두 분 자매께선 두 분 권한으로 결혼을 약속하셨습니다. 하지만 그걸 꽃피우는 건 다른 사람 몫이지요. 다르시 선생이 명예로도 애정으로도 사촌한테 묶인 게 아니라면 다르게 선택할 수 있으니까요. 그런데 다르시 선생이 저를 선택했다면, 제가 왜 받아들이지 말아야 하는 거죠?"

"명예, 예법, 사리분별, 아니, 이해관계 때문이야. 그래, 엘리자베스 양, 이해관계. 다르시 모친이 소망하는 걸 제멋대로 거스른다면 아무도 자네를 인정할 수 없기 때문이야. 다르시 주변 사람 전체가 비난하고 경멸하고 깔볼 테거든. 자네와 접촉하는 자체를 창피하게 여기고, 우리 누구도 자네 이름을 입에 안 담을 테거든."

"하나같이 힘겨운 불행이군요. 하지만 다르시 선생과 결혼한다면 그 자리에 걸맞은 또 다른 행복이 기다릴 테니, 그 정도라면 전체적으로 나쁘다고 볼 순 없겠지요."

"고집불통에 방자한 여자로군! 창피한 줄도 몰라! 이게 내가 지난봄에 자네한테 베푼 은혜에 보답하는 건가? 그 점에서 나한테 보답할 건 하나도 없나? 자, 여기에 앉게. 내가 단단히 마음먹고 왔다는 걸, 절대로 물러서지 않는다는 걸 자네도 알아야 해, 엘리자베스 양. 나는 다른 사람 변덕에 휘둘린 적이 없어. 실망스러운 걸 참고 견디는 습관도 없고."

"그렇다면 대부인께서 처한 상황이 현재로썬 그만큼 더 비참하겠지만, 그렇다 해서 제가 달라지는 건 조금도 없습니다."

"끼어들지 말게. 입 꾹 다물고 들어. 내 딸과 내 조카는 천생연분이야. 둘 다 모계 쪽으로 귀족 혈통을 물려받았어. 부계 쪽은 작위가 없긴 해도 존경스럽고 명예롭고 유서 깊은 가문이고, 양쪽 모두 재산이 상당하고, 양쪽 집안 모두 두 사람이 결혼하길 한목소리로 응원하는데, 두 사람을 갈라놓으려는 게 누구냐고? 가족도 신분도 재산도 없는 여자애가 갑자기 뛰어드니, 이걸 참을 수 있겠느냐고! 도저히 그럴 수도 없고, 그러지도 않아. 자네한테 무엇이 좋은지 안다면, 자네가 자라난 신분을 벗어나려고 애쓰지 마."

"대부인 조카와 결혼한다고 해서 제가 신분을 벗어나는 건 아닙니다. 다르시 선생은 신사계급이고, 저 역시 신사계급 딸이니, 그 점에서 우리는 동등합니다."

"맞아. 자네는 신사계급 딸이야. 하지만 자네 어머니는? 자네 외삼촌과 이모는? 네가 자네 배경을 모른다고 생각하지 말게."

"제 배경이 어떻든, 대부인 조카분이 반대하지 않는다면 대부인께서 신경 쓰실 필요 없겠지요."

"마지막으로 묻겠는데, 우리 조카랑 약혼했나?"

엘리자베스는 캐서린 대부인 뜻에 굴복할 수 없어, 여기에 대답할 마음 역시 없지만, 잠시 생각하다 결국엔 대답하고 말았다.

"아닙니다."

캐서린 대부인이 기뻐하는 것 같았다.

"그렇다면 우리 조카랑 절대로 약혼하지 않겠다고 나한테 약속하겠나?"

"약속할 수 없습니다."

"정말 충격이고 놀랍군, 엘리자베스 양. 훨씬 이성적인 여성인 줄 알았는데. 하지만 내가 물러날 거란 생각은 하지 말게. 자네가 약속할 때까지 절대로 물러나지 않으니까."

"아무리 그러셔도 저는 그렇게 약속할 수 없습니다. 이렇게 협박하신다 해서 비이성적으로 행동할 순 없으니까요. 대부인은 다르시 선생이 따님과 결혼하길 바라시지만, 제가 대부인 말씀대로 약속한다고 해서 과연 두 사람이 결혼할까요? 그 사람이 저한테 애정을 품었다면, 제가 청혼을 거절한다 해서 그 애정이 사촌한테 넘어갈까요? 감히 한 말씀 드린다면, 캐서린 대부인께서 이렇게 터무니없이 요구하시는 근거는 요구 자체가 엉뚱한 만큼이나 어이가 없습니다. 그런 식으로 요구해서 제가 응할 거로 생각하셨다면, 그건 제 성격을 조금도 모르신 겁니다. 대부인께서 이 문제에 끼어드는 걸 다르시 선생이 어느 만큼 인정할지 모르겠지만, 대부인께서 제 문제에 끼어드실 권리가 없다는 건 확실합니다. 그러니 앞으로 이 문제를 끈질기게 조르시는 일이 없길 바랍니다."

"서두르지 말게. 끝나려면 멀었으니까. 내가 지금까지 말한 문제 말고 다른 문제도 많아. 나는 자네 막냇동생이 수치스러운 도피 행각까지 벌인 걸 자세히 알아. 다 알아, 자네 아버지랑 외삼촌이 비싼 돈으로 메꿔서 사내를 동생과 결혼시킨 것까지. 그런 여자가 우리 조카 처제가 된다고? 그런 여자애 남편이, 그 집 집사로 일하던 사람 아들이 다르시랑 동서지간이 된다고? 말도 안 돼! 도대체 무슨 생각을 하는 거야? 펨벌리 저택에 잠든 영혼을 모두 욕보이겠다는 거야?"

엘리자베스가 불끈하며 대답했다.

"이제 하실 말씀이 더 없겠군요. 모든 방법으로 저를 모욕하셨으니까요. 저로선 그만 집으로 돌아가길 간청할 뿐입니다."

그러면서 일어나자, 캐서린 대부인도 일어났다. 노기등등한 건 대부인도 마찬가지였다.

"내 조카의 명예와 신용은 존중하지 않는군! 무정하고 이기적인 계집애! 너랑 맺어지면 다르시가 세상 사람 눈에 얼마나 하찮게 보일지는 생각하지 않나?"

"캐서린 대부인, 저는 더 드릴 말씀이 없습니다. 제 마음을 모두 아시니까요."

"다르시를 꼭 차지하겠다는 건가?"

"저는 그렇게 말씀드린 적이 없습니다. 저로선 대부인은 물론, 저랑 상관없는 어떤 사람한테도 휘둘리지 않고, 제 생각에 따라 행복을 추구하며 살아가겠다고 다짐할 뿐입니다."

"잘났어. 그렇다면 내 말에 따르길 거부하는 거야. 의무와 명예와 은혜를 중시하라는 말에 안 따르겠다는 거야. 모든 친지가 다르시를 나쁘게 여기도록, 온 세상이 깔보도록 하려고 작정한 거야."

"의무도 명예도 은혜도 당장은 저를 얽어맬 수 없습니다. 제가 다르시 선생과 결혼한다 해서 원칙에 어긋나는 건 하나도 없습니다. 다르시 선생 친지께서 나쁘게 여기는 것과 온 세상이 깔보는 것에 대해 말씀드린다면, 다르시 선생이 저와 결혼한다는 이유로 전자가 그런다면 저는 그것에 단 한 순간도 신경을 안 쓸 것이며, 세상은 보는 눈이 많으니 그렇게 깔볼 순 없을 겁니다."

"그게 진짜 자네 의견이군그래! 그게 자네가 최종 결심한 거야! 좋아. 나도 어떻게 해야 할지 알 것 같아. 자네 야망이 성공하리라 기대하지 말게, 엘리자베스 양. 나는 한번 알아보려고 온 거야. 자네한테 이성이란 게 있길 기대했네만, 이제 다 알았으니, 나도 내 생각대로 하겠네."

대부인은 계속 말하며 마차 문으로 다가가다 갑자기 돌아서며 덧붙였다.

"작별 인사는 안 하겠네, 엘리자베스 양. 자네 어머니한테도 안부를 안 전하고. 자네 가족은 그런 관심을 받을 자격이 없어. 지금 나는 정말 불쾌하거든."

엘리자베스는 아무런 대답도 안 하고, 대부인을 집 안으로 다시 들어가도록 설득하려고도 안 한 채, 혼자서 말없이 들어갔다. 그래서 이 층 계단을 오르다 마차가 떠나는 소리를 들었다. 어머니는 방문을 급히 열면서 나오더니, 캐서린 대부인이 다시 들어와서 편히 쉬지 않는 이유를 묻고, 딸은 이렇게 대답했다.

"그러지 않겠대요. 그냥 가겠대요."

"멋진 부인이더구나! 그런 분이 우리 집까지 오시다니, 예의가 대단하셔! 콜린스 부부가 잘 지낸다는 소식을 알리려고 일부러 왔으니까. 다른 데를 가느라 메리턴을 지나다가 네가 생각나서 들른 게 분명해. 너한테 다른 특별한 말은 없었겠지, 엘리자베스?"

엘리자베스는 살짝 거짓말할 수밖에 없었다. 대화 내용을 털어놓는 건 말도 안 되기 때문이다.

## 57

엘리자베스는 터무니없는 손님이 찾아와서 온통 뒤집어놓은 마음을 쉽게 정리할 수 없는 것도, 그 생각만 끊임없이 떠오르는 것도 견딜 수 없었다. 캐서린 대부인이 로징스에서 멀리 나오는 고생을 굳이 감수한 건 오로지 자신이 다르시와 약혼했다는 소문을 깨부수려는 목적 때문인 것 같았다. 당연히 그럴 만하다는 생각도 들긴 하는데, 소문이 도대체 어디에서 나왔는지 상상조차 못 하다, 다르시는 빙리와 가까운 친구고 자신은 제인 동생이니, 이 결혼이 다음 결혼으로 이어질 거라고 예상하는 사람도 있을 수 있겠다는 생각이 들었다. 사실 엘리자베스 자신도 언니가 결혼하면 다르시와 만날 기회가 그만큼 많아질 거라고 기대하지 않은 건 아니었다. 그렇다면 자신이 가까운 미래에 이루어지길 바라는 걸 이웃에 사는 루카스 가족이 당장 일어날 것처럼 여기고, 그게 소문으로 변해서 콜린스 부부를 거쳐 캐서린 대부인까지 들어간 거라 결론 내릴 수 있었다.

하지만 캐서린 대부인이 퍼부어댄 말이 끊임없이 떠올라, 대부인이 끈질기게 간섭해서 끌어낼 결과가 불안하지 않을 수 없었다. 두 사람이 결혼하는 걸 반드시 막겠다고 한 말로 볼 때, 대부인이 조카에게 간청할 수도 있는데, 자신과 결혼해서 일어날 문제점을 늘어놓으면 다르시가 어떻게 반응할지 감히 판단할 수 없었다. 다르시가 이모에게 얼마나 영향받고 그 판단에 얼마나 기대는지 모르겠지만, 자신보다 대부인을 중요하게 여기는 건 너무나 당연하며, 이모는 신분 차이가 또렷한 사람과 결혼할 때 겪을 고통을 다양하게 찔러대며 공략할 게 분명했다. 다르시는 품위를 중시하니, 엘리자베스가 볼 때는 근거도 없고 웃기기만 한 주장을 분별력도 상당하고 근거도 충분하다고 느낄 가능성이 컸다.

어떻게 해야 좋을지 몰라서 심하게 흔들린 경험이 있다면, 실제로 자주 그랬을 텐데, 제일 가까운 집안 어른이 간절하게 충고하고 애원하는 말을 듣고서 흔들리던 마음을 정리하고, 흠결 하나 없이 품위 있게 사는 행복한 길을 선택할 수도 있었다. 그렇게 된다면 다시 돌아오지 않을 게 분명했다. 캐서린 대부인이 런던을 지날 때 찾아가고, 그래서 네더필드로 돌아오겠다고 빙리에게 한 약속을 포기할 가능성이 컸다. 이런 생각이 들었다.

'그렇다면 돌아온다는 약속을 지킬 수 없다고 며칠 안에 친구한테 통보할 거야. 그러면 상황을 파악할 수 있겠지. 그렇게 되면 나는 다르시가 변치 않았기를 바라는 소망과 기대를 깔끔하게 접어야 해. 이제 내 마음을 송두리째 앗아갈 수도 있는데, 다르시가 나를 아쉬워하는 거로 만족한다면, 나도 다르시가 아쉬운 마음을 곧바로 정리할 수밖에 없어.'

어떤 사람이 다녀갔는지 듣고서 나머지 가족도 엄청나게 놀랐지만, 베넷 부인이 상상하며 호기심을 달랜 것처럼 고맙게 받아들여, 엘리자베스는 그 문제로 계속 시달리는 걸 피할 수 있었다.

다음 날 아침에는 계단을 내려가다, 한 손에 편지를 들고 서재에서 나오는 아버지랑 마주쳤다.

"엘리자베스, 안 그래도 너를 찾아가던 중이었다. 서재로 들어오렴."

엘리자베스는 아버지를 따라가는데, 무슨 말씀을 하시려는 건지 알고 싶은 호기심은 한 손에 든 편지와 관계가 있다는 생각으로 한층 더 높아졌다. 캐서린 대부인이 보낸 걸 수도 있겠다는 생각이 갑자기 머리를 때렸다. 모든 걸 설명해야 한다는 사실이 암담하기만 했다.

엘리자베스는 벽난로 앞으로 따라가서 함께 의자에 앉았다. 그러자 아버지가 말했다.

"오늘 아침에 놀라운 편지를 한 통 받았단다. 주로 너에 관한 내용이라서 네가 알아야 할 것 같아. 아버지는 딸이 둘씩이나 결혼하기 직전이란 사실을 미처 몰랐구나. 더없이 커다랗게 성공한 걸 우선 축하한다."

이 말과 동시에 엘리자베스는 이모가 아니라 조카가 보낸 편지라는 확신이 들어서 두 볼이 빨갛게 물들었다. 다르시가 직접 모든 걸 설명했다는 사실에 기뻐해야 할지, 편지를 자신에게 보낸 게 아니라는 사실에 화내야 할지 종잡을 수 없는데, 아버지가 다시 말했다.

"너는 아는 것처럼 보이는구나. 젊은 아가씨는 이런 문제를 꿰뚫어 보는 능력이 대단하지만, 내가 볼 때는 네가 아무리 똑똑해도 너를 숭배하는 사람이 누군지는 모를 것 같아. 이 편지는 콜린스가 보낸 거다."

"콜린스요! 저한테 할 말이 도대체 뭐가 있다고요?"

"물론, 꼭 해야 한다고 생각하는 말이겠지. 앞부분은 큰딸이 결혼하는 걸 축하하는 내용인데, 소문내길 좋아하는 루카스 부부가 좋은 마음으로 알려준 것 같아. 네가 안절부절못하는 걸 놀리고 싶지 않으니, 너와 관련된 부분을 그대로 읽어주마. 콜린스는 이렇게 말했어. '바람직한 경사에 콜린스 부인과 저는 선생님께 진심으로 축하드리면서, 저희가 똑같은 소식통에게 들은, 또 다른 경사를 짧게 암시하고자 합니다. 선생님 따님 엘리자베스 양께서 언니가 베넷이란 성을 버린 다음에 똑같이 그럴 것 같으며, 운명을 함께 할 동반자는 영국 전역에서 가장 화려한 인물 가운데 한 분으로 크게 존경받는 사람일 가능성이 큽니다.'

너는 이게 누굴 말하는지 짐작하겠니, 엘리자베스? '젊은 신사는 엄청난 재산과 고귀한 혈통과 방대한 성직 수여권 등, 인간이라면 온 마음을 다해서 갈망할 수밖에 없는 은총을 대단히 많이 받았습니다. 그래서 그만큼 커다란 유혹을 받겠지만, 그래서 모든 혜택을 누리고 싶겠지만, 친애하는 사촌 엘리자베스 양과 선생님께 이 신사분이 청혼하는 문제를 급하게 마무리해서 다양한 화를 부르는 일이 없도록 경고하고자 합니다.'

이 신사분이 누군지 너는 아니, 엘리자베스? 하지만 이제 그 이름이 나오는구나.

'제가 선생님께 경고하게 된 동기는 그분 이모님 캐서린 대부인께서 혼사를 바람직하게 여기지 않는다고 믿을 근거가 상당하기 때문입니다.'

다르시가 바로 그 사내야! 많이 놀란 것 같구나, 엘리자베스. 우리가 아는 사람 가운데 하필이면 어떻게 이리도 엉뚱한 사람을 고를 수 있단 말이냐! 다르시는 어떤 여자를 만나든 결점만 찾는 데다, 너를 제대로 본 적이 한 번도 없을 텐데 말이다! 정말 대단하지 않을 수 없구나!"

엘리자베스는 아버지가 기분 좋게 하는 농담에 맞장구치려고 했지만, 한 차례 억지로 웃는 게 전부였다. 아버지 농담과 익살이 이렇게 마음에 안 든 건 처음이었다.

"재미있지 않니?"

"아! 네. 계속 읽어주세요."

"'이렇게 결혼할 것 같다고 간밤에 말씀드렸더니, 대부인께선 그 즉시 평소처럼 겸손하신 어투로 느낌을 드러내시고, 제 사촌에게 가족 문제가 크다는 점을 고려할 때 정말 불쾌하단 말씀까지 하시며, 당신께선 절대로 인정할 수 없다는 의견을 분명히 밝히셨습니다. 따라서 저는 그분은 물론 그분을 숭배하는 저 역시 이런 상황을 분명히 안다는 사실을 사촌에게 신속하게 알려, 허락조차 못 받은 상태에서 급하게 결혼하지 않게 할 의무가 있다고 생각했습니다.' 이런 다음에 덧붙이길, '저는 사촌 리디아가 겪은 안타까운 사태를 신속하게 정리한 걸 진심으로 기뻐하니, 두 사람이 결혼하기 전에 함께 살았다는 사실이 세상에 널리 퍼질까 두려울 뿐입니다. 하지만 사제로서 임무를 다할 수밖에 없으니, 두 사람이 결혼하자마자 선생님께서 자택으로 들이셨다는 소식을 듣고 깜짝 놀랐다는 사실 역시 말씀드리지 않을 수 없습니다. 그건 사악한 행동을 부추기는 행동이니, 제가 롱번 사제였다면 그런 사태를 강력하게 반대했을 겁니다. 선생님께선 기독교인으로서 두 사람을 당연히 용서해야겠지만, 두 사람을 눈으로 보거나 이름을 귀에 담는 일은 절대로 없어야 합니다.' 이게 콜린스가 말하는 기독교인다운 용서란다! 나머지는 샬럿이 어떻게 지내며 올리브 가지가 새로 나올 것 같다는 내용이 전부야. 그런데 엘리자베스, 너는 여기에 담긴 내용을 조금도 안 즐기는 것 같구나. 괜히 얌전빼지 않으면, 그래서 엉뚱한 소문에 기분 상한 척하지 않으면 좋겠구나. 세상을 살아가다 보면 다른 사람이 우리를 놀릴 때도 있고 우리가 다른 사람을 놀릴 때도 있는 법 아니겠니?"

"아! 정말 재밌었어요. 하지만 너무 이상해요!"

"맞아, 바로 그게 제일 재밌는 부분이야. 다른 사내를 지목했다면 아무렇지 않겠지만, 다르시는 완벽하게 무관심하고 너는 유난히 싫어하니, 그만큼 더 엉뚱하고 재밌을 수밖에! 편지 쓰는 건 정말 싫지만, 이런 일이 있을 때마다 콜린스하고 편지를 주고받는 건 절대로 포기할 수 없겠구나. 그럼, 그렇고말고. 나는 위컴만큼 뻔뻔하고 이중적인 인물은 없다고 생각하는데, 콜린스 편지를 읽으면 우리 사위를 뛰어넘는다는 생각이 들거든. 그런데, 엘리자베스, 소문에 대해서 캐서린 대부인이 뭐라고 하던? 자신이 인정할 수 없다는 말을 하려고 일부러 찾아온 거니?"

이 질문에 딸은 웃음으로만 대답하는데, 조금도 의심하지 않고 물은 거라서, 재차 질문받는 고통은 피할 수 있었다. 엘리자베스는 속마음을 겉으로 안 드러내려고 애쓰는 게 이렇게 어려운 적이 없었다. 울고 싶은데 웃어야 했다. 아버지는 다르시가 완벽하게 무관심하다는 식으로 자신을 누구보다 잔인하게 괴롭히니, 엘리자베스는 아버지에게 통찰력이 이렇게 부족하다는 사실에 놀라면서도, 어쩌면 아버지가 못 보는 게 아니라 자신이 착각하는 걸 수도 있다는 두려움에 시달렸다.

## 58

엘리자베스가 막연하게 예상한 것과 달리, 빙리는 사과 편지를 받는 대신 캐서린 대부인이 다녀가고 며칠 안 돼서 다르시를 롱번으로 직접 데려왔다. 두 신사가 이른 시간에 도착해, 베넷 부인은 대부인을 만났다는 얘기를 미처 할 틈새도 없고, 엘리자베스는 그 말이 나올까 잔뜩 긴장하는데, 빙리가 모두 나가서 산책하자고 제안했다. 베넷 부인은 걷는 걸 좋아하지 않고, 메리는 그럴 시간이 없는 터라, 남은 다섯 명만 밖으로 나갔다. 하지만 빙리와 제인은 세 명이 앞에서 걷게 하고 자기네 둘은 뒤처져서, 엘리자베스와 캐서린과 다르시가 한 무리를 이루었다. 누구도 입을 열지 않았다. 캐서린은 다르시가 무서워서 입을 못 열고, 엘리자베스는 마음속으로 결심을 다지고, 다르시 역시 비슷한 것 같았다.

세 사람은 루카스 저택으로 걸었다. 캐서린이 마리아를 만나고 싶어 했기 때문이다. 그런데 엘리자베스는 관심이 없어, 캐서린 혼자서 떠나자, 다르시와 단둘이 대담하게 걸었다. 이제 마음속 다짐을 구체적으로 실행할 순간이라, 용기가 가득한 순간에 재빨리 말했다.

"다르시 선생, 나는 굉장히 이기적인 사람입니다. 내가 마음을 달랠 수만 있다면 다르시 선생께 상처가 되는 것도 안 꺼리니까요. 가련한 우리 동생한테 선생께서 전례 없는 친절을 베푸신 걸 이제 더는 감사드리지 않을 수 없습니다. 그 사실을 안 순간부터 나는 고맙게 여긴다는 사실을 선생께 알리고픈 마음이 간절했습니다. 우리 가족 역시 알았다면, 나 혼자만 고마워하는 마음을 전달하진 않았을 겁니다."

다르시는 깜짝 놀라기도 하고 감격도 한 어투로 대답했다.

"당신이 불편하게 여길 수밖에 없는 사실을 실수로 알게 해서 미안합니다, 정말 미안합니다. 가디너 부인을 믿으면 안 된다는 생각을 못 했습니다."

"외숙모님 탓이 아닙니다. 선생께서 관여했다는 사실을 맨 처음에 리디아가 생각 없이 말하고, 당연히 나로선 구체적인 내용을 파악할 때까지 마음이 편할 수 없었으니까요. 모든 가족을 대신해서 다시, 또다시 감사드립니다. 선생께서 불쌍히 여기시어 온갖 어려움을 자처하시고 다양한 굴욕까지 견디며 두 사람을 찾아내셨으니까요."

"나한테 고마워하려면, 당신 혼자만 고마워하세요. 내가 그렇게 한 데에는 다른 동기도 있지만, 당신을 행복하게 하고픈 소망도 크게 작용한 걸 굳이 부정하지 않겠습니다. 하지만 당신 가족은 나한테 빚진 게 없습니다. 그분들을 충분히 존중하지만, 나는 오로지 당신만 생각했으니까요."

엘리자베스는 너무 당황해서 할 말을 잊었다. 그래서 잠시 침묵이 감돌자, 동반자가 다시 말했다.

"당신은 마음이 넓으니 나를 가지고 장난치지는 않을 겁니다. 모든 감정이 지난 사월과 똑같다면, 지금 알려주세요. 나는 애정과 소망이 변하지 않았지만, 당신이 한마디만 하면 앞으로 이 문제에 대해 영원히 침묵하겠습니다."

엘리자베스는 상대가 훨씬 어색하고 불안할 수밖에 없다는 걸 깨달았다. 이제 말해야 했다. 그래서 자신은 당시 이후로 마음이 엄청나게 변했으며, 상대가 새롭게 다지는 말을 이제 기쁘고 고맙게 받아들일 수 있다고, 유창하진 않지만, 단번에 전달했다. 대답을 듣는 순간, 다르시는 예전에 못 느낀 행복을 느끼고, 깊은 사랑에 빠진 사내가 그럴 것 같은 마음을 사려 깊고 따듯하게 드러냈다. 엘리자베스가 행여나 상대 눈을 똑바로 보았더라면, 마음에서 우러나오는 기쁨이 두 눈에 고이다 얼굴 전체로 번지는 걸 느꼈겠지만, 그럴 순 없어도 귀로 들을 순 있으니, 다르시는 자기 마음을 그대로 말해서 엘리자베스가 얼마나 소중한지 증명하고, 엘리자베스는 그 마음이 매 순간 더없이 소중하게 다가왔다.

두 사람은 어디로 가는지도 모른 채 계속 걸었다. 생각하고 느끼고 말할 게 너무나 많아, 다른 것에는 관심을 기울일 수 없었다. 엘리자베스는 두 사람이 서로를 이렇게 잘 이해한 데는 캐서린 대부인 역할이

켰다는 사실을 금방 깨달았다. 실제로 대부인은 돌아가는 길에 런던에서 조카를 찾아가, 자신이 롱번에 다녀온다는 이야기와 그 동기와 엘리자베스와 대화한 내용을 모두 전하고, 후자가 한 말을 한 마디 한 마디 강조하며 자신이 볼 때는 정말 고집 세고 심술궂다고 비난했다. 그렇게 말하면 엘리자베스가 거부한 약속을 조카에게 들을 수 있다고 확신한 것이다. 하지만 대부인으로선 불행하게도, 완전히 정반대 효과가 나왔다.

"그 말을 듣고서 예전에 못 품던 희망을 느꼈답니다. 내가 아는 당신 성격은 나를 싫어하는 마음이 여전하다면 대부인한테 그러겠다고 솔직하고 당당하게 약속할 게 분명하거든요."

다르시 말에 엘리자베스는 빨갛게 물든 얼굴로 웃으며 대답했다.

"네, 그렇게 믿었다니, 내가 솔직하단 사실을 잘 아시는군요. 당신 앞에서 당신을 너무나 어이없게 비난한 경험이 있는 터라, 당신 친척 앞에서 당신을 비난하는 건 조금도 어렵지 않았답니다."

"당신이 말한 것 가운데 내가 들어 마땅하지 않은 게 뭐겠습니까? 비록 나를 비난한 근거가 엉뚱하고 전제가 틀렸지만, 당시에 내가 한 행동은 준엄한 비난을 받아 마땅합니다. 도저히 용서할 수 없는 행동이었으니까요. 지금도 그 생각을 하면 얼굴을 못 들 정도랍니다."

"그날 저녁에 누가 더 잘못했는지 다투지 말아요. 엄밀하게 따진다면 어느 쪽도 잘한 게 없으니까요. 저로선 그런 일을 겪고 나서 양쪽 모두 예의가 나아졌길 바랄 뿐입니다."

"그래도 나는 나 자신을 쉽게 용서할 수 없답니다. 그때 내가 한 말과 행동과 자세와 어투가 떠올라서 오랫동안 말 못 할 고통에 시달렸으니까요. 지금도 마찬가지고요. 당신이 비난한 게 완전히 정곡을 찔러, 앞으로도 절대로 못 잊을 겁니다. 그때 당신은 '선생께서 신사답게 행동하셨다면'이라고 말했지요. 이 말에 내가 지금까지 얼마나 고통스러워했는지 짐작조차 못 할 겁니다. 하지만 솔직히 고백해서, 이 말이 옳다는 건 많은 시간이 흐른 다음에 깨달았답니다."

"나는 그 말이 그렇게 커다란 충격을 주리라곤 예상도 못 했어요. 당신이 그렇게 느낄 거란 사실 역시 몰랐고요."

"당연히 그랬겠지요. 당시에 나한테 인간다운 감정이라곤 하나도 없다고 생각했으니까요. 아무리 바람직한 방식으로 청혼하더라도 당신은 받아들이고픈 마음을 조금도 못 느꼈을 거라고 말할 때 당신 얼굴에 떠오른 표정을 나는 절대로 못 잊을 거예요."

"아! 그때 한 말은 떠올리지 마세요. 아무런 도움이 안 되니까요. 분명히 말씀드리는데, 나 역시 그렇게 말한 걸 오랫동안 마음속 깊이 창피하게 여겼답니다."

엘리자베스가 말하자, 이번에는 다르시가 편지 얘기를 꺼냈다.

"그걸 읽고서 나에 대한 인식이 좋아졌나요? 내용은 믿을만하던가요?"

엘리자베스는 편지를 읽고서 얼마나 커다란 충격을 받았는지, 그래서 예전에 품은 편견을 어떻게 조금씩 벗겨냈는지 설명하고, 다르시는 다시 말했다.

"편지를 읽고 당신이 고통스러워할 줄 알았지만, 다른 방법이 없었답니다. 당신이 그 편지를 이미 없앴기를 바랍니다. 특히 한 부분은, 시작 부분은, 당신이 다시 읽을까 두려우니까요. 나를 싫어할 수밖에 없는 표현이 지금도 생생히 기억난답니다."

"내 마음을 당신이 받아들이는 데 꼭 필요하다면 당연히 태워야겠지요. 그러나 우리한테는 이성이 있으니, 내 마음이 조금도 바뀔 수 없는 건 아닌 걸 알지만, 그래도 나는 이 마음이 쉽게 바뀌지 않길 바란답니다."

"편지를 쓸 때만 해도 나는 완벽하게 차분하고 냉정하다고 믿었지만, 사실은 끔찍할 정도로 비참한 마음으로 썼다는 사실을 나중에 깨달았습니다."

"처음은 비참한 마음으로 썼을지언정, 끝은 그렇지 않았습니다. 작별 인사는 사랑하는 마음 자체였고요. 하지만 편지는 그만 떠올려요. 쓴 사람과 받은 사람은 당시와 마음이 완전히 다르니, 거기에 따른 불쾌한 상황은 모두 잊어요. 나한테 살아가는 철학을 하나 배우세요. 지난 일은 즐거운 부분만 돌아본다."

"그건 철학이랄 수 없어요. 당신이 돌아보는 건 창피한 게 조금도 없을 테니, 철학보다 훨씬 좋은 거예요, 순수 그 자체요. 하지만 나는 그렇지 않아요. 떨쳐낼 수도 없고 떨쳐내서도 안 되는 기억이 고통스럽게 떠오르니까요. 나는 평생을 이기적으로 살았어요, 안 된다는 걸 알면서도. 어릴 적에 무엇이 옳은지 배웠지만, 성질을 올바로 고치는 법은 못 배웠어요. 좋은 원칙을 배웠지만, 그 원칙은 오만과 자만으로 빠져들었어요. 불행하게도 하나밖에 없는 아들이라, 오래도록 하나밖에 없는 자식이라, 부모님께선 저를 응석받이로 키우셨어요. 부모님께선 훌륭하게 살아가시면서도, 특히 아버지는 모든 점에서 관대하고 상냥하시면서도, 저한테는 이기적으로 오만하게 살아가는 걸, 우리 가족 말고는 아무도 신경 쓰지 않는 걸, 바깥세상 모두 하찮게 여기는 걸, 나와 비교하면 다른 사람은 가치도 분별력도 하찮다고 여기는 걸 허락하고 부추기고 가르치실 정도였으니까요. 나는 여덟 살부터 스물여덟 살까지 그렇게 살았으며 당신이 아니라면 지금도 그렇게 살 거예요, 너무나 사랑스럽고 소중한 엘리자베스! 당신한테 정말 커다란 은혜를 입었어요! 당신은 나한테 도리를 가르쳤어요, 처음에는 너무나 힘들어도 결국에는 무엇보다 바람직한. 당신 덕분에 나는 겸손을 배웠어요. 그날 나를 받아줄 걸 조금도 의심하지 않고 당신을 찾아갔어요. 하지만 당신은 기쁘게 할 가치가 있는 여성을 기쁘게 한다는 생각에 문제가 얼마나 많은지 알려주었어요."

"그날 내가 청혼을 받아줄 거라 확신했다고요?"

"네, 확실히. 허영심이 대단하지 않은가요? 내가 청혼하기만 바란다고 믿었거든요."

"내가 엉뚱하게 행동했나 보군요. 하지만 일부러 그런 적은 없답니다. 나는 당신을 속일 생각이 조금도 없지만, 마음이 엉뚱하게 나아갈 순 있겠지요. 그날 저녁 이후로 나를 많이 증오하셨지요?"

"증오하다니요! 처음에는 분노했지만, 결국엔 방향을 제대로 잡아가는 계기가 되었답니다."

"펨벌리에서 마주칠 때 당신이 나를 어떻게 생각했는지 묻는 것조차 두렵네요. 내가 온 걸 보고서 많이 탓했나요?"

"절대로 아닙니다. 깜짝 놀란 게 전붑니다."

"내가 당신한테 들키고 놀란 건 당신이 놀란 것과 비교가 안 된답니다. 나도 양심이 있는지라, 그렇게 정중하게 대접받을 자격이 없다고 느낀 건 물론, 솔직히 고백하자면 정반대로 대접받아야 마땅하다고 여겼으니까요."

"하지만 나는 모든 예의를 다해서 예전처럼 천박한 사람이 아니라는 걸 당신한테 보여주려고 애썼답니다. 당신이 비난한 내용을 바람직하게 극복한 모습을 보여주어, 당신한테 용서받고 당신이 나쁘게 생각하는 마음 역시 줄어들길 바랐답니다. 여기에 다른 소망이 깃든 게 언제인지는 정확히 말할 수 없으나, 그때 당신을 만나고 삼십 분이 지난 다음일 겁니다."

다르시는 이렇게 말한 다음, 여동생이 당신과 만난 걸 아주 기뻐했다는, 그런데 갑자기 떠나서 크게 실망했다는 말을 꺼내면서, 얘기는 그렇게 갑자기 떠날 수밖에 없었던 이유로 자연스럽게 이어져, 엘리자베스는 다르시가 여인숙에 있을 때 더비셔를 곧바로 떠나서 리디아를 찾기로 마음먹고, 그 방법을 따져보느라 깊은 생각에 빠져서 심각한 표정을 떠올린 거란 사실을 깨달았다.

엘리자베스는 고마운 마음을 다시 전했지만, 이건 두 사람에게 너무나 고통스러운 주제라서 더 깊이 들어가진 않았다.

이렇게 대화하며 느긋하게 몇 킬로미터를 걷느라 다른 건 아무것도 생각을 못 하다, 마침내 시계를 쳐다보고 집으로 돌아갈 시간이라는 걸 깨달았다.

"빙리 선생과 언니는 어디에 있을까요!"라며 궁금해하는 말은 두 사람이 결혼하는 문제로 자연스럽게 넘어갔다. 다르시는 두 사람이 약혼한 걸 기뻐했다. 그 사실을 친구가 곧바로 알려주었다는 것이다. 그러자 엘리자베스가 물었다.

"당신이 많이 놀랐는지 궁금하네요."

"조금도요. 멀리 떠날 때 그런 일이 생길 줄 알았거든요."

"그 말은 당신이 허락했다는 뜻이로군요. 나도 그렇게 추측했답니다."

'허락'이라는 단어에 다르시는 깜짝 놀라지만, 엘리자베스는 딱 맞는 표현이라는 사실을 깨달았다. 다르시가 이렇게 말한 것이다.

"런던으로 떠나기 전날 저녁에 빙리한테 고백했습니다, 오래전에 해야 한 고백. 빙리 연애 문제에 내가 엉뚱하게 간섭하면서 무례하게 저지른 짓을 모두 말했습니다. 빙리는 엄청나게 놀랐습니다. 그런 의심을 안 했으니까요. 당신 언니가 무관심하다고 여긴 건 내가 잘못 본 게 분명하다고도 말하고, 당신 언니를 사랑하는 마음이 조금도 줄지 않은 걸 보면 두 사람이 행복하게 살 게 분명하다고도 말했습니다."

엘리자베스는 다르시가 친구를 그렇게 쉽게 움직인다는 사실에 저절로 웃다가 물었다.

"우리 언니가 그 사람을 사랑한다고 본 건 직접 관찰해서 내린 결론인가요, 지난봄에 내가 한 말 때문인가요?"

"전자입니다. 최근에 두 차례 방문해서 자세히 살피다, 당신 언니가 사랑한다는 확신을 받았습니다."

"그래서 당신이 확신하니, 그 사람 역시 곧바로 확신했군요."

"그렇습니다. 빙리는 누구보다 겸손한 성격입니다. 수줍음이 많아서 중요한 문제는 스스로 판단하고 결정할 수 없을 때가 잦아, 내 판단에 기대서 쉽게 풀어가려 하지요. 그래서 때때로 빙리 뜻에 어긋나고 부당하게 행동한 걸 하나 더 고백해야 했습니다. 당신 언니가 지난 겨울에 런던에서 삼 개월 동안 지낸 걸 알면서도 일부러 모르게 한 짓을 더는 숨길 수 없었습니다. 빙리는 화냈습니다. 하지만 결국에는 분노를 거두고, 당신 언니 마음에 대한 의심도 거두었습니다. 나를 진심으로 용서했습니다."

엘리자베스는 훌륭한 친구를 두었다고, 말을 그렇게 잘 들으니 정말 대단한 인물이 아닐 수 없다고 놀리고픈 마음이 굴뚝같으나, 입을 꾹 다물었다. 다르시는 놀림을 받는 데 익숙하지 않다는 사실을, 아직은 너무 이르다는 사실을 떠올린 것이다. 다르시는 빙리도 당연히 행복하게 살겠지만, 자신은 훨씬 더 행복하게 살 거라 주장하고, 두 사람이 그렇게 대화하는 동안 집이 나타났다. 그래서 안으로 들어가, 복도에서 헤어졌다.

## 59

엘리자베스가 식당으로 들어서는 순간에는 언니가, 식탁에 둘러앉은 다음에는 나머지 식구가 "친애하는 엘리자베스, 어디까지 갔다 온 거니?"라고 물었다. 엘리자베스는 이리저리 걸어서 어디를 갔는지도 모르겠다고만 대답했다. 얼굴이 빨갛게 달아오르긴 했지만, 이것도 다른 어떤 것도, 그게 전부가 아니라는 의심을 불러일으키진 않았다.

저녁 시간은 특별한 일 없이 조용히 흘러갔다. 모두에게 인정받은 연인은 마음껏 떠들며 웃지만, 인정받지 못한 연인은 침묵했다. 다르시는 행복한 마음을 겉으로 드러내는 성격이 아니고, 엘리자베스는 잔뜩 흥분하고 혼란스러워, 행복을 가슴으로 느끼기보다는 머리로 깨닫는 쪽에 가까웠다. 이 사실을 알면 식구들이 어떻게 반응할까 생각도 해보았다. 다르시를 좋아하는 식구는 언니 말고 한 명도 없으니, 재산과 영향력이 아무리 대단하다 해도 식구들이 싫어하는 마음을 극복하지 못할까 두려웠다.

엘리자베스는 밤에 언니에게 모든 얘길 털어놓았다. 언니는 의심하는 성격이 전혀 아닌데도 이번만큼은 도저히 믿을 수 없었다.

"농담하지 마, 엘리자베스. 그럴 순 없어! 다르시 선생이랑 결혼을 약속하다니! 아니야, 아니야, 나를 속일 순 없어. 그건 완벽하게 불가능하다고."

"시작부터 이러니 씁쓸하네! 오로지 언니만 의지했는데 이렇게 안 믿으면 다른 사람은 더 안 믿을 게 분명해. 하지만 정말이지, 내 말은 진심이야. 모두 사실이라고. 그 사람은 아직도 나를 사랑하고, 그래서 우리는 결혼을 약속했어."

제인은 믿을 수 없다는 표정으로 쳐다보다 말했다.

"아, 엘리자베스! 그럴 순 없어. 너는 그 사람을 누구보다 싫어하잖아."

"언니는 하나도 몰라. 그건 모두 잊으라고. 내가 그 사람을 늘 사랑한 건 아니지만, 지금 그걸 기억하는 건 바람직하지 않아. 이제 나는 그 기억을 완전히 지울 거야."

엘리자베스가 진지하게 말하자, 제인은 어이없다는 표정으로 바라보다 소리쳤다.

"맙소사! 정말이구나! 이제 네 말을 믿겠어. 친애하는 엘리자베스, 정말로 축하해. 하지만 자신 있니? 이렇게 물어서 미안해. 하지만 정말 그 사람과 행복하게 살아갈 자신이 있는 거니?"

"그건 의심할 여지가 없어. 우리는 세상에서 가장 행복한 부부로 살아갈 수밖에 없어. 그런데 정말 기뻐, 언니? 그런 제부가 생겨도 괜찮겠어?"

"당연하지. 빙리든 나든 그보다 기쁠 순 없어. 우리도 생각하지 않은 건 아닌데 불가능하다고 결론 내렸거든. 그런데 그 사람을 정말 사랑하니? 아, 엘리자베스! 사랑 없이 결혼하는 건 피해야 돼. 꼭 결혼할 정도로 사랑하는 게 확실하니?"

"그래! 내가 모든 걸 말하면, 꼭 결혼하겠다는 이상으로 사랑한다는 걸 알 수 있어."

"그게 무슨 말이니?"

"아아, 나는 빙리 선생을 좋아하는 이상으로 그 사람을 사랑하지 않을 수 없어. 언니가 화낼까 두려울 정도로."

"친애하는 동생, 진지하게 말해. 나는 진지하게 말하고 싶어. 내가 알아야 할 모든 걸 알려줘, 조금도 미루지 말고. 그 사람을 얼마나 오랫동안 사랑한 거니?"

"아주 조금씩 그래서 언제부터 사랑했는지 모르겠어. 하지만 펨벌리 저택에서 아름다운 정원을 처음 구경할 때부터 그런 것 같아."

하지만 제인은 진지하게 말하라고 다시 간청해서 바람직한 효과를 보았다. 엘리자베스가 그 사람을 사랑한다고 엄숙하게 맹세해서 언니를 만족하게 한 것이다. 제인으로선 이 부분을 확인하니 더 바랄 게 없었다. 그래서 말했다.

"아, 너도 나만큼 행복하다니, 정말 잘 됐어. 나는 그 사람을 늘 높이 평가했어. 너를 사랑한다는 이유 하나만으로도 그 사람을 늘 존중할 수 있어. 그런데 빙리 친구에다 너랑 결혼까지 한다니, 이제 나한테 그 사람보다 소중한 사람은 빙리랑 너밖에 없어. 하지만 엘리자베스, 그동안 감쪽같이 숨기다니 너무 못됐어. 펨벌리 저택과 램턴에서 있었던 일을 조금도 말하지 않았잖아! 내가 아는 내용은 모두 다른 사람한테 들은 거라고, 네가 아니라."

엘리자베스는 비밀로 할 수밖에 없었던 이유를 설명했다. 빙리라는 이름을 꺼내고 싶지 않은 데다, 자신 역시 마음이 왔다 갔다 해서 다르시란 이름도 꺼내고 싶지 않았지만, 이제 리디아가 결혼한 건 모두 그 사람 공이라는 걸 더는 숨기지 않겠다고 말한 것이다. 모든 사실을 설명하느라, 깊은 밤을 절반은 꼬박 새워야 했다.

다음 날 아침에 베넷 부인이 창가에서 한탄했다.

"맙소사! 꼴 보기 싫은 다르시가 우리 소중한 빙리를 또 따라오는구나! 어떻게 저리도 잔인하게 툭하면 찾아와서 우리를 피곤하게 할 수 있지? 빙리를 쫓아와서 우리를 귀찮게 하지 말고 사냥이든 뭐든 다른 걸 하러 가면 좋겠어. 저 사람을 어떻게 쫓아내지? 엘리자베스, 네가 이번에도 저 사람을 데리고 산책이나 나가렴, 빙리를 방해하지 않도록."

엘리자베스는 너무나 바람직한 제안에 웃음이 절로 나오는데, 어머니가 다르시를 심하게 모욕하는 데는 짜증이 치밀었다.

두 사람이 들어서자마자, 빙리는 의미심장한 표정으로 엘리자베스를 쳐다보다 더없이 다정하게 악수해서 좋은 소식을 들은 걸 의심할 여지가 없게 하더니, 곧바로 커다랗게 말했다.

"장모님, 엘리자베스 처제가 오늘도 길을 잃을만한 오솔길이 근처에 더 없나요?"

베넷 부인이 제안했다.

"오늘 아침엔 다르시 선생이 엘리자베스와 캐서린과 함께 오컴 산으로 가는 게 좋겠군요. 길이 길고 훌륭한데, 다르시 선생은 그곳 경치를 한 번도 못 봤을 테니까요."

빙리가 대답했다.

"두 사람한텐 괜찮겠지만, 캐서린한텐 너무 힘들 것 같아요. 그렇지 않을까, 캐서린 처제?"

캐서린은 집에 그냥 있고 싶다 대답하고, 다르시는 오컴 산에서 훌륭한 경치를 보고 싶은 마음이 굴뚝 같다 대답하고, 엘리자베스는 침묵으로 동의했다. 그래서 준비하려고 위층으로 올라가니, 베넷 부인이 따라와서 말했다.

"미안하구나, 엘리자베스, 저렇게 불쾌한 사내를 오로지 너한테 억지로 맡겨서. 그래도 네가 불쾌하지 않으면 좋겠구나, 너도 알다시피 제인을 위한 거니까. 그렇다 해서 저 사람이랑 말을 많이 섞을 필요는 없어. 이따금 하는 거로 충분하니까, 그런 식으로나마 너 자신을 너무 힘들게 하지 말렴."

두 사람이 산책하는 동안, 다르시는 저녁 시간에 베넷 선생에게 허락을 구하기로 다짐했다. 베넷 부인에게 말하는 건 엘리자베스가 맡았다. 하지만 엘리자베스는 어머니가 어떻게 반응할지 감조차 못 잡았다. 상당한 재산과 영향력도 다르시를 싫어하는 마음을 이겨낼 수 없을지 모른다는 의심이 들었다. 하지만 결혼을 열렬히 반대하든 열렬히 찬성하든, 바람직하게 행동하지 못할 건 분명했다. 어머니가 다르시 앞에서 단호하게 반대하는 것보단 너무 좋아서 어쩔 줄 모른다면, 더더욱 못 견딜 것 같았다.

저녁에 베넷 선생이 서재로 물러나자, 다르시도 일어나서 따라가니, 그 모습을 보는 순간, 엘리자베스는 마음이 극도로 흔들렸다. 아버지가 반대할까 두려운 게 아니라, 아버지가 많이 힘들어하지나 않을까 두려웠다. 자신 때문에, 가장 사랑하는 딸이 선택한 사람 때문에 많이 괴로워할 수도 있다는 사실이, 그런 딸을 그런 사내에게 시집보내는 걸 안타깝게 여기며 걱정할 수도 있다는 사실이 씁쓸하게 떠올라, 비참한 마음으로 가만히 앉아서 기다리는데 다르시가 다시 나타나서 쳐다보니, 그 얼굴에 미소를 머금어서 마음이 살짝 놓였다. 그러더니 엘리자베스가 캐서린과 함께 앉아서 자수를 열심히 놓는 척하는 탁자로 다가와서 귀에 대고 속삭였다.

"아버지한테 가보세요. 서재에서 보자고 하세요."

엘리자베스는 곧장 서재로 갔다.

아버지는 불안하고 무거운 마음으로 실내를 거닐다 말했다.

"엘리자베스, 지금 무슨 짓을 하겠다는 거니? 저 남자를 받아들이겠다니, 정신이 나간 거니? 너는 저 사람을 싫어했잖니!"

엘리자베스는 자신이 조금 더 합리적으로 생각해서 조금 더 온건하게 의견을 밝히지 않은 걸 그때만큼 후회한 적이 없었다! 미리 그랬더라면 도저히 말할 수 없을 정도로 어색한 내용을 털어놓고 설명할 필요는 없을 터였다. 하지만 이제 어쩔 수 없었다. 당혹스럽긴 해도 자신이 다르시를 사랑한다는 걸 아버지에게 확신시켜야 했다.

"그렇다면 네 말은 다르시랑 결혼하기로 작정했다는 거구나. 그래, 그 사람은 부자가 확실하니, 너는 앞으로 제인보다 좋은 옷을 입고 좋은 마차를 타겠지. 하지만 그런다고 행복하겠니?"

"아버지는 제가 싫어한다는 믿음 하나 때문에 그 사람을 반대하시는 건가요?"

"그렇단다. 그 사람이 거만하고 불쾌한 사내라는 건 우리 모두 알지만, 네가 진심으로 좋아한다면 그건 아무런 문제도 안 되니까."

아버지 말에 엘리자베스는 두 눈에 눈물을 글썽이며 대답했다.

"저는 그 사람을 좋아해요, 정말로 좋아해요. 저는 그 사람을 사랑해요. 실제로는 그렇게 오만하지도 않아요. 완벽하게 다정해요. 아버지는 그 사람 진짜 모습을 모르세요. 그러니 그 사람을 그런 식으로 말해서 제 마음을 아프게 하지 마세요."

"엘리자베스, 나는 그 사람한테 허락한다 말했다. 그 사람이 무얼 요청하든 내가 거절할 수 있는 대상이 아닌데, 직접 찾아와서 겸손하게 부탁하잖니. 행여나 네가 그 사람과 결혼하기로 작정했다면 너한테도 똑같이 허락하마. 하지만 그러지 말라고 충고하고 싶어. 나는 네 성격을 알아, 엘리자베스. 너는 남편을 진심으로 존경하지 않는 한, 정말 탁월한 인물로 우러러보지 않는 한, 충분히 존중할 수도 행복할 수도 없다는 걸 나는 알아. 너는 능력이 넘쳐나는 아이라, 너보다 못난 사람과 결혼하는 건 정말 위험해. 불신과 고통을 벗어날 수 없다고. 얘야, 네가 인생의 동반자를 존경하지 않는 모습을 내 눈으로 확인하는 슬픔을 아버지한테 주지 말렴. 지금 너는 자신이 무슨 짓을 하는지 몰라."

엘리자베스는 여전히 슬픔에 잠긴 채 엄숙하게 설명했다. 자신은 다르시를 진심으로 선택했다고 여러 차례 확실하게 말하고, 그 사람을 생각하는 마음이 조금씩 변한 과정을 설명하고, 그 사람을 하루 만에 갑자기 사랑한 게 아니라 여러 달에 걸쳐 다양한 위기를 겪으면서 검증한 거라 말하고, 그 사람이 훌륭한 점을 일일이 말해서 아버지가 못 미더워하는 마음을 확실히 풀어주어 이번 혼사를 받아들이게 했다.

그러자 아버지가 말했다.

"그래, 그래, 나는 더 할 말이 없구나. 정 그렇다면 그렇게 해야지. 그보다 떨어지는 사람한테 너를 보낼 순 없으니까, 엘리자베스."

그때 비로소 우호적인 인상을 완성하려고, 엘리자베스는 리디아에게 일이 생겼을 때 스스로 나서서 이리저리 뛰어다니며 모든 문제를 해결한 사람이 바로 다르시라고 말하니, 베넷 선생이 더없이 놀라며 대답했다.

"오늘 밤엔 기적이 잔뜩 일어나는구나, 정말로! 그렇다면 다르시가 모든 문제를 해결했구나! 결혼도 시키고, 돈도 주고, 그놈 빚도 갚고, 장교 자리도 구해준 거야! 그렇다면 정말 잘 됐구나. 경제적으로 짊어질 부담을 모두 덜어낼 테니. 네 외삼촌이 그랬다면 나로선 그 돈을 모두 갚을 수밖에 없지만, 생기발랄한 연인이 스스로 나서서 모든 일을 해결하다니! 내일 아침에 다르시한테 빚을 모두 갚겠다고 하면, 너를 사랑해서 그런 거라며 노발대발할 테니, 그걸로 모든 문제를 해결하겠구나."

베넷 선생은 며칠 전에 콜린스 편지를 읽어줄 때 엘리자베스가 당황한 걸 떠올리며 한동안 놀리다가 나가는 걸 허락하더니, 밖으로 나가기 직전에 덧붙였다.

"메리나 캐서린을 찾아온 젊은이도 있다면 바로 들여보내거라, 나는 지금 아주 한가하니까."

엘리자베스는 무거운 짐을 덜어서 마음이 편했다. 그래서 자기 방으로 들어가 삼십 분 정도 조용히 돌아본 다음, 꽤 차분한 표정으로 다른 사람에게 다가갈 수 있었다. 모든 게 너무나 갑작스러워서 쾌활할 순 없어, 저녁 시간은 조용히 흘러갔다. 이제 크게 끔찍한 일은 더 없으니, 편안하고 익숙한 느낌 역시 천천히 다가올 터였다.

밤에 어머니가 침실로 올라갈 때, 엘리자베스는 곧장 따라가서 중요한 사실을 털어놓으니, 베넷 부인이 보인 반응은 독특했다. 처음에는 말문이 막혀서 아무 말도 못 했다. 가족에게 이익이라든가 딸이 결혼하는 문제만큼은 언제나 머리가 팍팍 도는데도, 이번엔 꽤 시간이 지난 다음에 비로소 무슨 말인지 알아들었다. 그래서 마침내 정신을 조금씩 차리더니, 의자에서 안절부절못하며 꿈지럭대다, 벌떡 일어나다 다시 풀썩 주저앉아, 놀라운 기적이라며 성호까지 그었다.

"맙소사! 하느님 맙소사! 어떻게 그런 일이! 맙소사! 다르시 선생이라니! 그걸 누가 생각이나 했겠니! 그런데 사실이니? 아! 우리 귀여운 엘리자베스! 이제 부자로 화려하게 살겠구나! 용돈도 많고, 보석도 많고, 마차도 여러 대고! 여기에 비하면 제인은 아무것도 아니야. 비교조차 안 돼. 정말 기쁘구나, 더없이 기뻐. 그렇게 매력적인 사내가! 그렇게 잘생긴 사내가! 그렇게 늘씬한 사내가! 아, 친애하는 엘리자베스! 내가 그 사람을 싫어한 걸 용서하렴. 그 사람도 그걸 가볍게 넘기면 좋겠구나, 친애하고 친애하는 엘리자베스. 런던에도 저택이 있고! 모든 게 매혹적이고 아름다워! 세 딸이 결혼하다니! 일 년 수입이 만 파운드! 아, 하느님! 이제 나는 어떻게 될까. 머리가 돌아버릴 거야."

이 정도면 베넷 부인이 허락했다는 건 의심할 필요가 없어, 엘리자베스는 기뻐하는 말을 자기 혼자 들은 걸 다행으로 여기며 나갔다. 하지만 자기 방에 들어가고 채 삼 분도 안 돼서 어머니가 들어오며 감탄했다.

"누구보다 소중한 우리 딸, 다른 건 아무것도 생각을 못 하겠구나! 일 년에 만 파운드, 더 될 수도 있고! 이건 영주만큼 대단한 거야! 게다가 특별 허가까지! 너는 대주교한테 특별 결혼 허가를 받아야 해. 하지만 누구보다 소중한 우리 딸, 다르시 선생이 어떤 음식을 제일 좋아하는지 알려주렴, 내일 준비할 테니."

이건 어머니가 다르시에게 할 행동을 그대로 보여주는 구슬픈 징후가 아닐 수 없었다. 다르시는 누구보다 열렬히 사랑하고 부모님도 허락했지만, 엘리자베스는 부족한 게 많다고 느꼈다. 하지만 다음 날은 예상 이상으로 바람직하게 흘러갔다. 다행히도 베넷 부인이 미래의 사윗감을 경외하며 두려워한 나머지, 특별히 관심을 끌어야 하거나 다르시 의견에 공감할 때 말고는 감히 말조차 못 걸었기 때문이다.

엘리자베스는 아버지가 다르시와 가까워지려고 애쓰는 모습도, 시간이 지날수록 존경스러운 점이 많이 드러난다며 칭찬하는 말도 만족스러웠다. 급기야 이런 말까지 할 정도였다.

"사위 세 명이 하나같이 마음에 드는구나. 제일 마음에 드는 건 위컴이겠지만, 제인 남편도 네 남편도 마음에 들어."

## 60

엘리자베스는 장난치고 싶은 생각이 떠올라, 다르시에게 언제부터 자신을 사랑했느냐고 물었다.

"무엇 때문에 그렇게 됐나요? 당신이 그렇게 된 다음부터 한 번도 안 변한 건 정말 멋있다고 인정하겠는데, 처음에 무엇 때문에 그렇게 된 건가요?"

"시간이나 장소나 표정이나 말 같은 건 기억이 안 나요. 너무 오래돼서요. 내가 알기도 전에 가슴에 꽉 들어찼답니다."

"내가 예쁘지 않다는 건 당신이 일찍이 파악했고, 내가 당신한테 보인 태도도 당신한테 한 행동도 무례한 경계선에 늘 걸친 데다, 당신한테 말할 때는 당신을 힘들게 하려는 마음만 가득했으니, 이제 진지하게 대답하세요. 무례하게 굴어서 나를 좋아한 건가요?"

"당신 영혼이 늘 쾌활해서 좋아했답니다."

"무례해서 그랬다고 말해도 괜찮아요. 정말 무례했으니까요. 사실대로 말하자면, 당신은 예의를 다 하는 태도랑 순순히 복종하는 자세랑 과도한 관심이 지겨웠던 거예요. 당신한테 인정받고 싶은 마음 하나로 생각하고 말하고 행동하는 여자한테 정나미가 떨어졌던 거예요. 그런데 나는 너무 달라서 당신을 자극하고 관심을 끈 거예요. 당신이 진정으로 상냥하지 않다면 그런 나를 보고 혐오하겠지만, 겉으론 억지로 안 그런 척해도 당신 마음은 올바르고 고상하니, 끈질기게 구애하는 사람을 마음속 깊이 경멸한 거예요. 맙소사, 당신이 설명할 걸 내가 대신했네요. 하지만 실제로 모든 걸 고려하면, 내 말이 완벽하게 맞는 것 같아요. 확실한 건 당신은 내가 지닌 구체적인 장점을 하나도 몰랐다는 거예요. 하지만 사랑에 빠진 사람은 그런 생각을 못 하겠지요."

"네더필드에서 제인 양이 아플 때 성심성의껏 간호하던 모습에는 아무런 장점이 없나요?"

"너무나 소중한 언니! 그런 언니한테 안 그럴 사람이 누구겠어요? 하지만 그것도 장점으로 여기세요. 내가 지닌 장점은 모두 당신이 지켜야 하니 일일이 거론하며 최대한 과장하세요. 그러면 나는 기회가 날 때마다 반발하며 당신을 놀릴 테니까요. 지금 당장 시작한다는 의미에서 마지막까지 망설인 이유가 무언지 묻겠어요. 우리 집에 처음 왔을 때, 그리고 만찬이 끝난 다음에, 나를 피한 이유는 무언가요? 특히, 우리 집까지 찾아와서 나한테 아무런 관심이 없는 척한 이유는 무언가요?"

"당신이 무거운 표정으로 입을 다물어서 용기가 안 났기 때문이오."

"그건 당황했기 때문이에요."

"나도 마찬가지였다오."

"그래도 만찬에 참석하러 왔을 때는 나한테 더 많이 말할 수 있었다고요."

"깊은 사랑에 안 빠진 사내라면 그럴 수 있었겠지요."

"불행하게도 당신 대답은 너무나 그럴싸하고, 나 역시 그럴싸하게 받아들일 수밖에 없군요! 하지만 내가 그대로 두었다면 당신이 과연 여기까지 왔을지 의심스러워요. 내가 먼저 말하지 않았다면 당신이 언제 청혼했을지도 의심스럽고요! 리디아 문제를 잘 풀어주어 고맙다고 말한 게 정말 좋은 결과를 낳았어요. 너무 대단했어요, 두려울 정도로. 약속을 깨뜨려서 좋은 결과가 나온 거라면 윤리는 엉망진창이 되는 거니까요. 내가 약속을 존중했다면, 그래서 아는 척을 안 했다면 이런 일은 결코 없을 테니까요."

"그렇게 자책할 필요 없어요. 윤리적으로 문제 될 건 하나도 없으니까요. 캐서린 대부인이 우리를 부당하게 갈라놓으려고 애쓴 게 내가 모든 의혹을 걷어내는 계기였으니까요. 당신이 고마운 마음을 표현하려고 마음먹은 것 때문에 내가 지금 이렇게 행복한 건 아니니까요. 나는 당신이 먼저 시작하길 기다릴 마음이 조금도 없었으니까요. 이모님 말씀을 듣고서 희망을 품었으니까요. 모든 걸 당장 확인하자고 마음먹었으니까요."

"캐서린 대부인께서 많은 도움을 주셨으니, 그분도 좋아하시겠어요. 도와주는 걸 늘 좋아하시는 분이니까요. 그런데 네더필드에 내려온 이유가 무언지 알려주세요. 롱번까지 말 타고 와서 쩔쩔매려고요? 아니면 훨씬 진지한 문제를 꺼내려고요?"

"진짜 목적은 당신을 만나서 사랑할 수 있겠다는 희망을 품어도 되는지 알아보는 거였어요. 내가 공언한 건, 혹은 나 자신한테 약속한 건, 당신 언니가 빙리를 여전히 사랑하는지 알아보고, 정말 그렇다면 빙리한테 잘못을 고백하자는 거였고요."

"일이 이렇게 된 걸 용기 내서 캐서린 대부인한테 알릴 건가요?"

"나한테 필요한 건 용기가 아니라 시간 같아요, 엘리자베스. 하지만 어차피 알려야 하니, 당신이 편지지를 주겠다면 지금 당장 그렇게 하겠습니다."

"나 역시 써야 할 편지가 없다면 당신 옆에 앉아서 글씨체가 고르다며 칭찬할 텐데요, 예전에 다른 아가씨가 그런 것처럼. 하지만 나도 외숙모가 계시니, 더는 모른 척할 수 없네요."

엘리자베스는 자신이 다르시와 얼마나 가까운 사이인지 고백할 수 없어서 외숙모가 보낸 기다란 편지에 아직도 답장을 안 했으나, 외숙모가 분명히 반길 소식이 생겼는데도 삼 일이 지나도록 안 알렸다는 사실이 부끄러워, 당장 펜을 들고서 편지를 쓰기 시작했다.

친애하는 외숙모, 기다란 답장으로 친절하게 알려주셨으니 고맙다는 편지를 벌써 드려야 했는데, 사실대로 말씀드리자면, 마음이 너무 복잡해서 편지를 못 썼답니다. 외숙모가 상상하신 건 현실을 너무 앞섰거든요. 하지만 이제 원하시는 대로 상상하셔도, 그 문제에 관한 한 굴레를 걷어내고 상상의 나래를 마음껏 펼쳐도 괜찮습니다. 제가 결혼까지 해치웠다고 믿지 않으시는 한 크게 틀린 건 없으니까요. 지금 당장 답장을 쓰세요. 그래서 지난 편지 이상으로 그 사람을 칭찬해 주세요. 레이크 지방으로 안 가셔서 정말, 정말 고맙습니다. 제가 그곳으로 가길 바랐다니, 어떻게 그리도 멍청할까요! 외숙모 말씀대로 조랑말 한 쌍을 마차에 묶고 돌아다니면 정말 재밌겠어요. 그래요, 마차를 타고 대정원을 매일 돌아다녀요. 지금 저는 세상에서 가장 행복하답니다. 이렇게 말한 사람은 예전에도 많겠지만, 저만큼 대단하진 않을 거예요. 저는 제인 언니보다도 행복하거든요. 언니는 미소만 머금는데, 저는 크게 웃으니까요. 다르시가 저한테 쏟아붓고 남은 사랑 전부를 모아서 두 분께 보내라네요. 크리스마스 때는 가족 모두 펨벌리 저택으로 오세요.

사랑하는 조카, 엘리자베스.

다르시가 캐서린 대부인에게 보낸 편지는 이 편지와 완전히 다르고, 베넷 선생이 콜린스에게 보낸 편지는 두 편지와 또 달랐다.

친애하는 콜린스 선생에게,

축하를 한 번 더 부탁해야 하겠소. 엘리자베스가 다르시와 곧 결혼한다오. 캐서린 대부인은 선생이 많이 위로해 주시오. 하지만 내가 당신이라면 조카 편에 서겠소. 얻을 게 훨씬 많을 테니까.

선생 친척, 베넷.

오빠가 결혼한다는 소식에 빙리 여동생이 보낸 축하편지는 애정이 가득해도 진정성은 없었다. 제인에게도 편지를 보내서 정말 잘 됐다며 예전과 똑같은 애정을 드러냈다. 제인은 그 말에 넘어가진 않아도 마음이 흔들려, 상대를 전혀 안 믿으면서도, 상대가 누릴 자격 이상으로 다정하게 답장 써서 보내지 않을 수 없었다.

똑같은 편지에 다르시 여동생이 기뻐한 건 오빠가 편지에 담아 보낸 만큼이나 진정성이 가득했다. 편지지 네 쪽으로도 너무나 기쁜 마음을, 앞으로 올케언니하고 즐겁게 지내길 진심으로 바라는 마음을 다 못 담을 정도였다.

콜린스는 물론 그 부인에게 축하한다는 답장을 받기도 전에 롱번 가족은 콜린스 부부가 루카스 저택으로 왔다는 말을 들었다. 갑자기 찾아온 이유는 금방 드러났다. 캐서린 대부인이 조카 편지를 받고서 너무 심하게 화난 나머지, 두 사람 결혼을 진심으로 기뻐하는 샬럿으로선 폭풍이 지날 때까지 멀리 피할 수밖에 없었던 거다. 이렇게 놀라운 순간에 친구가 왔다는 사실이 엘리자베스는 더없이 반갑지만, 함께 만난 자리에서 샬럿 남편이 마냥 비굴하게 아부하는 걸 다르시가 그대로 겪는 모습을 보는 순간, 친구를 만나는 기쁨에 대가를 톡톡히 치른다는 생각이 절로 들었다. 그런데도 다르시는 존경스러울 정도로 차분하게 견디어냈다. 심지어 루카스 경이 하트퍼드셔에서 가장 아름다운 보석을 데려간다고 칭찬하며 앞으로 궁정에서 자주 만나면 좋겠다는 말까지 점잖은 표정으로 들었다. 어깨를 으쓱하긴 했지만, 그건 루카스 경이 안 보일 때였다.

이모 필립스 부인이 한층 더 무례한 것 역시 다르시가 겪어야 할 통과의례였다. 필립스 부인도 자기 언니처럼 다르시를 경외하며 두려워한 나머지, 착하디착한 빙리에게 그런 만큼 편하게 말하진 않지만, 입을 열기만 하면 무례한 말이 쏟아져 나왔다. 다르시를 경외하는 마음도 이모를, 말수는 많이 줄일지언정, 조금도 우아하게 만들 수 없었다. 엘리자베스는 다르시에게 툭하면 쏟아지는 관심을 막으려고 최선을 다했다. 대화하는 게 고통스럽지 않은 가족과 자신으로 다르시가 상대할 대상을 제한하려고 무척 노력했다. 그러다 보니 불편한 감정이 숱하게 일어나서 달콤한 연애 느낌을 많이 앗아가도 미래에 대한 희망을 그만큼 늘려주니, 불편한 사람이 가득한 곳을 벗어나 펨벌리 저택에서 가족끼리 오붓하고 행복하게 지낼 날을 즐거운 마음으로 기대했다.

## 61

가장 훌륭한 딸 두 명을 결혼시킨 날, 베넷 부인은 누구보다 행복했다. 나중에 빙리 부인을 찾아가고 다르시 부인과 얘기하는 걸 얼마나 좋아하며 우쭐댈지 충분히 짐작할 수 있었다. 딸 여럿을 결혼시키겠다는 간절한 소망을 이루었으니, 베넷 부인도 남은 생애를 그만큼 사려 깊고 상냥하고 지혜롭게 살아갔다고 말할 수 있으면 가족에게 정말 바람직하겠으나, 그렇게 독특한 형태로는 가정의 행복을 즐길 수 없는 남편에게 다행스럽게도, 여전히 안달복달하며 엉뚱하게 행동할 때가 잦았다.

베넷 선생은 둘째 딸이 너무나 보고 싶어, 툭하면 먼 길에 나섰다. 그래서 펨벌리 저택에 찾아가는 걸, 그것도 전혀 예상치 못하는 순간에 불쑥 찾아가는 걸 특히 즐겼다.

빙리 선생과 제인은 네더필드에 딱 열두 달 머물렀다. 어머니나 메리턴 친척과 너무 가까운 곳에 사는 건 느긋한 빙리 성격에도 인정 많은 제인 성격에도 좋지 않았다. 결과는 빙리 자매가 오랫동안 바라던 소망을 이루는 형태로 나타났다. 빙리가 더비셔 이웃 지역에 영지를 구한 것이다. 제인과 엘리자베스는 다양한 행복에다 50㎞ 안쪽 거리에 사는 기쁨까지 누릴 수 있었다.

캐서린은 거의 모든 시간을 두 언니와 보낸 덕분에 상당한 도움을 받았다. 예전에 즐기던 사교계보다 훨씬 훌륭한 사교계랑 어울리다 보니, 많은 점에서 발전할 수 있었다. 성격 자체는 리디아처럼 제어할 수 없는 건 아닌 데다 리디아 영향력까지 벗어나서 적절한 관심과 관리를 받으니, 급한 성격도 줄고, 무식한 행동도 줄고, 게으름도 줄었다. 리디아와 어울려서 성격을 버릴 염려도 상당히 줄었다. 위컴 부인이 툭하면 놀러 오라며 다양한 무도회와 젊은 사내를 약속했으나, 아버지가 절대로 허락하지 않은 것이다.

집에 남은 딸은 이제 메리밖에 없고 베넷 부인은 혼자 차분하게 지낼 수 없는 성격이라, 메리로서는 음악 소양을 끌어올릴 기회가 늘 부족했다. 메리 역시 더 많은 세상과 어울릴 수밖에 없어, 오전 시간에 손님이 찾아오는 걸 여전히 도덕적으로 받아들이긴 해도 자매랑 미모를 비교당하는 굴욕을 더는 안 겪으니, 아버지가 보기에 커다란 변화를 크게 반발하지 않고 받아들이는 것 같았다.

위컴과 리디아는 제인과 엘리자베스가 결혼한 다음에도 변한 게 없었다. 위컴은 자신이 저지른 배은망덕한 행위와 거짓말을 이제 엘리자베스도 모두 깨달았겠다 확신하고 차분하게 받아들이니, 자신이 나쁜 짓을 그렇게 많이 했어도 다르시가 한 재산 떼어줄지 모른다는 희망마저 다시 품었다. 엘리자베스가 리디아에게 받은 결혼 축하편지에 설사 위컴은 아닐지언정 그 부인은 그런 희망을 품었다는 사실이 잘 드러났다. 이런 내용이었다.

친애하는 엘리자베스 언니에게,

언니가 기뻐하면 좋겠어. 내가 소중한 위컴을 사랑하는 절반만큼이라도 매부를 사랑한다면 언니는 충분히 행복할 수 있어. 언니가 부자라서 다행이야. 특별히 할 일이 없을 때는 우리 생각도 하면 좋겠어. 위컴은 궁정에서 일할 자리를 찾고 싶은 마음이 간절한 것 같아. 우리는 살아가는 데 충분한 돈을 못 벌어서 많은 도움을 받아야 하거든. 어떤 자리라도 좋아, 일 년에 삼사 백 파운드만 벌 수 있으면. 하지만 매부한테 말하고 싶지 않으면 말하지 마.

언니 동생 리디아.

실제로 엘리자베스는 그런 말을 하고픈 마음이 없어서 그런 도움이나 기대는 완전히 접으라고 답장했다. 하지만 마음이 안 놓여, 자신이 쓸 수 있는 돈을 최대한 아껴서 동생에게 보내기 일쑤였다. 그러나 얼마 안 되는 수입을 버는 족족 방탕하게 쓰면서 미래에 대한 준비를 안 하고, 이사할 때마다 제인이나 엘리자베스에게 빚을 갚아달라고 손을 벌리니, 두 사람이 제대로 살아갈 수 없다는 건 언제 보아도 또렷했다. 두 사람이 살아가는 방식은 평화 회복기[34)]에 부대를 해산한 다음에도 흔들리지 않았다. 더 싼 곳을 찾아서 이리저리 이사 다니고, 소비는 수입을 늘 뛰어넘었다. 위컴은 리디아를 사랑하는 마음이 금방 가라앉았으나, 리디아는 약간 더 오래가고, 결혼으로 회복한 명예 역시 그대로 지켰다.

다르시는 위컴이 펨벌리 저택에 오는 걸 절대로 받아들이지 않지만, 엘리자베스를 위해, 직업을 구하는 건 계속 도와주었다. 리디아는 남편이 런던이나 바스 온천지대로 놀러 갈 때마다 펨벌리 저택을 찾아오고, 빙리 부부에게는 남편과 함께 툭하면 찾아가서 오랫동안 머물기 일쑤라, 착하디착한 빙리조차 못 참아, 그만 떠나라고 암시할 정도였다.

빙리 여동생은 다르시가 결혼한 걸 보고 깊은 모욕감에 시달렸으나,

34) 아미앵 조약을 맺고 프랑스와 전쟁을 잠시 중단한 시기를 말한다.

펨벌리 저택에 방문할 권리는 잡아두는 게 바람직하다는 생각에 모든 분노를 가라앉혀, 조지아나에게는 여느 때보다 다정하고 굴고, 다르시에게는 예전 같은 관심을 보이고, 엘리자베스에게는 밀린 예의까지 모조리 갚았다.

이제 조지아나는 펨벌리 저택에서 사니, 새언니와 사랑하며 지내는 모습은 다르시가 기대하던 그대로였다. 시누이와 올케는 서로를 사랑할 의지는 물론 능력도 충분했다. 조지아나는 올케를 세상에서 가장 훌륭한 여성이라 여겼다. 하지만 처음에는 오빠에게 장난까지 치며 생기발랄하게 말하는 모습을 보고서 경악할 정도로 놀란 것 역시 사실이다. 오빠는 자신이 사랑하는 걸 뛰어넘어 하늘처럼 존경하는 대상인데, 그런 오빠를 놀림감으로 삼은 것이다. 조지아나로서는 예전에 상상조차 못 한 너무나 새로운 세계가 아닐 수 없었다. 나이가 열 살이나 많아서 자신은 그럴 생각을 한 번도 못 품은 오빠에게 올케언니가 그러는 모습을 보면서 여자도 남편이랑 자유롭게 살아갈 수 있다는 사실을 점차 깨달은 것이다.

캐서린 대부인은 조카가 결혼한 사실에 극도로 분노한 나머지, 그걸 알리는 편지에 답장하며 솔직한 성격을 천재적으로 드러내고, 특히 엘리자베스를 심하게 매도하는 표현을 그대로 보내, 양쪽은 교류를 오랫동안 끊었다. 하지만 결국에는 엘리자베스가 설득해서 다르시는 모든 무례를 너그럽게 넘어가기로 마음먹고 화해를 모색하니, 이모는 약간 더 저항하다, 조카를 사랑도 하고 조카며느리가 자신에게 어떻게 하는지 궁금도 해서 분노를 접고, 안주인은 물론 런던에서 찾아온 외삼촌 부부까지 대정원 숲을 오염시키긴 했지만, 펨벌리 저택을 직접 찾아오겠다고 겸손하게 결정했다.

외삼촌 부부는 다르시 부부하고 가깝게 지냈다. 다르시는 외삼촌 부부를 엘리자베스만큼이나 사랑하고, 두 사람은 외삼촌 부부가 엘리자베스를 더비셔로 데려와서 금방이라도 끊어질 것처럼 가느다란 인연을 다시 맺어준 것에 늘 고마워했다.

# 작품해설 및 작가 소개

《오만과 편견》은 제인 오스틴이 20세 때 '첫인상'이란 제목으로 쓰고 38세 때 내용과 제목을 대폭 수정해서 출간한 작품이다. 당시 세계는 대격변의 시대였다. 중세시대는 무너지고 인본주의와 자유주의가 풍미했다. 미국 독립전쟁(1775~83년)이 일어나고 프랑스 대혁명(1789년)이 일어나고, 제인 오스틴이 살던 영국은 산업혁명이 꽃을 피워, 나폴레옹과 끊임없이 전쟁하며 자본주의 틀을 잡아나갔다.

1.

영국에서는 윌리엄 1세가 영국을 정복하고 몇몇 가문을 각 지역 영주로 임명하면서 귀족계급이 본격적으로 등장한 터라, 귀족계급 숫자가 다른 나라에 비해 턱없이 적었다. 윌리엄 1세 이전에 영국을 지배하던 세력은 귀족 밑에서 가신으로 일하는 젠트리 계급으로 전락하나, 장미전쟁을 계기로 귀족 세력이 줄어들고 젠트리 세력이 늘어나면서 영국은 영주 중심 사회에서 지주 중심 사회로 변하고, 귀족계급과 젠트리 계급 사이에는 현실적인 경계선이 사라졌다. 이런 사실은 '다르시' 모친이 귀족, 부친이 젠트리 출신이란 작품설정에도 잘 나타난다.

새롭게 부상한 젠트리 지주 계급은 영주처럼 농노를 수탈하며 사치하는 대신 법률, 무역, 생산 등 다양한 전문직에 나아가, 최소한 겉으로는 사회에 기꺼이 봉사하며 자원해서 전쟁터에 나가고, 무급으로 치안관 관직을 맡아서 질서를 유지하고, 자선 사업에 열중하는 식으로 영국 사회의 존경을 받는 건 물론, 지주에 만족하지 않고 자본을 축적해서 산업혁명으로 나아갔다. 그러면서 '자본가적' 경영에 참여하고 성공한 젠트리는 대지주로 성장하고, 그렇지 못한 젠트리는 소지주로 명맥을 간신히 유지했다. 작품에 등장하는 엘리자베스 가족이 후자라면, 다르시와 빙리는 전자였다.

2.

미국 독립전쟁(1775~83년)과 프랑스 대혁명(1789년)은 영국을 비롯한 유럽은 물론 세계사를 새로운 차원으로 끌어올린 엄청난 사건이었다. 영국이 아메리카 대륙에서 전쟁을 치르자 영국을 견제하던 프랑스는 해군과 육군을 파병하며 미국을 지원하고, 그로 인해 프랑스는 너무 많은 돈을 써서 심각한 재정위기에 빠져들며 프랑스 대혁명으로 나아간다.

프랑스 혁명 정부가 루이 16세를 처형(1793년 1월 21일)한 걸 계기로, 시민 혁명을 지지하던 영국이 반대로 돌아서니, 합스부르크 군주국 등과 함께 제1차 대프랑스 동맹(1793~97)을 맺고, 프랑스는 영국에 선전포고한다. 영국은 해상을 봉쇄해서 프랑스 해군 거점 툴롱 항을 포위하며 양국은 전면전에 들어간다. 이런 와중에 프랑스에서 나폴레옹이 등장해 유럽 정복에 나설 즈음, '오만과 편견'을 출판하니, 이런 분위기는 작품 곳곳에 등장한다.

3.

제인 오스틴(Jane Austen, 1775년 12월 16일 - 1817년 7월 18일)은 42세란 젊은 나이에 사망한 영국 소설가로, 19세기 영국 중·상류층 여성의 삶을 섬세하게 바라보며 재치있게 표현한 게 특징이다.

제인 오스틴은 햄프셔 주 스티븐턴 성공회 사제관에서 성공회 사제 조지 오스틴(1731년-1805년)과 카산드라(1739-1827)의 6남 2녀 가운데 둘째 딸이자 일곱째로 태어난다. 어머니 카산드라는 재치있는 여성으로, 시와 이야기를 즉흥적으로 지어내는 재주가 탁월해, 모든 가족이 연극을 즐겼다. 오스틴 일가와 이웃이 모여서 스티븐턴 극단을 만들어, 여름휴가 때는 사제관 헛간을 소극장으로 개조해서 연극을 공연하고 크리스마스 때는 집에서 공연했다. 공연작품에는 제한이 없어, 18세기 희극까지 다양했다.

아버지는 제인이 9살 때 사망하고, 언니 카산드라와 전 생애를 통해 가장 가까이 지내니, 제인은 자신이 겪은 모든 소망과 좌절을 언니 카산드라에게 편지로 상의한다. 하지만 제인 오스틴 사후에 명성이 높아지자, 카산드라는 낯선 사람들이 동생의 삶을 파고들 걸 우려해, 거의 모든 편지를 불태우고 세상이 관심을 안 보일 사소한 내용만 남겨놓으니, 우리는 여기에 근거해 그 삶의 단편을 추적할 뿐이다.

제인 오스틴은 1796년 톰 러프로이라는 아일랜드 청년을 만나서 사랑한다. 하지만 두 사람은 결실을 못 보고, 오스틴은 곧바로 《첫인상(First Impressions)》을 써서 출판사에 보내지만, 출판에 실패한다.

1801년에 아버지는 큰 오빠에게 사제관을 물려주고 유명한 휴양지 바스로 이사한다. 바스 생활은 제인 오스틴이 소설을 쓰는데 큰 밑바탕이 된다.

1802년에 언니와 함께 옛 친구를 만나러 갔다, 옥스퍼드 대학을 막 졸업하고 집에 들른 친구 동생에게 청혼받는다. 당시 영국에서 미혼 여성은 아버지와 형제에 의존하여 살아가야 하는 터라, 남자가 청혼하는 건 새롭게 살아갈 중요한 기회였다. 그래서 제인 오스틴 역시 청혼을 수락하나, 하루 만에 마음을 바꾼다. 6세나 연하인 데다, 제인 오스틴 묘사에 따르면, 어리고 부유한 젊은이답게 '서투른' 성격 탓일 가능성이 크다.

셋째 오빠 에드워드는 1809년에 아내를 잃고 영지가 있는 초턴의 관리인 집을 내어주고, 제인 오스틴은 죽을 때까지 이 집에 정착한다. 현재는 '오스틴 기념관'으로 일반에 개방한다.

1811년, 《맨스필드 파크》를 기고하고, 《이성과 감성》을 익명으로 출판하고, 1813년 1월에는 《첫인상》을 개작해서 《오만과 편견》으로 출판한다. 모두 익명으로 발표해, 독자나 문단에 제인 오스틴이라는 이름은 조금도 알려지지 않는다. 《이성과 감성》은 '한 여인(A lady)'이라는 이름으로 출간하고, 1813년에 《첫인상》을 개작해서 《오만과 편견》으로 출판한 뒤에 발행한 《이성과 감성》 2판에는 '《오만과 편견》을 쓴 작가'라는 이름을 사용했다. 이후에 나온 작품 역시 전작을 쓴 작가로 표기한다. 대중적으로 많은 사랑을 받으나, 제인 오스틴이 벌어들인 수익은 많지 않았다. 《오만과 편견》은 110파운드에 계약, 《맨스필드 파크》는 초판이 모두 팔렸는데도 약 350파운드, 《엠마》는 섭정이던 황태자 조지 4세에게 헌정할 만큼 인기가 좋았는데도 약 200파운드 정도에 불과했다.

1816년, 몸 상태가 툭하면 나빠져서 병상에 누워 지내고 1817년, 『샌디턴(Sanditon)』 집필 도중에 윈체스터로 옮겨서 요양하다, 2개월 후 7월 18일에 42세란 나이로 사망해 윈체스터 대성당에 묻히고, 1818년에 《노생거 사원》과 《설득(Persuasion)》을 출판한다.

대표 작품으론 《이성과 감성 Sense and Sensibility, 1811년》, 《오만과 편견

Pride and Prejudice, 1813년》, 《맨스필드 파크 Mansfield Park, 1814년》, 《엠마 Emma, 1816년》, 《노생거 사원 Northanger Abbey, 1817년》, 《설득 Persuasion, 1817년》이 있다.

4.

제인 오스틴은 독신으로 일생 대부분을 햄프셔 지역에서 지내며 오로지 가족과 친지와 몇몇 지인과 교류하며 보냈다. 이런 일상 경험을 기반으로 가정과 작은 사교계에서 벌어지는 인간관계, 가부장제 시대에서 여성의 결혼과 생활을 작품에 담으니, 소설 소재로는 '시골에 있는 세 가족 혹은 네 가족 이야기가 이상적'이라고 스스로 평가한 말에 충실한 셈이다.

제인 오스틴 작품은 연애소설 공식을 충실히 따르며 도덕과 예의범절을 강조하는 듯 보이지만, 그 이면으로는 당대 여성의 지위와 관련된 영국 사회의 모순점을 날카롭게 비평하고 풍자해, 영국 소설의 '위대한 전통'을 창시했다고 평가받는다. 소설 여섯 편으로 200년 가까운 세월에 걸쳐 전 세계 독자를 매료시키니, BBC가 '지난 천 년에 걸친 최고의 문학가'를 묻는 설문 조사에서 셰익스피어에 이어 2위를 차지하고, 20세기 후반에는 영화, 연극, 드라마 등으로 다양하게 리메이크되면서 '제인 주의자', '오스틴 컬트'라는 용어까지 낳으며 폭넓은 사랑을 받는다.

5.

작품에 등장하는 '오만과 편견'이란 표현을, 다르시는 '오만'하고 엘리자베스는 '편견'에 쌓여서 서로 갈등하다, 마침내 이걸 풀면서 연애에 성공한다는 식으로 보는 사람이 많으나, 사실 '오만'과 '편견'은 동전의 양면으로 따로 떨어질 수 없으니, 다르시는 오만하기 때문에 다른 사람을 깔보는 편견이 생기고, 엘리자베스는 편견 때문에 상대를 오만하게 깔보면서 갈등이 시작한다고 보는 편이 옳다.

'오만'에 대한 반대말은 '겸손'이고 '편견'에 대한 반대말은 '정견' 혹은 '공정한 시각'이라 볼 때, 인간은 무지해서 오만한 만큼 편견을 지니고, 그만큼 세상을 엉뚱하게 바라보며 고통에 시달리나, 고통은 세상을 제대로 바라보는 지혜를 갖추게 하니, 그만큼 겸손하고 공정하게 살아가게 한다. 다르시는 오만하나 엘리자베스에 대한 진정성으로 오만한 자세를 깨우치고, 엘리자베스는 편견이 심하나 구체적인 사실을 확인하면서 편견을 깨우치고 상대를 있는 그대로 바라보니, 고통은 당연히 행복으로 나아간다.

작품에서 제기하는 문제와 결론은 지극히 통속적이나, 그 과정에 나타나는 다양한 인물과 심리적 갈등, 인간을 예리하게 관찰해서 치밀하게 묘사한 캐릭터엔 동서고금을 막론하고 모든 인간이 공감할 수밖에 없는 삶이 담기고, 웃음을 절로 자아내는 유머엔 다양한 인간관계가 자아내는 기쁨과 슬픔이 담겼다는 특징은 고전이란 자리매김에 조금도 부족하지 않다. 민주주의는 목적이 아니라 과정이 중요하듯, 문학작품 역시 줄거리와 결론보다는 이야기를 풀어가는 과정이 중요하기 때문이다.

작품에는 오만과 편견이 자아내는 모순 역시 작지 않으니, 베넷 부인은 다섯 딸을 결혼시키는 게 지상과제나, 너무나 경박하게 말하고 행동해서 첫째와 둘째 딸이 반듯한 신사와 결혼하는 걸 막는 건 물론, 막내딸이 사기꾼과 결혼하는 계기로도 작용한다. 캐서린 대부인은 조카가 엘리자베스랑 결혼하는 걸 막으려고 조카를 찾아가서 온갖 악담을 퍼부으나, 조카 다르시는 이 말을 듣고서 비로소 엘리자베스의 진심을 깨달아 처참한 마음을 딛고 다시 일어선다. 베넷 선생은 세상을 아나 실천할 순 없고, 콜린스는 사제란 신분으로 인간성을 억누르고, 샬럿은 현실주의자로서 자신에 맞는 현실을 적극적으로 찾아가나 꿈과 이상은 모두 사라진다. 위컴은 꿈이 크나 노력보다는 도박과 오락에 빠져드니, 돈 많은 여자를 쫓아다니며 사기 치는 비참한 신세를 꿈으로 포장하고, 메리는 자신을 인정하지 않는 현실을 외면하고 책 속으로 빠져들며 허영심을 채워나간다.

오만과 편견은 물론, 이로 인한 모순은 인간이라면 누구나 겪을 수밖에 없으니, 삶 속에서 이걸 이해하고 받아들이며 매일 새롭게 거듭나려 애쓸 것인가, 오만과 편견에 만족하며 자신은 물론 주변 사람을 끊임없이 고통스럽게 할 것인가? 여기에서 인간 유형은 또다시 새롭게 갈릴 것 같다.

영원할 것처럼 뜨겁던 여름이 어느새 시원한 가을로 자리를 내준
송천동에서 김옥수

**『가장 위대한 작가, 찰스 디킨스 선집』**

* 위대한 유산 1, 2

노벨연구소가 선정한 세계문학 100대 작품 / (가디언 조사) 전 세계 작가들이 선정한 〔최고의 책 100권〕 / 서울대 선정 동서 고전 200선
영국 독자들이 뽑은 가장 소중한 책

* 두 도시 이야기

전 세계에서 2억 명 이상이 성서 다음으로 사랑하며 많이 읽은 책
서울대와 하버드대를 비롯해 전 세계 명문대학에서 필독서로 선정

* 올리버 트위스트 1, 2

전 세계에서 가장 사랑하는 아이가 맑고 순수한 모습으로 온갖 고통을 이겨내고 우리에게 새로운 삶을 보여준다.

* 어려운 시절

자본주의와 공리주의는 인간을 어떻게 말살하는가.

* 크리스마스 캐럴

찰스 디킨스가 서른세 살이란 나이에 천재성을 그대로 드러낸 작품
영미권에서 크리스마스트리에 걸어놓는 유일한 책

* 데이비드 코퍼필드 1, 2, 3

찰스 디킨스는 어린 시절을 정말 힘들게 보냈다. 디킨스한테는 평생 외면하고 싶은 과거나, 마흔을 넘겨서 돌아보며 《데이비드 코퍼필드》를 쓰고 "가장 사랑하는 자식"이라 평한다. '서머싯 몸'이 세계 10대 소설이라고 극찬할 정도다.

**『잔인한 현실에 온몸으로 뛰어든 지식인, 조지 오웰 삼부작』**

* 1984

세계 3대 디스토피아 소설 / 파시즘을 가장 정교하게 파헤친 책
〈타임〉 선정 100대 명작 / 〈BBC〉 선정 꼭 읽어야 할 책 / 〈아메리칸 북 리뷰〉 '소설에서 가장 훌륭한 첫 문장' 8위 / 현대인에게 가장 커다란 충격을 가한 책

* 동물농장

혁명은 어떻게 일어나고 어떻게 좌절하는가?
〈타임〉 선정 100대 명작 / 〈뉴스위크〉 선정 100대 명작 / 미국 SAT 추천도서 / 랜덤하우스 선정 '가장 위대한 20세기 영미 소설 100권'

* 카탈루냐 찬가

세계 3대 르포문학

혁명에서 드러나는 이전투구와 내분까지 그려낸, 가장 인간적이며 혁명적인 작품

**『세계 3대 디스토피아 명작, 우리는 어떤 사회로 나아가야 하는가?』**

* 1984
* 멋진 신세계
* 우리들

볼셰비키 혁명가가 스탈린 체제를 비판한다.

**『새로운 번역으로 고전을 살린다』**

* 노인과 바다

인간은 패하려고 태어난 존재가 아니다. 죽을지언정 굴복할 순 없다.

노벨문학상 수상작 / 퓰리처상 수상작 / 노벨연구서 선정 100대 세계문학

* 키다리 아저씨

사춘기에 꼭 봐야 할 책

랜덤하우스 선정 '가장 위대한 20세기 영미 소설 100권'

* 어린 왕자

'어린 왕자'는 어른이 보는 동화다. 머리로 이해하고 가슴으로 느낄 때, 못 보던 세상이 새롭게 드러나, 자신이 변한다.

* 이상한 나라의 앨리스

현대사회에 가장 커다란 영향을 미친 작품. 수학과 논리학과 철학을 녹여낸 판타지

* 오즈의 마법사

세상 만물을 파악하는 두뇌, 사랑할 줄 아는 심장, 모든 것에 맞서는 용기, 본질을 찾아가는 여행!

* 한글을 알면 영어가 산다

언어 사대주의를 밝히고 한글 어법에 맞게 번역하는 방법을 제시한다.

한국 간행물 윤리위원회 선정 우수작, 교보문고 인문 베스트